编委会

主　审　田玉平

主　编　姚占军　　马伟林

副主编　白庚辛　　李惠平　　王小平　　田进梅　　杨佳冰

编　者　吴雪娟　　莫　瑞　　李永刚　　马海贵　　施进文

　　　　高爱霞　　施　德　　段洪威　　姚代银　　武金利

　　　　赵满飞　　玉贵平　　席　英　　李　勇　　袁苏娅

　　　　赵永均　　李淑娟　　闫小芹　　李仲举

农村牛羊养殖实用技术及市场评估

NONGCUN NIUYANG YANGZHI
SHIYONG JISHU JI SHICHANG PINGGU

主编●姚占军　马伟林

黄河出版传媒集团
阳光出版社

图书在版编目（CIP）数据

农村牛羊养殖实用技术及市场评估 / 姚占军, 马伟林主编. -- 银川 : 阳光出版社, 2017.12
　ISBN 978-7-5525-4116-8

　Ⅰ. ①农... Ⅱ. ①姚... ②马... Ⅲ. ①养牛学②羊 -
饲养管理 Ⅳ. ①S823②S826

中国版本图书馆CIP数据核字(2017)第315715号

农村牛羊养殖实用技术及市场评估

姚占军 马伟林　主编

责任编辑　马　晖
封面设计　赵　倩
责任印制　岳建宁

黄河出版传媒集团
阳 光 出 版 社　出版发行

出 版 人　王杨宝
地　　址　宁夏银川市北京东路139号出版大厦（750001）
网　　址　http://www.yrpubm.com
网上书店　http://www.hh-book.com
电子信箱　yangguang@yrpubm.com
邮购电话　0951-5014139
经　　销　全国新华书店
印刷装订　宁夏锦绣彩印包装有限公司银川分公司
印刷委托书号　（宁）0007635

开　　本　787mm×1092mm　1/16
印　　张　19.375
字　　数　420千字
版　　次　2017年12月第1版
印　　次　2017年12月第1次印刷
书　　号　ISBN 978-7-5525-4116-8
定　　价　35.00元

序　言

畜牧业是农村经济的一个重要支柱产业,也是目前南部山区、中部干旱带贫困地区农民脱贫致富的有效途径。为了使农村养殖户更好地掌握养殖技术,宁夏科技创新专家服务协会(中心)组织业内专家,编写了《农村牛羊养殖业实用技术及市场评估》一书。本书融知识性和趣味性于一体,以精准扶贫、精准脱贫的农村牛羊养殖实用新技术为突破口,以提高生产经营效益为宗旨,以转变生产方式为切入点,以科技创新为主线,以科学实用为目标,以实践方案为体例,针对当前养殖生产中遇到的许多热点和难点问题,解难释惑,是一本理论与实践紧密结合,经营与技术相结合,内容比较全面,通俗易懂,实用性较强的好书。知识是通向成功的阶梯,相信这本书的出版,必将有助于广大养殖者更加深刻地认识和把握当代养殖产业的发展趋势,更加有效地掌握和运用现代养殖模式和技术,从而获得更大的效益,推进宁夏养殖产业持续健康安全高效地向前发展。

本书内容比较丰富,主要有以下特色:

第一,选材典型。本书作者组织材料写作时,均进行了认真挑选,尽量选择那些最能体现地方养殖产业特色,可读性强的知识点,保证了内容的实用性。

第二,作者权威,知识准确。本书作者均为宁夏科技创新专家服务中心(协会)推荐的业内专家,他们不仅熟悉当地的养殖产业资源,而且拥有丰富的写作经验和扎实的文字功底,保证了内容的准确性。

第三,打破传统,编写独特。本书打破了传统的编写模式,内容涉及了几个专题,将每一专题的知识尽量化整为零,使农民(特别是贫困户)完全可以根据自己的学习兴趣随意选择学习要点,从而提高了本书的实用性。

第四,尽量做到版式灵活。本书充分考虑了农村农民的文化程度,进行人性化的设计,尽量提高农民读者的阅读兴趣。

本书既是农民的养殖业实用技术知识读本,又是农村各级组织培训的教材用书。

宁夏科技创新专家协会会长

宁夏科技创新专家服务中心主任

2017.12.8

目 录

第四篇　肉牛养殖实用技术

第五篇　肉羊养殖实用技术

第一篇　养殖业市场前景分析

第一章 认识市场

一、市场不仅仅是商品交换的场所

在市场经济条件下,市场是人们最为熟悉的字眼儿,但面对形形色色的市场,人们并不见得都能理解市场的真正含义。对经营者来说,现代的市场已经绝非仅指商品交换的市场,而是指一定时间和空间范围内商品占有之间的买卖关系及其意志行为。

1. 从市场的空间概念来看

市场是进行商品交换的场所。生产者要卖出商品,消费者要购买商品,经营者营销产品时,要明确市场的空间概念。

(1)明确市场的空间概念,有利于经营者明确其产品销往的地区,以及在何处销售最为有利。

(2)有利于经营者了解消费者的需求动向。

(3)市场的地理位置、运输条件、运输成本以及购物环境等等,也是经营者市场营销必须考虑的问题。

2. 从商品供求关系的角度来看

市场又是由买主和卖主组成的。供求双方在市场上表现出供求力的相对强度,其中一方在市场上的交易过程中居于主导地位,从而使市场分为买方市场和卖方市场。

(1)买方市场 指在买方力量的制导下运行的市场,买方在交易关系中居于主导地位。其基本特征是:①市场上商品的供给量略大于需求量,供求关系基本平衡;②买方在市场上有较大的选择余地和较多的购买机会,卖方在市场上处于从属地位或被动地位;③市场以买方为中心,买方的需求决定着经营者生产经营活动发展和变化。

(2)卖方市场 指在卖方力量的制导下运行的市场,卖方在交易关系中居于主导地位。其基本特征是:①市场上商品的供不应求,无法满足消费者或用户需要;②市场由卖方主宰,买方在市场上处于从属地位或被动地位;③生产者生产和销售什么,消费者就只能购买和消费什么;④交易条件有利于卖方而不利于买方,消费者正当权益难以得到有效的保护。

（3）卖方市场与买方市场划分为三个层次

①根据社会总供给和总需求情况，市场分为总体性卖方市场和买方市场；②根据部分商品供求情况，市场划分为局部卖方市场和买方市场；③根据单项商品供求情况，市场划分为单项商品的卖方市场和买方市场。

从这种划分可以看到，在总体性的卖方市场中，可能存在着局部的买方市场和单项商品的买方市场；反之，在总体性的买方市场中，可能存在着局部的卖方市场和单项商品的卖方市场。

判断某种商品的市场是属于买方市场还是属于卖方市场，对于经营者的市场营销来说是非常重要。

3. 从营销者角度看

市场又是某种或某类商品的所有现实的或潜在的购买者的集会。人们常说"这种产品的市场很大"，或者说"这种产品没有市场"，都是指有没有购买者，就是这种意义上的市场。

对营销者来说，确定自己产品的需求总量，构成、分布、购买力情况等等，乃至购买者的偏好、购买动机等，对于有效开展市场营销，都是非常重要的前提条件。

4. 从商品流通的全局来看

市场又是指整个流通领域里所有产品市场的总和，是以货币为媒介的商品交换的全过程，是交换关系的总和。

（1）商品交换不是孤立的、个别的交换行为，而是许多并行发生和彼此联结的商品交换过程。

（2）各种产品的市场也不再是单个的、分立的市场，而是不可分割的联系在一起的有机整体市场，各类产品市场之间存在着相互关联、相互影响的关系。比如说，汽车市场的扩大，就带动石油市场、橡胶市场、钢铁市场等的扩展。

（3）商品经营者的活动，也不再是孤立的个人行为，而是要受到其他市场活动主体行为的影响。

（4）市场上商品交换体现着人与人之间的关系，为了维护市场各活动主体的正当权益，市场必须实现公平交易和平等竞争，国家必须通过法律形式来制定市场行为准则。

二、市场具有多方面的功能

市场功能是指市场机体本身所具有的客观职能。通过发挥自身的功能，保证商品生产的顺利进行，推动商品和产的发展。一个较为完善的市场体系，基本功能可概括为以下几个方面。

1. 交换功能

交换是市场最基本的功能,离开了商品交换,也就谈不上市场的存在。市场交换功能的发挥,使商品生产者或经营者得以将自己的产品拿到市场出售,从而获得货币,然后再向别人购买自己所需的生产资料,实现商品、劳动的交换。

2. 联系功能

实现不同商品生产者之间的相互联系和经济结合。社会分工越细,市场的这一功能越重要。

3. 价值实现功能

在商品经济条件下,商品价值要靠市场来实现。当经营者把商品出售后,所得货币能够补偿生产过程所消耗的劳动量,则商品价值得到了完全的体现;若商品卖不出去,或所得货币不足以补偿劳动耗费,则价值就得不到实现或不能完全实现,再生产就会被迫中断或缩小规模。

4. 调节功能

通过竞争和价值规律的作用调节各类生产要素在各个部门之间的分配和布局。体现在两个方面。

(1)通过竞争,调节商品的供求　某种商品的价格上涨表明该商品供不应求,生产这种商品有利可图,于是生产者便纷纷转而生产这种商品;反之,商品的价格下降则表明该商品供大于求,生产这种商品无利可图,于是生产者便会压缩这种商品生产或转产别的商品。即通过价值规律的作用,调节生产要素在部门之间的配置,使商品供求大体达到平衡。

(2)通过市场竞争、分化和淘汰机制的作用,使生产要素的原有配置格局发生变化和调整,一部分较差的经营者在竞争中被淘汰,另一部分较好的经营者在竞争中得到发展。这种优胜劣汰的结果,就会使资源从配置效益较低的地方流向效益较高的地方,使有限的资源得到合理的配置。

5. 服务功能

一个比较成熟和完善的市场体系,它对市场需求者的服务主要体现在两个方面。

(1)面对市场进入者,直接提供进行商品买卖所需的各种组织机构,保证商品交易的顺利进行;

(2)通过建立一系列为商品交易提供各种方便的设施与机构,如银行、保险机构、信托公司、技术咨询、商品检验部门等服务机构,向市场进入者提供种种便利。

6. 反馈功能

市场每时每刻都在通过供求、价格等反馈着各种信息,这些信息就成为国家和经营者掌握市场动向,根据市场需求进行生产或确立营销决策的重要依据。所以,市场的行情就是整个经济活动的综合反映。

7. 劳动比较功能

通过商品比较来推动生产经营者努力采用新技术、新材料、新方法，不断改善生产经营条件，提高劳动生产率，取得较好的社会经济效益。

三、市场的多样性

（一）市场分类

市场可以根据不同的标准进行分类，从而划分为不同的类型。

1. 最一般的分类是根据商品来进行分类

市场可分为消费品市场、生产资料市场、农产品市场和服务业市场（包括技术市场）。

2. 根据空间层次划分

市场可分为地方市场、全国统一市场、国内市场和国际市场。

3. 按时间层次划分

市场可分为现货市场和期货市场。

4. 按实现程度划分

市场分为现实市场和潜在市场。

5. 按流通范围来划分

市场可以分为零售市场和批发市场。

6. 按照竞争程度来分

市场可以为完全竞争市场、完全垄断市场和垄断竞争市场。

上述各类市场是相互联系的，它们的有机统一就构成了我国的市场体系。随着现代市场经常的运行，以消费品和生产资料构成的商品市场、资金市场和劳动力市场是市场体系的最基本内容，称为市场体系的三大支柱。

（二）农产品市场的分类

农产品市场可以按照交易场所的性质、销售方式、交易形式和商品性质分别进行分类。

1. 按照交易场所的性质

可以将农产品市场分为产地商场、销地市场和集散与中转市场等三类。

（1）产地市场　即在各个农产品产地形成或兴建的定期或不定期的农产品市场。产地市场的主要功能是为分散生产的农户提供集中销售农产品和了解市场信息的场所，同时便于农产品的初步整理、分级、加工、包装和储运。产地市场的主要特点是：接近生产者，以现货交易为主要交易方式；专业性强，主要从事某一种农产品交易；以批发为主，如山东的寿光蔬菜批发市场、河北永年县南大堡蔬菜批发市场等都是具有一定规模的产地批发市场。

（2）销地市场 设在大中城市和小城镇的农产品市场。还可进一步分为销地批发市场和销地零售市场。前者主要设在大中城市，购买多为农产品零售商、饭店和机关、企事业单位食堂；后者则广泛分布于大、中、小城市和城镇。销地市场的主要职能是把经过集中、初步加工和储运等环节的农产品销售给消费者。

（3）集散与中转市场 其主要职能是将来自各个产地市场的农产品进一步集中起来，经过加工、储藏与包装，通过批发商分散销往全国各地的批发市场。该类市场多设在交通便利的地方，如公路、铁路交会处。但也有的自发形成的集散与中转市场设在交通不便利的地方。这类市场一般规模比较大，建有较大的交易场所、停车场和仓储设施等配置服务设施。

2. 按照农产品销售方式

可以将农产品划分为批发市场和零售市场。顾名思义，农产品批发市场就是成批量的销售农产品，每笔交易量都比较大。不仅农产品产地和中转集散地设有批发市场，作为销地的大、中城市也可设立批发市场。农产品零售市场，相对于批发市场而言，就是进行农产品小量交易的场所。农村的集市是零售市场，城市的副食品商店、农贸市场和超级市场也是零售市场。

3. 按照农产品交易形式划分

农产品市场可分为现货交易市场和期货交易市场。现货交易市场是进行现货交易的场所或交易活动。所谓现货交易是指经过买卖双方经过谈判(讨价还价)达成的口头或书面买卖协议所商定的付款方式或其他条件，在一定时期内进行实物商品交付和货款结算的交易形式。期货交易市场是进行期货交易的场所，如郑州粮食期货交易所。所谓农产品期货交易的对象并不是农产品实体，而是农产品的标准化合同。

4. 按照商品性质划分

农产品市场还可以分为粮食市场、蔬菜市场、肉禽市场、水产品市场、果品市场和植物纤维市场等。

四、农产品市场的特殊性

农产品市场与其他市场相比，具有一些固有的特殊性。

1. 农产品市场交易的产品具有生产资料和生活资料的双重性质

农产品市场上的农副产品，一方面可以供给生产单位用作生产资料，如农业生产用的种子、种畜、饲料和工业用的各种原材料等；另一方面，农产品又是人们日常生活离不开的必需品，居民的"米袋子""菜篮子"都要由农产品市场供应。

2. 农产品市场具有供给的季节性和周期性

农业生产具有季节性，农产品市场的货源随农业生产季节而变动，特别是一些鲜活农产品，要及时采购和销售。农业生产有周期特点，其供给在一年之中有淡旺季，数年之中有丰产、平产和减产。因此，在农产品供应中解决季节性、周期性的矛盾，维持均衡供应是非常重要的工作。

3. 农产品市场风险大

农产品是具有生命的产品，在运输、贮存、销售中会发生腐烂、霉变、病虫害，极易造成损失。所以，农产品的市场营销必须有很好的组织，尽量缩短流通时间，改善设施，降低这种风险。

4. 农产品市场多为小型分散市场

农产品生产分散在千家万户，农产品集中交易时具有地域性特点，通常采用集市贸易的形式，规模小而且分散。在大中城市、交通枢纽也有规模较大的农产品集散市场。

5. 农产品市场的基本稳定性

农产品供求平衡且基本稳定，是社会稳定和保证经济发展的要求。因此，对农产品市场的营销活动和农产品价格，既要充分发挥市场机制的调节作用，又要加强宏观调控，以实现市场繁荣和社会稳定两个目标。

农产品市场的这些特性，使农产品的市场营销具有自己的规律、农户在市场营销活动中，要自觉地按照客观规律指导自己和生产经营活动，才能取得预期的经营成果。

五、市场营销观念

市场营销观念是指人们认识和处理营销活动的基本看法和态度。它的实质在于如何认识和处理经营者的生产、销售与市场需求的关系。营销观念左右着经营活动的基本方向，制约着经营者的营销目标，关系到经营者管理活动的质量及其成败。树立正确的市场营销观念，才能正确处理好农户生产、销售和市场需求的矛盾，有效地发挥市场营销的作用，保证营销活动的顺利进行。在商品经济不同的发展阶段中，市场营销观念也不同。从国外的市场营销观念的发展历史来看，大致经历了生产观念、产品观念、销售观念、市场营销观念和社会营销观念几个阶段。

1. 生产观念

生产观念是指企业生产什么就卖什么的"以产定销"的观念，即生产—技术—销售。它是在商品生产还不发达、产品供不应求和物资短缺等卖方市场存在的条件下的一种观念。这种观念是，生产者生产什么就卖什么。因为是短缺经济，因而不必关心市场需求，经营者的任务是只集中精力增加产品产量，增加经营利润的办法是加强生产管理、降低成本。特点是：

（1）重点是产品生产；

（2）盈利手段是扩大生产；

（3）生产的目的是从多生产中获利。

如在20世纪初到20年代中，美国福特汽车公司生产的T型车是畅销货，它不是通过到"外边兜售"去增加销量，而是"从柜台上递给顾客"，在这种"卖方市场"形势下，美国汽车大王曾傲慢地宣称："不管顾客需要什么颜色的产品，我只有一种黑色的"。这是生产观念的典型表现。

2. 产品观念

产品观念侧重于提高产品质量，认为消费者欢迎那些质量好，价格合理的产品，生产者应致力于提高产品质量，只要物美价廉，顾客必然找上门，无需大力推销。

西方国家的实践证明，如果生产者奉行产品观念，就必然导致"市场营销近视症"，在市场营销管理中缺乏远见，只看见自己的产品质量好，看不到市场需求的变化，结果必然把自己引入困境。例如，在20世纪70年代，由于能源危机，美国优质型、豪华型汽车在市场上竞争不过日本的经济型汽车。

3. 销售观念

当生产发展到一定时期，随着新技术的采用，产品品种和产量不断增加，市场由供不应求的"卖方市场"变为供过于求的"买方市场"，此时生产者所担心的不再是生产问题而是如何销售的问题，销售者开始由生产观念转向销售观念，由以生产为中心转为以销售为中心，销售—技术—生产，销售变为中心，技术为销售服务；市场能销售什么产品，就研究和生产什么产品，实际上是"我卖什么，就动员顾客买什么"。这种营销观念的特点是：

（1）重点是产品销售；

（2）获利手段是推销和促销活动；

（3）经营者的目的是从多销售中获利。

如美国汽车商在20世纪50年代为了推销汽车，对到商店来的顾客进行心理分析，采取引诱、夸张，甚至欺骗的手法，激发顾客的购买动机，促其成交。

又如，20世纪50年代日本银行为了收集资金，动员百姓储蓄，派人到每家每户游说、送礼和交朋友。这种推销实际上是强迫销售，把消费者的需求挤到第二位，将推销定为首位。

在我们日常生活中也时常会遇到个别商店采取强迫手段，如"好坏搭配"，这种做法以牺牲消费者利益为前提，最终也会损害自己的市场和利益。

4. 市场营销观念

20世纪50年代以后，经济增长迅速，经济发达国家中消费者已由解决温饱问题，变为解决质量问题。市场迅速饱和，即使产品做得物美价廉，加上绞尽脑汁的推销，仍然不能将全部产品推销出去，市场竞争更为激烈。不能满足消费者高级化、多样化、个性化和时代化的更高要求的经营者不断被淘汰，终于迫使经营者由"以销售为中心"进入了"以消费者为中心"的新阶段。消费者需要—销售—技术—生产，即消费者想要什么，经营者就销售什么，生产者也就生产什么。一些国家出现了"顾客是上帝""用户第一""消费者总是对的"等口号。市场营销观念是以市场为导向，以顾客为中心的新观念，类似平常所说"以需定产"。

5. 社会营销观念

近10年来，随着世界人口不断增长，资源短缺、环境污染、通货膨胀等社会问题不断出现，人们对营销观念产生了怀疑，提出"满足人的需要是否一定符合消费者和社会的长远利益"这样的问题，人们认为在满足消费者某种需要的同时，还应考虑兼顾他们和别人的需求及社会公共利益。

社会营销观念的出现，说明人们从社会多个方面去考虑问题，不仅考虑生产者或经营者的利益，而且还要考虑社会效益。例如美国有些企业，由于关心社会问题、用户利益和生态环境等，因而取得了较好的声誉，其销售额增加很快，从而获得了很高的利润。

第二章　消费者和经营者与市场

一、消费者购买习惯分析

1. 消费者何处购买

何处购买问题,包括消费者在何处下决心购买和在何处实际进行购买两方面的问题。两者可能在同一地方,也可能在不同地方。

（1）分析消费者在何处"决定"购买　①有些商品,特别是耐用消费品,经常在家里做出购买决定,然后再到市场选购。对这种商品,经营者应通过电视、广播、报纸、杂志等进行宣传,使该商品的性能、特点、用法、价格、售后服务以及到何处购买等家喻户晓,使消费者提前了解清楚,吸引顾客来现场决定购买。②在实际生活中也有一些商品,是属于顾客在购买现场决定购买的,如玩具、食品等,尤其是一般农产品。在这种情况下,就要搞好商品的分级、包装、陈列及购货现场的宣传,以刺激顾客在现场的购买欲望。③习惯性购买,如日常生活用品、蔬菜等,在家或工作单位附近的小卖部、粮店、菜市场,这类商店应突出方便性。

（2）分析消费者在何处"实际"购买　①就近购买生活日用品。②购买名牌、优质产品,主要在百货商场、购物中心、商业中心等场所。③专业商店,如电器店、服装店等。特点是品种多,规格齐,价格低,便于选购。

分析在何处购买,目的是针对商品特点和人们购买的规律,相应选择地点进行推销。

2. 消费者如何购买

购买方便是一般顾客的普遍要求,农村专业户应尽量努力做到,才能扩大自己在顾客中的影响。购买方便的要求范围很广,一般包括:①要求商品形式多样化,如肉类食品应有鲜货、腌制和卤制等;②在商品数量、规格上要求具备各种顾客需要的尺码、花色、品种和数量等;③在时间上要求随叫随到;④在地点上要求尽可能就地就近购买;⑤在包装上易识别、携带、使用和陈列等;⑥在购买方式上要求有函购、电购、托运和送货上门等;⑦在付款方式上要求有分期付款、先买后付款等。

二、经营者市场机会分析

进行市场机会分析是经营者市场营销管理过程的出发点,更是其制订战略规划的重要依据,也是其进行产品决策的基础,成功的市场机会可以为农户开发新产品提出方向。

1. 什么是市场机会

市场机会是指市场上所存在的尚未满足或尚未完全满足的需求,如能源危机引起了对新能源的需求;城市人口的增加,环境污染的加剧,工业和生活垃圾增加,引起了对垃圾处理新技术的要求等,由于它是由环境因素引起的,又称之为环境机会。对经营者来说,只要市场存在没有满足的需要,就会有无数可以利用的环境机会。

但环境机会对不同的经营者来说并不都是最佳机会,因为这些机会并不一定符合它的目标和能力,也不一定能为经营者创造最大的竞争优势。只有那些符合经营者或农民的目标与能力,有利于发挥他们的优势的市场机会才能被农户所利用。即与经营者内部条件相适应的环境机会。这里的条件泛指其资金能力、技术能力、生产能力、销售能力和管理能力等。

2. 市场机会的特征

评价和分析市场机会,必须了解市场机会特征。

(1)公开性 任何市场机会都是客观存在的,因此它是公开的,每一个经营者都能发现它,但并不能独占它。鉴于此,农户要采取科学方法来发现寻找市场机会,只要善于寻找和识别市场机会,经过努力总是可以发现市场机会的。

(2)时间性 机会本身的含义就是行事的机遇与时机,故而市场机会具有时间性,在一定时间内你不利用,别人就会利用,市场被别人抢到了,你也就错过了时机。所以,抓住机会并充分利用是农户必须重视的关键。

(3)理论上的平等性和实际上的不平等性 理论上的平等性是指市场机会是公开的,每一个经营者都可以发现市场机会并加以利用,不存在独占情况;实际上的不平等性指的是由于不同的经营者各个自身条件不同,因而在利用某一市场机会时又是不平等的。

这一特征表明,在利用市场机会时存在竞争,而竞争的结果又分布不均衡,这就是要求经营者在分析评价市场机会时,既要考虑竞争的存在,敢于竞争,又要选择对竞争结果有利的市场机会。

3. 机会分析

经营者要想抓住环境机会,使之转化为企业机会,就需要具备许多条件,并对这些条件加以分析评价。通常要做到下列分析。

(1)确定该市场机会所具备的机会成功条件有哪些,经营是否具备或能否创造出这些条件。如果不能全面具备,则说明该市场机会不是企业机会,如果条件一一具备,则说明该市场机会能转化为企业机会。

(2)分析经营者自身在该市场机会上所拥有的优势。

（3）将经营者所拥有的竞争优势同潜在的竞争对手所拥有的竞争优势相比较，以确定在这一市场机会是否拥有差别利益以及这种差别利益的大小。如果做出肯定的结论，则该市场机会是可以利用的。

经营者在分析市场机会时应该小心从事，不能轻率，要避免犯下述两方面的错误：①错误地认为市场机会没有发展前途，而不将其作为机会看待，从而失掉一个广阔市场；②过高估计了自身的竞争优势。

4. 怎样抓住市场机会

经过一系列分析评价，经营者获得了最为有利的市场机会后，紧接着面临的问题就是采取何种办法来最大限度地利用市场机会。一般可以采取 3 种策略。

（1）密集性成长策略　采取的主要措施有：①市场渗透。在原有市场上，采取多种促销方法，以扩大现有产品的销售量的办法。②市场开发。将现有产品在市场上推出以增加销售量。新市场是指包括其他消费群体、其他地理区域的市场在内的经营者还没有进入的市场。如果在其他市场上存在对农户现有产品的需求，这是一种市场机会，经营者相应地要采取市场开发战略。③产品开发。主要分析在现有市场上是否有其他未满足的需求存在，如果有，经过分析和评估，这种市场机会符合经营者的目标能力。生产者就要开发出新产品新技术来满足需求，这种策略就是产品开发策略。

（2）一体化成长策略　指经营者所属的产业部门有广阔的发展前途，经营者应该将经营活动在现有产品基础上做向前、向后或水平移动时，以增加获利水平的一种策略。

（3）多样化发展策略　指经营者向其他产品或其他行业的方向发展。多样化的条件是经营者在新的市场上找到了新的需求。

三、农民怎样走向市场

选择走向市场的途径就如同在自由出发地通往某一目的地的若干道路中选择一条。究竟是选择路程虽远但平坦宽阔的道路，还是选择路程虽近但需翻山越岭的山间小路呢？农民走向市场的途径也有若干条，如农村合作经营组织、农村专业协会和中介组织以及一家一户自产自销等，都是可供农民走向市场的途径。

1. 选择走向市场途径的原则

农民选择走向市场途径应该遵循利益最大化为基本原则，即选择能给农民带来最大收益的走向市场的途径。换句话讲，就是把走向市场的每条途径所能带给农民的收益减去农民走每条途径所需的成本，其中收益与成本之间的差额最大的就是农民应选中的走向市场的途径。

农民获得的市场利益 = 收益 - 成本

农民走向市场的途径所能给农民带来的收益指的是农民通过各条途径走向市场出售农产品所获得的收入，包括农民通过每条途径出售单位数量农产品所能得到的价格乘以出售农产品的数量以及其他收入，如入股分红和利润返还等。即：

农民走向市场所获得的收益＝出售的农产品数量×市场价格＋其他收入

农民通过各条途径走向市场所需付出的成本是农民通过各条途径走向市场所需付出的各种费用和所需花费的时间。即：农民支付的成本＝农民支付的各种费用＋所花费时间的价值。

农民支付的各种费用包括：①委托农民合作经济组织和专业技术协会代销的手续费与管理费；②加入农民合作经济组织的股金；③参加农村专业技术协会的会费；④委托中介组织寻找买主等的中介服务费、运费、仓储费、包装费；⑤自行前往市场的食宿费、市场管理费、摊位租用费和税费等。

所需花费的时间包括：①寻找和选择市场的时间；②将产品运往市场的时间；③在市场上寻找买主的时间；④与买主讨价还价的时间；⑤与农产品加工、销售以及中介组织洽谈及签订收购和代销等服务合同的时间等。之所以将走向市场所需花费时间计入成本，是考虑到走向市场的农民的时间也是值钱的。当然对于不同人来说，每个人的时间价值各不相同。每个走向市场的农民都可依据以上基本原则选择走向市场的最佳途径。

2. 农户选择走向市场途径时应注意的问题

为了避免选择失误，必须广泛而深入地收集和掌握与各条走向市场的途径所能带来收益及所需付出成本有关的各种信息和情况。只有充分地考虑到通过各条途径走向市场所需获得的收益和可能要付出的成本及代价，并加以计算和比较，才有可能较为正确地选择出走向市场的最佳途径。对于处在不同地方的农民来讲，由于各自情况各不同，因此所选择的走向市场的最佳途径也会不同。一般地，在所能带来的收益相同的情况下，应当选择所需付出的成本最小的途径；或者在所需付出的成本相同的情况下，应当选择所能带来收益最大的途径。

第二篇　农产品市场与农户经营

第三章 农产品供求分析

一、肉类市场分析

(一) 我国肉类市场需求的特点

我国农业发展的明显特征是动物产品的迅猛增长，尤其突出的是肉类产品。依据2000~2012年城乡居民肉类消费情况，结合对人均收入、人口总量、城镇化率预测分析，研究提出2020年中国肉类总体及分品种消费量和生产目标值。预测结果表明：到2020年，中国肉类消费继续平稳增长，年均增速为2.8%；肉类消费结构有所优化，其中，猪肉消费比重下降，牛羊肉消费比重增加；为满足肉类消费需求，肉类产量年均增速要达到2.7%。产品的需求总体来看有以下几个特点。

1. 人均肉类消费量迅速增长

据国家统计局测算，全国人消费肉类2012年为62.7千克，与2000年相比增加了30.1%，年均增速达2.2%，中国由此成为世界上肉类消费增速最快的国家，全国肉类宏观消费总量达到8483万吨，占全球肉类消费总量的27.8%。

2. 肉类消费支出在居民生活消费支出中占重要地位

随着城乡交流日益密切，城镇居民肉类消费必将对农村居民产生"示范效应"，中国农村居民肉类消费还有成倍增长的潜力，城镇居民肉类消费需求在向高质量和多样化方向转变。基于局部均衡理论建立肉类供求预测模型，对2020年中国猪肉、牛肉、羊肉、禽肉消费量做出了预测。随着收入增长和生活方式的转变，城乡居民在肉类消费比重上升较快。城市家庭人均在外肉类消费约占其肉类消费总量的30%。农村居民在外用餐消费支出的增长快于其食物消费总支出的增长，农村居民食物消费增长将越来越依赖于在外消费。对不同收入组居民家庭在外食物消费的分析结果表明：未来在外食物消费比重不可能是直线增长的，在家食物消费将始终占主体地位。

3. 肉类消费结构在渐变

1948年全国肉类消费结构是猪肉占86.57%，牛羊肉占8.47%；到2012年猪肉占56.1%，牛羊肉占40.4%。这就说明随着经济的发展和人们生活水平的提高，猪肉的消费比重在逐渐下降，牛羊肉的消费比重在逐年上升，同时禽肉的消费比重增长很快。城市居民的肉类消费结构变化更显著。

4.城市规模不断扩大

常住人口与流动人口增长迅速,对肉类供给和需求带来很大压力 京、津、沪三个直辖市就有流动人口 1000 多万。随着城市化的发展,城市人口还要增加,同时城市人均收入水平将持续提高,购买力也不断提高,城市肉类需求与供给之间的矛盾将更加突出。

(二)肉类需求分析

居民对肉食需求,取决于人口总规模、平均购买力、消费偏好、相对价格水平,以及过去的消费增长速度。

1. 人口总量增长及城市化水平的提高对肉类需求的压力会日益加大

2000 年全国人口总数比 1992 年增加 1 亿多人,如果按 1992 年人均肉类消费水平计算,将增加肉类需求 451 万吨。由此可以看出,随着人口总规模的扩大和城市化水平的不断提高,肉类消费的增加是一大趋势。

2.购买力水平是肉类消费水平的决定因素

我国城乡之间和城市内部不同收入水平居民之间肉类消费水平差异较大,一般是居民对肉类需求的增长随收入水平的提高而增加。但随着城市住房制度和医疗保险等社会保障制度改革的不断深入,以及新的消费领域的开拓,居民的购买力将出现分流,这会减轻对肉类食品的需求压力。总的来看,收入是影响人均肉类消费水平和消费结构的重要因素,在外消费已经成为城乡居民肉类消费的重要部分,中国肉类消费城乡"二元化"特征明显,预判中国未来肉类消费趋势,必须分别从城乡两个层面展开。已有研究对中国肉类消费的预测大多直接采用国家统计局城乡住户调查数据,因而存在两个方面的不足:一是尚未利用在外消费比重对肉类消费量调查数据进行修正,这可能会造成对未来肉类消费水平的低估;二是肉类消费预测结果不能直接反映对肉类生产的需求数量,这主要是因为中国肉类消费数据与生产数据的统计口径差异较大,导致消费数据与生产数据难以匹配。

3.消费习惯是影响肉类消费的重要因素

中国不同于欧美国家,历来以素食为主,但一般对肉的消费需求在年人均 60 千克以下随着收入的增加而增长,接近 60 千克以后会处于相对稳定的状态。2020 年,中国年人均肉类消费水平尚未达到峰值。联合国粮食及农业组织的统计数据表明,与大陆消费习惯相似的中国台湾地区,其 2000~2011 年年人均肉类消费量平均为 80.7 千克,与 2020 年大陆年人均 75 千克的预测结果相比,高出 5.7 千克。而且到 2020 年,农村年人均肉类消费水平仍比较低,不及 2012 年城镇居民水平,仍有较大增长空间。

4.主要肉类的相对价格水平将影响居民的消费选择

一般价格越高,消费需求越少;反之价格越低,消费需求越高。

(三)肉类消费的地区布局

1.肉类消费是大中城市消费中的大项,其消费需求与总消费水平成正比,不同地区差别显著

根据调查发现,南方比北方消费肉类多,东部比西部所消费的肉类更高。华南的深圳、海口、广州、南宁,西南的重庆、成都、贵阳、昆明,华东的上海、南京、杭州等大城市是我国肉类产品的最主要的消费市场。

2.大中城市对肉类的消费需求受消费习惯的影响比较大,而受收入的影响相对小

我国大中城市人均肉类购买量较高的城市有西南的重庆、成都、贵阳、昆明,华南的深圳、广州、厦门,华东的南京、上海,华中的武汉、合肥等,北京和天津2个直辖市虽然居民人均肉类购买量排位较后,但城市人口庞大,城镇人口比重高,对肉类消费数量大。

3.受消费习惯的影响,大中城市对肉类的消费结构表现出较强的地域特征

人们对肉类的消费大都以猪肉消费为主,但北京城市牛羊肉与禽肉所占比重接近;南方城市家禽消费比重较大,牛羊肉比重较低;西北城市牛羊肉所占比重较大,禽肉消费量少。

二、奶类市场分析

20世纪80年代以来,随着经济的发展和人民收入的提高,市场对奶和奶制品的需求增加,奶的消费水平、消费结构和消费观念正在变化。

(一)全国奶类消费分析

中国是一个多民族的国家,各族人民的生活习惯、饮食构成、消费方式各具特征,对奶品的消费也是差别很大。西北部、北部地区,奶是牧民的主要食物,牧民一日不可无奶,奶的消费量较大。大中城市,奶已开始成为生活必需品。广大农区仍保持从肉类、禽蛋和水产品中获取动物蛋白质的习惯,对奶的消费量十分低,甚至基本上不喝奶。

1. 我国奶类消费的总体水平很低,但增幅很大,消费水平增长也快

根据国家统计局公布的统计数据,我国大中城市人均乳制品购买量呈逐年下降趋势,自2008年以来,我国城镇居民的年人均鲜奶消费量已从17千克下降到14千克左右,与此同时,农村居民的人均乳制品消费量虽然有所增长,但增速十分缓慢,目前年人均消费量只有6千克左右。但是和发展中国家年人均消费奶37千克,世界年人均消费奶92.67千克,发达国家年人均消费奶310千克相比,相差很远。

2. 奶品在全国居民动物食物结构中的比重有所增加

在动物食物中,我国人民一向以猪肉为主,牛羊肉、禽蛋、水产品次之,奶类所占的份

额很小。近些年来,由于生产的发展和人民消费观念的转变,奶类在动物食物结构中的比重相对有所提高。变化的原因主要有两点:一是奶品产量发展较快,二是我国一直是奶净进口国。

(二)大中城市奶类的消费分析

大中城市是目前中国商品奶和奶制品的主要消费市场。由于城市工商业发达,居民收入较高,流动人口多,大多数城市一直是牛奶(特别是鲜奶)消费的主要市场,变化趋势表现在以下几个方面。

1.牛奶消费面不断扩大,消费者年龄结构正在发生变化

以前奶类(特别是鲜奶)主要是供婴儿和老人饮用,现在奶类及其制品已成为人们饭桌上的必需品。

2.消费者的职业结构也发生了变化,各类职业对奶的消费趋向平衡

以前奶的供应对象主要是高级知识分子和外宾,现在天津市的调查结果是:奶的消费者工人家庭占 46.2%,干部家庭占 38%,知识分子家庭占 15%。

3.奶的消费方式趋向多样化

一方面讲求营养和风味,另一方面由于生活节奏的加快,旅游业的兴起,方便食用的乳制品消费量大幅度上升。

4.不同地区城市奶类消费水平存在着差异

由于城市间经济发展不平衡,自然环境、城市食品供给能力和供给结构的差异,形成了中国不同区域城市居民奶类消费的差异。不同城市年人均奶消费水平以直辖市最高,其次是牧区城市,第三是东北地区城市。

5. 城市居民的收入与奶类消费密切相关

大量资料表明,奶类消费与居民收入的增长成正比例。由于消费结构和消费习惯的不同,各地奶类消费的增长速度存在着差异,但经济收入水平和奶类消费水平成正相关。

(三)牧区奶类的消费分析

中国牧区包括 120 个县,共有 1000 多万人,奶是牧民的主要食品之一,我国牧民历来就有生产和消费奶类的习惯。但牧民奶类消费基本上是自给自足。近些年,国家为了支持和发展牧区,利用牧草资源优势,建立了一批乳源基地和乳品工厂,使奶业生产向商品生产方向发展。

(四)农区乡村奶类消费分析

中国广大乡村,除饲料、饲草资源充足的地方,一般很少养奶牛。距离大城市较远的农区乡村养奶牛的目的也是为城市提供鲜奶服务。农民中喝奶的人数非常少,这是因为:一是历来没有消费奶的习惯,食物以粮食为主,需要的动物蛋白质来源于肉、蛋、水产品;二

是消费水平不高,农村由于经济落后,农民收入较低,无力购买奶制品。当然,这两种原因是可以改变的,随着人均收入水平的提高,中国农村将成为牛奶的重要消费市场,且市场之大,任何一个国家者无法比拟。

(五)奶品消费的发展趋势

中国奶品消费,在今后相当长时期,从总体上看是一个上升的趋势。其消费特点:

一是大中城市的消费面,随着经济收入的增长和人们消费习惯的改变,将会不断扩大。满足和稳定大中城市奶类的供应是近期奶类发展工作的重点;

二是中国奶业的大发展取决于广大农村和小城镇的消费前景;

三是奶类消费的品种趋向多样化;

四是随着食品工业的发展,用奶量会逐年增加,食品工业以奶为原料和辅料的品种和数量增多。

三、蛋类市场分析

我国的蛋类市场主要以鸡蛋为主,约占总量的80%以上,其次是鸭蛋和鹅蛋。

(一)蛋类需求现状分析

1. 人均鲜蛋消费量增长迅速,城市鲜蛋消费差异较大

从消费量来看,我国城镇居民禽蛋的年人均消费已趋于稳定,1990~2000年为消费上升期,从年人均7.25千克增加到11.2千克,之后略有下降,到2005年后消费量基本稳定在10.4千克左右,这也说明鸡蛋市场的供求已基本平衡。

2. 城市不同收入居民之间鲜蛋消费差异较大

首先是城市居民消费量最多,其次是城镇居民,县城居民最低;而且无论是蛋类消费总量还是分品种消费量,都收入水平的提高而增加。

3. 蛋类消费对价格因素反应敏感,属消费弹性较大的食物

随着人民生活水平的提高,我国蛋类消费已变成大众日常性的消费。但鲜蛋的消费量很大程度上受其价格的影响,鸡蛋销售价格的升降造成其销售量不稳定。

(二)蛋类市场需求分析

居民对蛋类的消费需求与对肉食的消费需求相似,取决于人口总规模、平均购买力、消费偏好、相对价格水平,以及过去的消费度与消费增长弹性等。

1. 生产规模分析

我国蛋鸡养殖业之所以会出现大起大落的行情状况,很重要的一个原因就是农户在蛋鸡养殖规模上的盲目性。因为我国目前的养殖状况主要是以散户养殖为主,所以在统筹规划方面欠缺。很多养殖户看到别人养蛋鸡赚钱,不管自己条件是否允许,也不管全国鸡

蛋行情如何,也盲目扩大生产规模或出现蜂拥养殖,这样就大大超过了自身的承受能力及市场变化,造成养殖户经济效益下降。同时致使市场蛋品供过于求,相互恶性竞争,鸡蛋价格下跌。

2.市场需求因素分析

蛋鸡养殖的经济效益受市场供求关系的制约,供过于求时,蛋价下跌,相反会提高。市场经济条件下,一切生产活动均以市场为中心,以社会需求为导向。鸡蛋目标市场的消费结构和消费水平的变动情况,决定了目标市场对鸡蛋的社会需求量和市场购买力的大小,从而决定了养殖户生产规模的制定。

3. 消费习惯是影响蛋类消费的重要因素

收入对消费需求的影响是相对的,蛋类消费需求不要受消费习惯的影响。研究结果表明,我国对蛋的消费需求在年人均 16 千克以下应随收入的增加而增长,但接近 16 千克以后就会处于相对稳定和状态。

另外还受季节因素的影响:夏季人们饮食习惯是喜欢偏清淡食物,对猪、牛、羊肉及其替代品的消费会减少,对鸡蛋的需求增多,鸡蛋价格就会升高;反之,冬季则消费量相对会减少,蛋价降低。消费旺季的影响:每年的春节、中秋、劳动节、国庆节等节假日,无论是鲜蛋的直接消费,还是加工需求都显著上升,需求旺盛,使蛋品市场需求进入一个高峰期,鸡蛋价格升高。

尽管鸡蛋是人们的生活必需品,但也有一定的需求弹性。如肉鸡、猪、牛、羊肉、牛奶、蔬菜等其他替代品的价格变动也会影响消费者对鸡蛋的需求。秋菜价格下降,人们就会大量购入蔬菜,减少对鸡蛋的购买量,鸡蛋价格就会下跌;反之,进入冬季,天气寒冷,棚菜价格高涨,也会带动鸡蛋价格上涨。

(三)蛋类需求的地域布局

1. 居民人均购买鲜蛋量虽逐渐增加,但地区消费差异显著

一般认为, 北方城市是蛋类的主要消费区,2010 年城市居民购买鲜蛋最多的是南方的广东省,较低的是西南地区西藏自治区和新疆维吾尔自治区。人均购买鲜蛋前 10 名的省市为山东、广东、河南、江苏、河北、安徽、浙江、四川、辽宁、浙江。

2. 蛋类销售价格地区差异明显,南方城市高于北方城市

受供求关系影响,从 20 世纪八九十年代南方城市蛋类价格一直高于北方城市。在南方城市中,蛋类价格最高的城市是海南省,从而影响了该地区对蛋类的消费。

我国大中城市蛋类消费余缺情况:2010 年以来我国各省、市、自治区蛋类自给有余的地区主要有河南、山东、河北、江苏、四川、辽宁、湖北等省市;蛋类供不应求的省市有广东、上海、浙江、北京、福建、天津、江西等省市。

（四）蛋类销售情况现状

目前，我国鸡蛋销售情况主要是以内销为主，出口规模小。消费形势主要是鲜蛋，另有部分为加工蛋。

国内农户鲜蛋销售还主要靠蛋贩子上门收购销售，蛋贩子由于注重价格，往往不注重鸡蛋质量，养殖户对鸡蛋市场行情不甚了解，价格掌握在收购商手中，处于很被动的局面。这样养殖户的利润下跌，促使行业利润空间越来越小，同时也限制了产业链的扩大延长。

同时，如果遇到了价格低潮期，养殖户还会盲目存蛋，使蛋品质量进一步下降。在流通环节也没有合理的冷冻、冷藏保存措施。所以由产区到销区市场，在蛋品质量方面很难得到有力保障。

我国鸡蛋出口主要是阿曼、日本、新加坡等国家，中国香港、澳门特区市场上的鸡蛋大部分也来源于中国内地。

第四章　产品定价

一、供求关系决定价格

按经济学的看法,商品价格与市场供求之间有着极为密切的关系,即商品价格是市场供给等于市场需求时所报的价格。一般地,商品价格与供给量的关系是:价格越高,供给量越大,价格越低,供给量越少;反之,供给量越大,价格越低,供给量越小,价格越高。价格与需求量的关系是:价格越低,需求量越大;价格越高,需求量越少;需求越大,价格越高,需求越小,价格越低。因此,当市场上供给大于需求时,价格就趋向下降,例如蔬菜刚上市时,价格较高,随着上市量的增加,价格逐渐下跌,直到供需平衡;当市场商品供不应求时,价格就趋向于上升,例如许多紧缺商品就是如此。如果硬性规定价格不变,则会出现"黑市现象",人们非法进行高价买卖。

二、先有一个定价目标

商品价格不是漫无边际地随意波动。定价目标就是人们进行商品定价时要达到的主要目标,它是确定定价策略和定价方法的依据。

1. 以维持生存为目标

在激烈的市场竞争中,如果农产品将维持生存作为自己的主要目标,这时利润就显得次要多了。那么民众就会选择降低产品价格,即价格只要能弥补可变成本和部分固定成本,就能生存,农民的生产经营活动就可以正常维持。当然,这种定价方法不可能是长期的,因为农户不可能将维持生存作为长期为追求,否则在激烈的市场竞争中,将没有农民的立足之地。

2. 以利润最大化为目标

许多经营者都喜欢制定高价格来快速取得市场利润,但这应该是在推出新产品的时候,而且这个价格应该让消费感到物有所值。因此,当市场销售额下降时,经营者应该降低商品价格,来吸引一些对价格敏感的消费者。

利润目标以投资利润率或资金利润率为定价目标,易于计算,但它往往受到市场变动因素的影响。其公式为:一定时期资金利润率 = 一定时期利润额÷投入资金总额×100%。

3. 以销售增长率最大化为目标

一般情况下,销售额越大,定位成本就越低,经营者的利润也就越高。这样的农户一般可以采取低价格来吸引对价格敏感的顾客,使经营者实现销售额最大化。

4. 以产品高质量来提高产品价格

现实中,一些著名企业生产的名牌产品,由于产品的质量过硬,售后服务完善,它的价格也确实比一般产品高出一截,而且对消费者仍有巨大的吸引力,经营者也因此创造了很好的经济效益。农产品经营者可以通过名、优、特、新产品的生产来获得高价格和较高利润。

5. 以市场份额为目标

在市场上,农户和生产经营者用保持和增加市场份额作为定价目标,有利于参与竞争。公式:市场占有率 = 本企业一定时期销售额 ÷ 同行业一定时期销售总额 × 100%。

市场占有率并不一定与资金利润率相一致。有时候为了在竞争中扩大市场份额,必须在价格上做出一定牺牲,从而导致资金利润率的下降,在市场扩大情况下,总的盈利水平可能提高;相反,为了保持一定水平的资金利润率,可能导致市场份额的下降,总的盈利水平会降低。

6. 以适应竞争为目标

大多数经营者对于竞争者的价格都十分敏感,在定价之前,广泛收集资料,将本企业产品品质、规格与竞争者类似产品作认真的比较,并主要以对市场有决定影响的竞争者的价格作为定价的基础:①与竞争相同的价格对产品定价;②高于竞争价格,资金、技术条件强,产品优良经营者常采用此定价方法;③低于竞争者的价格,较小规模的经营者或谋求扩大市场占有率的经营者,常常采用低于竞争者的定价方法。

7. 以稳定价格为目标

在市场竞争和供求关系比较正常的情况下,为了避免不必要价格竞争,保持生产的稳定,以求稳固地占领市场,经营者常常以保持价格稳定为目标。这类企业通常是同行业中举足轻重的大企业,这个大企业处于领导地位,左右着市场价格,其他小企业也往往采用大企业价格,也可以略高于或略低于后者,这是市场上常有的现象。

三、选择定价策略

在选择定价策略之前,应该考虑这样几个因素:弥补的产品的直接成本和机会成本,竞争者产品的特色和价格,树立什么样的营销形象和投资回收期,即要想多长时间收回投资。

1. 渗透定价策略

渗透定价策略的适用范围是:产品进入市场;产品市场规模大,市场竞争较强;产品需求弹性较大,消费者对产品价格反应敏感的市场。

农产品的同一个品种具有较大的同质性,因此经营者往往采取低价来吸引众多消费者,他们的购买行为相当理智,希望支付较低的价格获得较高的满足。所谓低价,是相当于产品品种和服务水平而言的。这种策略的优势在于:低价低利能够有效地阻止竞争者加入,产品能较长时间占领市场。这种策略主要包括以下3种。

(1)高质中价定位 一般农产品差别不是很大,价格太高消费者嫌贵,价格太低消费者会产生怀疑心理,因此这种定位方法比较保险。家庭农场的经营者提供优质的产品和服务,但价格却定在中等水平上,把农产品价格保持在同行业平均价格水平上,以价格的优势吸引众多的消费者,使消费者感到中等的价格获得高品质消费。

(2)中质低价定位 指家庭农场以较低的价格,向消费者提供符合一般标准的产品和服务,使顾客以较低的价格,获得信得过的产品。这一目标市场的顾客群对价格敏感,但又不希望质量过于低劣。

(3)低质低价定位 产品没有质量优势,唯一有的就是价格优势。这一策略主要迎合一些低收入阶层。

2.撇脂定价策略

撇脂的意思是从牛奶表面逐层撇取奶脂,撇脂定价是指新产品进入市场后经营者有意识地把产品价格定得大大高于成本,使其能在短时间内把开发新产品的投资和预定利润迅速收回。这一策略的实施往往配合以强大的宣传攻势,比如,高价农产品可以包装成礼品,突出显示消费者的地位和财富。

3.尾数定价策略

农产品的消费者往往认为尾数价格是经过精密计算的,因而产生一种真实感、便宜感。如1千克鸡蛋标价5.9元,比标价6.00元更能吸引顾客。现在用的尾数比较多的还有8,取"发财"中"发"的谐音。

对于大众化,没有经过加工的一般农产品,尤其是自家消费的农产品,消费者一般存在实惠心理,500克蔬菜定价0.9元,远比定价1元要吸引人,所以这类农产品定位最好不要超过整数,1.8元、1.9元比定价2元要好卖的多。对于粗加工农产品,消费者存在"一分钱一分货"的心理。

4.整数定价策略

根据有些消费者自尊心理的需要,对一些高级商品或一些高档商品要采取整数定价,这种定价能满足顾客的虚荣心,如一件裘皮大衣如果定价为5999元,可能问津的消费者少,就不如定价6000元为好,应为顾客心理感觉5999元只是5000多元,没有超过6000元,心理得不到满足,不易引起购买动机。

5. 分档定价策略

分档定价就是根据不同顾客、不同时间、不同场所,在经营不同牌号、不同花色规格的同类产品时,不是一种产品走一个价格,而是把商品分为几个档次,每一档次定一个价格,分档定价的形式有以下几种。

（1）针对不同顾客群定不同价格,差别对待　如普尔斯马特会员商店,对会员顾客实行优惠价格售货,而对非会员顾客购物则要加收价格 10%。

（2）同一产品,不同花色、样式,实行分档定价　例如,将各式各样的西服分为高、中、低三档,每档确定一个价格。

（3）不同位置分档定价　如商店的猪肉价格,前臀尖和后臀尖的售价就不相同;前排和后排的售价也不相同。

（4）不同时间分档定价　如长途电话节假日和平时的话费就不相同,即使一天的不同时间段话费也不相同;菜市场农民卖菜,上午蔬菜价格比较高,到下午接近收摊之前,一些经营者就会削价处理了。

分档定价,可以使消费者感到商品档次高低的明显差别,为消费者选购提供了方便。但分档不宜太少也不宜太多,档次太多,价格差别太小,起不到分档作用;档次太少,价格差别太大,除非商品质量悬殊,否则容易使期望中间价格的顾客失望。

实行分档定价的前提:一是市场是可以细分的,且每个细分市场的需求强度不同;二是商品不可能从低价市场流向高价市场,不可能转手倒卖;三是高价市场没有竞争者削价竞争;四是不会因分档定价引起顾客不满。

6. 折扣定价策略

现在的顾客希望购买商品达到一定数量或金额时,能够得到折扣。如果想制定有利可图的价格,也应该考虑到价格折扣问题。

（1）数量折扣　指卖主为了鼓励顾客多购买,达到一定数量时给予某种程度的折扣。①累进折扣。买方在一定时间内购买满一定数量时,给予一定折扣,数量越大,折扣比例越高。②非累进折扣。当一次购货数量达到卖主要求的数量,就会给予折扣优待。这是最常见的定价方法。

（2）现金折扣　在赊销时,如果买方以现金付款或者提前付款,可以给予原定价格一定的优惠,这就是现金折扣。通常有 3/10,2/20,n/30 来表示付款条件,意义为 3/10 是指 10 天内付款可享受 3%折扣;2/20 指在 11~20 天付款可享受 2%的折扣;n/30 指 20~30 天付款,不享受折扣,按原价付款。

（3）交易折扣　根据各类中间商在市场营销中的功能不同给予不同的折扣。交易折扣的多少,视行业、产品的不同以中间商所承担的责任多少而定,一般批发商折扣较多,零售商折扣较小,如按美国百货业习惯,一般是按零售价格40%和10%给予同业折扣,即如果零售价格是100元,零售商按60%向批发商付款(即60元),批发商向生产厂商按50%(60%~10%)付款(即50元)。交易折扣在我国表现为出厂价、批发价、零售价的差价,只不过此差价较小。

(4)季节折扣 为了鼓励中间商和消费者提前购买季节性强的商品,如春夏季购进冬季服装,以减少企业资金占用和库存费用,常常给予中间商和消费者一定的季节折扣。旅游业、航空业、服装业是适合实行季节折扣的典型行业。

(5)旧货回扣 即收进顾客同类商品的旧货,卖给一个新货,打一个回扣,也就是以旧换新,目的是鼓励消费者加速以旧换新,促进销售。

(6)分步折扣 顾客购买不同数额的商品,获得不同的折扣优惠,如你到书店购书,购买50本,书店给你85折优惠;如果购买100本,书店可能会给你75折的优惠。

(7)促销折扣 这是销售商为其宣传商品的一种定价策略。即如果有证据说明你为销售商的产品做了广告宣传,你就会从他那里获得折扣优惠。

7. 地区定价策略

经营者进行产品定价时,运费和保险费是一项很重要的因素,特别是当运费和保险费占成本比例较大时,更不能忽视;还有,面临的竞争者在不同的地区可能完全不同,有些城市的竞争可能非常激烈,而有些区域则不尽然。这些因素会对产品在不同地区的定价策略不尽相同。

(1)产地交货定价 就是货物一旦被搬上了运输工具,卖方在运输上就没有了责任,即运费和保险费全部由买方负担。当然,如果商品在运输过程中受损,损失将由顾客承担。这对卖主来说是最单纯、最便利的定价,适合于各地区的卖主,但对于路途较远、运输费用和风险较大的买主不利。

(2)目的地交货定价 就是卖方将货物按合同要求运送到顾客指定的目的地的一种价格,运费和保险费全部由卖方负担。当然,如果商品在运输过程中,损失也将由卖方承担。这对买主来说是最单纯、最便利的定价,适用于各地区的买主,但对于路途较远、运输费用和风险较大的经营者不利。

(3)统一交货定价 对所有顾客不论路远路近,都收取相同的运费,由卖主将货物运往买主所在地。这类服务类似邮政,又称为"邮标定价法",如果运费占成本比重较小,经营者就倾向于采用这种定价,因为这会方便顾客,有利于巩固经营者产品的市场地位。

(4)运费免收定价 这种定价策略一般是要求顾客的购买数量达到一个最低金额,以得到免除运费的优惠。

定价策略是多种多样的,经营者要根据自己的产品和市场销情售况,进行选择。

8.形象定价

把农产品包装好作为礼品赠送越来越成为一种时尚,如壳鸡蛋、散养柴鸡、彩色甘薯和有机蔬菜配上乡土气息浓郁的包装正走俏礼品市场。正如一枝枝鲜花,单独销售可能不太值钱,但是,把它包装进透明好看的花瓶里,视觉上会给人带来愉悦的享受,因此,鲜花伴随着花瓶一起出售,价位就会稍微偏高,顾客购买欲望也越加强烈。因此把特色鲜明、老少皆宜的农产品(食品)作为礼品销售,制定的价格可以与时尚礼品相提并论。

四、掌握定价技巧

市场上产品价格的变化无外乎两种情况,一是商品价格上涨,二是商品价格下跌的。针对这两种情况的发生,经营者应该怎样选择定价呢?

(一)产品涨价

涨价对经营者来讲是件两难的事情,一方面涨价会引起消费者不满,从而引起消费需求的减少;另一方面,不涨价,经营者可能难以为继。因此,一个经营者在涨价问题上要进行认真分析,然后再决策。

1.产品涨价的原因分析

①应付成本上涨。即由于产品成本增加而造成的产品价格的上涨。这是经营者产品涨价最主要的原因。②产品供不应求。消费者哄抬物价,经营者趁机提高价格能抑制超前需求,缓解市场压力。③通货膨胀。货币贬值,使产品价格低于其价值,经营者不得不涨价,以弥补贬值造成的损失。④产品功能增加,竞争增强,经营者就可以提价。⑤维持竞争能力。在激烈的竞争中,经营者在专业知识不充足的情况下,产品价格高低为评价产品好坏的依据,此时,维持高价,可以提高竞争力。

2.抓住时机。适时提价

①产品在市场中处于优势地位时,经营者可以适时提高产品的市场价格。②竞争对手产品提价时,经营者可以随之提价。③产品需求缺乏弹性,需要量对价格反应迟钝时。即市场需求与价格之间的关系不十分密切,价格提高不会引起消费者购买数量的减少时,经营者可以适时提高商品价格。④市场结构分析。在完全竞争市场中,经营者只能被动地接受价格;在垄断市场上提价会引起政府干预;在垄断竞争市场上,如果产品需求弹性小,则提价有利,此时经营者可以适时提高商品价格;在寡头垄断市场上,提价会引起市场占有率下降。⑤经济形势。通货膨胀时期要提价,一方面通过提价弥补因货币贬值而给经营者造成的损失,另外通货膨胀引起物价上涨,从而刺激需求,经营者可以抓住时机提高产品价格。⑥成本结构。原材料和劳动力费用增加,引起成本上升时,经营者通过提高产品价格,以弥补成本折上升。⑦国家价格政策的影响。

3. 涨价的技巧

①公开真实成本。在价格上涨同时,通过各种途径将成本上涨情况如实告诉消费者,使价格提高得到消费者认可。②提高产品质量。为减少涨价给消费者带来的压力,企业通过提高产品质量,使顾客感觉花较多的钱的是货真价实的产品。③附送赠品。涨价时以不损害经营者正常收益为前提,随产品赠送一点小礼品,以减少涨价给消费者带来的困扰与不安。④增加产品数量。即涨价后增加产品供应分量,使消费者感到虽然涨价了,但产品分量也增加了。

(二)产品跌价

1. 产品跌价原因分析

造成商品跌价原因很多,有市场的、社会的,也有经营者本身的原因,归纳起来影响产品跌价的因素有:①经营者生产能力过剩,但又不能通过产品改进和加强销售工作增加销量,只能考虑采取跌价。②在竞争压力下,迫使经营者通过降价扩大市场份额。③经营者生产成本比其他竞争对手低。④竞争对手采取降低措施。⑤产品需求弹性大,降低价格可以扩大需求量。⑥经济形势。在通货紧缩形势下,市值上升,价格总水平下降,应当采取降价措施。

2. 产品如何跌价

由于各经营者所处的地位、环境以及引起跌价的原因不同,其选择跌价的方式也不一样,主要有直接跌价和间接跌价两种。

直接跌价:是指经营者生产的产品在市场环境影响下必须跌价时,经营者直接降低产品的价格。

间接跌价:是经营者产品具有降价的市场环境时维持产品的价格表价格,但实际价格却降低了。间接跌价的方式主要有:①增加额外费用支出,如免费送货上门,免费安装、维修等。②馈赠物品。③改进产品性能,提高产品质量。④增大各种折扣比例。

3. 走出降价的误区

很多小规模经营者经常通过降价来参与竞争,希望通过降价增加产品的销售量,从而提高经营者的利润水平。在多数情况下,这是一个错误的做法,因为价格不是决定顾客需求的唯一因素。有时降价的结果不但经营者的利润没有增加,反而影响了产品和经营者的形象。

经营者对产品定价,必须与希望建立的经营者形象保持一致。价格有时会影响消费者的购买欲望,但通常情况是顾客把产品的价格和他们对质量的认识联系起来,即低价格意味着低质量,造成的结果是高质量的产品加上低价格等于低质量。尤其对于医疗、法律等服务性产品更是如此。

（1）高价格有利于树立产品和经营者形象　如果产品采用了高价格,则:①使用广告和其他促销手段强调高质量的产品形象;②通过良好的业绩清晰解释你的高价格,使顾客感觉到物有所值;③监督产品与服务质量,确保顾客满意。

（2）低价格可以增加销售量　如果产品定了低价格,则:①通过产品质量、品牌、包装等促销组合支持你的产品质量;②要知道,顾客即使付了低价格,也不想买到低质量产品;③最好能够解释清楚低价格原因(当然不是低质);④提高服务质量,达到顾客的期望值。

第五章　农产品运销渠道

一个企业要在经营上取得成功,只有适销对路的产品还不够,还必须有恰当的渠道把产品送到消费者手中。

一、销售渠道的选择原则

选择正确的销售渠道,要考虑经营者的主观条件和客观条件等诸多因素,其中关键的因素是目标市场的状况、产品的特点和企业本身的资源。

（一）考虑目标市场的类型

1. 目标市场的类型

一般消费品市场和工业品市场是两类不同的目标市场。如果销售对象是工业用户,一般应尽量减少中间商,甚至不必经过零售商。

2. 潜在顾客数量

如果潜在顾客的数量相对较少,如机器设备的销售,经营者可以考虑使用推销人员直接推销;相反,如果顾客数量多,就必须考虑使用中间商进行广泛的销售活动。

3. 市场分布状况

目标市场是集中还是分散,如比较集中,经营者一般可采取直接销售的方式;如果分散,则使用中间商。

4. 市场容量的大小

对于一次性购买数量很大的用户,可直接供货,对于订单较小的用户,可以通过中间商进行销售。

（二）考虑产品因素

1. 价格

价格越高,越宜于选择短渠道模式,因为多一次中间转手,就要加上一定的中间商利润,会影响销路,一些价格较高的产品,最好是经营者用推销员直销。

2. 产品耐久性

易腐产品或式样容易过时的产品,周转要快,渠道越短越好;而比较耐久的产品,则可以采用长渠道销售。

3.产品技术性质

一般技术性较强的产品或者售后技术服务非常重要的产品,经营者应尽量缩短渠道,高技术的耐用消费品,如需通过中间商销售,必须设立修理服务中心,防止因无力承担维修服务而影响销售。

4.产品的体积、重量

体积大、重量也大的商品,宜采用短渠道销售,以减少流通费用。

(三)经营者本身的资源因素

1.经营者的规模和声誉

实力很强、市场声誉好的经营者,一般利用环节少或直接渠道,而资金和条件有限的经营者,多数要依靠中间商的力量。

2.管理能力

管理先进的大企业,可以直接派出推销员或自己设立销售网点,使渠道缩短;缺乏销售经验和能力的小企业,则可依赖中间商。

3.控制渠道的愿望

有些知名企业,为了维护产品的声誉、控制产品的售价,宁愿花费较高的直接推销费用,采取短渠道销售,如美国福特汽车、日本精工表等。有的企业只求卖出产品,不想控制销售渠道,大多依赖中间商销售。

4.成本效益

经营者可供选择的营销渠道很多,但在选择过程中,要考虑成本和效益情况,注意选择成本低、效益好的方案,以利于提高其利润水平与竞争能力。

(四)考虑国家政策、法令

这是不可控因素。如我国政府对产品分配方式的许多规定,对某一些关系国计民生的重要商品,国家按统一规定的渠道进行销售,过去像粮、棉、食用油,有些商品实行国家专卖,如卷烟。这些规定必然影响经营者销售渠道的选择。

二、可供选择的分销渠道

(一)排除中间商——直销

生产商不经过中间环节而把自己生产的产品直接销售给消费者或用户,消费者和用户完成了所有的营销活动。即,生产者—消费者(或用户)。

这是最短、最直接的渠道,有的生产商直接控制产品的营销,从而可以迅速地得到顾客的反馈。像电话营销、送货上门、邮购、经营者自办商店、展销会、合同销售等都属于这种形式。它不仅可以节省营销成本,重要的是这种方式直接贴近顾客,有利于经营者了解市场,宣传产品,建立信誉。常见的方式如下。

1. 展示销售

展示销售就是在没有特定销售场所的情况下,临时租用饭店、商场超市、会展中心等场所的一角展示商品,并在现场进行销售活动。展示销售可以有多种形式。

（1）一般展示。

（2）召开新产品发布会。

（3）参加由社会机构组织的商品展销会。

（4）甚至组成车队游走销售。

（5）运用海报、传单、赠品等方式,吸引顾客到场参观。

2. 邮购

邮购是传统的直销方式之一,其基本邮购技巧如下。

（1）建立完整的顾客名单与相关资料,了解其需求,并定期或不定期地寄发邮购宣传单,以维持良好的关系。

（2）选择印刷媒体的广告形式,而且印刷必须精美,说明务必清楚,使顾客一目了然地了解商品的特性,以刺激消费者的需求与购买欲。

（3）提供适当的诱因也是相当有帮助的,如提供赠品、特价,或限量供应等,使消费者觉得在不买会遗憾,以促使顾客采取行动。

（4）顾客订购后立即处理,使其在最短的时间内收到商品。

（5）如通过给顾客寄生日卡、贺年卡等方式,加强与顾客的接触沟通,强化彼此间的关系。

3. 电话营销

电话营销是利用电话来达到销售商品或服务的一种方式。一般有两种类型:一为专门提供"接听"服务,通过电话专线接受顾客的订货、咨询或抱怨,电话费用由经营者负担;另一种是主动出击,以"外拨电话"的方式与消费者接触,即以关心与诚恳的口气,循序渐进地促销商品。

（1）做好顾客资料的整理工作,包括顾客的住址、电话、姓名以及购买来往记录等,针对特定对象进行接触。

（2）对电话营销人员进行基本训练,包括基本电话礼貌、如何使用电话营销技巧、时机的配合、客户类别分析、商谈要领、商品知识等,使得营销人员在短短的电话交谈中,破解客户的防卫心理,取得对方的信任,完成交易。

4. 媒体营销

媒体营销是通过电视、广播、报纸、杂志等大众媒体，将商品的销售信息传递出去，并诱使消费者利用上门或打电话等方式订购，以完成买卖双方贸易程序。

媒体营销与广告，广告只是宣传产品的功能、形象，让顾客知道产品，而销售则是由批发商或零售商进行。媒体营销的主要目的是告知顾客企业的电话、通信地址，以便顾客电话订货或直接上门订货。

5. 自动化销售

所谓自动化销售，即是利用自动销售机，投入特定的交易媒介（例如硬币或电脑记录卡等），而完成的商品或劳务的销售。例如在西方国家的自动洗衣、电动游乐器、行李存放保险箱、自动计时停车器等均属之。应该注意的以下问题。

（1）设置的地点以人潮往来频繁的地方为佳。

（2）相关人员应该定期巡回维修机器、补充货品。

（3）留下顾客抱怨处理电话，以便机器吃钱或出故障时，让消费者有地方诉说，维修人员也能立即加以处理。

6. 网络营销

网络营销是指以因特网为传播手段，通过对市场的循环营销传播，达到满足消费者需求和商家诉求的过程。网络营销以因特网作为传播媒介，其跨时空和地域、网络覆盖全球、以多媒体形式双向传送信息和信息实时更新等，是其他媒介无法比拟的。这正是网络营销者所追求的。

因特网自身就是一个生机勃勃的"虚拟市场"。在这个市场中，全球的网民是消费者，一个个的网站好似一个个商家，信息、软件、服务、甚至广告等等，作为商品在网上被广泛交易。

（二）单一环节直销型

生产商将产品直接批发给零售商，再由零售商卖给用户。即：生产者—零售商—消费者。

从一般的小杂货店，到应有尽有的仓库式商店；从副食商店到大型商场，在现代市场经营中，零售商是销售渠道系统中人数最多的组织。它的基本职能是从事零售交易，把市场需求的产品直接销售给最终的消费者。

每一个零售商，不管它位于这一系列的哪个环节，都面临两个问题：一是该卖什么——商品搭配；二是在哪卖——销售地点。

1. 零售商的商品搭配

每一个零售商，都面临着如何选择搭配商品的挑战——该卖什么？它可以向经营商、批发商、生产商征求意见,也可以通过广告与消费者交谈或访问其他城市的零售商店来寻找答案。

2.零售商的关键是地点

对零售商来说,选择地点与选择搭配商品同样重要,甚至更为重要。一般地,零售商选择零售地点,应该考虑这样几个问题。

(1)看看你是"和谁在一起"即选择一个这样的地点,它能使你置身于与你在生意上互补且没有竞争对手的经营环境之中。

(2)考虑你所提供的产品或服务的性质 如果你所提供的商品是一些选择性很强的消费品,那么,你应该将购物是否便利作为优先条件考虑进去。如果你提供的商品是一些价值量大的耐用消费品,那么,购物是否方便并非决定性条件,产品质量和售后服务更重要。

(3)传统商业区与闹市区 一个基本的原则是购物的舒适和安全。良好的周围环境和社会秩序等是你应该考虑的一个重要问题。

(4)营造一种良好的氛围 氛围是吸引顾客并使之感到满意的重要因素。它能提高商店的人流量,鼓励购物者在商店逗留更多的时间,并刺激他们的购买欲望。如利用色彩和光线可给人们带来赏心悦目的视觉效果;背景音乐一起被用于营造商店氛围,但不要像有些商店那样成为一种噪音,顾客迈进门槛就觉得太闹;合适的气味可以促进顾客的购买倾向,如将你的食品店的外观设计成面包的形式,可以使内外协调统一。

3.适当延长营业时间

小城市的零售商经常抱怨白天无生意可做,这里因为白天大部分人都在上班,所以白天销售额下降。零售商应该是在顾客想买东西的时候开门,而不时自己想开门的时候开门。

消费者生活方式的变化和经营环境的竞争日趋激烈,零售商必须在顾客想买东西的时候开门营业。怎样延长你的营业时间呢?

(1)使用应答服务,即当你的商店无人值班时,用录音电话或传真机记录下顾客发来的信息。

(2)白天晚开门,晚上的营业时间就可以适当延长。

(3)做一些产品目录,顾客可以通过电话或邮寄来订货。

(4)周末或非营业时间派雇员值班。

(5)雇一些兼职人员晚上工作,当业务量小时,让他们做一些其他工作。

4.不同类型的零售商

按经营商品类别不同,一般将零售商分为6种类型:

（1）专业商店 如食品店、服装店、书店等,经营商品类别单一,但规格花色特别齐全。

（2）综合商店 商品品种多且杂,但比较实用。

（3）超级市场 首先于1930年出现在美国,顾客自选商品,自动选货,适合于中低商品,价格便宜、方便顾客。

（4）百货商店 规模大、品种多,范围广,一般还开设分店,一应俱全,很吸引人。

（5）方便商店 设在居民点附近的小百货店,夫妻店较多,以方便居民为主。

（6）服务行业 出售服务,如旅客、影院、洗衣店、俱乐部、咖啡店等。

经营者运用单一环节直销型,比直销型接触的市场面要广。但对生产商来说,要面对许多零售商进行销售业务,工作量仍相当大,而且市场面也有限,不利于生产和销售的进一步发展。

（一）多环节销售型

生产商生产的产品经过多层次、多环节销售给用户,一般有以下几种形式。

（1）生产者—批发商—零售商—消费者。

（2）生产者—代理商—零售商—消费者。

（3）生产者—代理商—批发商—零售商—消费者。

这些形式使生产商市场接触面广泛,经营者信息来源广泛,扩大用户群,增加销售量。那么,怎样选择批发商呢?

批发商是指按照批发价格经营批量商品买卖的商品经营者,经批发商通过将大批量拆分成小批量,或将小批量组合成大批量的方式,将商品组合成不同的数量,以满足不同消费者的需求。因此,批发商是在不改变商品或劳务的性质的情况下,只完成商品在空间的转移,以达到再销售的目的。

1. 批发商的特点

（1）沟通生产商与零售商的信息交流。

（2）每次商品交易数量较大。

（3）承担由于商品破损、储存、不确定性需求带来的风险。

（4）商品出售后不退出流通领域:消费品仍保持其使用价值和价值,通过零售商才能进入消费领域;生产资料经过生产部门的生产加工,价值转移到新的产品中去,新生产的产品又重新进入商品流通领域。

作为这一切的回报,批发商有权向消费者收取比他们直接向生产商所支付的价格更高的价格,以作为其利润的组成部分。

2. 批发商的特殊职能

批发商作为生产商与零售商之间的中间商,其主要功能是:

（1）采购　根据市场需求，预先从生产商手中购入商品，实现集中货源的功能；

（2）销售　批发商的最终目标是销售商品，通过销售为零售商提供货源；

（3）分配　批发商通过大量购买商品，将用户所需分散提供给其他批发商或零售商，解决了制造商希望小批量销售，零售商无力大批量购买和不能向每个制造商购买的问题。批发商通过这种分销活动，便具有在地区、季节、部门、行业、生活与生产消费间平衡分配和合理扩散产品的功能。

（4）运输　批发商在采购、分配、活动中必然会产生商品空间的位移。因此，批发商要及时、准确、安全、经济地组织运输。

（5）储存　批发商利用储存来创造时间效用，以便零售商随时可以获得小批量现货供应；另外，批发环节的仓储可调节市场淡季和旺季，起到"水库"作用。

（6）资金融通　资金雄厚的批发商可以对零售商实行信用进货，以弥补其资金不足，也可以通过预付款的方式资助生产者，起到资金融通的作用。

（7）风险承担　批发商承担了由于商品因时令、损耗及其他原因而造成的损失及风险；通过对零售商包退换商品，承担降价、削价给零售商造成的损失，从而为零售提供风险保证。

（8）信息服务　批发商利用信息灵通、联系面广和销售渠道多的条件，为零售商和制造商提供宣传、广告、定价、商情等咨询服务。

3. 批发商的 3 种类型

（1）一般批发商　即独立的批发商组织，他自己拥有商品所有权，实行独立的经济核算。一般是向生产商或大批发商购进商品，然后卖给商业客户或其他用户，赚取买卖之间的价格差额，它可以分综合批发商和专业批发商两类。

（2）经纪人和代理商　不拥有商品所有权，他们主要是通过自己的服务，促成买卖双方交易，从中赚取一定数量的佣金。

（3）批发营业部或营业所　工商企业系统自己经营批发业务的商业组织。

4. 批发点数量的选择

在产品分销过程中，应该选择区域性独家分销——一个地区只有一个商家获准销售其产品，还是选择密集性分销——尽可能广泛地设立分销点？要依商品的性质而定。

（1）密集性分销　一般日用品和生活必需品价格便宜，对它的需求反复出现，当一种品牌脱销时，消费者宁愿选择别的品牌来代替，也不愿意费尽周折去寻找先前的品牌，即便利比价格、产品品牌更重要。这样的商品要求实行密集性分销策略，把产品的销售点设在消费者可能去寻找的任何地方。

适宜采用此密集性分销方式的产品如：罐装食品、软饮料；香烟；报纸；胶卷冲洗服务；

汽油;办公室设备、纸张;清洁设备;复印和传真服务等。

（2）独家分销　独家分销是指经营者对在一个特定的地理区域内分销某种商品具有专营权,并实行全国统一价销售。一些价值量大,需要投入巨大的款项去购买的商品,一般只被极小数消费者需求,而且需要比较优良的售后服务,宜采用独家分销方式。适宜独家分销方式的产品有:汽车;休闲产品;计算机、复印机、传真机;工具;昂贵的化妆品;名牌服装;办公家具;农业及其他建设设施等。

（3）选择性分销　处在这两者之间的是选购性强的一般耐用消费品的销售,宜选用选择性分销方式。消费者更注重的是这些产品的价格、产品特色、服务、使用类型、适用性,购买地点的设置常常对消费者的购买欲望有着某种影响。采用选择性分销策略来限制批发点的数量,会保护产品或服务的声望。适宜采用选择性分销方式的商品是:一般服装、鞋类;家庭用家具及办公家具;计算机、复印机、传真机;家庭娱乐设备;珠宝、首饰等。

选择多环节销售形式,由于中间环节多,也可能引起商品的储运量增大,使产品到达用户之间的周期延长,造成经营费用增加或成本提高,直接影响到商品价格。

（二）一般消费品分销渠道

1.生产者—消费者。

2.生产者—零售商—消费者。

3.生产者—批发商—零售商—消费者。

4.生产者—代理商—零售商—消费者。

5.生产者—代理商—批发商—零售商—消费者。

三、选择销售渠道的基本策略

（一）综合性分销渠道策略

运用多种分销渠道综合地推销自己的产品,即通过批发商把产品分布到各零售点,销售面十分广泛,竞争性特别强。

1.常用于日用消费品生生活必需品的销售。

2.特点是采用间接销售方式,同时选择较多批发商和零售商来推销商品。

（二）选择性分销渠道策略

由于产品的特殊性,或经营者能力的限制,用户和消费者的偏爱等,经营者要选择较为合理的、有效的分销渠道作为自己产品的理想销售线路。

（三）独家分销渠道策略

在某一特定市场,经营者仅选择一家批发商或零售商专门销售其产品,一般情况下,这些经销商或代理商不再经营其他同类产品。

1.适用于消费品中的选购品,特别是一些名牌优质产品和需要售后服务的商品,如农业机械、家用电器等。

2.可使生产者与经营者联系密切,有助于提高产品形象,提高经营者的利润,易于控制市场,排斥竞争,新产品上市较为方便,还可以节约经营费用。

3.独家经销容易因推销力量不定而失去市场,对生产者和经营商来说,风险都大。生产者亏损或倒闭,经销商受牵连;经销不利,生产者受损。独家销售不利于开展市场竞争,也不利于消费者选择,应尽可能避免采用这种方式。

以上介绍的三种策略,随着情况的变化而变化,有时利用一种或两种策略,有时也可综合运用。

四、合理组织农产品运输的措施

(一) 按经济区划组织农产品流通

所谓商品流通的经济区划,是指由自然地理位置、交通运输条件、生产力布局状况、产供销关系各种因素决定,自然形成的科学合理地组织商品流通的地域范围。按照这样的地域范围,设置农产品经营的批发机构和储运网点,确定农产品流转路线和流转环节。组织农产品流通,就比较科学合理,符合客观经济规律的要求。它有利于消除农产品运输中的对流、倒流、重复、迂回、过远等不合理现象。

按经济区划组织农产品流通有两种情况:一种是以大中城市为中心形成的经济区划,农产品流向基本是由这个城市周围地区的若干县镇向这个城市集中;另一种是以交通枢纽地城镇为中心形成的经济区划,农产品流向基本是以这个城镇为中心,先集中后分散。

按经济区划组织农产品流通,就是要打破行政区划的限制,实行农产品跨区(行政区)收购和供应。实行农产品跨区收购、供应,是一项复杂细致的工作,应该在做好调查研究,合理确定跨区收购点和跨区供应点的基础上,合理组织农产品运输。

(二) 合理选择农产品运输方式、运输路线和运输工具

合理选择农产品运输方式、运输路线和运输工具,就是在组织农产品运输时,按照农产品运输的特点、要求及合理化原则,对所采用的运输路线和运输工具,就其运输的时间、里程、环节、费用等方面进行综合对比计算,消除增大运输时间、里程、环节、费用的各种不合理因素和现象,选择最经济、最合理的运输方式、运输路线和运输工具。

对于大宗农产品远程运输,适宜选择火车。因为火车具有运输量大、运费低、运行快、比较安全、准确性和连续性较高等特点。

对于短途农产品运输,适宜选择汽车。因为汽车运输具有装卸便利、机动灵活、有直达

仓库,对自然地理条件和性质不同的农产品适应性强等特点。

对于鲜活农产品、可根据鲜活性、成熟度,选择具有相应保养条件的运输快的运输工具和运输方式。

大宗耐储运家电产品运输,适宜轮船。因为轮船运输量大、运费低,但速度慢一些。

那些特殊急需的农产品运输,可利用飞机。因为飞机速度快。但由于运费太高,一般情况下不宜采用。

液体农产品的特殊运输,可利用管道。管道运输虽然一次性投资大,但具有长期受益、综合效益高,自动化程度高,安全可靠,运输损耗少,免受污染等优点。

高端生鲜农产品运输半径,最好不超过1.5小时车程,否则保鲜防腐成本会很高,到达消费者手里价格也很高,市场竞争力很弱。

（三）实行分区产销平衡,确定农产品合理流向

实行分区产销平衡,确定农产品合理流向,就是根据农产品的产销情况和交通运输条件,在产销平衡的基础上,按照近产近销原则,规划农产品的调运区域,制定出农产品合理流向图,并用这种方式把产供销关系和合理运输路线相对固定下来,使农产品运输制度化、合理化。这对于加强产、供、运、销之间的相互衔接及其计划性,消除过远、迂回、倒流等不合理运输很有好处。它通常适用于产地集中、销地分散,或产地分散、销地集中的品种单一、规格少、运量大的农产品。

农产品运输的合理流向图一般有两种类型。

1. 以采购地为中心的农产品运输的合理流向图

这种类型适用于产地集中、销地分散的农产品。由于商品采购的来源不同,这种类型又分为两种情况:

（1）就地采购、就地供应的农产品　这种情况,采购地处于农产品流通的起点。从而形成了以采购地为中心,向四周辐射的合理流向图。

（2）采购地是农产品的集散中心,是从外地采购调进农产品,再调运出去,采购地处于农产品流通的中间环节　这种情况,采购站的供应区域,为避免倒流,一般不包括采购方向的区域。所以形成了采购地为起点的扇形农产品合理流向图。

2. 以销地为中心的农产品合理运输流向图

这种类型一般适用于产地比较分散,而销地又比较集中的农产品运输。如棉花、烤烟、麻类等轻工业原料类农产品,产地分散在几个省、自治区,而销地(工厂)又相对集中在几个大城市。对这类农产品要以销地为中心,按其需要量大小,根据经济区划和就近收购、就近供应的原则,划分收购供应范围,进行产销平衡。其合理运输的流向图是以销地为中心,以产地为外围,由外向内聚集的形式。

(四) 采用直达、直线、直拨运输与中转运输

直达运输是指将农产品从产地或供应地,直接运送到消费地区、销售单位或主要用户,中间不经过其他经营环节和转换运输工具的一种运输方式。采用这种运输方式运送农产品,能大大缩短商品待运和在途时间,减少在途损耗,节约运输费用。农产品,尤其是易腐易损农产品的运输,应尽可能采用这种运输方式。有些农产品,如粮食、棉花、麻、皮、烟叶等,虽然耐储运,但由于供销关系比较固定,而且一般购销数量多、运量大、品种单一,采用直达运输方式也很适宜。在组织农产品直达运输中,应当和"四就直拨"(就地、就厂、就站、就库直接调拨)的发运形式结合起来,灵活运用,其经济效益会更好。

直线运输是指在农产品运输过程中。从起运地至到达地有两种以上的运输路线时,应选择里程最短、运费最少的运输路线,以避免或减少迂回、过远、绕道等不合理运输现象。

直线运输和直达运输的主要区别在于:直线运输解决的主要是缩短运输里程问题,直达运输解决的主要问题是减少运输中间环节问题。在实际工作中,把二者结合在一起考虑,会收到双重效果。所以通常合称直达直线运输。

直拨运输是指调出农产品直接在产地组织分拨各地,调进农产品直接在调进地组织分拨调运。直拨运输一般适用于品种规格比较简单、挑选不大的大宗农产品运输。

中转运输通常是指农产品集散地的批发机构,将农产品集中收购起来,然后再分运出去。中转运输也是组织农产品运输的一种必要方式,有许多功能:一是可以把分散的农产品集中起来,再根据市场需要转运各地,有利于农产品经营单位按计划组织调拨;二是可以根据农产品的收购、储存情况和市场需求的缓急程度,正确编制运输计划,提高农产品运输的计划性;三是便于选择合理的运输方式、运输路线和运输工具,开展直达、直线、直拨运输,使农产品运输更加合理化。

(五) 大力开展联运

联运是指运用两种以上的运输工具的换装衔接,联合完成农产品从发运地到收货地的运输全过程。联运的最大特点是:农产品经营部门只需一次手续即可完成全过程的托运。现阶段我国的联运是水陆、水水(江、河、湖、海)、陆陆(铁路、公路)联运和航空、铁路、公路三联运。

开展农产品联运,既适应我国交通运输的客观条件和运输能力,也适合农产品产销遍布全国,多点面广的特点。只要联运衔接合理,就可缩短待运时间,加速运输过程。

组织联运是一项复杂工作。在组织农产品联运时,购销双方要和交通运输部门密切配合,加强协作,提高联运的计划性、合理性。要通过签订联运合同,落实保证联运顺利进行的措施和责任,以提高联运效果。

（六）大力发展集装箱运输

集装箱是交通运输部门根据其运输工具的特点和要求,制做的装载商品的货箱。我国铁路运输集装箱有 1~30 吨的几种不同规格。选用时,要根据农产品的重量和用以装载的车型来确定,以求装满载足,减少亏损。

集装箱运输过程机械化操作程度高,是现代高效运输形式。采用集装箱运输,有利于保证商品安全,简化节约包装,节约装载、搬运费,加快运输速度,便利开展直运和联运。集装箱运输适应农产品易腐易变的特点和运输要求,应大力开展这种运输方式。

（七）提高运输工具的使用效率和装载技术

运输工具的使用效率,是指实际装运重量与标记载重的比率。提高运输工具使用效率的要求是,既要装足吨位,又要装满容积。这就要求必须提高装载技术。

提高运输工具使用效率和装载技术具有重要意义:可以挖掘运输工具潜能,运送更多的商品,降低运输成本,节约运费开支。

提高运输工具使用效率和装载技术的主要途径有:

1. 改进包装技术。比如,对轻泡物资科学打包,压缩体积,统一包装规格等。

2. 要根据不同农产品、不同种类和不同运输工具的情况,大力推行科学堆码和混装、套装等技术。这些技术,都是当前充分利用运输工具的容积和吨位,扩大技术装载量比较切实可行的措施。如果把轻泡商品合理地配装起来,就能收到车满载足的良好效果。

3. 改进装载方式方法。如粮食运输由袋装改为散装,不仅节约了大量包装费,也大大提高了装载量。

4. 大力组织双程运输,减少运输工具空驶;组织快装、快卸,加速运输工具周转。

5. 积极研制推广对运输有特殊要求的农产品,如活畜、水果、毛竹等专用运输工具,发展折叠式通风集装箱运输。

（八）推广"冷藏链"运输

"冷藏链"运输是指对鲜活农产品从始发地运送到接收地,每一环节的转运或换装,都保持在规定的低温条件下进行。比如,鲜鱼的运输,就应用冷藏船运到冷藏汽车,再运到冷藏火车,下站后再用冷藏汽车运到冷库。

"冷藏链"运输能抑制微生物繁殖和酶的活动,防止农产品腐变和减少在途损耗。如长距离运输蔬菜,采用一般运输,损耗率往往大于 20%,高的达 50%,而采用"冷藏链"运输,损耗率可控制在 3%~5%。同时,还能延长其储存期,有利于调节市场供应。可见,"冷藏链"运输对于保证农产品质量,减少农产品运输损耗,改进农产品经营很有好处,应该积极推广。特别是对易腐败的鲜活农产品的运输,更应该创造条件采用。

第六章　国际农产品市场营销

一、农产品国际市场

农产品国际市场指一个国家或地区与其他国家或地区进行农产品交易的场所及领域。对外开放,参与国际竞争,开拓国际市场是我国一项长期的基本国策。国际市场与国内市场相比,具有以下特点。

1. 结构复杂

目前参加国际市场经济活动的国家和地区有 130 多个。这些国家和地区,各有不同的社会制度、指导思想、政策法律、文化教育、地理位置、风俗习惯、宗教信仰、收入水平、消费结构,反映在贸易往来上就有不同的要求,形成了各自的特色。

2. 竞争激烈

国际市场竞争,实际就是商品质量、价格以及销售方式、服务态度、指导思想等方面的激烈较量,国际市场行情变化快,价格暴涨、暴跌,谁的商品新、奇、特、精,谁的价格合理,谁的销售速度快,谁就能取胜,在国际市场上就能占有一席之地。优胜劣汰在这里反映得最为明显、直接,世界上一些发达国家如美国、日本、西欧等国的农产品或工业品贸易,争夺异常激烈,此起彼伏。特别是随着各国生产和资本进一步国际化,西方国家之间的贸易战、市场争夺战、关税战也在进一步激化;发展中国家积极参与国际市场的竞争,也已成为不可忽视的力量;除世贸组织之外,现又出现了许多地区性经济合作组织的贸易集团,如东南亚国家联盟、中美洲共同市场、石油输出国组织及原有的欧洲经济共同体等。可见其竞争的激烈程度。

3. 商品构成的变化很快很大

目前进入国际市场上交易的商品品种越来越多,数量也有所增加,质量要求则越来越高,生产方式正在从劳动密集型向知识密集型和技术密集型转移。其中农业市场中初级产品贸易额逐年下降,加工产品贸易额逐年上升,因为加工产品经过加工增值,效益提高。近年来,世界粮食市场由于收成较好,贸易量增多,粮价基本平稳。但其他农产品的国际市场则变化很大,波动剧烈,总的格局是二战后北美和大洋洲国家占据世界农产品市场的主要地位,进入 20 世纪 70 年代后,西欧国家成为农产品出口的主要国家和地区。

4.营销规模在不断扩大

战后国际市场无论在深度还是在广度上都在不断扩大,超过了以往任何时期,主要表现在各种类型国家之间的经济贸易关系日益加强,商品流通额和资本输出额大幅增加。乌拉圭回合后,部分农产品国际贸易达成协议,这又进一步促进了农产品国际市场的活跃,但是我国多数农产品的国内生产成本高、技术含量低,但市场价格相对较高,这就面临着国际农产品市场的严峻挑战。迫切需要采用先进技术,提高科技含量,提高生产率,改善管理,降低成本,迎接国际农产品的挑战。

5.风险大

农产品多为鲜活易腐商品,或体大笨重,搬运不便,即使干货,贮存期有限,在国际运销过程中会遇到更大的风险。因此,要特别注意防止受潮、霉变、雨淋、保鲜、保洁,轻搬快运。更重要的是要严把质量关,严防有病虫害、有毒变质食品混入,造成检疫不合格,被扣被罚,要减少损失,并确保消费者食用的安全卫生。

要了解一个国家或地区的农产品对外贸易或世界农产品的贸易额,可从以下3个方面进行分析。

(1)农产品贸易额 指以货币表示的一国农产品进口总值与出口总值之和。它反映了一个国家或地区农产品对外贸易规模,通常以本国货币换算成国际上常用的货币单位如美元或欧元来表示。

(2)外贸农产品的商品结构 指一个国家(或地区)一定时期内进出口农产品的构成和各类农产品在农产品进口总额或出口总额中的比重。

(3)农产品对外贸易的地理方向 即指一国农产品进出口贸易的地区分布和农产品的流向。通常以农产品对外贸易总值或出口总值或进口总值中的国别(或地区)的比重或市场占有量来表示。

二、进入农产品国际市场的途径

企业一旦决定开展国际营销业务,首先面临的问题就是如何进入国际市场。归结起来进入国际市场主要有两大渠道:一是出口,二是国外生产。在两大渠道之下又有若干进入国际市场的具体方式。

1.出口

产品在国内生产,然后出口,包括间接出口和直接出口。所谓间接出口,是指企业将产品生产出来之后卖给国内的中间商,然后由中间商再分售给国外的顾客。所谓直接出口,是指企业生产出产品后,不经过中间商,直接卖给国外顾客(可以是最终用户,也可以是中间机构)。

2. 国外生产

在某些情况下，企业必须或者应该到国外直接进行生产，其方式主要有合同制造、装配、许可证贸易、开办合营企业或独资企业等。

在决定采用何种渠道进入国际市场时，经营者主要应考虑下述因素。

（1）渠道的可获性 不同的市场有不同的进入方法，比如在某些国家中建立独资企业是不可能的，但在另外一些国家则很受欢迎；在一些国家采用许可证贸易方式是不现实的，因为找不到合格的被许可人，而在另一些国家则是可行的。

（2）获利的可能性 利润是企业追求的主要目标之一。在评估采用不同渠道的利润潜量时，主要应采用各种渠道所可能得的销售额和发生的成本进行估测和比较。

（3）需要的投资 渠道不同所需投资亦不同。间接出口需要的资金较少，而国外独资经营所需资金较多。一般来说，进入海外市场的方式愈直接，所需的资金就愈多。企业必须结合自身的资金量来选择进入海外市场的方式。

（4）人员要求 对人员要求会因不同渠道而异。一般来说，进入到国际市场的方式越直接，就越需要更多业务熟练的国际营销人员。

（5）风险 风险大小不仅仅取决于进入该市场的方式，一般认为国外比国内的风险更大。

（6）经营者对其产品分销渠道的控制程度 控制程度的高低与所选择的渠道有关。如企业把产品卖给了出口商，让出口商去外销，这时企业对渠道就没有控制力。但如果企业自己进行海外销售或建立海外制造子公司就可能在较高程度上对渠道进行控制。

（7）灵活性 在企业进入某渠道时，该渠道可能是最佳选择。但是，当市场发生变化或销售扩大之后，这一渠道可能就不再是最佳选择。因此，企业应保持灵活性，即保持应变能力。各种渠道所具有的灵活性是不同的，例如，企业已在某国建厂生产，再想改变渠道就不容易，而间接出口的方式较容易改变。

三、提高农产品国际竞争力

提高农产品的国际竞争力，掌握和运用好产品充分发力的双因素原理，是一个有效的方法。双因素原理是把构成产品竞争者力的诸项因素分为两类，即无竞争因素（或称基本因素）和竞争因素。

1. 基本因素

基本因素包括产品的基本功能、一般质量、习惯价格、通常供货周期等，这些因素为竞争的同类产品所共有，因而并不构成产品的竞争因素。但是，它们是构成产品竞争力的基础。如果抽去基本因素，产品即失去作为商品的基本要素。

2. 竞争因素

竞争因素包括产品的附加功能,如质量优良、营养丰富、易储藏、外表美观、价格低廉和淡季供货等。这些因素往往要在该项产品与同类产品竞争者中才体现出来,它是用户在同类产品中进行识别和选择的依据。

根据双重因素,可采取下列方法,以提高农产品国际竞争力。

(1) 功能分离法　将产品的功能分解为基本功能和附加功能。基本功能为同类竞争产品共有,附加功能则为某产品所独有。产品的附加功能包括派生功能、保健功能以及营养性等。附加功能不仅扩展和完善了产品功能,同时使产品标新立异,可满足用户某些新的需求。某些企业称此为"以新取胜"。

(2) 质量分离法　将农产品的质量分解为一般性质量和重要性质量。一般性质量通常指质量等级中的合格品,也包括包装、设计等方面的质量。合格品只意味着产品是可用的,而用户满意的优质品则包含着好用或好吃、好看、耐贮藏等更多方面的有关质量内容,力求以优取胜。

(3) 价格分离法　就是将产品价格分解为市场上的习惯价格和可能降低的竞争价格。价格本身并不构成竞争因素,决定降低幅度的成本才是竞争因素。为此,就要采取标准化、通用化和价值工程等技术措施来寻求降低成本,力求以廉取胜。

(4) 时间分离法　农产品生产的季节性很强,而采取时间分离法就是将农产品的供货期分为季节供货期和反季节供货期。季节供货期并不构成竞争因素。比季节供货期早、快的反季节供货,或者在季节供货期内可以提供、更大数量的产品,才能构成竞争因素。为此,要采取预先捕捉市场信息、储备预研产品、引进先进技术、改良品种,实现淡季供货,或反季节供应上市以避开和占领更大更长的全年性市场,力求以时取胜。

(5) 为用户服务　产品销售后的服务是构成竞争的重要因素。许多销售企业都将此因素列入自己的市场战略内容。通过对用户的信息反馈和咨询服务,一方面以赢得用户的信任,另一方面可以为进一步改善产品营销提供信息,做到以诚取胜。

除采用上述"新、优、廉、时、诚"策略方法取胜之外,还应配合运用"名、特、精、奇"策略。发达国家的居民一般购买力较高,消费上一般都追求"名、特、精、奇"。"名"是指名牌商品,要运用品牌策略,生产和经营名牌商品,树立产品形象和企业信誉。"特"是指用各地的特产商品或民族商品,独占市场。"精"是指商品制造精细,包装精美,质量精良,让人爱不释手才好。过去我国商品到外国去,往往是一流质量,二流价格,三流包装,上不了大雅之堂,只好摆地摊,在销售价格和销售数量上吃了大亏。"奇"是指要善于经营具有新功能、新技术、新用途的罕见产品。同时,在经营方式上也要敢于创新。

四、我国农产品出口贸易发展现状,问题及对策分析

改革开放至今,随着国际分工和世界经济联系的进一步加强,国际贸易的地位日益增强,中国作为一个农业大国,农产品贸易在整个国际贸易中的地位举足轻重。

中国加入WTO以来,许多业内人士认为,首先受到冲击的是农业。由于其他国家的地方保护政策,我国农产品面临着新的挑战,如技术壁垒就是其中一个重要的方面,与此同时也给我国带来的新的机遇。我国可以利用自己的优势资源,根据我国农产品的现状,分析我国农产品对外贸易面临的问题,改善对外贸易的政策,提高我国农产品出口的竞争力是当务之急。因为这不仅关系到我国农业的发展,而且也关系到我国的未来。我国是世界最大的农产品生产国,但是我国农产品占世界农产品贸易的比重却很少,因此发展我国的农产品贸易是我们加入WTO后的重要课题之一。农产品贸易的发展并不是单纯地发展了农业生产就可以达到的,贸易涉及方方面面,要有一个总体上的方向,并兼顾和贸易有关的方面。因此,有一个正确清晰的思路引导是十分必要的。

(一)我国农产品出口贸易现状

1. 农产品出口贸易规模

改革开放至今,随着国际分工和世界经济联系的进一步加强,国际贸易的地位日益增强。自入世后,我国农产品贸易规模持续扩大,进出口总值每年都跨越一个百亿美元阶梯,展示了我国农产品对外贸易的前景是客观的,潜力很大。

我国虽是农业大国,并且许多的大宗农产品的产量均居于世界第一位,但在国际市场上我们至今仍然不是农业强国。据统计资料显示:2009年由于受国际金融危机等因素影响,出口额出现下降为395.9亿美元,比2008年减少9.1亿美元,下降了2.25%。2010年以后农产品出口额又呈现增长趋势,从2010年的494.1亿美元增长到2012年的625亿美元,但是农产品出口额占全国的比重呈现下降趋势,由2001年的6.04%降至2012年的3.06%,2013年,我国农产品进出口额1866.9亿美元,同比增6.2%,其中,出口678.3亿美元,同比增7.2%;进口1188.7亿美元,同比增5.7%,贸易逆差5104亿美元,同比增3.7%,农产品贸易实现了持续快速和全面发展。但是随着入世和经济全球化,我国农产品对外贸易在巨大的机遇面前面临着严峻的挑战,尤其是国际贸易的技术壁垒、绿色壁垒以及非关税政策,对出口农产品的对外贸易提出了更高的要求。

2. 农产品出口贸易结构

我国出口的农产品以水海产品、食用蔬菜、水果、畜类产品、禽类产品、活动物和食用油籽等劳动密集型产品和初级产品为主。2013年我国农产品进出口情况如下。

食用油籽进口6783.5万吨,同比增8.9%;进口额4140亿美元,同比增9.7%;出口

870万吨,同比减136%;出口额15.7亿美元,同比减7.8%;贸易逆差3983亿美元,同比增105%其中。大豆进口6337.5万吨,同比增8.5%;油菜子进口3662万吨,同比增25.0%。

食用植物油进口922.1万吨,同比减3,9%,进口额89.4亿美元,同比减17.2%;贸易逆差87.5亿美元,同比减176%。其中,棕榈油进口597.9万吨,同比减5.7%;豆油进口115.8万吨,同比减36.6%;菜油进口152.7万吨,同比增29.9%。

饼粕进口89.8万吨,同比减14.2%,进口额20亿美元,同比减210%;出口1370万吨,同比减10.7,出口额7.2亿美元,同比减6.2%。进口玉米酒糟蛋白(DDGS)400.2万吨,同比增680%;进口额14.1亿美元,同比增81.5%。

蔬菜水果出口额1158亿美元,同比增16.2%;贸易顺差111.6亿美元,同比增16.8%。水果出口额63.2亿美元,同比增2.3%;进口额41.6亿美元,同比增10.5%;贸易顺差21.6亿美元,同比减10.5%。

畜产品进口额195.1亿美元,同比增30.9%;出口额65.2美元,同比增1.3%;贸易逆差129.9亿美元,同比增53.4%。牛肉进口29.4万吨,同比增379.3%;羊肉进口25.9万吨,同比增108.8%;猪肉进口58.4万吨,同比增11.7%;奶粉进口86.4万吨,同比增49.3%。

水产品出口额202.6亿美元,同比增6.7%;进口额86.4亿美元,同比增8.0%;贸易顺差116.2亿美元,同比增5.8%。

3. 农产品出口贸易区域分布

2010年,我国农产品出口总额为488.8亿美元,同比增长24.7%,为近十年同期最高值。中国十大出口目的国或地区依次是:日本、美国、中国香港特区、韩国、印尼、德国、马来西亚、俄罗斯、越南和泰国。2010年,我国农产品对亚洲地区出口292美元,占农产品出口总额的59.8%,位居各大洲之首。对美洲地区出口增速最快超过50%,日本是中国农产品第一大出口去向地,2002~2010年中国对日本出口农产品年平均增长率只有5.4%,低于中国对全球农产品出口年均增速6.3个百分点,加入WTO以前,中国香港特区一直是内地农产品第二大出口去向地,但其在中国农产品总出口额所占比重快速下降。2010年在中国农产品总出口额所占比重下降到8.7%,韩国2010年在中国农产品出口总额所占比重却上升到7.2%。中国对美国出口农产品一直在增长,其在中国农产品总出口额所占比重上升到2010年的11.8%,仅次于日本。

(二)我国农产品出口贸易面临的问题

1. 较低的农业产业化和集约化水平制约农产品出口

我国农产品组织化程度低,缺乏龙头企业,众多中小企业市场开拓能力弱,信息渠道不畅,诚信意识、质量意识不高,农产品出口仍处于数量性扩张为主,无论是农户还是加工出口企业,还没有真正树立质量和品牌意识,没有实现"以质取胜"。粮食一直是我国对外贸易中的大宗农产品,而价值比较高的农产品,如蔬菜、鲜花、水果等出口数量有限,这种低级农产品为主的出口结构不符合世界农产品贸易发展的趋势,与农产品出口结构不合理相对应的是农产品的出口市场单一化,我国农产品出口主要集中在日、韩等亚洲国家和地区。

(1)出口农产品竞争力弱　虽然近年来我国农产品对外贸易快速发展,但贸易逆差日趋扩大,农产品出口在总出口中比重略有下降,进口比重却不断上升,我国农产品对外贸易争力显现下降趋势。我国政府和企业要共同努力,采取相应措施不断提高农产品对外贸易竞争力,促进我国农产品对外贸易的可持续发展。

(2)出口农产品比较优势下滑　根据联合国粮农组织(FAO)数据显示,2007年世界农产品进出口额分别占当年世界总进出口额6.3%和6.4%,而我国农产品进出口额分别占当年我国的货物进出口总额的4.29%和3.03%,我国农产品贸易水平低于世界平均水平。另外,我国农产品出口总占货物出口总额的比重由2006年的3.24%下降到3.13%,而进口总额占货物进口总额的比重由2006年的4.05%上升到5.20%,说明我国农产品贸易不断恶化,对外贸易竞争力在不断下降。

(3)农产品出口加工程度低,缺乏品牌优势　我国农产品的品质、加工程度都比较低,我国的畜产品用于加工的,蛋产品占全国总产量的3%~4%,但发达国家达到30%~40%,有的甚至达到70%。我国主要农产品与国外农产品的质量差距参差不齐,品牌可以带来的效应是贸易中不可忽视的必争利益,我国的农产品在国际上没有知名品牌,这使得我国的一些优质的产品无法在交易中获得最优的价格。

3. 农产品出口企业抗风险能力差

从企业角度来看,我国农产品对外贸易缺乏国际营销理念和国际营销经验,缺乏对国际贸易规则的深入研究,不善于运用合法手段保护自身的利益,抗风险能力差。具体表现是多数国内企业在遭到进口国反倾销投诉时放弃应诉权力,拱手让出苦心经营的市场造成巨大的利益损害,中国企业不应诉或应诉不力给国外同行造成可乘之机,因此针对中国农产品的反倾销案件呈不断增加的态势。

(1)农产品企业融资难　我国国际贸易融资开展于20世纪90年代中期,比欧美发达国家和日本晚,但是我国中小企业发展迅速,数量众多,约占到我国企业数量的99%,产值占国内生产总值的58%,出口创汇占68%,是我国外贸领域的一只重要的力量,然而却有大量的中小企业存在着国际贸易融资创新难的问题。

第一,缺乏稳健的财务支持,由于中小企业规模小、风险大和财务记录混乱的特征,加大了银行面临的还款压力,使之加大了国际贸易融资的风险,从而造成融资的一定难度,而那些新型国际贸易融资衍生工具的费率一般都比较高,使得中小企业很难获得此类融资。而且中小企业出口由于受规模限制,单笔进出口业务量一般较小,而交易费率偏高,使得企业难以承受。

第二,中小企业普遍缺乏完备的信用管理体系。目前,大多数中小企业还沿用多年来形成的传统交易方式,对出口风险的认识还停留在控制非信用证业务的层次上,忽视对进口方资信的调查,加剧了出口企业的收款风险。目前,我国海外拖欠款中恶意欺诈已占所有欠款案的 6.6%。同时利用外部保险机构,如出口信用保险来避免风险的中小企业还不多。

第三,小企业在选择代理银行时,由于没有足够的能力对国外的代理商行进行全面调查,缺乏和代理商长期合作的经验,同时对有些发展中国家的对外贸易、金融惯例、外贸管理政策了解不够,在贸易结算时有可能遭到无理拒付等现象。

(2)农产品企业规模小 我国农业经营体制与制度不完善。1978 年以来,虽已完成以向家庭联产承包责任制的经营模式的过渡,但尚未完全与现代市场制度的接轨,经营体制还较散漫。与国外农产品贸易强国相比,我国优质农产品生产仅占农产品生产的微小比重,不能适应农产品贸易全球化的需要,这直接导致了我国农产品出口企业的总体实力不强,使我国农产品出口企业整体上呈现企业规模小、实力弱、缺乏品牌、难以突破技术壁垒,产品的质量安全水平也难以绝对保证。

4. 贸易壁垒越来越高,农产品出口难度大

随着我国农产品贸易的快速发展,农产品出口面临着越来越多的障碍,从反倾销、保障措施、特别保障措施等贸易救济措施,到检验检疫、技术标准、认证程序、进口配额管理制度等贸易壁垒,贸易摩擦涉及的农产品范围日趋扩大。由于不同国家技术进步程度不同和消费者喜好的差异性,其所制定的技术壁垒形式也不同。从目前技术性贸易壁垒发展趋势来看发达国家贸易保护主义抬头,因此,有强化技术性壁垒的倾向。

(1)关税壁垒和农业补贴 高关税仍是当前世界农产品的主要保护手段,乌拉圭将农产品全面纳入自由化谈判之列,大幅度削减农产品关税也是多方关注的议题。我国承诺入世后,对大米、小麦等敏感性商品实行关税配额管理,到 2006 年后逐步取消配额。随着配额逐渐取消,农产品面对的将是较低的关税。我国的农产品贸易出现恶化的主要原因并非关税水平的调低,当然这也会造成一定的影响,但更关键的原因在于发达国家的"关税高峰"问题。所谓"关税高峰",是指执行乌拉圭削减关税承诺以来仍然相对较高的农产品进口关税,关税高峰在无形中抬高了某些重要农产品的进口门槛,是造成中国农产品贸易恶化的一个重要原因。即便是我国比较有优势的农产品,如蔬菜水果、肉类食品和加工密集型农产品,仍然继续受到发达国家高关税传统贸易壁垒的限制。

发达国家的农业补贴进 步削弱了我国农产品的国际竞争力。欧盟、美国是世界农产

品生产和贸易大国，其农业政策调整对世界和我国的农产品贸易格局都会产生重大的影响。欧盟提高农产品质量标准，对我国优势产品如园艺产品、水产品和畜产品出口带来了障碍。

（2）绿色壁垒　为了解决日趋严重的环境问题，国际社会采取了很多措施，其中一项重要措施就是将环境与贸易直接挂钩，通过限制乃至禁止对环境有害的产品、服务、技术等的贸易，希望达到环境保护的目的。这种把环境保护措施作为一种新的贸易保护措施加以利用，形成了一种新的贸易保护壁垒的方式，被称之为"绿色壁垒"，它属于一种新的非关税壁垒，已越来越多地成为有些国家国际贸易政策措施的一部分，农产品出口正遭受"绿色壁垒"的限制。近年来，发达国家以保护人类和动植物生态环境安全为名，制定了严格的技术标准和安全卫生检查措施。我国农产品遭欧、美、日、韩等国海关退运的事件层出不穷，而日本开始实施的"肯定列表制度"又设置了更为严格的农药残留标准，几乎涵盖中国对日出口的所有农产品，使农产品出口雪上加霜。国外技术壁垒阻碍对我国农产品出口产生的影响程度有所增加，影响了农产品对外贸易的均衡发展。

（3）技术壁垒　发达国家采用新兴的贸易壁垒保护其国内市场，国际农产品竞争已从过去单纯的关税、非关税措施转向以技术性壁垒为主的限制政策和措施。目前，技术性贸易壁垒已经成为发达国家农业保护的最主要、最有效的手段。2005年以来发达国家实施的农产品技术壁垒又有新的变化，包括：检验、检疫壁垒措施；食品反壁垒措施；身份认证壁垒措施；知识产权壁垒措施；食品标签壁垒措施。发达国家在蔬菜、水果、畜产品、水产品等劳动力密集产品的进口上设置的品质、标准等技术壁垒、环境壁垒不断加强，特殊保护措施和反倾销诉讼的运用也日益增长，使我国具有潜在比较优势的农产品出口势头受阻，农业结构调整受到很大限制。国外技术壁垒将对我国农产品出口形成长期阻碍，发达国家不断提高进口农产品的技术标准，内容已涉及生态环境动物福利、知识产权等多个领域，日本、欧盟相继修改食品安全卫生法。日本出台的食品中农业化学品残留"肯定列表制度"大幅提高进口农产品的农药残留检测指标；欧美等发达国家对农产品，食品提出质量可追溯的要求，抬高了我国农产品出口的门槛。

（4）反倾销的滥用　20世纪80年代，我国每年遭受反倾销的指控为0.4万起，20世纪90年代平均达到1.7万起，之后，美国、欧盟、澳大利亚等国先后对我国农产品每年提起反倾销案件21万起，而且基本都集中在我国具有出口比较优势的蔬菜、水果、水产品及其制成品上，而造成我国农产品遭遇反倾销的主要原因是我国农产品的价格较低。由于我国仍被视为非市场经济国家，发达国家在进行反倾销时，无视我国劳动力价格低廉的事实，单方面确定替代国，从而使我国的劳动力资源丰富的比较优势难以发挥，对我国农产品的出口限制极大。

(三)推动我国农产品出口贸易的对策

1.积极推广农业产业化,加大农产品贸易信息化程度和集约化

我国农户的经营规模一般比较小、成本高,没有抵御风险的能力,降低了我国农产品的国际竞争力。因此我国农业要发展规模经济,提高生产规模效益以降低农产品生产成本,提高我国农产品的国际竞争力。进一步完善我国农业经营体制与制度,发展现代农业,用现代物质条件装备农业、用现代科学技术改造农业、用现代产业体系提升农业、用现代经营形式推进农业、用现代发展理念引领农业、用培养新型农民发展农业,走现代化的农业发展道路,扶持农产品出口企业,发挥龙头企业示范带动作用。

集中精力发展特色农业,培育具有国际比较优势的农产品是农产品差异化经营的基础,注重科技进步,发展绿色农业,加快形成与农业产业链相适应的农业科技链;按照安全、优质、环保和高效的要求,发展无公害、绿色和有机农产品生产基地;积极与外商合资合作,引进国际先进的农产品生产技术和管理经验,鼓励支持和引导有实力的企业和个人参与农产品对外贸易以及到国外兴办种养殖基地和初级加工项目,拓展进入国际市场的新方式。

2.调整产业结构,提升产品质量,提高农产品国际竞争力

目前中国农产品出口存在许多问题,如低价出口、无序竞争等。我们应抓紧建立和完善农产品出口行业商会,与中介组织进行协调管理,并结合中国实际,制订新的卫生安全标准。出口企业应该努力提高农产品质量及其种类,中国畜禽产品出口主要以生鲜产品为主,对此,进口国检疫相当严格,我们可以把生鲜产品改为熟制品,避开苛刻的检疫限制的同时,也提高了产品的附加值。建立一个具有经济效益竞争优势的多样化初级农产品生产结构,利用我国农业资源的多样性以及鲜明的地区差异性,充分发挥比较优势,优化我国农产品进出口结构,以合理的农产品进出口结构作为优势格局的基础。我国作为人口大国,土地资源和建设资金有限,应该出口具有比较优势的劳动和技术密集型农产品,如猪肉、禽肉、水产品,蔬菜、花卉等,以比较优势调整农产品进出口结构,以国际农业资源配置调整国内农业资源配置,增强出口产品竞争力。

3.完善法律体系,加大对农产品出口企业的支持,提高农产品贸易竞争力

建立有效的食物安全控制系统,通过行政部门依法管理农产品生产经营,监督农产品质量,这样才能保护消费者的利益,立足国情,构建强有力的农业支持政策。从我国国情出发,尽早减少和改革低效率的以价格支持政策为主要形式的农业保护政策,将资金用在对农民收入、农业结构调整、农业信息服务和市场营销服务上去,将农业支持政策作为农产品贸易的长期政策安排,才是农业可持续发展的必由之路。加强对农业支持的针对性、集中性,提高支持力度,建立农业保险制度,增强农业抵御风险,加强农业环境建设。政府应

及时改进农产品国际贸易保护政策,建立农业国内支持新体系;借鉴国际经验,减少农民收益较少的农产品流通环节的补贴,把支持与补贴的重点转向农业生产者,建立农产品国际贸易保护新体系;建立国家支农政策新体系,加强农业投入保护,增加农业保护力度。从主导、控制型的农产品国际贸易政策向管理、服务型的农产品国际贸易政策转变,及时准确掌握全球农产品国际贸易动态体系,有针对性地对我国农产品对外贸易趋势进行分析预测。

4. 积极应对贸易壁垒,实施全程安全质量管理,早日与国际同步

要求主要进口国取消不合理的技术性限制措施,同时还要积极参与 WTO 新一轮多边贸易谈判,建立严格、公平、合理的技术性贸易壁垒和动植物卫生检疫新规则,约束发达国家越来越泛滥的技术性限制措施,为中国农产品出口营造公平竞争的国际环境。采取多种渠道突破壁垒,由于各国对进口农产品的检测标准不同,我国出口企业需要努力开拓新市场来适应各国的进口需要,避免企业陷入困境。

要重视和加强农产品全程安全质量管理,必须树立全面质量管理意识,尽快建立全过程、全方位和全员参与的农产品安全质量管理体系,从源头上保证农产品质量和安全卫生。实施“三全”安全管理就要求把农产品管理和农产品环境的治理,农产品生产中投入的农产品原料、化肥、农药,引进的技术和机械设备,作为重要的生产要素、提高竞争力的要素来看待。只有通过全面实施以有机化肥代替无机化肥,生态防治代替化学防治,保护农产品生态环境,建立农产品原料的绿色基地,开发绿色资源和绿色产品,制定绿色价格,运用绿色产品的广告战略宣传绿色消费,实施绿色管理,引进真正能够保证农产品质量和安全卫生的技术以及机械设备,才能从源头上解决农产品质量问题,以应对绿色技术壁垒。

加入世界贸易组织以后,我国农业逐步融入国际化潮流,直接面对日趋激烈的国际农产品市场竞争,不仅如此,中国农产品生产与贸易还受到气候及一些不确定性的因素的影响,如近年来发生的金融危机、口蹄疫、SARS 传染病和禽流感等,这些都对中国农业生产和贸易造成了很大的负面影响。因此,我们要采取积极的态度和有力的措施去预防和控制这些事件的发生。

(四)结论

我国是一个农业大国,在国民经济中农业的份额占很大比重。而农产品贸易呈现数量大、附加值低的状况。农业关系到人们的生存温饱问题,所以国家应将农业质保置于国家安全的高度。受国际金融危机的影响,农产品贸易环境恶化,国际贸易中的绿色壁垒日益增高,中国未来农产品贸易的格局依然复杂多变,农产品对外贸易逆差仍然存在。中国应加强对国内农业的支持,积极实施农产品出口促进政策,实施全程安全质量管理等措施,以提高农产品的出口竞争力,扩大农产品出口。今后,国际环境将更复杂,而我国农产品对

外贸易也将面临更多的挑战。我们应正视困难,采取积极有效措施,努力缩小与发达国家的距离,并加强与发达国家的合作,减少摩擦。加大引进国际先进技术,充分利用国际国内资源为我国农产品对外贸易创造有利条件,推动我国农产品对外贸易的新跨越。

第七章 融资技巧

企业或养殖户筹资是指企业或养殖户根据生产经营、对外投资及调整结构的需要,通过筹资渠道和资本市场,并运用筹资方式,从企业或养殖户外部有关单位、个人和企业或养殖户内部筹措和集中所需资金的财务活动。筹集资金是企业或养殖户的基本财务活动,筹资管理是农户经营管理的重要内容。

一、明确融资目的

企业或养殖户进行资金筹集,首先必须明确筹资的目的和遵循筹资的基本原则,才能经济有效地为企业筹集所需资金。

企业或养殖户的基本目的是为了自身的维持和发展。由于企业或养殖户在不同时期和不同阶段,具体的财务目标不同,企业或养殖户为实现目标的具体筹资动机也是多种多样的。在实践中,这些筹资动机有时是单一的,有时是综合的,但归纳起来主要有以下几种动机。

（一）为企业或养殖户的创立而筹资

资金是企业或养殖户从事生产经营活动的基本条件。企业或养殖户的创立是以充分的资金准备为基本前提的,创立企业或养殖户,首先必须筹集足够的资本金,然后取得会计师事务所的验资证明,据此证明到工商行政管理部门注册登记,方能开展正式的生产经营活动。企业或养殖户创立时必须有最低资金量,即法定资本金,在《中华人民共和国公司法》等法规中都作了明确规定。

（二）为企业或养殖户发展而筹资

企业或养殖户的发展集中表现为扩大收入。扩大收入的根本途径是扩大销售量,提高产品质量,增加新品种,这就要求企业或养殖户不断扩大经营规模,不断更新设备进行技术改造,合理调整企业或养殖户的生产经营结构或扩大新的投资领域,不断提高企业或养殖户员工的素质等。而这些都会引起企业或养殖户资金需求量的增加,只要以足够的资金投放才能保证其实现。因此,企业或养殖户的发展阶段,也是企业或养殖户资金需求量扩张的阶段。

（三）为了偿还债务而筹资

企业或养殖户为了获得杠杆收益或是为了满足资金周转的临时需要, 可以通过举债方式来满足生产经营的需要。而债务都有一定的期限,到期必须归还。如果企业或养殖户现有支付能力不足以偿还到期债务,或者企业或养殖户虽有支付能力,但偿还到期债务将影响资本结构的合理性时,就需要为偿还债务而筹集资金。

（四）为调整资本结构而筹资

资本结构调整是企业或养殖户为了降低筹资风险,减少资本成本而对资本现负债间的比例关系进行的调整。资本结构的调整属于企业或养殖户重大的财务决策事项,同时也是企业或养殖户筹资管理的重要内容。

二、筹集资金的渠道

企业或养殖户筹集资金的渠道是指农村股份合作制企业取得的资金来源。目前企业或养殖户筹集资金的渠道,归纳起来有以下几个方面。

（一）银行信贷资金

银行对企业或养殖户的贷款是重要资金来源。银行信贷资金有个人储蓄、单位存款等经济增长的来源,财力雄厚、贷款方式也灵活地适应企业或养殖户生产经营过程中的各种需要,如固定资产贷款、各种流动资金借款及其他方式的短期和长期借款,它是企业或养殖户资金的重要供应渠道。

（二）非银行金融机构资金

各级政府主办的其他金融机构主要有信托投资公司、租赁公司、保险公司等。这些金融机构的资金力量虽然比银行小,但其资金供应灵活方便,而且可以提供其他多方面的服务,在目前市场经济条件下有广阔的发展前途。

（三）其他企业投入资金

企业或养殖户在其生产经营过程中,有时会出现资金紧张,但有时也会出现部分资金暂时闲置,甚至会较长时间地腾出部分资金,以供在企业或养殖户之间相互调剂使用。随着经济的发展,企业或养殖户之间的资金联合和资金融通有了很广泛的发展。如企业或养殖户联营、企业或养殖户间的相互投资入股、债券及由结算而至的商业信用等,既有长期的联营,又有短期的或临时的资金融通。这种资金渠道在目前市场经济条件下更有其广泛的用武之地。

（四）个人投入资金

随着我国改革的不断深入和经济规模的快速发展,人们生活水平普遍得到很大提高。这就使得城乡居民手中会有很可观的闲散资金。企业或养殖户职工和城乡居民的投资,就属于个人资金渠道。本企业或养殖户职工投资入股,可以更好地体现劳动者与生产资料的直接结合,从而调动了企业或养殖户职工的生产积极性。这一资金渠道在募集闲散的资金方面具有重要作用。

（五）企业或养殖户自留资金

企业或养殖户内部形成的资金，主要是指企业或养殖户的税后利润留成。随着企业家或养殖户经济效益的不断提高，企业或养殖户自留资金的数额将日益增加，包括企业的公积金、公益金、未分配利润、企业或养殖户职工福利基金等。不过这些只不过是企业家或养殖户资金来源的一种转化形态，并不增加企业或养殖户的资金总量。

（六）外商投入资金

我国自实行改革开放政策以来，外资利用额度不断增大，中外合资、中外合作和外资企业相继建立。尤其是近几年来，外商投资环境不断改善，1986 年 10 月，国务院关于鼓励外商投资的规定公布以后，外商投资企业迅速发展。吸收外资，不仅可以弥补我国资金的不足，而且有先进技术和管理知识的引进，促进我国技术进步和产品质量不断提高。

目前，我国的外资利用主要指外国政府、企业和个人的投资，其中很重要的是港、澳、台胞和侨胞的资金。为了加快我国农村经济的发展，有必要进一步开拓外资渠道，积极吸引外商投资。

三、筹集资金的方式

对各种渠道供应的资金，企业家或养殖户可以采用不同的方式加以筹集。目前企业或养殖户筹集资金的方式，除外资以外，主要有银行借款、企业内部积累、股票、债券、租赁、联营、商业食用等方式。

（一）银行借款

在企业或养殖户生产经营过程中，银行根据企业或养殖户的生产状况和资金需求，可以提供各种贷款，如基本建设贷款、流动资金贷款及其他各种用途的贷款，可满足企业或养殖户生产发展的需要。

（二）企业或养殖户内部积累

企业或养殖户内部积累主要是指企业或养殖户留用利润，可用于企业或养殖户扩大生产，虽然不能增加企业或养殖户资金总量，但能增加企业或养殖户用以使用的货币资金。

（三）股票融资

股份涉及一系列特殊而复杂的问题，以股份合作制企业为例，农村股份合作企业或养殖户主要设有三种股份，集体股、劳动股和社会股。

1. 集体股

集体股也称乡村集体公共股，是全体乡民和村民作为一个整体所拥有的股份。股份大家共同拥有。股份分红收入归大家。由于集体要有一个机构,即乡、村集体经济成员所有,另一部分留乡、村集体经济组织。

2.劳动股

劳动股就是把集体企业资产划出另一部分,分配集体企业的所有者,即社会范围内的乡民、村民个人或企业职工的一种股份。它和乡村集体经济组织掌握的集体股加在一起,构成股份合作制企业完整的集体股。一般劳动股不能继承、转让、抵扣或出售。

3.社会股

社会股是股份合作制集体企业中最活跃的一种股份,即以现金的形式向社会吸收的股份,也就是股份制企业一般意义的股票集资。

实行股份合作制的重要目的之一就是利用股份集资的功能,企业或养殖户融资渠道突破内部积累资金在速度上和规模上的限制,广辟资金渠道,满足农村企业或养殖户发展对资金的需要。因此,股份是农村股份合作制企业或养殖户筹集资金的重要方式。

四、企业或养殖户如何取得银行贷款

在企业或养殖户的借入资金中,最常见的要数银行贷款。目前银行贷款除具有企业或养殖户信誉与银行贷款利率挂钩以及银行贷款审查比较严格外,现在的银行贷款较以前灵活,具有多种多样的贷款方式,如票据贴现、抵押贷款、担保贷款、信用放贷,还可以透支等。企业或养殖户可以根据本身的经营特点,灵活运用各种方式取得贷款。

在银行的全部资金构成中,只有很小一部分是自有资金,一般不超过计划10%,绝大部分资金是吸收存款即负债得来的。因此,银行在向企业或养殖户贷款时都十分慎重,不仅都要对企业或养殖户进行全面审查,而且还要有一套严格的程序。一般来说,贷款程序有这样几个步骤。

(一)贷款申请

企业或养殖户向银行提出申请的内容,包括贷款用途、金额、使用期限、还款方式等。如果是固定资产贷款或新建项目贷款,还要有详细的可行性研究报告。

(二)银行审查

银行要对企业或养殖户进行贷款前的审查,审查的内容很多,大体包括这样几个方面。

1.企业或养殖户的沿革

企业或养殖户的沿革包括成立的背景、经营内容与经营情况的变化,股本及自有资金的变动情况,有无比较重大的经济事故,企业或养殖户过去有没有显著成功的或失败的例了等。

2. 企业或养殖户经营者的状况

企业或养殖户经营者的状况包括企业或养殖户各个领导干部的业务素质、健康状况、年龄等情况的审查;企业或养殖户整个领导班子是否团结一致、配合得力;有无任人唯亲的状况;企业或养殖户接班人状况的调查等。

3. 企业或养殖户与股东的关系、与协作企业或养殖户的关系、劳务关系等

如果上述关系处得比较紧张,那么企业或养殖户目前的经营状况再好也不宜多贷款。

4. 企业或养殖户的产品的发展前景

在目前企业或养殖户面向市场潜力很大、前景广阔,银行就会考虑对企业或养殖户多贷款;否则,企业或养殖户的产品市场潜力不大,那么银行就要考察企业或养殖户的应变能力如何,是否能够顺利实现转产。

5. 企业或养殖户在同行业中的地位

企业或养殖户在同行业中的地位包括技术装备状况、企业或养殖户规模、劳动力水平等,即考察企业或养殖户的竞争能力。

6. 生产与销售情况以及原材料供应状况。

7. 企业的经营管理状况和经营管理水平。

8. 企业的损益状况

一般审查企业的财务报表,考察企业实际收益的真假,收益是否稳定、连续,利润取得的多少以及利润率的高低,利润分配是否合理。

9. 财务状况

财务状况主要是通过一些财务评价指标,如流动资金周转率、资产负债率、流动比率、资本金利润、销售利润率、成本费用利润率等,考核企业的财务状况。

10. 企业的经营计划

考察企业计划是否实事求是、留余地,是否全面、可行,资金使用计划是否合理。

11. 收支预测与偿还能力

收入方面主要考察企业的销售收入、产品价格及预期收入等;支出方面主要考察产品成本、销售费用、管理费用、财务费用等,进而考察企业偿债资金的来源,判断企业偿还贷款的能力。

(三)发放贷款

银行根据贷款审查报告和抵押、担保情况,决定是否发放贷款。

(四)贷后管理

贷款发放后,银行进行跟踪监测,监督贷款的作用,帮助企业制订还款计划。

五、初创企业或养殖户的借款技巧

（一）初创企业或养殖户借款应注意的问题

进行创业融资决非简单易事,这里有许多需要注意的问题。

1. 按经济规律办事才能得到银行贷款的支持

无论是新建企业或养殖户,还是改、扩建企业或养殖户扩大生产能力,都是要通过市场调查,考虑产品的市场供求状况,根据市场需求及其变化趋势,来决定企业或养殖户的规模。切实做到产销平衡。

2. 企业或养殖户不要好高骛远,应该量力而行,银行才愿意贷款支持

新建企业或养殖户没有任何单位做经济后盾,这样,企业或养殖户就应该充分考虑当地资源状况和企业或养殖户的产品的市场需求,确保生产规模。改、扩建企业或养殖户同样也要根据企业或养殖户的综合实力确定改、扩建规模,切忌企业或养殖户超过自身实力,盲目建造大项目。

3. 以经济规模确定生产规模,经济效益好的企业银行就会积极支持。

4. 研制开发、推广、应用科技新成果时,要坚持做到技术上的先进性、可行性与经济上的合理性、效益性相结合,一定会得到银行的大力支持。

5. 选择合适的贷款申请时间

要做到这一点,就要了解银行贷款规模的编制、下达的大体时间。银行计划年度新增贷款规模,一般情况下总是上年年末前确定,当年年初下达,最迟不晚于计划年度的 4 月份。企业或养殖户为便于银行综合考虑,向开户银行提出贷款申请并报送有关材料,最迟不晚于当年 2 月份。

6. 安排并落实自有资金

银行为了提高贷款的安全性、流动性和效益性,对新建企业或养殖户往往坚持要先安排一定的自有资金,然后才考虑是否给予贷款。因此,创业者在提出贷款申请的同时,要先安排自有资金,才能顺利地取得银行贷款。

（二）初创企业或养殖户的借款技巧

一般情况下,好的项目总能得到银行的贷款支持。但在银行贷款规模有限,而企业或养殖户在机会均等的条件下,借款技巧的高低在很大程度上能决定企业或养殖户是否能得到银行贷款的支持。

1. 精心论证建设项目的可行性

一个好的可行性研究报告,对于争取项目贷款的优先支持具有十分重要的作用。进行可行性研究,就要论证项目是否符合国家的方针、政策和有关规定;是否符合发展生产力

和改革开放这一根本目的；是否技术上合理、可行，经济上合算；对企业或养殖户的布局和厂址选择也要作出科学合理的论证；最重要的是把企业或养殖户的经济效益作为可行性研究的出发点和落脚点。另外还要求表述明白，问题论证清楚。

2. 权威审批、评估

项目经过详细的可行性论证后，还要对可行性研究报告进行权威审批与评估，使银行增强支持项目的信心。所谓权威审批与评估，就是要使项目在行政上取得高层次主管部门的审批批文。在技术上得到权威机构的评估、认定。所有项目，无论大小，可行性报告还要送承办银行审查，取得承办银行的审查、评估意见。

3. 突出项目的特点

不同的项目都有各自所内在的特性，根据这些特性，银行贷款也有相应的要求。

4. 多走几家银行

由于现在金融体制改革的不断深化和金融机构的增加，一个地区、一个城市内往往会设立多家银行机构。这种情况的出现，一方面有利于搞活经济，另一方面不可避免地会出现信贷资金分配、使用上的差异，有时甲银行投资性贷款已经安排完毕，乙银行可能还仍留有余地。为了使一个好项目充分把握机会，不能因银行投资性贷款规模分配上的影响而出现搁置，初创企业或养殖户融资时，应在国家政策允许的范围内，多走几家银行，力争及时得到有关银行的信贷支持。

5. 选择借款时机

选择借款时机，要处理好既有利于保证项目用款的资金及时到位，又便于银行调剂安排信贷资金，调度信贷规模的关系。一般做法是，企业或养殖户应尽量与银行的工作安排相配合，并将企业或养殖户的用款安排意向告诉银行，便于银行对信贷资金及其规模做出安排。这样，企业或养殖户在项目资金使用、安排方面支持了银行工作，其结果是换取银行更好地安排信贷资金的规模，使企业或养殖户受益。

6. 企业或养殖户与银行谈判应采取灵活多样的谈判形式，并合理配置谈判人员

在谈判时应注意这样几个问题：一是要实事求是，避免不切实际的夸夸其谈；二是与银行加强联系，协调好与银行的关系；三是要守信用、重合同；四是保持融资渠道畅通。

六、企业或养殖户创办后的借款技巧

在社会或地区经济发展正常的状况下，企业或养殖户的生产经营无外乎这样两种状态，一是企业或养殖户生产经营正常，二是企业或养殖户生产经营异常。

（一）生产经营正常企业或养殖户的借款技巧

任何生产经营正常的企业或养殖户，都应该具备以下几条标准。

1. 企业或养殖户的经营管理水平高；

2. 企业或养殖户的经济效益好；

3. 企业或养殖户信用状况好；

4. 企业或养殖户资金占用水平和结构合理；

5. 企业或养殖户资金实力比较强。

一般来说，银行总是乐于支持生产经营正常的企业或养殖户。因此，企业或养殖户在向银行申请贷款时，只需注意这样两个问题：

（1）企业或养殖户要积极配合银行信贷人员搞好贷款前的调查工作，积极主动地提供各种能够反映企业或养殖户生产经营正常的资料和报表，使银行对企业或养殖户的经营管理、设备、技术、工艺、职工素质、产品性能有感性认识，并留下深刻印象，从而为缩短办理借款的时间创造条件。

（2）按规定正确填写借款申请合同和借款借据。

（二）生产经营异常企业或养殖户的借款学问

生产经营异常的企业或养殖户，主要表现为经营管理水平低、经济效益差，企业或养殖户信用状况低下，资金占用水平与内部结构不合理，自有资金少，债务包袱沉重。

对生产经营异常的企业或养殖户银行根据信贷政策的规定要求，一般不增加贷款，并视不同情况还将扣收部分原有贷款。这对企业或养殖户来说无疑是雪上加霜。企业或养殖户要想改变这种状况，争取得到银行贷款的继续支持，就要针对企业或养殖户的问题，先做好企业或养殖户的内部工作，使企业或养殖户逐步走出困境。只要工作做到了家，确实采取了可行措施，仍有希望从银行取得贷款。一般根据企业或养殖户生产经营异常的类型和原因，可供选择的贷款种类主要有：流动资金周转贷款、流动资金临时贷款、技术改造与技术开发贷款等。但企业或养殖户在申请上述贷款时，银行视企业或养殖户的具体情况，一般要求企业或养殖户要为贷款提供经济担保或实物抵押。

1. 提供经济担保

要根据贷款的种类、贷款金额、贷款期限，寻找相应的贷款担保人。作为贷款企业的贷款担保人，应是经济效益状况较好的企业或养殖户。

2. 提供财产抵押

生产经营者异常情况比较严重的企业或养殖户，在向银行申请贷款时，银行一般要求企业或养殖户提供其有权力支配的有价值与使用价值的抵押财产作为贷款担保。

七、要保持良好的银企或养殖户关系

（一）保持良好银企或养殖户关系的作用

现在的经济条件下，任何企业都不可能脱离银行而独立开展经济活动。在这种情况下，企业或养殖户与银行保持良好的关系，对企业或养殖户的生产经营活动受益无穷。

1. 良好的银企或养殖户关系能使企业或养殖户获得充足的资金来源

银行的特殊功能就在于它能将社会闲散资金收集起来集中使用，以解决经济发展对资金的需求。银行的资金实力远非一个企业或企业集团或养殖户所能比拟，即使遇到银根紧缩，只要企业或养殖户生产经营符合国家政策，经济效益好，还款确有保证，银行仍然有能力解决生产经营所需资金。

2. 良好的银企或养殖户关系能使企业或养殖户减少资金占压

无论是企业或养殖户购进原材料，还是销售产品，都需要办理结算。中国人民银行1988年9月制定的《现金管理暂行条例实施细则》中规定：开户单位之间的经济往来，必须通过银行进行转账结算。

企业或养殖户离不开转账结算，也就离不开银行。近几年，由于多种原因的影响，经济生活中流动资金普遍感到紧张，企业或养殖户相互拖欠货款时有发生，造成各企业家或养殖户资金周转不足。企业或养殖户如果与银行保持良好的银企关系，就可以随时请开户银行代为查询，看对方企业或养殖户是属于合理拒付，还是有意拖欠，以便企业或养殖户采取措施解决。委托银行收款的，还可请银行及时收款后随即入账，减少在途资金占压。

3. 良好的银企或养殖户关系能使企业或养殖户获得大量的经济信息

企业或养殖户在生产经营过程中必须向银行提供信息，而我国专业银行由于兼备国家管理机关和金融企业双重职能，加之工作上联系面广、接触层次多，因而汇集了大量的经济信息，而这些信息对企业或养殖户经营都至关重要的。良好的银企或养殖户关系，使企业或养殖户得以迅速、大量地获得信息，根据市场需求及时调整产品结构，提高企业或养殖户经济效益。

4. 良好的银企或养殖户关系可以提高企业或养殖户的信誉

银行在企业或养殖户心目中往往具有最好的信誉，特别是国家专业银行，背靠国家，绝不会破产、倒闭。因此，由银行出具的担保函、银行承兑的商业汇票都被认为是最可靠的信用保证和承付保证。企业或养殖户可以充分利用银行的信誉来提高本企业的声望。

（二）保持良好银企或养殖户关系的方法

1. 注重信誉

银行最关心的是企业或养殖户的经济效益，最担心的是企业或养殖户的经济效益不

佳,无力近期偿还贷款。因此,企业或养殖户在与银行的交往中,首先要使银行对贷款的安全绝对放心。这就要求企业或养殖户要以下几项工作。

(1)企业或养殖户平时要注意培养良好的形象　客观地讲,银行对企业或养殖户生产经营的了解程度不如企业或养殖户本身,但对资金使用、资金周转、财务核算等工作有丰富的经验,这就要求企业家或养殖户首先要在资金管理上狠下工夫,树立一个好的形象。

(2)企业或养殖户应经常主动汇报企业或养殖户的经营状况,这就等于向银行暗示,企业或养殖户不会有大问题,有问题也便于研究解决。因为真正出了大问题的企业或养殖户一般是避而不见,不会主动找上门来。

(3)真正提高企业或养殖户的经营管理水平,用实际行动建立良好的信誉。

2. 注重培养与银行经办人员的感情

企业或养殖户在与银行的交往中,一般要从最初意义上的公事公办而发展到建立在同志之间友谊上的公事公办。如果与经办人员建立了深厚的私交,那么经办人员就会设身处地地为企业或养殖户着想,排忧解难。

3. 要有耐心

企业或养殖户在银行的业务员交往中不能要求银行业务事事顺利,因为许多事情成功与否,要受许多客观因素的影响。因此,企业或养殖户办事一时受挫,就要有耐心。一是耐心等待出现转机,二是耐心办理。不可遇事图一时痛快,采取难以挽回的极端行动,一来破坏了与银行的融洽关系,二来经济上也会遭受到不应有的损失。

4. 主动、热情地配合银行开展各项工作

任何理解都是双方的,帮助也是如此。银行帮助企业或养殖户,企业或养殖户也应帮助银行做好各项工作,如配合银行检查企业或养殖户贷款使用情况和资金使用情况,努力完成银行管理流动资金所提出的各项要求,配合银行开展对企业或养殖户的各项调查等,认真填写报送企业或养殖户的财务报表,这都有利于保持良好的银企和养殖户关系。

5. 企业或养殖户与银行产生隔阂后,要针对产生的原因,积极解决

(1)开诚布公,豁达大度　对于一些非原则性问题,企业或养殖户可以主动让步,打破僵局,与银行开诚布公地交换意见,从心理上减轻银行工作人员的某种负担。但要注意,在交换意见时,不要老调重弹,增加隔阂。

(2)避而不谈,若无其事　对于一些非原则性企业或养殖户又无法做出让步的问题,企业或养殖户可以若无其事地与银行恢复联系,对发生的事避而不谈,以真诚的态度重新建立友谊。

(3)通过第三者调解　发生不愉快的事情以后,企业或养殖户可以找一个与银行和企业或养殖户都有良好关系有较高威望的人或部门从中调解,这也是打破僵局,缓解矛盾的

重要方法。

　　另外,对于银行工作人员利用职务之便,向企业或养殖户提出无理要求或刁难企业或养殖户的行为, 企业或养殖户应该采取不卑不亢的态度, 尤其是对一些重大的原则性问题,企业或养殖户应向银行领导或开户银行的上级主管银行或有关部门如实反映情况,以求公正、合理地解决问题。

第八章　经济核算技巧

一、农业经济效益核算的特点

经济效益是指农业生产中所取得的有效成果与劳动占用和劳动消耗量的比较。讲求经济效益,就是要以尽可能少的劳动占用和劳动消耗,生产数量既多质量又好的农产品。在进行效益核算时,把劳动者生产的成果称为产出或所得,把劳动者占用或消耗称为投入或成本,则经济效益与投入、产出的关系为:

经济效益 = 劳动所得(产出) ÷ 劳动占用或消耗(投入或成本)

产出和投入比较的结果,反映了生产经营活动达到的目的状态和程度。同一项生产经营活动,效益大小同劳动成果或产出成正比,同劳动占用和消耗或投入成反比。单位投入所得产出数量越多、质量越好,表明农户生产经营效益好;反之,就表明农户生产经营的效益差。

(一)农业经济效益形成的特点

由于农业生产的特征决定了其效益形成也有它自己的特点。

1. 效益形成受自然因素影响,从而风险性大

不同于其他经济部门的生产经营活动,农业生产过程是自然再生产与经济再生产相互交织的过程,受自然条件尤其是气候因素影响较大。特别是在现阶段,我国农业基础还比较薄弱、物质技术装备还比较差的情况下更是如此。一般来说,自然条件好的年份,土地肥力高的地区农业产出就多,产品成本也就低,相对的农业经营效益就比较好;而自然条件差的年份,土地肥力低的地区农业产出就少,产品成本也就较高,相对的农业经营效益就比较差。所以考核农业的经营成果即效益形成时,必须考虑自然因素,还有地理位置等的差别对农业经营效益的影响。

2. 效益形成周期长,产品种类复杂

由于农业生产的周期长,少则几个月,多则几年,其效益形成一般也是要在一个生产周期结束时才能完成。农业基建投资,如水利设施、土地平整、改良土壤等投资,其效益可以维持多年;农业中像林果业生产效益形成要多年。另外,农作物生产中又有不同的耕作方式,农作物生产的同时与劳动时间的不一致等,这些因素都造成农业效益的形成显示出一定的复杂性。

3. 农业生产对市场反应慢,适应性差

价格是市场供求关系的集中反映,是农民调整生产结构的重要信号,但由于农产品生产周期长,受自然条件影响大,所以在调整结构上总显得滞后性比较强,对市场变化的适应能力很弱。这一特点是与工业生产最明显的差别是,工业生产受自然条件影响小,只要价格合算,企业又具备生产条件,就可以随时转产,很快适应市场需求。这个特点也是导致农业效益低下的一个方面。

4. 效益项目繁杂、分散

与工业生产相比,农业生产常常是一业为主,多种经营,植物、动物、微生物等生产相互结合。改革开放以后,更是农林牧渔多业并举,而且在其效益形成过程中,有的生产项目投资见效比较慢,像林果业在投资相当长的时间内才能显出效果,因此其效益形成时间长;有的生产项目投资见效比较快,像一些农产品加工业,甚至当年 就可以见效。这就造成生产效益的形成既分散,又复杂。

(二)效益考核的特点

由于农业效益在形成上有其特点,所以在考核时也表现出它所具有的与其他效益核算不同的地方,主要有以下几点。

1. 成本不完整

成本是指生产某种产品的全部花费,包括物质费用和人工费用两部分。农民在生产中的投入部分是购买的,部分是自备的,习惯上对于自备部分在计算耗费时往往不作价计入,而只计算购入的部分。实际上自备部分同样要作价计算,只有这样才能完整地反映成本情况。

从人工费用看,长期以来农民并不把它作为一种花费看待,而是将它归入收入,也就是认为只有物质费用是成本,人工费用不是成本,这显然是不对的,因为从最终产品看,没有人的劳动是形成不了产品的,可见,人工费用当然是成本的一部分。农民的这种对成本的认识致使成本难以保证完整性,这是农户核算中要纠正的一个问题。

2. 计价不统一

从成本各个项目看,由于各项目来源不同,计价标准不统一。主要表现在自备部分计价标准不一致,尤其麻烦的是人工费用的计价标准更难掌握。由于各地区发展不平衡,分配格局有差别,很难用统一标准考核人工费用。

农产品计价也存在这个问题,高出部分当然按出售价计算,但自己消费部分按国家收购价,还是按市场价计算,就影响到收入水平的高低。所以计价不统一成为农业效益考核的又一特点。

3. 分类考核与整体考核相结合

农户往往是多种经营的综合单位,同时进行两种或两种以上产品的生产,在考核效益时,首先要按生产的项目进行分类考核,其次,再进行整体考核。只有这样,才能较全面、完整、准确地反映农业一定时期内的综合经济效益。

二、农产品成本的核算程序

成本核算是对农户生产中所发生的物质费用和人工费用进行记录、计算、分析和考核的一系列过程。农产品的成本核算包括以下几个步骤。

1. 确定成本核算对象

所谓成本核算对象就是指对哪些产品进行成本核算，也就是进行成本核算的具体产品项目。由于农户生产的种类繁多，所以只有首先确定成本核算的具体对象，才能较清楚地反映在该产品生产中的各项花费。农产品生产按其大类可以分为种植业和养殖业，与此相对应，就有种植业成本核算和养殖业成本核算，在每类核算中又有许多分类。农户在生产时往往同时生产几种产品，只有分门别类地进行核算，才能核算出每种产品的成本。

2. 确定成本计算期

在农产品的生产过程中，往往要经过许多阶段，而且许多产品都是随市场情况而不断出售的，所以在核算成本时要明确是对哪个时期的产品进行成本核算。这个被确定的时期就是成本计算期。

成本核算期可以按公历年度确定，即从公历1月1日到12月31日，也可以按照产品的生产周期确定，即从开始生产到收获的一段时期。到底如何确定还应根据具体情况而定。以养鸡为例，养鸡由于最后产品不同，生产周期不一样，肉用鸡一年可以有3~4个生产周期，也有的一年或几年只有一个生产周期，如种用鸡至少一年后才更新。同时鸡群在饲养中经常会变化，所以为简化核算，一般可采取公历年度为成本计算期。但如果饲养的鸡多，同时又具备核算条件的农户，可以在一个生产过程结束的月份，按月计算产品成本。

3. 确定成本开支范围

确定成本开支范围就是确定哪些费用应计入产品成本，哪些费用不应该计入产品成本，在产品生产过程中花费的支出应列入成本。农户用于生活的开支不能列入成本，农户向国家所缴纳的各种税款，是农民向国家提供的积累，是利润的一部分，不应计入成本。农户在生产中因借贷而支付的利息应计入成本。

4. 确定成本项目

为了反映产品成本构成情况，需要对计入产品成本核算的各项费用按经济用途进行分类，这就是产品的成本项目的确定问题。有了成本项目就可以比较清楚地反映出产品成本的经济内容和构成，便于进行成本分析，考核生产成本计划执行情况。产品成本项目一般分为物质费用和人工费用两大部分。物质费用又可分为直接物质费用和间接物质费用。直接物质费用是按实际数量和价值可直接计入某种产品成本中去的费用，如种子费、肥料费等。

间接物质费用是指这些费用往往与多种产品生产有关,需要按一定方法分摊后,才能计入某种产品成本的费用,又称共同物质费用,如机耕费、管理费等。

5. 建立成本核算原始记录

为了及时反映农产品生产过程中发生的用工和各项收支及产品数量的变动情况,农户还应设立按成本核算对象设置的原始记录登记簿。主要包括固定资产登记簿、经营支出登记簿、用工登记簿和经营收入登记簿等。

三、销售利润的核算

利润是农民生产和经营农产品的最终成果,它是产品销售收入扣除销售成本、销售费用和销售税金之后的余额。利润作为生产农产品的净所得,对农民有重要意义。

利润和成本都是反映农户生产经营活动的指标,只不过成本是从所花费的角度反映,利润则是从所得的角度反映,二者呈反向变动关系。成本越低,利润就越高;反之,成本越高,利润就越低。

农产品销售利润的计算公式为:

农产品销售利润 = 农产品销售收入 – 产品销售成本 – 产品销售费用 – 产品销售税金

根据上面的计算公式,核算农产品利润的步骤如下。

1. 正确核算农产品销售收入

农产品销售收入,又称毛收入,是销售某种农产品或某几种农产品所获得的总收入,它在数量上等于销售数量和销售价格的乘积。农产品的生产有其自身的特点,许多农产品还生产出副产品,像农作物的秸秆、家畜家禽的粪便等,这些副产品的销售收入也应计算在内。考虑到利润是农民已经实现的净所得,所以在统计农产品销售收入时,只能是已实现销售的农产品才算数,尚未销售的部分不能事先计算在内。否则,利润就不真实。

2. 确定农产品销售成本

销售成本是指已经销售的那部分农产品所分摊的生产成本,它是根据销售数量和单位产品成本计算的,公式为:

产品销售成本 = 销售量 × 单位产品成本

式中单位产品成本是生产总成本与农产品产量之比。例如,某农民一年收获小麦10 000 千克,共花费 12 000 元各种费用,则每千克小麦的生产成本就是每千克 1.2 元,若该农民出售小麦 3000 千克,则小麦销售成本就是 3600 元(3000 × 1.2=3600 元)。可见,产品销售成本虽是以生产成本计算出来的,但它生产成本不是一回事。

3. 核算产品销售费用

产品销售费用是指销售农产品的过程中发生的各项费用,具体包括包装费、运输费、装卸费、保险费、展览费和广告费等。目前农村社会化服务在全国发展较快，许多地区出现了专业组织，农民通过这些组织来销售产品时，也会发生一些费用，如手续费、代理费、协会组织分摊的管理费等，这样的费用也作为销售费用处理。对于同时销售多种农产品而发生的销售费用，应按一定比例在各产品间分摊。例如，某农民去外地一次销售小麦5000千克，玉米10 000千克，共发生运输费1000元，则可按销售量比例分配运输费，小麦分摊的运输费为333元，玉米分配的运输费为667元。

这些费用我们在计算过程中都要考虑，通过确定销售收入，确定销售成本，确定销售的费用，最后就得到了产品的销售利润。

四、畜牧业效益核算

畜牧业是农业的另一个重要生产行业，它是人们利用动物的生活机能，通过饲养、繁殖以取得畜产品和提供役用牲畜。与种植业不同的一点是，畜禽是可以连续生产的，在生产中畜禽头数由于繁殖、屠宰、出售、死亡等而经常发生变化。对其效益核算法比种植业复杂一些。畜禽生产的连续性要求在核算时要充分考虑这一特点，在大多数情况下都采用分群核算的办法。

（一）成本对象和项目

畜禽可以以不同的年龄分解作为成本核算对象，可以分为：基本畜群，包括母畜、种公畜等；幼畜；后备畜；育肥畜等。

畜群成本项目与种植业不同，它包括：人工费用；物质费用；年初产品成本，指幼畜、后备畜、育肥畜年初成本；购入、转入的畜禽价值。

上述费用项目除通过建立固定资产登记簿、经营支出登记簿、人工登记簿（格式同种植业），在畜牧业上还要设置畜禽动态登记表来反映畜禽数量、重量、余额变动和结存情况，以及期初成本，购入、转入价值，期末成本和饲养头日数等，其格式如表2-6-1（以猪为例）。

表2-6-1 养猪动态登记簿

核算对象：育肥猪

年		年初实有			变动情况						饲养头日数/头日	增重量/千克
月	日	头数/头	重量/千克	金额/元	头数/头	重量/千克	金额/元	头数/头	重量/千克	金额/元		
		200	1300	26 000								
3	25				100	1000	20 000					
10	25							96	10 080	216 000		
合计												

物质费用项目包括：①饲料费；②燃料及动力费；③医药费；④产畜摊销；⑤其他直接费。

这里主要介绍饲养费和产畜摊销。饲料费是指在畜禽生产过程中实际耗用的饲料褥草等费用。外购的按买价加运输费计价；自产的按国家牌价或市场价计价，采集的饲料按采集用工量折价计算人工费用的，不再计价，农户利用剩饭和其他废料的可适当作价。饲料还可以按精饲料、粗饲料、青贮多汁饲料进行细分。产畜摊销是指母畜和种公畜的折价摊销额按提供产品的年限逐年平均摊销，公式为：

产畜年摊销额 =（产畜价值 – 残值收入）÷ 提供产品年限

例如，李某育成母猪一头，留作种猪，作价 3000 元，4 年后改成肉猪出售，预计可收入 1500 元，则每年摊销额为：

年摊销额 =（3000–1500）÷ 4=375（元 / 年）

（二）畜禽成本核算

根据畜禽生产的特点，进行畜禽成本核算时，要分别核算增重成本、活重成本和饲养头日成本。增重成本是当年培育过程中所花费的成本，计算公式如下：

畜禽增重单位成本 =（该群饲养费用 – 副产品价值）÷ 该群本期增重量

畜禽增重量 = 该群年末存栏活重 + 本年畜禽活重（包括死畜活重）– 年初结转、年内购入的活重

畜禽活重单位成本 =（年初产品成本 + 购入、转入价格 + 该群饲养费用 – 副产品价值）÷（年末存栏活重 + 年内畜群活重）

年内畜群活重总成本 = 年内畜群总活重 × 该群活重单位成本

年内存栏畜活重总成本 = 年末该群畜存栏总活重 × 该群活重单位成本

该群育肥猪增重量 =300+150–（200+20）=230（千克）

则群育肥猪增重单位成本 =（800–200）÷230=2.6（元 / 千克）

该群育肥猪活重成本 =600+100+600–200=1100（元）

活重单位成本 =1100 ÷ 150=7.33（元 / 千克）

则：年内出售猪活重总成本 =150 × 7.33=1100（元）

年末存栏猪活重总成本 =300 × 7.33=2200（元）

为了考核饲养管理水平，还要计算饲养日成本。饲养日成本是指畜群平均每头饲养一天所花的费用。透过这一指标可以看出饲养费用节约或浪费的情况。计算公式如下：

某畜禽饲养头日成本 = 该群饲养费用（不减副产品成本）÷ 该群饲养头数

饲养头日数是指累计的日饲养头数，一头猪饲养一天为一个头日，具体可由"畜禽动态登记簿"中取得。

五、养猪成本核算方法

猪场的成本核算是对于猪场物资的一种管理方法,过成本核算分析,可以弄清经营管理中的问题,不断考核自己的经营成果,挖掘猪种和饲料配方的潜力,寻求节省人工的途径。通过成本核算可以做到心中有数,找到解决问题的科学依据,以便制定改善经营的措施,提出今后发展养猪的最佳方案。

1. 养猪成本的构成

养猪成本主要包括:仔猪费、饲料费、人工费、防疫和医药费、房屋和机械设备折旧费、零星用具购置费、借款及占用资金的利息、销售费用、运费、水电费和零星死亡损失费等。

2. 如何发现成本中的问题

养猪场之间进行横向比较,选择与自己经营类型相同的猪场进行比较。对比时应具体分析,不能简单从事,以便于相互对照取长补短,发现问题及时解决。 对自己的养猪成本构成,应分期分批、精打细算逐项考核,分批核算便于计算每头猪的平均成本和项目成本,用前后两批出栏猪的成本对比分析,同时考虑各项费用支出的效用和问题。

3. 养猪成本核算

要提高养猪场的经济效益,需要对养猪场进行精细管理,降低养猪场的生产成本非常重要。养猪场的成本包括以下几项:饲料、直接人工、间接人工、单位人事费用的成本,结合饲料转化率,可对猪场的经济效益进行评估。

4. 成本计算方法

成本计算包括变动成本及固定成本。养猪成本核算流程主要包括:生产费用支出的审核;确定成本计算对象和成本项目,开设产品成本明细账;进行要素费用的分配;进行综合费用的分配;进行完工产品成本与产品成本的划分;计算产品的总成本和单位成本。

以 50 头基础母猪为例。自繁自养,基础设施建设 60 万元,引种 10 万元。饲养 4~6 个月配种完,按 5 个月算,50 头母猪 2 头公猪费用总计 6 万元,这是没有生产前的总费用,共计:76 万元。按五年折旧,每年 18.4 万元,一年两窝,平均每窝 12 头,年提供小猪 1000 头,分摊成本 184 元每头,一头母猪一年饲料 3200 元,每头小猪分摊成本 160 元,那么小猪一出生的成本就是 344 元,20 元教槽料,40 元乳猪料,15 千克成本价 404 元,长大到 115 千克大约耗料 280 千克, 费用 935 元加 404 元小猪成本, 另加 1000 头猪人工 10 万元,水电防疫药费 5 万元。不算银行利息,每头猪 115 千克成本 1450 元。每千克 3.15 元的成本!

六、如何养猪能降低成本

1. 选好种、重防病

规模养猪必须选养"三元"杂交仔猪,以身腰长、前胸宽、嘴短、后臀丰满、四肢粗壮、争食抢食的长白、大约克猪为最好。只需160天左右即可达到90～100千克,可缩短育肥期20～50天。每年的春、秋两季,要按时给生猪注射"三联苗"(指猪口蹄疫、猪蓝耳病等疫苗),可有效控制猪瘟、猪丹毒、猪肺疫、猪口蹄疫、猪蓝耳病五大疾病,减少死亡率,相对减少耗料。

2. 多生

多生也就是提高母猪的生产效率。我们曾经算过一个账,如果每头母猪每年多产一头活仔猪,那么每头出栏猪的成本就能降低18元。

3. 少死

少死即提高猪的成活率。若一个万头猪场,如果成活率能够提高百分之一,每年就能少亏损或多盈利。

4. 快长

快长即为猪的生长育肥创造适宜的条件,加快猪的生长速度,缩短饲养期,即可相对地降低饲养成本。

5. 分圈养、分段养

仔猪60日龄后要分圈饲养,每圈2～3头猪,以免其在户外嬉戏追跑耗能。母猪空怀阶段和怀孕头80天可以青饲料、优质粗饲料和糟渣类饲料为主,每天只搭配1千克左右的精料。在临产前1个月,每天喂给2～3千克精料。这样,既保证了胎儿正常发育,母猪每怀孕一胎还可节省精饲料60～90千克。

6. 早阉割、早配种

小公猪30日龄、小母猪40日龄阉割,分别比人们习惯的60日龄阉割增重15%左右,且伤口愈合较快。将仔猪60日龄断奶提早到40～45天,这样可促使母猪早发情、早配种,缩短空怀期,相对节省饲料。

7. 购买低价饲料

根据猪的生长发育特点,制订适合本地区,价格便宜的饲料配方,可降低饲料成本。

8. 自繁自养

实行自繁自养,可以降低育肥用断奶仔猪的成本费用,减少疫病发生,从而降低饲养成本。

9. 控制费用

这是针对规模企业而言。三大费用即管理费用、销售费用、财务费用对利润有很大的影响。

七、养猪场降成本、提效益才是今后养猪的生存之道

越来越多的养殖户觉得生存是个问题，这不并不是矛盾的一句话，而是目前养殖行业的一个现状。一个行业的发展轨迹总是沿着入门—困难—渐入佳境—瓶颈这样一个轨迹运行的。每一个行业发展到一定阶段，都会有生存上的问题，因为进来的人太多，不够吃了，所以就有了优胜劣汰。

生猪养殖行业就是如此，产能过剩必然会产生行业洗牌，淘汰一部分弱势产能。

成本与效益永远是影响养猪业的重要砝码。因此降低成本、提高效益才是今后养猪的生存之道。首先就是在行情差的时候，很多养殖户选择减少投入，这是最直接的方法却是效果最差的方法。我们更应该做的是改善经营管理和加大投入，提高的各项指标。比如说，在成本高的时候，一些初级的做法就是减少高营养饲料或选择其他代替品，其实作为一名专业养猪人来说，他会更加关注饲料性价比，提高健康水平和饲料转化率以及饲喂管理水平。

第三篇 2018 年养殖业什么比较赚钱

第九章 肉牛产业效益与市场评估

2018年养殖什么最赚钱呢？从目前养殖业市场情况分析:鸡、鸭、猪市场波动大,饲养成本高,疫病多不可控,风险较大。肉牛是草食动物,以农作物秸秆和青草为主,精料投入较少,市场行情稳定,疾病少,风险较小。因此,肉牛养殖是养殖业比较赚钱的项目。

第一节 肉牛养殖赚钱的原因

牛以食草、秸秆等青、粗饲料为主,每增重1千克饲用精料较少。据报道,用氨化秸秆喂牛,每天补饲0.5千克精料,日增重可达到0.35千克,每千克增重只消耗1.4千克精料。在条件好的地区,增喂一部分精料或优质农副产品,可进一步提高肥育速度,日增重可达到1千克,14~18月龄即可出栏。

牛肉肉质鲜美,营养丰富,蛋白质含量高,特别是赖氨酸含量丰富。不仅如此,牛肉具有低脂肪、低胆固醇的特点,对改善人类的膳食结构,增强国民体质具有十分重要的作用。在国内外市场上深受欢迎。发展肉牛养殖恰恰顺应了市场的需求。

养牛是广大农村脱贫致富奔小康的好门路。牛适应性强,疾病少,风险较小,圈舍投资小,经济收益高。舍饲养殖肉牛,一般买一头小牛用5000元左右,前期主要喂氨化及青贮秸秆,最后3~4个月增喂玉米、饼粕糠麸,肥育后出售时体重在500千克以上,扣除成本费用,纯收入为1500~2200元。养肉牛周期短,见效快,成本低,风险小,是致富的一条好门路。

养肉牛是实现高产、优质、高效农业的有效途径。养肉牛既可以节约饲料粮,又增加收入,还可以为农田增加粪肥,提高土壤有机质含量,促进粮食增产,降低生产成本,增加经济效益。

一头牛就是一座有机化肥厂,肉牛每天排泄粪便30千克左右,年产粪肥1.1吨,折合氨、磷、钾总量达97.37千克,是马的1.54倍、猪的3.44倍、羊的11.6倍。农田使用有机肥,不仅使粮食、蔬菜和经济作物的生产成本降低,而且也是发展绿色农业,提高农产品质量的有效途径。

一、我国肉牛养殖业生产现状和养殖前景

（一）生产现状和存在问题

1. 牛肉产量迅速增加

牛肉在肉类中的比重不断提高，改革开放以来，我国牛的存栏量、牛肉产量和人均占有量迅速增长。2011 年我国牛肉产量 549 万吨，年人均占有量 4.3 千克，分别比 1990 年增长 19.4 倍和 18.0 倍。与此同时，牛肉在肉类总产量中的比重不断提高，从 1990 年的 22% 提高到 2011 年的 8.7%。目前我国牛肉产量居世界第三位，所占比重从 1990 年的 0.5% 提高到 2011 年的 9%。

2. 肉牛品种资源匮乏，生产水平较低

由于我国肉牛业起步较晚，肉牛生产水平还是很低。目前，我国还没有培育出属于自己的专门的肉牛品种，现有品种大多是兼用型的地方品种，或是引进品种的杂交后代，优良肉牛品种资源匮乏。我国一些地区在发展肉牛业时一味追求数量，忽视了各类肉牛之间的品质差异，优质肉牛品种比重少。另外，大多数育肥场（户）等用"低精料长周期"肥育方式，造成肉牛出栏周期相对较长，头均产肉量少。目前我国肉牛平均胴体重 133 千克左右，仅相当于世界平均水平的 66%，每年存栏肉牛年产肉量仅相当于美国的 1/3，甚至低于墨西哥、阿根廷和巴西等发展中国家。此外，我国高档牛肉的比重不足 5%，高档牛肉生产能力低是我国肉牛业的突出问题。

3. 肉牛养殖产业化程度低

体现在以肉牛屠宰加工和销售为主的龙头企业，以育肥牛为主的规模化育肥场（户）和提供架子牛的千家万户，以活牛和牛产品流通为主的市场逐渐形成有强大经济利益关系并紧密联系的共同体。

4. 疫病未得到有效控制

长期以来，由于防疫机构不健全，手段落后，检验设备不完善，我国饲养业中疫病时有发生，一些重大疫病未得到有效控制，严重影响肉牛生产，并成为牛肉出口的主要障碍。

屠宰加工环节薄弱，屠宰较分散，加工企业规模小、技术水平低，60% 以上的肉牛由个体户分散屠宰经营。目前我国尚未建立起能够反映牛肉质量的牛肉分级体系和标准，导致加工过程中老牛肉（24 月龄以上）和犊牛肉（8 月龄以下）不分级。另外，多数正规的肉牛屠宰加工企业尚没有通过国际通行的质量认证，以致生产的牛肉产品与国际通行的质量卫生要求相距甚远。

5. 我国范围内的肉牛市场网络尚未形成

表现在对优良品种的引进，繁殖和对地方品种的改良、利用和保护缺乏，没有清晰的

规划和技术指导;疫病防治体系不健全,缺乏基层畜牧兽医技术服务人员;社会化的服务体系基础设施仍很薄弱,服务质量也有待提高。

（二）肉牛养殖前景分析

随着人民生活水平的提高和膳食结构的改善,预计今后一个时期,我国肉牛业将重现快速、健康发展的势头。主要体现在以下几个方面。

1. 国内市场需求空间大

目前我国年人均牛肉消费量仅有4.5千克左右,为世界平均水平的1/2。随着城乡居民收入的增加,消费观念的转变,今后我国内牛肉市场应有较大的需求空间。

2. 生产成本及价格

我国牛肉的生产成本一般只有世界平均水平的50%左右,牛肉出口价格仅相当于世界平均水平的60%左右。

3. 出口潜力大

我国的周边国家及地区是牛肉的主要进口国和地区。随着我国牛肉产品质量的提高和市场营销网络的不断健全,对东南亚、中东和俄罗斯等周边及地区的出口潜力巨大。但必须看到,在加入了世界贸易组织后,我国进口牛肉的关税逐步下降,国外品种优良、包装精致的牛肉涌入国内市场,竞争会更趋激烈,必须及时争取有效应对措施,提高牛肉产品质量和档次,改善安全卫生条件,完善销售服务体系,积极开拓国内外市场。

二、价格赢利分析

近年来,总体看肉牛养殖前景很好,肉牛数量处于下降趋势,而活肉牛及其产品价格一路攀升,2016年活肉牛价格创历史最高水平,高达25.4~29.2元/千克,繁殖一头犊牛可以收入2000元以上,育肥肉牛6个月以上纯利润可达1600～1800元。由于目前各地养殖场（户）能繁殖的母牛的基数在下降,育肥架子牛源紧张,所以2018年牛市场行情不断看好。

1. 我国是一个养殖肉牛的大国,品种资源非常丰富,养殖业贷款途径增多,同时为了改良肉牛品种又先行从国外引进了一大批优良肉牛西门塔尔肉牛、利木赞肉牛、夏洛莱肉牛（最近宁夏从澳大利亚引进黑安格斯肉牛）,进行肉牛的杂交改良。春天是播种季节,对于许多想依靠养殖肉牛致富的农民朋友来说,又到了引进肉牛种的时候了,那么今年该选择什么品种? 选择品种又需要注意什么问题呢?

有关专家说,从国外引进的肉牛育肥有一个共同的特点,就是有很好的健康水平,后躯发育较好,臀部非常丰满,瘦肉率特别高,同时生长速度以及饲料报酬也都非常好。今年肉牛市场上最为走俏的进口品种是西门塔尔肉牛。西门塔尔肉牛最主要的特点是生长速度很快, 周岁体重可以达到550千克左右,另外,它的饲料转化率高,深受养牛专业户的青睐。

2015年,我国肉牛市场上比较走俏的进口肉牛还有安格斯、利木赞、夏洛莱等;最走俏的国内品种有秦川牛、鲁西黄牛。这些牛有较强的抗病能力,耐粗饲、饲料报酬高。产肉性能良好,皮薄骨细,产肉率较高,一周岁体重可以达到500千克左右,平均屠宰率62.2%,瘦肉率52.0%。也有关专家指出,虽然这些进口品种具有瘦肉率高,生长速度快等,但只适合规模化、工厂化养殖。由于目前我国大多数采取的还是小规模饲养方式,不宜引进进口肉牛育肥。

2. 可不可以直接引进地方品种育肥呢? 又有哪些地方品种比较好呢?

有关专家说,在我国2017年的肉牛市场上,比较走俏的地方肉牛主要是黄牛品种。譬如秦川牛,其体格高大,前躯发达,具有遗传性能稳定、适应性强的特点,日增重率、屠宰率等各项生理指标均居我国黄牛之首。除了以上所提到的黄牛外,今年在我国肉牛市场上比较走俏的地方品种还有:产于山西的晋南牛、产于河南的南阳牛等。和进口肉牛相比,我国地方肉牛容易管理,耐粗饲料,肉的风味也比较好。但专家指出,采用这些地方品种直接育肥是不合适的,最好还是养地方品种肉牛跟进口肉牛杂交改良的肉牛。

总之,在我国今年的市场上,肉牛的品种非常多,如果采取规模化养殖,可以引进一些进口的肉牛品种育肥;如果小规模养殖,最好引进进口肉牛和地方肉牛的杂交牛进行育肥。

三、肉牛养殖业发展方向

随着畜牧养殖业生产结构的调整,我国肉牛业具有明确的发展方向,国家养殖补贴力度逐步加大。

1. 发展思路

以生产优质牛肉为核心,以发展产业化经营为突破口,在重点优势区域内实行规模化生产、标准化管理,主攻品种改良,产品质量分级、产品安全与卫生质量等关键制约环节,力争在几年内建成一批有国内外知名品牌、有较强国际竞争力的牛肉产业带,最大限度地满足国内市场对牛肉产品的需求,并逐步替代部分进口产品和增加牛肉出口量。

2. 肉牛主要生产区域从牧区转向农区

自20世纪80年代以来,我国肉牛生产中心逐步由传统牧区转向广大农区。

3. 养牛场饲养方式逐步由放牧转变为舍饲和半舍饲

以往我国牧区养牛主要采用草原放牧,几乎不用精料进行育肥。这种饲养方式的优点是养牛成本低廉,缺点是对我国原本生态环境较差的草地资源造成很大压力。近几年来,农区普遍采用秸秆、人工牧草和精饲料作为肉牛的主要饲料。其优点是充分利用了农区丰富的秸秆资源和闲置的劳动力,并缓解了肉牛对草地资源和生态环境的依赖。在一些农区特别是中原肉牛带和东北肉牛带，肉牛的饲养规模逐步扩大。不仅小农户的饲养数量增加，还出现了一批肉牛饲养规模在百头以上的养殖大户和养殖小区，大户和养殖小区的数量也在逐步增加。

4. 优势区域布局

农业部根据种畜资源优势、气候与饲料资源优势和产业基地，在全国确定了中原和东北两个肉牛优势生产区域。

四、发展趋势

纵观世界肉牛业，在发展中呈现以下趋势。

1. 养牛场数目减少，经营规模扩大

目前，世界肉牛业发展的总趋势是扩大生产规模，提高生产力水平，减少养肉牛数量；生产规模越来越大，专业化和集约化肉牛生产体系日趋完善。这一趋势在畜牧业生产水平高的发达国家表现极为明显。如美国，1975年前的养牛数量呈现出一直在增加趋势，1975年发展到顶峰时存栏牛达到1.32亿头，牛肉产量1060万吨。然而，到了1992年美国的存栏牛数下降到了9955万头，减少了24.6%；1999年再下降到9730万头，而通过提高养肉牛技术水平，每头出栏肉牛的胴体重则由1985年的275千克提高到1999年的331千克，牛肉总产量不仅未下降，反而增加到11 776万吨在世界养牛业生产水平高的国家中。出栏牛平均胴体重处于领先水平的国家还包括日本（301千克）、以色列（383千克）、加拿大（316千克）以及欧盟（301千克）等国家地区，出栏牛胴体重世界平均水平为205千克。相对来说，养牛大国中的发展中国家，科技水平含量低，牛肉产量的增加依赖存栏牛数上升的份额较大，如巴西、印度和中国等。总的来说，存栏牛增加的势头已比30年前大力趋缓。

2. 提倡节粮型肉牛育肥方式

随着粮食紧缺和价格上涨，世界各国特别是人多地少的国家，日趋重视充分利用粗饲料进行低精料饲养。据报道，随着日粮中精料比例的提高，肉牛育肥所需精料量大大增加。例如，精料占日粮80%的高精料饲喂方式，尽管饲喂时间仅304天，但每千克增重需要精料5.7千克。精料占日粮10%的低精料饲喂方式，每千克增重只需要1.3千克，不及前者的1/4。因此，改良草地，建立人工草场，利用青粗饲料降低肉牛肥育成本，是今后发展高效肉牛业的重要措施。同时，进一步开展秸秆等粗饲料加工，充分利用农副产品发展肉牛生产，也是发展中国家日趋大规模应用于肉牛业的发展方向。

3. 充分利用现有品种和杂种优势发展肉牛产业

利用方式可分为以下三种类型：一是饲养高产优势纯种牛，如澳大利亚60%的牛为纯

种;二是组织杂交配套体系,原种场和育肥场各司其职;三是制种方式的变化,杂种优势持久利用的品系杂交制种和合成系制种越来越被广泛认可,在欧美肉牛业发达国家的应用、发展正方兴未艾。降低生产成本,提高品质成为肉牛生产的主旋律。

4. 在生产体制上

实行集约化、规模化饲养,专业化分工合作是畜牧业发达国家肉牛生产的基本方式。在美国,按肉牛生长发育的不同阶段和牧场的生产目的,有种养牛场、商品牛繁殖场、育成牛场和强度育肥场的区分,这种专业化的分工,各类型牧场的饲养管理都是单一和阶段性的,从而使得饲养标准和管理措施都便于实行标准化作业和机械化作业,降低了人工成本和饲料消耗,而且使产品的质量容易整齐划一。这种现代集约化大牛场的日常操作已实现了工厂化生产,从投喂饲料、供给饮水、消除粪便、疾病诊断与预防到饲料配合、营养分析、配方制定和日常管理等均已实现自动化或机械化,广泛使用微型电脑,从事畜牧生产的人员已不再是普通的农民,而是受过高等教育的专业人员,生产专业化和集约化是现代肉牛业的发展方向。

综上所述,2018年养殖业什么最赚钱,肉牛养殖是首选,但不是走传统养殖的老路,要与科技相结合走集约化、绿色有机养殖之路,才能赚到钱。

5. 顺应新形势,积极发展我国畜牧业

中国畜牧业协会牛业分会执行会员许尚忠说,牛肉价格经过2013年的持续上涨后,2014年后趋于平稳,维持在每千克58元左右。国内牛肉消费量持续上升,需求旺盛。与此同时,我国肉牛业都出现价格"双倒挂"现象。

一方面,商品活牛价格倒挂,犊牛购进单价超出育肥牛出栏价格5~6元。另一方面,进口牛肉价格倒挂。2014年我国进口牛肉平均价格为每千克26.5元,但国内平均价格为每千克58元,是进口价格的2.2倍。

许尚忠说:我国肉牛养殖成本远高于国外,肉牛单产水平长期处于世界平均水平之下,"高投低产"决定了国内牛肉价格高于进口价格。2015年6月,我国与澳大利亚签署了自由贸易协定,规定在今后9年内对澳大利亚进口牛肉关税逐步降为零,此举对我国肉牛产业形成不小的冲击。

中国农业大学动物科技学院教授孟庆翔认为,中澳自由贸易协定对国内肉牛产业造成一定影响,从长期来看,这又是一个机遇,倒逼国内肉牛产业尽快转型升级,提升国际竞争力。

专家们认为,我国应加快推广适度规模的肉牛养殖模式,一方面提高肉牛产业化水平,由养殖走向屠宰、加工和销售环节延伸,打造完整产业链;另一方面建立科学养殖体系,利用大数据完善养殖业预警分析系统。

6. 肉牛业后发产业前景广阔

肉牛生产继续保持稳定增长势头,养殖效益稳中有升,农民养殖积极性较高;育肥牛价格继续走高(脂肪沉积较好的牛售价已经达到 66~70 元 / 千克),一头肉牛育肥 3 个月可盈利 400 ~ 500 元;牛肉售价高位运行,2017 年第一季度平均价格达 54.29 元 / 千克,同比上涨 4.4%。

第二节　肉牛养殖投资及利润

一、圈养一头牛需要投资多少钱?

主要投资包括 6 项:引进肉牛犊费用、饲料费用、肉牛养殖场建设费、配套设备费用、人工费、其他费(水电费、治疗费、检疫费、消毒费)。

(一)肉牛犊价格费用

因品种及月龄不同,肉牛犊价格在 3000 ~ 6000 元不等。想养牛的朋友一定要谨慎,不要被低价格忽悠了,可能是千里迢迢去买牛,高兴而来,失望而归,请养牛的朋友好好的了解肉牛犊价格,莫贪便宜,上了当。

请记住以下三点:

第一,优质品种肉牛犊,比如西门塔尔牛 3~ 4 代,利木赞牛改良牛,5500 元以下,网上那些报价低,100%是忽悠你的。

第二,黄牛品种,比如杂交黄牛也好、三元杂交也好、改良黄牛也好,低于 3500 元绝对买不到上等质量的,不要相信网络上 2000 多元就可以买一头肉牛的说法。

他们把黄牛当成优质肉牛忽悠你,等你买回家以后发现,他们口中的优质肉牛,有的 350 千克都达不到,甚至连 300 千克都没有,那么你就因为不了解肉牛品种而上了当,这就是一分价钱一分货的道理。

第三,肉牛犊价格再便宜,也不会低于出栏的成年肉牛价格,并且会高出最低 4 元 / 千克以上。无论是任何一个养牛朋友买牛犊来养,他买的牛犊价格的单价,要比出栏肉牛的单价高,也就是说,买牛犊的时候都是高价钱的,原因是什么,牛犊有生长的潜力,也有创造更多利润的价值。就像种地买种子一样,种子的价格永远都会比商品粮食贵。

(二)饲料费用

1. 粗饲料使用量

肉牛每天采食量占肉牛体重的 2.5%,意思是 100 千克的肉牛需要 2.5 千克粗饲料;

200 千克的肉牛需要 5 千克粗饲料；1000 千克的肉牛每天需要 25 千克饲料。

2. 粗饲料费用

肉牛可以使用的粗饲料有青贮玉米秸、酒糟、干玉米秸秆，小麦秸秆、花生秸秆、稻草等。收购价格按每千克 0.6 元计算，10 千克需要 6 元（每头肉牛每天需要粗饲料费用）。

3. 精饲料使用量

100 千克肉牛需要 1 千克，500 千克肉牛需要 8 千克（每头每天需要精饲料量）。

4. 精饲料费用

肉牛可以使用的饲料主要有玉米面、麸皮、豆粕、棉饼、菜子饼、骨粉、小苏打、食盐、预混料等。

推荐精饲料配方：玉米 52%、麸皮 16%、豆粕 25%、小苏打 1%、食盐 1%、预混料 5%。

以上配方原料价格（玉米面 2.6 元 / 千克、麸皮价格 1.6 元 / 千克，豆粕价格 3.4 元 / 千克，小苏打 1.6 元 / 千克，食盐 2.4 元 / 千克，预混料 5.6 元 / 千克）。每千克混合精料按照以上配方配制下来每千克和人民币 2.8 元。每个混合精饲料按照 2.8 元计算，4 千克需要 11.2 元（每头肉牛每天需要精饲料费用）

每头肉牛每天需要的饲料：10 千克粗饲料、4 千克精饲料。每头肉牛每天需要的费用：6 元粗饲料、11.2 元精饲料，共计 17.2 元。

一头肉牛养殖 10 个月，每天 17.2 元，养殖 300 天，需要费用 5160 元（所有饲料费用）。

（三）肉牛养殖场建设费用

牛舍建设材料，尽量就地取材，节约前期养牛成本，不要花费太多的资金在牛舍建设上，尽量租用旧房子、旧学校和工厂。

1. 单层彩钢瓦牛舍在本地每平方米建设需要 60 元左右（不包含牛舍地面处理）。这种彩钢瓦牛舍较适合比较温暖的地区，因防寒比较差。肉牛养殖 100 天，建设此类型牛舍 500 平方米，需要费用 3 万 ~4 万元。

2. 双层彩钢瓦中间有苯板，保暖效果非常好，较适合寒冷的地区，这种类型的牛舍大概每平方米费用需要 120 元左右（不包含牛舍地面处理）。肉牛养殖 100 天，建设此类型牛舍 500 平方米，需要费用 6 万 ~7 万元。

3. 针对寒冷地区，还有另外一种建设模式，就像建设人居住的房屋一样，房屋型牛舍，使用材料为空心砖、红砖、顶部预制板，也可以使用双层彩钢瓦。这种类型每平方米建设下来需 200 元左右（不包括牛舍地面处理）。肉牛养殖 100 头，建设此类型牛舍 500 平方米，费用大概 10 万 ~12 万元。

4. 针对比较温暖地区，可以不使用彩钢瓦，可以使用石棉瓦，这种类型的牛舍每平方米建设下来需要 40 元左右(不包括地面处理),肉牛养殖 100 头,建设此类型牛舍 500 平方米,费用大概 2 万 ~3 万元。

(四)配套设备

颗粒粉碎机、铡草机,锅炉按照养殖数量来选择大小型号,一般 1000 ~ 4000 元。一般牛舍建设和设备都是不计算在内,因为这些设备可以用很多年。

(五)人工费

养殖 200 头牛,一个人作为主要负责人,两人相当轻松,因为现在都是机械化,每月工资按照 3000 元计算。

(六)其他费用

水电费、检疫费、消毒费、治疗费,这些都是小费用,消毒费、检疫费每头牛每年只需几十元钱,牛粪卖掉的钱就可以抵消这些费用。

把引进肉牛犊费用、饲料费用、消毒费、治疗费相加就可以得出每头牛需要投资多少钱。

按照我们以上计算的数据,提供一个大概的数据(引进肉牛犊费用 100 ~ 125 千克肉牛犊按照 6000 元计算)+(饲料费用 5160 元)+(消毒费 100 元)+(治疗费 200 元)=11 460 元。

二、圈养一头肉牛的利润

育肥 10 个月,肉牛长到 650 千克,按照当前肉牛活重价格,每千克 26 元,650 千克肉牛可以出售价格为 16900 元,减去投资 11 460 元,利润 5440 元。大家可以看到,上面粗饲料的价格,每千克收购价格按照 0.6 元,每天 6 元,养殖 300 天,1800 元,如果放养粗饲料不花钱,养肉牛的利润会更高。

三、肉牛养殖需要考虑的因素

养殖业现在蒸蒸日上,很多的人都投入到了养殖的行业中来,养殖的时候也要自己思考一下是不是适合搞养殖,养殖什么比较好?

第一就要考虑想要投入的成本是多少, 因为资金的多少也决定了养殖肉牛的规模的大小和养殖的肉牛品种,如果资金很充足就可以养殖肉牛的规模大一些,尤其是在养殖架子牛的时候,需要一定的流动资金,所以这是一个养殖肉牛的先决条件。

第二就要看一下你那里是不是适合养殖肉牛, 要观察一下周围的环境是不是很容易就能够获得饲料,如果周围没有饲草,那养殖肉牛的成本就太高了,如果没有也可以自己种植一些牧草,从而解决饲草的问题,能够常年的供应肉牛青饲料,一般饲养肉牛的季节最好在夏季或者秋季饲草比较旺盛的时候,这样养殖肉牛的成本降低,也便于饲养。

第三建场,要根据当地的地势来选择,远离人居住的地方。

第四引种问题,也是应该考虑的事情,养殖什么样的肉牛品种?什么样肉牛品种好饲养?现在改良牛是很受养殖肉牛户喜欢的,因为它的适应性强,耐粗饲,抗病能力强,增重快,肉质好。在养殖肉牛的时候先得慢慢的起步,总结出经验之后在扩大自己饲养肉牛的规模。

第三节 未来农村养牛将会面临三大难题,养牛人该怎么办?

难题一:环评要求越来越严格。

现在农村小型养猪场在没有取得环评的情况下已经开始拆除了,养猪业已经逐渐靠近标准化。养猪业整顿完,养牛业岌岌可危,虽然这种整顿对改善生态环境有极大好处,但是对于养牛人来说就不是一个好消息了。

如果一个养殖几十头的牛场,就要按照国家标准的话,相信绝大多数的小养牛场都不能达标。首先离村庄 500 米以上,其次就是粪污的处理,要建设化粪池、污水处理系统,就这两点,大多数小养牛场的环评就过不了关。如果环评不过,就将面临被取缔的风险。

现在养牛场能申请下环评的话,尽量的快点申请,以后会越来越严格。还有就是新建养牛场,尽量不要选择离村庄近的地方或者对水源有污染的地方。

难题二:牛犊越来越难买。

大家都知道育肥见利快。而且比繁育周期短、投资小,大部分人都选择育肥。这几年,问题就慢慢地显露出来。现在好的牛犊越来越难买,价格也是越来越高。(以西门塔尔牛犊为例,每头断奶犊牛 6000~7000 元)。

现在育肥牛犊的购买,主要流程是农户、牛贩子、交易市场、养牛户。而现在农村农户养牛数量不断下降,基础母牛不断减少,所以可出售的育肥牛犊就越来越少。一些大的繁育场根本不会对外出售牛犊,都是自繁自育。主要原因就是繁育不如育肥,有能力大规模繁育难道没有能力育肥。他们谁会繁育了牛犊卖给别人育肥的。网上那些出售牛犊的所谓繁育场,大多数都是牛贩子。要想长期从事养牛业,就要逐渐开始自繁自育。

难题三:养牛利润(空间)越来越低。

牛犊价格不断上涨,饲养成本不断增加,而牛肉价格却始终难以上涨,这就导致了养牛的利润越来越低。牛肉价格不上涨的主要原因有,国家调控(进口牛肉),假肉牛的冲击和牛贩子压低收购价等。

而相对于一头牛上万元的成本,如果利润再降低,在农村养几十头牛就真的不如把钱存银行,自己出门打工划算了。

对真正养牛的农民朋友来说,养牛不易,且养且珍惜;对准备养牛的农民朋友来说,养牛有风险,入行需谨慎。

第四节 农村适度规模肉牛场经营模式

一、经营模式

(一)自繁自育

农村适度规模肉牛养殖场强化基地建设,组建基础母牛群,实行母牛带犊繁育生产体系。其特点是,肉牛场以饲养母牛作为生产资料,产出小牛后母牛犊一般留下继续作为生产资料繁殖后代用,而公牛犊则培育成架子牛用做育肥牛用。由于母牛妊娠期长,犊牛培育时间也比较长,因此饲养母牛和培育架子牛的费用成本相对较高。此种经营模式多在饲草资源比较丰富,且成本比较低的半农半牧区比较适宜发展。这种生产模式基本属于生产周期长,投入少、见效慢的传统肉牛生产模式。对具有较大经济实力并从事肉牛加工,如屠宰或肉牛产品深加工的肉牛场,此模式值得研究和推广。

(二)育肥模式

1. 短期育肥模式

农村适度规模肉牛场从养殖户或活畜交易市场购进架子牛或犊牛进行短期强化育肥,适时出栏取得利益最大化。此种生产模式其主要特点:一是肉牛场饲草料充足;二是短期育肥占用资金比较大;三是养殖(育肥)周期短;四是养殖附加值高。此生产模式或多集中在农区和大城市和超大城市的周边地区,属于高投入、高产出、见效快的生产模式。

2. 架子牛生产模式

广大农牧户分散饲养架子牛,农村适度规模肉牛场集中肥育,适度规模经营的方式。架子牛是肉牛产业链条中的最重要一环,是育肥牛的生产资料。我国架子牛来源主要由养牛户以分散性繁殖和饲养生产,然后通过个体、专业贩运户或专业规模养殖场,经过长途或短途运输汇成群体,由具有一定资金的肉牛场集中收购饲养,然后实行强化育肥。

二、生产模式

(一)肉牛产业链式发展模式

地域内具有较大经济实力的肉牛场,从饲草、饲料生产到加工调剂,从母牛饲养到繁殖改良,从犊牛培育到架子牛育肥,从屠宰加工到产品销售,围绕繁殖改良、科学饲养肥育出栏各中心环节,建立完善的生产技术体系。同时,带动相关产业协同发展,使肉牛产业从肉牛饲养开始,通过加工、销售过程各环节链条反复增加附加值,形成肉牛产业链。

(二)肉牛小群体大规模发展模式

以适度规模肉牛场为龙头,以农户为龙尾,实行农贸一体,产销一条龙,形成"市场牵龙头,龙头带基地,基地连农户"的经营格局。建立稳固的肉牛养殖生产基地,保障经营性养殖场所需的优质牛源是这种发展的基础。各生产阶段之间以经济合同为纽带,保证肉牛养殖场和农牧户稳固的利益关系,形成稳定的利益共享、风险共担的共同体,是模式存在和发展的关键。

(三)资源优势互补的异地育肥模式

肉牛异地育肥是指将甲地繁殖并培育的犊牛、架子牛,运输到乙地专门进行肉牛育肥,发挥各自优势,这种模式主要体现在,将牧区或半农半牧区的犊牛或架子牛,通过收购,运输到饲草料充足的农村适度规模肉牛场进行育肥出栏。在有先进的饲养管理技术、交通便利、宜于销售地区,建立适度规模肉牛场,从架子牛基地购置架子牛进行集中育肥,出栏。这种模式在肉牛优势区域和产业带比较普遍。此模式有利于减轻牧区草原草场压力,增加农牧民收入,提升肉牛生产质量,有效地促进母牛基地建设和架子牛的生产。但此模式的母牛繁育、架子牛生产与异地育肥肉牛场之间的联系比较松散,受市场供求影响较大,容易造成"弑母杀青",造成能繁母牛数量严重下降。同时,地区间运输架子牛成本增加,且不利于防疫。

第五节 牛舍建筑

一、庭院式肉牛舍建筑

1.单间棚式牛舍

在棚内应将牛槽离后墙 2 米,做饲喂通道;牛槽落地后将槽前帮提高到0.5 米,可防止牛蹄踏入槽内,牛床最长不必超过 1.8 米即可。牛床后设明沟,宽 0.3 米。棚的跨度只需 3.5米,坐北朝南,前面敞开,前墙高度不宜超过 2.4 米,后墙不超过 2.2 米,后墙上部可开一通风口,夏开冬闭,使牛棚夏季能防日晒雨淋,冬季能防寒保暖。

2.单列式牛舍

养牛在 50 头以上。一般牛舍跨度为 3.5 米。房顶可采用单坡式或双坡式。

选址与朝向:选择干燥向阳,地势高的地方建舍便于采光保暖。牛舍要坐北朝南,并以南偏东15度角为好。

墙壁:砌砖墙的厚度为24~37厘米,双坡式牛舍前后墙高2.5~3.0米,脊高4.5~5.0米,单坡式牛舍前墙高3米,后墙2米。平顶式牛舍前后墙高1.2~1.8米,从地面起牛舍内壁应抹1.2米的水泥墙裙。

门与窗:大型双列式牛舍,一般设有正门和侧门,门向外开。正门宽2.2~2.5米,侧门宽1.5~1.8米,高2米。南窗1米×1.2米,北窗0.8米×1.0米,窗台离地面高度为1.2~1.4米。要求窗的面积与牛舍面积的比例为1:10~1:16)。

地面:可采用砖地面或三合土的地面(或用水泥抹成的粗糙地面)。

牛床:长度为1.8~1.9米,宽度为1.1~1.2米,向后倾斜度为1.5%。

饲槽:一般槽底部呈弧形,在槽的一端留排水孔,每头牛占饲槽的长度为0.8~1.0米。

肉牛饲槽尺寸

类别:	槽上宽(厘米)	槽底宽(厘米)	槽内缘高(厘米)	槽外缘高(厘米)
成年牛	60	40	30~35	60~80
青年牛	50~60	30~40	25	60~80
犊牛	40~50	30~35	15	35

凉棚:建筑面积为每头牛3~5平方米,凉棚高度为3.5米为宜。

补饲槽:补饲槽设在运动场北侧靠近牛舍门口。

饮水槽:饮水槽设在运动场的东侧和西侧,水槽宽0.5米,深度0.4米,水槽的高度不宜超过0.7米,水槽周围应铺设3米宽的水泥地面,以利于排水。

消毒池:消毒池常用钢筋水泥浇筑,供车辆通过时消毒,长4米,宽3米,深0.1米,供人员通行的消毒池,长2.5米,宽1.5米,深0.05米。

3. 双列式牛舍

养牛在100头以上,有两排牛床。左右各建一幢牛舍,分成左右两个单元,跨度12米左右,能满足自然通风的要求。尾对尾或中间为清粪道,头对头或中间为送料道,两边各有一条清粪通道。

4. 半开放式牛舍

半开放式牛舍三面有墙,向阳一面敞开,有顶棚,在敞开的一侧设有围栏。这类牛舍的敞开部分夏季利于通风,冬季可以封闭保暖,使舍内小气候得到改善。这类牛舍相对于封闭牛舍来讲,造价低,节省劳动力。塑膜暖棚牛舍属于半开放式牛舍的一种,是近年来北方寒冷地区推出的一种较保温的半开放式牛舍。就是冬季将半开放式(开放式)肉牛舍用塑料薄膜封闭敞开的部分,利用太阳能和牛体散发的热量,使舍温升高。修筑塑膜暖棚牛舍要注意几个方面的问题:一是选择合适的朝向,塑膜暖棚牛舍需坐北朝南;二是选择合适的塑料薄膜,应选择太阳光通过率较高,而地面长波辐射透过率较低的无滴聚乙烯塑膜,其厚度以 80~100 微米为宜;三是要合理设置通风换气口,棚舍的进气口设在棚舍顶部的背风面,上设防风帽,排气口的面积以 20 厘米×20 厘米为宜,进气口的面积是排气口面积的一半,每隔 3 米设置一个排气口。

二、排水设施与粪尿池

牛每天排出粪尿数量很大,为体重的 7%~9%,合理地设置牛舍排水系统,保证及时清除这些污物和污水,是防止舍内潮湿和保持良好空气卫生状况的重要措施,同时,为了保证牛场地面干燥,还必须专设场内排水系统,以便及时排除雨雪水及牛场污水。

粪尿池设在牛舍外,地势低洼处,且应在与运动场方向相对的一侧,距牛舍外墙 5 米,一般用砖、沙、水泥砌成。池的容积为能储存 20~30 天的粪尿为宜。粪尿池必须设在离饮水井 100 米以外的地方。

在牛舍粪尿沟至粪尿池之间设地下排水管,粪尿沟流下来的尿及污水,经地下排水管注入粪尿池。在粪尿沟与地下排水管衔接部分设水漏或称降口,在降口直下部,地下排水管以下,应形成一个深入地下的延伸部(谓之沉淀井),用以沉淀粪尿中的固形物,防止管道堵塞。在降口处可设水封,以防止粪尿池中的臭气经地下排水管进入舍内。沉淀井中的杂质应定期排除。地下排水管向粪尿池方向应有 2%~3% 的坡度。如果地下排水管自牛舍外墙至粪尿池的距离超过 5 米以上时,应在墙外修一检查井,以便在管道堵塞时疏通。

场内排水系统多设置在各种道路两旁及运动场周围。排水沟一般采用斜坡式,用砖、沙、水泥砌成,为方形明沟,沟深 30 厘米,沟底应有 1%~2% 的坡度,上口宽 30~60 厘米。

三、配套设施

1. 运动场

运动场采用拴系式饲养的育肥牛场一般不设置运动场。但种公牛场、繁殖母牛、散养犊牛、育肥高档肉牛需设置运动场,运动场大小要适当,种公牛 30 平方米以上,繁殖母牛 20~25 平方米,犊牛 5~10 平方米,育成牛 12~18 平方米。运动场内设置补饲槽、饮水槽,地面以三合土或沙土为宜。

2. 围栏与凉棚

围栏要结实耐用,牛舍内一般用钢管,运动场可用钢管、钢丝、水泥柱等。围栏高度、间隙和钢管直径要根据牛的大小和类型确定。围栏包括横栏和栏柱,横栏高 1.2~1.5 米,横栏间隙,成年大型牛 30~35 厘米,中小型牛 25~30 厘米,犊牛 20~25 厘米。运动场还应设凉棚,凉棚3~4米高,每头牛需要避阳处5.5平方米以上。

3.消毒设施

生产区入口处设置消毒池,消毒池应坚固、平整、耐酸碱,不渗漏,大小一般是长3.5米,宽3.0米,深0.1米。消毒液为0.5%过氧乙酸,也可用火碱(2%~4%氢氧化钠)或生石灰,使用10~15天更换一次,下雨后必须立即更换或进行补充。

消毒室应设更衣间,有专用的通道通向牛舍。消毒室内装置紫外线灯等消毒设备,需照射5分钟以上,手部用新洁尔灭(0.1%)或过氧乙酸(0.3%)清洗消毒,脚部采用药液浸润,脚踏垫放入池内进行消毒,室内消毒池长2.8米,宽1.4米,深5厘米。

4.饲料加工与贮存设施

饲料加工设施大小和类型,根据牛场养殖规模和所需加工饲料的种类及生产需要确定,饲料贮存车间重在防水、防雨、防潮、防漏水,运输方便,能满足生产需要即可。青贮方式及设施大小根据肉牛养殖场养殖规模,贮藏饲料数量确定,底部和四周用砖或石头砌成,用水泥抹平,保证不透气,不透水,底部应留有排气孔。

第十章　养羊产业效益分析与市场评估

第一节　养羊的市场和前景

养羊是一项长盛不衰的产业,市场前景广阔。投资养羊是一种实业,只要懂技术,再加上勤奋,人人都可以致富。

（一）国家政策扶持

我国是农业大国,大力扶持养殖业是可持续发展的必然要求,可带动农业的发展,解决三农问题。随着国内供需矛盾日益突出,优质羊肉(如滩羊肥羔肉)的供应远远不能满足市场需求,使得活羊及羊产品价格持续攀升的同时,国家出台了各类政策扶持养殖业。养一只羊最高可获得当地政府补贴100元。

（二）市场需求走高

羊肉是我国最重要的畜产品之一,也是我国居民消费量最大的肉类之一,市场对羊肉的需求量很大,在家庭、酒店、餐厅中占很大比重。据中国肉类协会调查显示,2013年全国肉类需求量比2012年上涨15%,其中羊肉需求量上涨28%以上,长期以来我国羊肉市场还是需求大于供应局面。目前,我国人均羊肉消费量是世界平均水平的1.5倍,但与欧美发达国家的消费水平差距较大。随着人口增长,居民收入水平提高和城镇化步伐加快,羊肉消费总体上仍将继续增长,但增速会有所放缓。

第二节　养羊失败的原因

1. 羊的饲养管理

饲养管理好的羊场可以节省饲料,避免饲料浪费。使投入的饲料最大限度转化为羊只的增重;饲养管理好的羊场羊病发生少,既节省了疫苗的购置费用,又可以节约常规预防用药费用和治疗用药费用。据报道,饲养管理不善,饲料选用不当,使料肉比提高0.2,每只出栏羊用料就会增加20千克,增加成本30元;羊群发病,药费每只羊增加10元。

2. 饲料搭配不合理

饲料是养羊的基础，是养羊成败的关键因素。一般情况下，饲料费用占养羊成本的70%~80%，所以怎样合理地选择、利用、开发饲料，提高饲料报酬率，降低耗料率，对提高养羊的经济效益起到决定性的作用。

3. 品种

品种是提高养羊经济效益的首要条件，品种的好坏直接决定了羊的生产性能、饲料消耗量、饲养周期和料肉比等。

众多试验表明，饲养优良的杂种羊，可使母羊每胎断奶仔羔增加1~2只，增重提高10%~30%，饲料利用率提高10%~15%。好的品种比本地羊生长速度快，饲养周期短，可提高经济效益10%~12%。

4. 防疫

养羊场一旦爆发疫情，会造成重大的经济损失，甚至灭顶之灾。纵观现有的养羊场（或养殖户），普遍存在防疫观念淡薄的问题，防疫工作仍然具有盲目性、随意性、侥幸性，不少羊场（或养殖户）一年四季羊群疾病不断。此起彼伏，年年如此，反反复复，在经历若干年之后不得不将羊场关闭，损失是惨重的，教训也是深刻的。养羊业者总是把注意力盯在羊价上，认为羊价是羊场能否盈利的决定因素，其实不然。如果具体到一个存栏500只母羊，月均出栏800只商品羊的羊场，冬季一个流行性腹泻，造成的直接损失就是40万元；而羊价如果每千克降1元，100千克降100元，800只商品羊因降价月均损失8万元，仅相当于流行性腹泻造成损失的五分之一。

第三节　养羊是赚钱的

一、养羊赚钱吗？

养羊肯定赚钱，只是赚多赚少的问题。一年赚两千、五千、一万呢，还是二万、五万、十万、百万？这就有大学问了。想赚两千那肯定没问题，两千就是一只羊的事情，五千呢，顶多就是三只羊的事情，二万呢，那顶多就是13只羊的事情，那五万呢、十万呢？问题就来了，养几只或者十几只和50只至上百只那就是天和地的区别了，为什么呢？一只或十几只不会得病，大规模的养羊会很容易得病的，比如说疫情，一死就是上规模的死，这受得了吗？

二、怎么养

圈养还是放养,这两种饲养方式区别也非常大,怎么选择呢? 不管怎么养,先来分析它们的好坏和优缺点。

圈养的好处,那就是不用放羊,不管是下雨下雪,不管风吹雨淋,不管风霜雨冻,都可以坐在家里,看似很清闲;坏处也是最致命的,就是圈养的羊容易得病,抵抗力差,更容易流行疫情,其次羊也容易难产。最要命的饲料钱也不少,如天天饱吃,成本太高。

放养的坏处就是人要受点罪,劳动力投入的要多点;好处那太多了,羊的抵抗力会强很多,基本上不生病,成本也少得多,饲料钱基本上没有,就看当地有没有合适的草场让你养很多羊。一般来说放羊成功的概率会大很多,好多都赚到了钱,成功了,而圈养失败的要多些,对圈养的技术要有很高的要求。

三、选择养羊的创业精神值得鼓励

首先要说明一点,关于想创业的精神值得鼓励,特别是年轻创业者,能想到自己创业,能想到用养殖业创业,更是值得鼓励,原因就不用说多了,大部分人都来自农村,想创业没有资金没有后台,能选择起点低的养殖业,这种想法是再对不过了,但事实却恰恰相反,现在养羊的年轻朋友都有一个问题——被别人嘲笑。连放牛的老头都在嘲笑你们,在别人眼里,养羊的人都应该是五十岁的人在家闲着没事可做的人,这看似是一个很憋屈的问题,其中却有着耐人寻味的道理,老人们(饲养方式、管理方式落后)养了一群的牛羊,发财了吗?

四、养一只羊和养一百只羊不是同一回事

虽然年轻人有冲劲,有技术(或许自己认为有,其实不是的),老头养一只羊,一年赚2000(50 千克×40 元 / 千克),如果养 100 只羊,好,问题就来了,100 只羊哪里来,自己繁殖还是引进,是放养还是圈养,圈养的话,草料从哪里来,基础设施资金是否准备充裕,放养的话,能容纳 100 只羊的草场在哪里。问题接踵而来,所有行业,都有赚钱或赔钱的,关键是我们有没有把文章做好,这才是最主要的。

五、态度很重要

你能把它做好,把问题解决了,你当然能赚钱;你做不好,你就会倒贴,就是这么简单的问题。比如说张三养羊赚钱了,你就说养羊能赚钱;李四养羊赔钱了,你就说养羊不行。这样的问题本身就是矛盾的,难道你没有觉得吗? 关键还是对于做事业态度的问题,不论做什么事都是一样的,你要想着一定要把它做好才行,不能光看别人的结果盲目跟风,我

敢说一句话,做同一个行业,如果你连续做十年,还是不挣钱,可能连天都解释不了这是为什么。其实仔细想一想,有时候我们是不是有很多这样的感慨,如果当时怎么怎么样,现在可能就好了,但是如果你一直坚持着一个行业,相信你是会有好起来的那么一天,关于态度问题个人慢慢思考吧。

六、养羊能赚钱,但是收益比较慢(一年之内可能赚不到什么钱)

给一些建议,很简单,但很重要,如果你想以养羊很快赚钱,那么建议你去选择其他行业,或者是选择别的物种,因为养羊的利益链是比较长、收益比较慢。可以这么说,如果对于一个没有一点经验的人来说,养羊一般一年内很难具有效益。建议准备养羊的朋友们,不要盲目的就开始买羊,你得先给它创造一个舒适的生存环境(也就是羊圈问题),然后再给它准备好草料,等所有的东西都准备就绪了,再开始进羊,这样做最稳妥。还有一个很严重的问题,如果你一点经验都没有,第一次买羊千万别买多了,别想着一下子就赚到多少钱。因为事实是,你一下子进了很多羊以后,才发现原来根本不像你想象的那么容易。那时候估计够你弄的,建议买几十只为好,或者二十来只更好,你不要第一批羊就想赚钱,你要把它们当成朋友,摸清它们的生活习性以后,觉得有把握了,下一次再多进点都没关系。

七、技术非常重要

如果你有了技术,保证你养羊的成功率能达到80%以上,你不赚钱都很难,可是这些技术那里来呢? 你得请教老师或买书学习,上网学习,与养羊的朋友、同行学习交流,还要实践。在这里,你可能根本没把技术当一回事,你可以看到你的邻居或者左邻右舍养羊都没出过事,都养得很好,那到自己的手里肯定没事吧? 那就大错特错。你看到农村的老头养羊他们都是养几只或者十几只,又都是放养,规模小再加上放养,这样的羊基本上不会得病和流行疫病,可是一旦大规模养殖和靠以养羊为主业,就不是那么回事了。一个细节没做好,就可能大规模的死羊(如流行性腹泻,一个养羊场存栏500多只,出栏800多只,一个流行性腹泻造成500~800只出栏羊的死亡,损失40多万元,如果按每只活羊出售降2元/千克,损失才是8万元,不及疫病流行损失的1/5)。比如说圈养的消毒没有做好,就可能导致巨大的损失。

八、有了技术和资金,可以上规模,才能赚大钱

技术资金都具备了,你就可以放开手脚大干了,为什么呢? 技术保证成活率,资金可以让你迅速的发展,扩大规模,(在这里还得提醒一点:资金得留有余地,不能全部用完,得留有周转金,以防意外事情发生)。这样你想赚大钱也不难。

九、市场行情问题

近几年不用担心，为什么呢？这几年一直是呈上升的趋势，其次羊的繁殖率是个问题，市场上不大可能出现供大于求的状况。

十、家庭关系也很重要

如果你老婆或者你父母反对你，天天吵架，不支持你，又不拿钱给你，你做什么她们都反对你，那么这样也就困难了，俗话说得好，一个成功的男人背后得有个贤惠的女人才行，所以家庭关系也很重要。

第四节　2018年养羊业发展趋势与解决方法

养殖业发展如何，养殖什么最赚钱呢？这是很多想搞养殖业的朋友关心的话题。值得注意的是未来20年，我国养殖业将实现重大的战略转型，在农业中率先实现现代化，成为保障食物安全和促进农民增收的支柱产业，成为促进国民经济协调发展的基础产业，既然前景这么好，赶快看看养什么最赚钱。

一、关于羊的总量变化

很多人担心，养羊的人多了，量大了，羊价格该跌了。我不这样认为，结合我所见所闻，的确如此，上马的人很多，但我也发现，下马的人更多，快要从马背上跌落的人也不在少数。所以敬告养羊的朋友们，别杞人忧天了。养好自己的羊，做好当前的工作才是正经事。我敢断言，起码五年内短线起伏，地区差异不敢说，但是长线羊价绝不会出现大跌，稳中有升是必然的，因为我国肉羊生产能力不足，供给增长速度跟不上需求的高涨。我国当前肉羊发展基础薄弱，养殖效率不高，饲养成本上升，散户退出加快，规模养殖发展缓慢的情况下，其供需矛盾日益突出，局部地区出现羊肉供不应求。总体来看，我国羊的总量还是没发生大的改变，需求量却在逐步逐年上升。以前猪肉消费群体呈现的是一枝独秀的局面，而现在草食动物因其绿色生态的天然优势，逐渐被国人从接受到青睐。这些信息从我们各自身边都能得到印证。

羊肉消费增多，一方面是改善肉类消费结构的指导，因为土鸡、牛肉等高品质蛋白肉类同样紧俏。另一方面，与我国的通货膨胀有很大关系。

再说，饲养方式。相比完善的放养模式，全圈养羊其抗病能力逐步下降，药材成本节节攀升,死亡率居高不下。其运动不足,饲料单一,这类羊产品的口感、健康程度也将必然受到影响,而全放养也存在诸多问题,先不论禁牧一说,现在植树造林的成果空前巨大,而因各地建筑材料选择上更是发生改变,各地区的山场森林覆盖率增加,导致灌木群逐渐减少,荒山荒地也会越来越少,山场草场植被发生变化,秘密放牧的能力只会逐年下降。再加上政府的政策导向,农村土地的集约化经营必将广泛开展。综上所述,圈养的弊端只会愈演愈烈,放养的局限性只会逐渐扩大,这必将导致饲养方式的转变,所谓物竞天择,适者生存。在不久的将来,繁殖类种羊还是会以放养为主,只是不再是奔跑在漫山遍野,而是在经过改良的人工草场及山场。而育肥羊,因为农作物秸秆的利用必定得到重视推广,人工的总产量攀升,管理难度及性价的比较,将导致育肥羊场转为全程或中短期强制育肥。

圈养也是有一定的空间的,只是短期是个短板。我国是个粮食需求大国,现在国家补贴种粮,但农作物的利用价值也很高,不仅仅拿来生火做饭,还要发挥其他作用,圈养羊是其中之一,我国放牧存在一定地理条件限制,集约化发展养殖,租地可是不小的开支,现在地价全国各省不一样,有高有低,前期投入需大量资金。

饲养规模发生改变是必然趋势,也许大家没有留意到,虽然说各地规模羊场如雨后春笋往外冒,但尤其是南方广大地区,零星养殖的产出量其实才是市场份额的中坚力量。当然,随着规模化养殖模式的稳步推进,相关新技术的推广,大量新资本的融入,机械自动化程度越来越高,零星养殖的经济效益下降,导致其产出量只会越来越少,直至淘汰。销售模式随之改变。物流配送业越来越发达,储存加工技术及其设备得到广泛的利用推广,信息透明度越来越高,各地羊价差只会越来越小。唯一不会发生改变的只有生产与终端消费的价格差。小户、零星养殖户、黑心羊贩子的定价权必将丧失,大户、规模羊场才是市场里的定价发话人。

品种结构发生改变,杂交改良品种被大部分中低端消费群所吸引消化,地方优良品种(如滩羊)占据中高端消费市场。这其中有肉用绵羊与肉用滩羊之争,肉羊与奶羊之争,但这些都各有优势,各自拥有各自的消费群体,市场消费呈现穿插交错,各有山头,不至于矛盾白热化。疫病流行将更加猖獗,这些年各地刮起的阵阵引种之风,盲目追求追捧纯种良种之痛,因此造成的经济损失巨大。

二、上涨超过预期,养殖效益增高

市场调查显示,2015年3月以来,国内羊肉价格下跌速度明显加快,带动活羊价格不断走低,尽管这符合春节后的市场消费规律,但下跌幅度还是超出人们的预期。据了解,目前市场活羊收购价在每千克24元左右,而且还处于买方市场,不少养羊户开始亏本,面临发展困境。

据农业部定点监测,2015年3月以来,羊肉价格累计跌幅5.9%,是2013年以来持续下跌累计跌幅最高的一年。羊肉月平均集市价格已连续6个月低于上年同期水平,这是羊肉价格十几年来没有出现过的情况,但是2017年7月中旬,全国羊肉集市平均价格为60.57元/千克,同比上涨6.4%。

相关调查表明,与羊肉价格下跌相比,市场上的活羊价格下跌幅度更大。近年来,活羊价格一般都维持在每千克25元上下,而现在却有46元左右,涨幅超过84%。每年五六月份,本来是基础母羊和羔羊的补栏旺季,尽管当前收购价格很高,但市场走动依然较快,在养殖收益出现上升的情况下,补栏欲望情绪浓厚,活羊销售畅通。有关部门对主产区养羊户的调查显示,由于活羊收购价格上升,而养殖成本逐年下降,规模户和散户均面临盈利。2017年5月份,市场上活羊收购价12元/千克,而2016年同期是16元/千克,2015年是24元/千克,在去年降价的基础上每千克再次下降4元,同比下降25%。按每只羊50千克出栏体重计算,育肥羊养殖户每只羊售出要亏损240元。

2017年下半年以来,羊肉及附属产品价格均呈上涨态势,羊肉收购价由2017年6月份的36~42/千克,6月份育肥架子羊平均收购价400~500/只,羊皮市价每张80~100元,至11月份60元/千克,同比上涨60%,至2018年元旦,春节还会上涨,整个羊产业将呈现欣欣向荣的景象。

三、肉羊提高出栏,价格止跌回升

业内人士分析,羊价持续下跌,一是因为2016年以来消费需求下滑,对肉羊需求量减少,但2017年5月份以来,价格止跌,目前价格持续上升;二是近年来养殖效益颇好,刺激生产得到快速发展,市场供应能力不断增强;三是当前养殖效益上升,基础母羊增多,出现良性发展;加上,肉羊主产区旱情减轻,草场长势较好,增加养殖效益,临近冬季,减少出栏量。多重因素共同作用,导致市场供给量出现阶段性不饱和状态,价格大幅度上升。

在消费需求方面,受宏观经济增速放缓的影响,从2016年夏季开始,羊肉市场消费下降。除高端餐饮业不景气外,还有一个重要因素就是羊肉价格偏高,猪肉、禽肉价格的地位对其消费替代性增强,居民消费羊肉数量有所减少。

在供给方面,近年来在国家扶持政策拉动下,羊肉主产省(区)生产得到有效发展,供给能力进一步提升。近年来在利好因素刺激下,各地中小型规模化养羊场不断增加,存栏量剧增,集中出栏,加上加工环节还不配套,全部涌进生鲜市场,导致供给量出现阶段性饱和状态,市场一时难以消化,价格出现不断下滑。

与此同时,羊肉进口量保持高位且价格极低,对国内羊肉市场形成冲击。海关数据显示,2013年、2014年我国进口羊肉分别达到25.87万吨和28.29万吨,但仍比2013年同期高出10.6%。从价格上看，2016年至今年上半年以来从新西兰进口羊肉价格每千克比国内低20元左右，对拉低国内价格起到了重要作用。进口羊肉进入国内市场，不仅增加了市场选择余地，其价格优势在一定程度上也影响了国内市场羊肉价格的走势。

四、完善产业链条，加快产业升级

业内人士指出，当前羊肉价格下跌属阶段性走势，随着经济形势向好，旅游餐饮行业的调整及消费需求的理性回归，羊肉消费增加仍是大趋势，供给偏紧的格局短期内不会发生根本性改变，羊价不可能再次出现大幅下滑行情。

据调查，目前虽然活羊价格下滑严重，养殖效益缩水，但羊肉价格仍然是所有肉类中价格较高的；流通环节利润仍然可观，其问题主要出现在产业链条短上。长期以来，我国肉羊饲养走的是一条小农经济道路，养殖方式总体上以散户为主，管理粗放和原始，生产效益不高，抵御风险能力不足；养殖户多是单打独斗，育肥的只管育肥，屠宰的只管屠宰，销售的就管销售，产业功能缺位，产销难以衔接，造成了流通环节拥有绝对的定价话语权，而上游生产者始终处于劣势低位，导致产销价格严重倒挂；加上产品仍以活体销售和初加工为主，附加值不高，副产品也没有得到很好的开发利用，影响了养羊效益的整体提升。

针对后期羊价走势，业内人士分析认为，尽管目前消费市场低迷，供求关系失衡，价格出现下跌，但属于阶段性异动。总体看，随着城镇化的加速推进，城乡居民收入水平的不断提高，对养生保健的日益重视，我国羊肉消费结构比例将呈递增趋势，羊肉市场的刚性需求将持续存在。因此，尽管当前肉羊的存栏量较为稳定，但羊肉供给偏紧的格局短时期内不会从根本上扭转，预计今后羊价大幅回落的空间已经非常有限，相反未来羊肉价格高位运行仍是常态，肉羊养殖前景依然看好。

五、肉羊产业组织模式

肉羊产业链就是肉羊产品从适度规模肉羊场(户)到加工(企业)，再到运输、销售及消费(餐桌)的整个链条。这个链条组织中的构成要素包括生产者、中间商(二道贩子)、屠宰场加工企业和消费终端。根据这些组成要素之间的关系，我国目前肉羊产业的组织模式大概有以下几种。

(1)传统的肉羊场(户)产业模式　这是一种传统的羊肉产业链的组织模式，是以市场交易模式下肉羊生产、屠宰加工、羊肉销售等，各环节均没有形成合作组织联盟，都是以适度规模肉羊场(户)形式出现在产业链条内。肉羊场(户)可以自由选择销售方式，或者自己将活羊拉到食品厂所在地销售，或者销售给前来收购的二道贩子，由二道贩子销售给屠宰场或者食品厂，再由食品厂加工后销往本地消费者、批发商、零售商或者经第三方销往全国各地。这种组织模式中,肉羊场(户)没有形成统一的联盟,力量没有集中,对于来自市场波动和自然灾害的冲击没有防御能力,甚至由于产业链条较长,肉羊场(户)不了解市场需求,只能依照食品场或者二道贩子收购的价格来销售,再加上饲养成本高,肉羊场(户)的利益很难保障。另外,由于二道贩子与肉羊场(户)之间是一种完全竞争模式,肉羊场(户)没有义务必须将自己的活羊卖给二道贩子,使二道贩子不能完全对供应数量和质量做出保证,大大增加了屠宰场或食品厂肉源供应的不稳定性。因此,这种组织模式使整个产业链较为松散,各环节不确定因素增多,数量、质量及售价都难以保障,各环节风险增大。

(2)以企业为中心的横向一体化组织模式 这种组织模式是以企业为中心,适度规模肉羊场(户)自愿参加与企业组成合作联盟,联盟内部采用统一的饲养品种和统一的销售渠道,企业提供种公羊,由肉羊场(户)自己繁育,羔羊断奶或者到规定月后,养殖企业按照统一标准进行收购。同时,养殖企业与屠宰场或者食品厂签订协议(组成合作联盟),收购来的羔羊全部提供给屠宰场或者食品厂,食品厂再与消费终端(零售商)组成合作联盟,将肉羊屠宰加工包装之后销往全国各地,如餐饮业、旅游业和各大超市商店等。这种经营模式,对于分散居住的肉羊场(户)来说,解决了种羊的供应及商品羊的销售问题,避免了商品羊"卖不出去"的风险,降低了销售成本,保障了肉羊场(户)的经济收入。对于食品厂来讲,合作社养殖企业提供了稳定可靠的肉源和肉品质量,降低企业原料采购和质量安全风险。

(3)以养羊合作社为中心的横向一体化组织模式 这种组织模式首先是适度规模肉羊场(户)之间建立了一种合作联盟,即养羊合作社,甚至有些合作社可以建立自己的屠宰厂和冷藏库合作社内实行种公羊统一管理供应、统一配种、统一饲料供应、统一防疫、活羊统一收购、统一屠宰、统一销售。养羊合作社再以一种联盟的身份与一些大型餐饮集团或者超市签订供需协议,由其将养羊合作社提供的羊肉销售到餐饮终端消费环节,从而实现肉羊生产、加工、运输、销售等一体化。这种组织模式在大大降低适度规模肉羊场(户)的劳动成本的同时,对于商品羊的销售也是一种保障。不仅如此,养羊合作社成为了一些餐饮集团肉羊供应的基地,价格方面也高于其他地方的收购价格。由于这种组织模式的产业链条比较短,养羊合作社的肉羊场(户)可以很快收到市场及消费者所反馈的信息,以便调整自己的产业生产结构及生产品种类型,更好地迎合市场的需要;对于餐饮集团来讲,因为有了稳定的肉源基地,数量和质量上有了保障,消除了货源供应的不确定性,降低了经营风险。

六、适度规模肉羊场经营模式

适度规模经营模式就是肉羊场根据经营宗旨和业务范围确定的为实现其既定价值所采取的某一类方式方法的总称,包括 3 个方面的内涵:一是确定肉羊场实现什么样的价值,也就是在产业链中的定位;二是肉羊场的业务范围和规模;三是肉羊场如何或者采取什么样的手段来实现价值。

1. 商品肉羊饲养的"订单模式"

商品肉羊饲养的"订单模式"是企业与适度规模肉羊场(户)签订肉羊饲养协议。肉羊场(户)按照企业提供的圈舍设计方案要求建设肉羊饲养圈舍,养殖企业给肉羊场(户)提供断奶羔羊,由肉羊场(户)按照企业提供的饲养技术饲养;肉羊场(户)饲养 2 个月后,公司将按照提供的羔羊数量强制收回,扣除羔羊原始体重,肉羊场(户)饲养每增重 0.5 千克(0.5 千克 = 1 斤,全书同),公司给肉羊场(户)折算现价报酬;或者对增重部分按肉羊市场价格核算总增加效益,然后由公司与肉羊场(户)按一定比例进行分成。这种经营模式使企业与适度规模肉羊场(户)之间相互制约和监督,以实现互利共赢。在羊舍等固定资产方面的投资降低了肉羊场(户)违约的概率,而按比例分成的利益分配制度降低了企业的监督成本,调动了肉羊场(户)饲养的积极性,企业和肉羊场(户)之间形成了紧密的利益共同体。该模式最大限度地降低了适度规模肉羊场(户)养殖成本(羔羊购置成本),有利于规模化养殖的推行

2. 种羊生产的"寄养模式"

种羊生产的"寄养模式"与商品肉羊饲养的"订单模式"比较相似,但具体饲养要求却更加严格。企业与适度规模肉羊场(户)签订种羊饲养协议,肉羊场(户)按照企业提供的圈舍设计方案要求建设肉羊饲养圈舍, 养殖企业给肉羊场（户）提供健康种羊, 肉羊场(户)必须严格按照企业提供的饲养技术进行饲养,同时,企业对肉羊场(户)在每只种羊每天的精料补充量、月平均增重量、配种率、死亡率等指标上提出具体的量化要求并监督执行。种羊产羔断奶后,公司按照协议价格回收羔羊。这种模式比较适合种羊场,采取这种模式扩繁、选育种羊,降低了企业的资金约束,提高了相关品种或品系的选育速度,扩大选育群体。

3. 种羊场 + 合作社

这种模式一般是以村为单位,建立养羊合作社,合作社与种羊场签订协议,由种羊场提供种羊、技术服务和饲料,并保障种羊回收。由合作社担保,种羊场无偿将种羊提供给适度规模肉羊场(户),由肉羊场(户)饲养。同时,种羊场为每只种羊每天提供全价颗粒饲料,肉羊场(户)无力承担相关费用时可以赊销,其价款在种羊回收时扣除。企业与肉羊场(户)订立收购合同,扣除仔羊原有重量,活羊以高于商品羊的价格回收。由于种羊回收价格较高,避免了肉羊场(户)将种羊卖给其他商贩的违约风险。对于企业来说大约有 50% 以上回收的羊是作为种羊,企业也从中获得了较多的利益。这种模式做到了企业和适度规模肉羊场(户)的双赢。

4.产业间纵向"六方合作"模式

"六方合作"模式是四川在发展生猪产业过程中提出的一整套完整的运行机制,现在正在向肉羊产业推广。该模式主要内容是"六方合作"即"金融机构＋担保公司＋饲料企业＋种羊场＋肉食品加工企业＋协会适度规模肉羊场(户)"的合作,是农发行向获得政府下达饲料粮储备计划的饲料加工企业和种羊场发放饲料粮储备贷款,农业产业化担保公司提供一定额度的信用担保,饲料加工企业向协会肉羊场(户)赊销、配送优质无公害饲料,种羊场向协会肉羊场(户)提供质优价廉的种羊,协会农户按标准化要求饲养,加工企业以"优质、优价"订单收购协会农户养殖的活羊,并代饲料加工企业和种羊场扣回向协会肉羊场(户)赊销的饲料和羔羊款,贷款企业在规定时间内还清贷款,形成各主体之间的互动与链接。"六方合作"模式具有详细的操作规程,该模式是畜牧产业化纵向联结方式的代表,优化了养羊资源配置,实现了一、二、三产业互动,转变了养羊业生产方式、经营方式、增长方式,构建了标准化生产体系;创新了金融支农机制,建立了农村信用安全体系;提升了养羊产业化经营水平,增加了农民收入。

七、教你如何计算养羊成本

在项目投资以前,对成本与效益进行科学分析,已成为畜牧业发展中科学投资、正确决策的关键一环。

参考大量的资料,结合自己多年经验,提出了散养、专业户、大型养羊场三种形式养羊成本与效益分析方法、公式、规则供大家参考。

(一)散养

(以饲养 2 只种母羊为例,精料按 80%计算,草不计算,基建、设备不计算,人工费和粪费相抵)

1. 成本

(1)购种母羊。2 只×费用/只＝购种羊费用。

购种羊费用/5 年(使用年限)＝每年购种羊总摊销。

(2)饲养成本(料计算 80%,草不计算)。

2 只种母羊×精料量/(天、母羊)×价格/千克精料＝2 只母羊每天精料耗费。

2 只母羊每天精料耗费×365 天＝2 只种母羊年消耗精料费用。

总羔数(7 月龄出栏,5 个月饲喂期)×精料消耗/(天,羔羊)×150 天×价格/千克精料＝育成羊消耗精料费用。

总饲养成本＝2 只种母羊年消耗精料费用＋育肥羊消耗精料费用。

(3)医药费摊销总成本:10 元/(羔羊年)×总羔羊数。

总成本＝每年购种羊总摊销＋总饲养成本＋医药费摊销总成本。

2. 收入

年售育成羊:2只母羊×育成羊数/母羊年产＝总育成数。

总育成数×出栏体重/只×销售价/千克活羊＝总收入。

3. 经济效益分析

饲养2只母羊的一个饲养户年盈利＝总收入－总成本＝总盈利。

每卖一只育成羊盈利＝总盈利/总育成数。

(二)专业户

(以饲养母羊20只为例,精料100%计算,草及青贮料计算一半,基建设备器械不计算,人工费和粪费相抵)。

1. 成本

(1)购种羊

20只母羊×费用/只＝购种母羊总费用。　1只公羊×费用/只＝购种公羊总费用。购种羊总费用/5年(使用年限)＝每年购种羊总摊销。

(2)饲养成本(专业户饲料100%计算,草及青贮料计算一半)

种羊

干草:20只×干草数量/(天、只)×365天×价格/千克干草＝种羊年消耗干草费用。

精料:20只×精料量/(天、只)×365天×价格/千克精料＝种羊年消耗精料费用。

青贮料:20只×青贮料量/(天、只)365天×价格/千克青贮料＝种羊年消耗青贮料费用。

育成羊(7个月出售,5个月饲喂期)

干草:总羔数×干草量/(天、羔)150天×价格/千克干草＝育成羊年消耗干草总费用。

精料:总羔数×精料量/(天、只)150天×价格/千克精料＝育成羊年消耗精料总费用。

青贮料:总羔数×青贮料量/(天、只)150天×价格/千克青贮料＝育成羊年消耗青贮料总费用。

总饲养成本＝种公母羊消耗精料、干草、青贮料费用＋育成羊消耗精料、干草、青贮料费用。

(3)每户医药费摊销总成本:10元/(羔羊)×总羔数。

2. 收入

总育成羊数×出栏体重/只×价格/千克活羊＝总收入。

3. 经济效益分析

饲养20只母羊的一个专业户年总盈利＝总收入－每年种羊总摊销－总饲养成本－

每年医药摊销总成本。

每卖一只育成羊盈利:总盈利/总育成数。

(三)大型养羊场(以饲养500只基础母羊为例)

1.成本

(1)基建总造价

羊舍造价:500只基础母羊,净羊舍面积600平方米;周转羊舍(羔羊、育成羊)1250平方米;25只公羊,50平方米公羊舍;合计1800平方米。1800平方米×造价/平方米=羊舍总造价。

青贮窖总造价:500平方米×造价/平方米。

储草及饲料加工车间造价:500平方米×每平方米造价。

办公室及宿舍总造价:400平方米×造价/平方米。

合计为:基建总造价

(2)设备机械及运输车辆投资:青贮设备费用、兽医药械费用、变压器等机电设备费用、运输车辆费用等费用总和。

合计为:设备机械及运输车辆费用。

每年固定资产总摊销=(基建总造价+设备机械运输车辆总费用)/10年

(3)种羊投资

500只母羊×价格/只=种母羊投资。 25只公羊×价格/只=种公羊投资。

合计为:种羊总投资。 种羊总投资/5年=每年种羊总摊销。

(4)建成后需干草、青贮料、配合饲料。

种羊

干草:525只种羊×干草量/(天、只)×365天×价格/千克干草=种羊年消耗干草费用。

精料:525只种羊×精料量/(天、只)×365天×价格/千克精料=种羊年消耗精料费用。

青贮料:525只种羊×青贮料量(天、只)×365天×价格/千克青贮料=种羊年消耗青贮料费用。 合计为种羊饲养总成本

育成羊(7个月出售,5个月饲喂期)

干草:总羔数×干草量/(天、只)×150天×价格/干草千克=育成羊年消耗干草费用。

青贮料:总羔数×青贮料量(天、只)×150天×价格/青贮料千克=育成羊年消耗青贮料费用。

精料:总羔数×精料量(天、只)×150天×价格/精料千克=育成羊年消耗精料费用。

合计为:育成羊饲养总成本。　　总饲养成本 = 种羊饲养总成本 + 育成羊饲养总成本。

(5)年医药、水电、运输、业务管理总摊销:10 元 /(羔羊)× 总羔羊数

(6)年工人工资:120 元 / 年羔羊 × 总羔数 = 年总工资成本

2. 收入

(1)年销售商品羊:总育成数 × 出栏均重 / 只 × 价格 / 千克活羊。

(2)羊粪产量:总羔数 × 产粪量 + 种羊数 × 产粪量

　　羊粪收入 = 总粪量 × 价格 / 立方米

　　注:产粪量为每年每只产粪重量。

(3)羊毛收入:种羊 525 只 × 产毛量 / 只 × 价格 / 千克毛。

以上三项合计为总收入。

3. 经济效益分析

总收入 − 年种羊饲养总成本 − 年育成羊饲养总成本 − 年医药、水电、运输、业务管理。

总费用 − 年总工资 − 年固定资产总摊销 − 年种羊总摊销。

每售 1 只育成羊盈利:年总盈利 / 总育成数。

第四篇　肉牛养殖实用技术

第十一章　肉牛品种及特性

第一节　国内外肉牛品种

（一）国内肉牛品种

1. 秦川牛

秦川牛居于我国四大黄牛配种之首，有"国之瑰宝"之称。秦川牛因主产于陕西的"八百里秦川"而得名。

肉用性能：秦川牛具有一定的产肉性能。18 月龄的公、母、阉牛平均屠宰率为 58.3%、净肉率为 50.5%，接近国外一些著名的肉牛品种。秦川牛的胴体骨骼量小（骨肉比为 1：1.63），脂肪含量少（11.65%），瘦肉含量高（70.04%），眼肌面积大（97.02 平方厘米），远远超过国外一些著名的肉牛品种，如夏洛莱胴体的骨肉比为 1：4.18，脂肪含量为 26.68%，瘦肉含量为 59.14%，眼肌面积为 83.14 平方厘米；安格斯牛的上述指标相应为 1：4.42、32.6%、58.88%、和 71.75 平方厘米。

2. 南阳牛

南阳牛原产于河南省南阳地区，屠宰率为 64.5%，净肉率为 56.8%，骨肉比 4：7.4。

3. 鲁西牛

鲁西牛原产于山东省西部的黄河以南地区，屠宰率为 55%，净肉率为 45%。杂交一代、二代的平均屠宰率为 57.83%，净肉率为 45.77%，比秦川牛、鲁西牛高 8.47 和 7.52 个百分点。

（二）国外肉牛品种

近年来我国引进国外优良肉牛品种主要有：西门塔尔牛、利木赞牛、夏洛莱牛、安格斯牛、日本和牛等。

第二节　秦川牛

秦川牛为中国地方良种，是中国体格高大的役用牛种之一。秦川牛产于陕西省关中地区,因"八百里秦川"而得名,以渭南、临潼、蒲城、富平、大荔、咸阳、兴平、乾县、社泉、泾阳、三原、高陵、武功、扶风、岐山15个县、市为主产区。

一、体型外貌

秦川牛属于较大型的役用兼肉用型品种。体格较高大,骨骼粗壮,肌肉丰满,体质强健。头部方正,肩长而斜。中部宽深。肋长开张。背腰平直宽长,长短适中,结合良好。荐骨部稍隆起,后躯发育稍差,四肢粗壮结实,两前肢相距较宽,蹄叉紧。公牛头较大,颈短粗,垂皮发达。鬐甲高而宽;母牛头清秀,颈厚薄适中,鬐甲低而窄。角短而钝,多向外下方或向后稍弯。公牛角14.8厘米,母牛角长10厘米,角呈肉色;毛色为紫红、红、黄色三种;鼻镜肉红色占63.81%,亦有黑色、灰色和黑斑约占32.2%;蹄壳分红、黑和红相间三种颜色。

二、生产性能

成年公牛平均体重594千克,体高141厘米,成年母牛平均体重381千克,体高124厘米。经育肥的18月龄牛的平均屠宰率为58.3%。净肉率50.5%,具有肥育快、瘦肉率高,肉细嫩多汁,大理石纹明显。母牛泌乳期为7个月,泌乳量715.8±261.0千克。鲜乳成分为:乳脂率4.70±1.18%,乳蛋白4.0±0.78%,乳糖率6.55%,干物质率16.5±2.58%。公牛最大挽力为475.9±106.7千克,占体重的71.7%。

三、繁殖性能

秦川母牛常年发情,在中等饲养水平下,初情期为9.3月龄;成年母牛发情周期20.9天,发情持续期平均39.4小时;妊娠期285天,产后第一次发情约53天。秦川公牛一般12月龄性成熟,2岁左右开始配种。秦川牛是优秀的地方良种,是理想的杂交配套品种。

第三节　南阳牛

南阳牛产于河南南阳地区白河和唐河流域的广大平原地区,以南阳市郊区、南阳县、唐河、邓县、新野、镇平、社旗、方城等县市为主要产区。

一、体型外貌

南阳牛毛色有黄、红、草白3种毛色,以深浅不等的黄色为最多,一般牛的面部、腹下和四肢下部毛色较浅。鼻镜多为肉红色,其中部分带有黑点。蹄壳以黄蜡、琥珀色带血筋较多。体格高大,结构匀称,体质结实,肌肉丰满,皮薄毛细,鼻镜宽,口大方正。公牛角基较粗,以萝卜头角为主,母牛角较细。鬐甲较高,公牛肩峰 8~9 厘米。背腰平直,肋骨明显,荐尾略高,尾细长。四肢端正而较高,筋腱明显,蹄大坚实。公牛头部雄壮额稍凹,脸细长,颈短厚稍呈弓形,颈部皱褶多,前躯发达。母牛后躯发育良好。

二、生产性能

成年公牛平均体重 647 千克,体高 145 厘米;成年母牛平均体重 412 千克,体高 126 厘米。南阳牛 18 月龄公牛平均屠宰率为 55.6%,净肉率为 46.6%。3~5 岁阉牛经强度肥育,屠宰率可达 50.5%,净肉率达 56.8%。母牛年产乳量 600~800 千克,乳脂率 4.5%~7.5%。母牛初情期 8~12 月龄,产后第 1 次发情平均为 77 天。公牛 1.5~2.0 岁开始配种,3~6 岁配种能力最强,利用年限 5~7 年。

第四节　鲁西牛

鲁西牛主要产于山东西南部,以菏泽市的郓城、甄城、菏泽、巨野、梁山和济宁地区的嘉祥、金乡、济宁、汶上等县为中心产区。

一、体型外貌

鲁西牛被毛从浅黄到棕红色都有,以黄色为最多。多数牛有完全或不完全的"三粉"特征(指眼圈、口轮、腹下与四肢内侧色淡)。鼻镜与皮肤多为淡红色,部分牛鼻镜有黑色或黑斑,角色蜡黄或琥珀色。体躯结构匀称,细致紧凑,肌肉发育好,具有较好的役肉兼用体型。公牛多平角或龙门角;母牛角形多样,以龙门角较多。公牛头短而宽,角较粗,颈短而细,前躯发育好甲高,垂皮发达;母牛头稍窄而长,颈细长,垂皮小,甲平,后躯宽阔。一般背、腰和尻部平直,四肢较细。蹄质致密但硬度较差。

二、生产性能

成年公牛平均体重 644 千克,体高 146 厘米;成年母牛平均体重 366 千克,体高 123 厘米。鲁西牛产肉性能高。以青草和少量麦秸为粗料,每天补喂混合精料 2 千克,1.0~1.5 岁牛平均日增重 610 克,屠宰率 53%~55%,净肉率 47% 左右。母牛性成熟早,一般 10~12 月龄开始发情,有的牛 8 月龄即能受孕。母牛初配年龄多在 1.5~2.0 周岁,终生可产犊 7~8 头,最高可达 15 头。产后第 1 次发情平均为 35 天。公牛 1 岁左右可产生成熟精子,

2.0～2.5岁开始配种,利用年限5～7年。

第五节　西门塔尔牛

西门塔尔牛原产于瑞士阿尔卑斯山区,并不是纯种肉用牛,而是乳肉兼用品种。但由于西门塔尔牛产奶量高,产肉性能也并不比专门化肉牛品种差,役用性能也很好,是奶、肉、役兼用的大型品种。

一、原产地及分布

世界上许多国家也都引进西门塔尔牛在本国选育或培育,育成了自己的西门塔尔牛,并冠以该国国名而命名。中国西门塔尔牛品种于2006年在内蒙古和山东省梁山县同时育成,中国西门塔尔牛由于培育地点的生态环境不同,分为平原、草原、山区三个类群。早期生长快是该品种的主要特点之一。因此,将成为我国未来牛肉生产的重要应用品种。

二、肉用特点

体格大、生长快、肌肉多、脂肪少;西门塔尔牛公牛体高可达150.1~160.0厘米,母牛可达135.142厘米,腿部肌肉发达,体区呈圆筒状。早期生长速度快,并以产肉性能高,胴体瘦肉多而出名。西门塔尔公牛杂交利用或改良地方品种时的优秀父本。具有典型的肉用性能,不同品种的牛,在体格体型方面是不同的,这使牛的生长率、产肉量和胴体组成方面表现出较大差异。西门塔尔牛在育肥期平均日增重1.5～2.0千克。12月龄的牛可达500～550千克,而地方品种的牛日增重仅为0.7千克,可见差距之大。肉的营养价值高,肉的蛋白质含量高达8%～9.5%,而且人食用后的消化率高达90%以上。牛肉脂肪能提供大量的热能。牛肉的矿物质含量是猪肉的2倍以上,所以牛肉长期以来备受消费者欢迎和青睐。肉品等级高,西门塔尔牛的牛肉等级明显高于普通牛肉,肉色鲜红、文理细致、富有弹性、大理石花纹这种脂肪色泽为白色或淡黄色,脂肪质地有较高的硬度,胴体体表脂肪覆盖率100%,普通的牛肉很难达到这个标准。西门塔尔牛在引入我国的外国肉牛品种中表现是最佳的,其适应性、耐粗饲、产奶产肉性能好,改良效果好,养殖效益高。大量繁殖乳肉兼用型的西门塔尔杂种母牛,可实现母牛产奶,公犊育肥后产肉的双重经济效益。

西门塔尔牛体型大,骨骼粗壮,头大额宽,属宽额牛。胸部宽深,背腰长而宽直,肋骨开张,尻平宽,体躯呈圆筒状,四肢结实,大腿肌肉发达。毛色为黄白花或红白花。西门塔尔牛产肉性能高,肉品质好,胴体瘦肉多,脂肪少而分布均匀。

三、黄牛杂交

西门塔尔牛改良各地的黄牛(秦川牛)都取得了比较理想的效果。用西门塔尔牛改良本地黄牛效果显著,杂种后代体型大,生长增重快,西杂一代日增重可保持在 800 千克左右,产肉性能强,西杂二代平均初生重 34 千克,18 月龄体重 267 千克,24 月龄体重 317 千克。西门塔尔牛性情温顺,适应性好,耐粗饲。

四、防疫保健

西门塔尔易地育肥的特点之一,是架子肉牛的流动性大,几百千米、几千千米距离在当今公路交通条件下,1~2 天便可到达。西门塔尔牛易地育肥技术的推广打破了原来一家一户小农经济经营及省、地、县的西门塔尔牛养殖格局。大大促进了肉牛饲养业的发展,大大提高了肉牛养殖的饲养水平。架子肉牛的流动带来的负面影响,就是感染有害病菌的机会也增加了。因此,要十分重视和做好架子肉牛的防疫保健,才能确保架子肉牛易地育肥的健康发展。提高西门塔尔牛的饲养效益的重要技术措施是实施现代化的肉牛育肥技术,即高密度饲养、围栏育肥、自由采食与自由饮水等,每一头西门塔尔牛占有围栏面积仅 4 平方米左右。在这样的密集的环境条件下,如何使西门塔尔牛少生病、不生病,只有加大力度做好育肥肉牛的防疫保健,才能确保育肥肉牛健康生长,在最短的时间里,获得最高的肉牛养殖效益。这是肉牛养殖户的最大心愿。育肥肉牛没有健康壮实的身体很难达到肉牛养殖者的期盼的要求。只有主动做好育肥肉牛的防疫保健,才能确保较高的西门塔尔肉牛养殖效益。刚开始发展西门塔尔牛生产规模很小、产奶量少,往大型乳品加工企业送牛奶划不来,有些养牛户干脆不挤奶,只供犊牛使用,殊不知这样会影响西门塔尔牛以后的产奶性能。因此,西门塔尔牛散养户应该积极开发当地的牛奶销售市场,坚持正常挤奶,维持西门塔尔牛的正常产奶水平。

五、效益分析

1. 育肥期

每天每头牛需要青贮玉米秸秆 2.5~4.0 千克,可以少量用一些酒糟或一些其他杂草。需精料 1.5~2.5 千克,包括玉米碎面 60%、麦麸 30%、豆饼(胡麻饼或菜子饼任选一种)10%,30 头牛每天需 0.5 千克食盐。每隔两个星期牛舍消毒一次,定期预防免疫。牛进圈后间隔一周开始驱虫,初次与第二次要间隔 4 天,两次可以用驱虫净去清。

2. 以一头体重 150 千克左右的改良肉牛公牛牛犊为例

这样的公牛牛犊需投资 1900~2000 元;每月平均用草 150 千克左右,折现金 60 元以上;精料每月 120 千克左右,折现金 300 元以上;如牛有各种疾病的预防与食盐费用,每月按 30 元计算;饲养 200 头牛需要饲养员 2 人,筹备草料与管理 2 人,人均工资每月按 2000元计算,饲养半年总计工资 24 000 元,每头牛合工资费用不过 120 元。如果每月平均生长60 千克,那么半年就可以生长 360 千克,加上原来买的 150 千克,总计就可以达到 500 千克以上。就可以算出每头牛的饲养成本如下。

①每头牛需投资 2700 元左右;②运输、检疫等各种费用预计 100 元左右;③饲养与管理工资 100 元左右;④草加精料共计 1100 元左右;⑤疾病预防与食盐 200 元左右;⑥每头牛到出栏总计费用 6000~6200 元。

3. 饲养 6 个月加上买牛时的体重,按 500 千克计算,每头牛可卖到 8000~8500 元。除去上述每头牛的全部费用 6000~6200 元,那么一头牛的纯利润是 2200~2300 元,在管理不好的情况下饲养半年也不低于 2000 元。

六、评价与展望

西门塔尔牛的产奶量潜力很大。如果扩大纯种繁育,对巩固乳品基地有极大好处。一代杂种在农区利用作物秸秆的情况下,一天可挤奶 3.15 千克。在饲草条件不够充足的地区,杂交代数不宜过高,杂交体系将是值得研究的问题。

第六节　利木赞牛

利木赞牛原产于法国中部的利木赞高原,并因此得名。利木赞牛主要分布在法国的中部和南部的广大地区,数量仅次于夏洛莱牛。育成后,于 20 世纪 70 年代初输入欧美各国,现在世界上许多国家都有该牛分布,属于专门化的大型肉牛品种。1974 年和 1993 年,我国数次从法国引入利木赞牛。因毛色接近中国黄牛,比较受群众欢迎,是中国用于改良本地牛的第三主要品种。目前世界上有 54 个国家也用利木赞牛。

一、原产地

法国中部的利木赞高原。

二、外貌特征

利木赞牛毛色为红色或黄色,口、鼻、眼及周围、四肢内侧及尾帚毛色较浅,利木赞公牛毛色为深黄色,角为白色,蹄为红褐色。体型大,早熟,骨骼略细,头短额宽。体躯长而宽,肌肉丰满,肩部和臀部肌肉特别发达,胸宽,肋骨开张,背腰平直,尻平,四肢强壮而细致。毛色多位一致的黄褐色。头比较短小、额宽、胸部宽深、体躯较长,后躯肌肉丰满,四肢粗短,平均成年体重公牛 1200 千克,母牛 600 千克,在法国较好饲养条件下,公牛活重可达 1200~1500 千克,母牛达 600~800 千克。

三、生产性能

利木赞牛生长发育快,早熟,产肉性能高;胴体质量好、眼肌面积大,前后肢肌肉丰满,出肉率高;肉品质好,肉嫩,脂肪少而瘦肉多。8 月龄小牛就具有成年牛大理石纹肌肉。10 月龄体重即达 408 千克,12 月龄体重可达 480 千克,哺乳期平均日增重为 0.86~1.30 千克,屠宰率为 65% 左右,胴体瘦肉率高达 80% ~ 85%,在市场上很有竞争力。利木赞牛适应性强,耐粗饲,补偿生长能力强,饲料利用率高。集约化饲养条件下,犊牛断奶后生长很快,因此,是法国等一些欧洲国家生产高档牛肉的主要品种。

四、肉用特点

利木赞牛体格大、生长快、肌肉多、脂肪少、腿部肌肉发达、体躯呈圆筒状。早期生长速度快,并以产肉性能高,胴体瘦肉多而出名。公牛是杂交利用或改良地方品种时的优秀父本。具有典型的肉用性能,不同的品种在体格、体型方面是不同的,这使肉牛的生长率、产肉量和胴体组成方面表现出较大差异。在育肥期利木赞牛平均日增重 1.5~2.0 千克,12 月龄可达到 680~790 千克。而地方品种日增重仅有 0.9~1.0 千克,可见差距之大。

繁殖性能:难产率极低是利木赞牛的优点之一,无论与任何肉牛品种杂交,其初生犊牛都比较小,比其他品种要轻 6~7 千克,一般难产率只有 0.5%,是专门的肉用品种中最好的品种之一。利木赞母牛在较好的饲养条件下,2 周岁可以产犊,而一般情况下,2.5 岁产犊。

肉的营养价值高,蛋白质含量高达 8.0%~9.5%,而且人食用后的消化率高达 90% 以上,能提供大量的热能,是猪肉的 2 倍以上,所以该牛肉长期以来备受消费者的青睐。

五、黄牛杂交

1974 年和 1993 年,我国数次从法国引入利木赞牛,在河南、山东、内蒙古等地(宁夏主要在固原市泾源县、隆德县原州区等县区)改良当地黄牛。利杂牛体型改善,肉用特征明显,生长强度增大,杂种优势明显。

六、利木赞种牛

改良效果明显。据实验显示,因利木赞牛改良秦川牛,利秦一代育肥,13 月龄体重可达 750 千克,育肥期内的日增重可高达 1429 克,屠宰率为 65.7%,净肉率为 47.3%;

利木赞种公牛的正常生长发育和种用年限等,都同饲养管理水平有直接关系,尤其是幼龄时期的饲养更为重要。对利木赞种公牛的饲养,要求饲料体积小、营养丰富、适口性强、容易消化。应多喂蛋白质饲料和青干草,少喂多汁、碳水化合物饲料。多汁饲料和青粗饲料,在日粮中一般应占总营养物的 60% 以下,不宜过多,特别是对利木赞育成公牛,适当增加日粮的精料和减少粗料量,以免形成"草腹",影响种用价值。为了提高种公牛精液品质和性机能,应喂适量的动物性饲料,如血粉、骨粉、鸡蛋等。冬季每天应喂 1.5~2.5 千克小麦牙胚或大麦芽胚,以补充维生素的不足。

利木赞公牛一般性成熟时间为 12~14 月龄,开始配种年龄为 2.5~3.0 岁,利用年限为 5~7 年。母牛初情期为 1 岁左右,发情周期为 18~23 天,初配年龄是 18~20 月龄,妊娠期为 272~296 天,难产率为 2%。

第七节　夏洛莱牛

夏洛来牛原产于法国中西部到东南部的夏洛莱省和涅夫勒地区, 是举世闻名的大型肉牛品种。

一、外貌特征

夏洛来牛毛色为乳白色或白色,皮肤及黏膜为浅红色。头部大小适中而稍短,额部和鼻镜宽广。角圆而较长,向两侧向前方伸展,并呈蜡黄色。体格大,胸极深,背直、腰宽、臀部大,大腿深而圆。骨骼粗壮。全身肌肉发达,背、腰、臀部肌肉块明显,使身躯呈圆筒形,后腿部肌肉尤其丰厚,常形成"双肌"特征。四肢粗壮结实、长短适中,站立良好。

二、生产性能

夏洛莱牛有两大特点:一是早期生长发育快,二是瘦肉多,可以在较短的时期内以最低廉的成本生产出最大限度的肉量。成年公牛活重为 1100 ~ 1200 千克,体高 142 厘米;成年母牛活重为 700 ~ 800 千克,体高为 132 厘米。公犊牛和母犊牛的初生重分别为 45 千克和 42 千克。增重快,尤其是早期生长阶段。在良好适度规模肉牛场高效生产技术的饲养条件下,6月龄公牛可以达到 250 千克, 母牛为 210 千克日增重为 1400 克。平均屠宰率为 65%~68%,净肉率达 54%以上。肉质好,脂肪少而瘦肉多。母牛一个泌乳期产乳 2000 千克从而保证了犊牛生长发育的需要。夏洛莱牛基本能够适应我国的饲料类型和管理方式,但其日增重水平低于原产地水平。该品种在繁殖方面存在难产率高(13.7%)的缺点。

第八节　安格斯牛

安格斯牛原产于英国的阿伯丁、安格斯和金卡丁等郡,属于小型肉牛品种。

一、外貌特征

安格斯牛无角,毛色有黑色和红色。体格低矮,体质紧凑、结实。头小而方,额宽,颈中等长且较厚,背线平直,腰荐丰满,体躯宽而深,呈圆筒形。四肢短而端正,全身肌肉丰满。皮肤松软,富弹性,被毛光泽而均匀,少数牛腹下、脐部和乳房都有白斑。

二、生产性能

安格斯牛成年公牛平均体重 700~750 千克, 母牛 500 千克, 犊牛初生重 25~32 千克。成年公牛体高 130.8 厘米,母牛 118.9 厘米。安格斯牛具有良好的增重性能,日增重约为 1000 克。早熟易肥,胴体品质和产肉性能均高。屠宰率一般为 60%~65%安格斯牛 12 月龄性成熟,18~20 月龄可以初配。产犊间隔短一般为 12 个月左右。连产性好,初生重小,难产极少。安格斯牛对环境的适应性好,耐粗饲、耐寒,性情温和,易于管理。在国际肉牛杂交体系中被认为是较好的母系。缺点是母牛稍有神经质。

第九节　日本和牛

日本和牛主要包括日本黑牛和日本褐牛两个品种。

日本黑牛又称黑毛和牛,是"日本改良牛"中选育最成功的一个品种,当今世界公认的品质最优秀的良种肉牛。

一、外形外貌

日本黑牛是以黑色为主毛色,在乳房和腹壁有白斑或者黑被毛中可见散被白毛。部分体躯可允许显示褐色或浅色至白色色斑。角色浅,皮薄毛顺或卷,体呈筒状,四肢轮廓清楚,肋胸开展良好。体躯紧凑,腿细,前驱发育良好,后驱稍差,体型小,成熟晚。

二、生产性能

成年母牛体重约 400 千克,公牛约 700 千克,犊牛经 27 月龄育肥,体重达到 700 千克以上,平均日增重 1.2 千克以上,其肉多汁细嫩、大理石花纹明显,又称"雪花肉"。肌肉脂肪中饱和脂肪酸含量很低,屠宰率可达 60%以上,风味独特,肉用价值极高有 10%可用作高级涮牛肉,在日本被视为"国宝",在西欧市场也极其昂贵。

日本褐牛又称褐色和牛,是"日本改良牛"中选育比较成功的一个品种,在国内占第二位。育肥牛在 20 月龄时屠宰,育肥 360 天,结束时体重 566 千克,胴体重 356 千克,屠宰率达 62.9%;在 26 月龄时屠宰,育肥 514 天,结束时体重 624 千克,胴体重 403 千克,屠宰率64.7%。

第十二章 肉牛的营养需要和饲料种类与加工

第一节 肉牛必需的六大营养物质

一、蛋白质

蛋白质是肉牛维持生命、生长和繁殖不可缺少的物质。在肉牛的生长发育、增膘、产奶等过程中，各部分组织都要不断地利用蛋白质来加以增长、修补和更新；精液的生成、精子和卵子的产生、乳汁的分泌都需要蛋白质。蛋白质在牛体内也可以像碳水化合物和脂肪一样，转变成热量，供牛满足维持生命和肉、皮、毛生长的需要。而碳水化合物和脂肪却不能代替蛋白质的功能。因此，蛋白质是最重要的营养物质，也是牛较易缺乏的营养物质。

二、碳水化合物

饲料中的碳水化合物是肉牛所需能量的主要来源。它进入牛体后，被燃烧（氧化）后变成热量，成为肉牛呼吸、运动、消化、吸收及维持体温等各种生命活动的能源。剩余的部分碳水化合物便会在牛体内转变成脂肪储存起来，作为能量储备，以备饥饿时利用。碳水化合物在牛体内不能转化成蛋白质。如果碳水化合物饲料供应不足，牛体内储存的脂肪就要被动用，用来满足牛对能量的需要。

三、脂肪

牛体各组织器官都含有脂肪。脂肪对牛的作用，一是供给能量和体内贮存能量的最好形式，二是脂溶性维生素的溶剂。脂溶性维生素 A、D、E、胡萝卜素，必须用脂肪作为溶剂才能运送，当脂肪缺乏时，会影响这类维生素的吸收和利用。另外，犊牛缺乏脂肪，会使其生长发育减慢，消化系统发育不良。但在一般饲料、饲草中广泛含有脂肪酸，所以一般不会缺乏。

四、钙和磷

牛体中的钙和磷是骨骼的主要成分。牛从胎儿生长发育时就需要大量的钙和磷，特别是泌乳期母牛和怀孕最后两个月的母牛需要钙和磷的量更多。

当钙、磷缺乏时,早期症状表现为食欲减少,喜欢啃食泥土、砖块、木头等物;牛与牛之间常互相舔食皮毛和咬耳朵;增重速度减慢,产奶量下降。若长期缺钙、磷或钙、磷比例不当,牛慢慢消瘦、生长停止,发育不正常或不发情、发情屡配不孕,会造成瘸行,孕牛或哺乳母牛瘫痪,容易发生骨折等。

五、食盐

食盐既是调味品又是营养品。它能改善饲料的适口性,增进食欲,帮助消化,提高饲料利用率,是牛不可缺少的矿物质补充饲料之一。

牛缺盐时,表现为渴求食盐,舔食有咸味的异物,食欲减退,被毛粗乱,眼无光泽,生长减慢,体重和产奶量下降。

食盐的补给量一般是:如不喂精料,可单独加在饮水中喂给,每天 20～50 克;肉牛可按配合饲料的 0.25% 添加。

六、水

肉牛饮水不足,将直接影响增重,长期缺水,将危及生命。

一般哺乳期肉用犊牛采食 1 千克干物质需水 5.4～7.4 千克;青年牛及成年牛需水量在气温 10℃以下时, 每采食 1 千克干物质需水 3.0～3.5 千克;育肥牛在以配合饲料为主时,饲养不满 24 月龄的牛,夏秋季节每天需水 30 千克左右。

第二节　牛的采食习性

只有了解肉牛的生活习性和特点,并结合其消化生理规律进行科学的饲养管理,才能使肉牛的生产潜力得到充分发挥,取得较大的经济效益。

为了提高和普及肉牛科技知识,推行运用养肉牛的新技术,既要注意理论上的科学性和先进性,又要有实践中的可读性和可操作性,让养肉牛者看得懂,用得上。根据"实际、实用、实效"原则,力求深入浅出,通俗易懂地介绍一般牛的采食习性,易于掌握和应用。

牛吃顿草:牛吃顿草就是牛采食快,一气吃饱之后,便不再采食,而是慢慢地再仔细咀嚼。不像马,槽里有草,可以整天吃。故在喂牛时,每顿以吃饱为度,没有必要在槽内长期放有饲料。牛通常每顿采食 1.0～1.5 小时即可吃饱。

牛吃舔食:牛无上门牙,采食时靠有力的大舌头舔食。若草矮,则牛舔不上来,难以吃饱,并会因"跑青"而过分消耗体力,甚至导致体重下降;故早春不宜过早开牧,一般以草高达5厘米时开牧为宜。若饲料粉得过细,拌得过湿,且发黏成团,则牛舔食就有困难,就要用肥厚的下嘴唇去"挫"饲料,很不方便,影响采食;故在调制牛的饲料时,不要过细、过湿、发黏,要使其松散,以利舔食。

牛吃低头草:牛与马相比,马喜欢抬头吃草,而牛喜欢低头吃草,所以牛槽不应向马槽那样架得过高,而应架得低一些,一般以高出地面40厘米左右为宜。

饱牛饿马:牛与马相比,马吃饱后好动,而牛吃饱后喜卧。

牛喜吃青绿饲料:牛对饲料的喜食顺序依次为青绿饲料、精饲料、多汁饲料、青干草、青贮饲料,最不爱吃未经加工处理的秸秆饲料。要把秸秆铡短,给其拌上精料来喂牛。

牛爱吃颗粒饲料:牛爱吃1立方厘米左右的颗粒饲料,最不好吃粉状饲料。秸秆若不粉碎,则牛不喜欢采食;但若粉得太细,则牛也不喜欢采食。因此,最好把秸秆粉碎后制成颗粒饲料喂牛。

牛爱吃新鲜饲料:牛爱吃新鲜饲料,最不爱吃剩草剩料。若饲料在饲槽中被牛拱食太久,则会粘上口鼻分泌的黏液,牛便不爱吃了。因此,饲料应少给勤添,以便牛能经常采食到新鲜的饲料。

牛有竞食性:牛群养时,相互之间常常抢食争吃。

牛记忆力强:在上槽时,牛能在固定槽位采食;在放牧时,牛能按原路返回;在挤奶时,牛能在原位站立。

牛能分解自身组织:在妊娠后期若营养不良,牛会分解自身的组织来提供营养,以满足胎儿生长发育的需要;在产后若营养不足,牛会分解自身组织来泌乳以满足犊牛哺乳的需要。这样,对母牛、胎儿或犊牛都会造成不良的后果,常会出现母牛消瘦、瘫痪,胎儿早产、死胎,犊牛弱小、发育不良等现象。因此,一定要加强母牛产前产后、特别是围产期(产前15天或产后15天)的营养供给工作。

第三节　牛的消化生理特点

牛的瘤胃是"饲料发酵罐",其功能有两个:一是用来暂时贮存饲料,肉牛采食时把大量的饲料存在瘤胃内,休息时再将饲料反刍入口腔内,慢慢咀嚼,咀嚼后的饲料则迅速通过瘤胃进入网胃,以便为再吃饲料提供空间;二是进行微生物发酵,肉牛的瘤胃内有数以亿计的厌氧微生物(细菌、原虫和真菌),这些微生物依靠牛采食的饲料生长。它们一方面能够消化粗饲料,为肉牛提供能量;另一方面合成大量的微生物蛋白质,供给肉牛增膘长肉。

1. 瘤胃具有反刍功能

牛采食饲料一般不经充分咀嚼就吞咽到瘤胃,饲料在瘤胃中与水和唾液混后被揉磨、浸泡、软化、发酵,经过一段时间再把饲料送到口腔仔细咀嚼,然后再入瘤胃进行消化吸收,这个过程称为反刍。俗称"倒沫""倒草"。反刍能促进饲料的消化吸收,反刍包括逆呕、再咀嚼、再混唾液和再吞咽4个过程。从反刍开始到结束的这段时间叫反刍周期。一般牛在饲喂后的 30 ~ 60 分钟开始反刍,每个反刍周期持续时间为 40 ~ 50 分钟,每个食团咀嚼 50 ~ 70 次,一头牛一昼夜出现反刍 15 次左右。因此,一头牛一昼夜的反刍时间为 6 ~ 10 小时。反刍一般多集中在晚上,反刍高峰期则出现在天刚黑以后。

2. 瘤胃具有分泌胃液功能

牛一昼夜可分泌胃液 50 ~ 60 升,胃液的 pH 为 8.2,碱性较强,胃液可浸泡粗硬的饲料,可中和瘤胃内微生物发酵产生的过量有机酸,以便维持瘤胃的环境稳定。胃液对保持正常的消化代谢具有重要的作用。

牛吃粗饲料时胃液就分泌得多,吃精料时就少;咀嚼时间长就多,咀嚼时间短则少。胃液分泌具有两种生理功能:一是有助于饲料的咀嚼和吞咽促进形成食糜,二是重要的缓冲剂。胃液中有大量的盐类,特别是碳酸氢钠和磷酸氢钠,这些盐类担负缓冲剂的作用,为瘤胃发酵创造良好条件。

3. 瘤胃具有嗳气的功能

瘤胃微生物在发酵进入瘤胃中的饲料成分的过程中,产生大量的挥发性脂肪酸及各种气体,如二氧化碳、甲烷、硫化氢、氨、一氧化碳等,这些气体只能通过不断的嗳气动作排出体外,才能避免瘤胃臌气的发生。同时,饲料在瘤胃中由于微生物的发酵作用,不断产生大量的热,只有通过不断的嗳气,才能将这些不断产生的过多热量排出体外,才可保持瘤胃温度的恒定。瘤胃中微生物要求温度较严格,适宜温度是 39℃ ~ 39.5℃,高于或低于这个温度,均会造成瘤胃消化功能下降。

4. 瘤胃具有发酵的功能

牛的瘤胃之所以能消化各种饲料和合成有关营养物质,主要是因为瘤胃内共生的大量微生物。瘤胃微生物有细菌和原虫两大类。胃容积大,且在不断地运动,具有嫌氧、弱酸、恒温的环境,是一个庞大的"发酵罐",这种特殊环境很适合瘤胃微生物的繁殖和生长。瘤胃微生物的主要功能如下。

(1)能分解纤维素　瘤胃微生物能将饲草饲料中难以消化的粗纤维降解为易于吸收的乙酸、丙酸、丁酸等挥发性脂肪酸。这些被吸收的挥发性脂肪酸一方面作为牛体活动的能量来源,一方面作为牛体合成体脂肪乳脂的原料来源。据研究,牛体能量的 60% ~ 70%

来源于纤维素和淀粉经微生物发酵后转变为挥发性脂肪酸，瘤胃吸收的丁酸40%被乳腺合成乳脂。

（2）能合成蛋白质　能将低质量的植物蛋白转化为高质量的微生物蛋白质。蛋白质被消化酶分解为氨基酸，并被机体吸收和利用。据研究，牛体所需的蛋白质的1/5能通过非蛋白氮而获得，因此，牛所需饲料蛋白的1/3可用非蛋白氮，如尿素来代替。

（3）能合成B族维生素和维生素K　瘤胃微生物能利用瘤胃中的维生素，B族维生素和维生素K不必由日粮提供。但维生素A、D、E不能在瘤胃中合成，必须由日粮提供。

维微生物的生长和繁殖状况以及分解和合成功能受日粮类型、饲养方式和管理技术等因素的影响。若突然变换日粮类型随意更改饲喂程序，给断奶以后的牛口服抗菌类药物等，都会使瘤胃微生物区系产生紊乱或遭到破坏。因此，日粮变换或饲喂程序更改应逐渐进行，使瘤胃微生物有一个适应过程。一般情况下，断奶以后的牛应禁止饲喂抗菌类药物。

第四节　科学调制饲料

一、铡短

秸秆铡短便于牛采食咀嚼及消化，减少浪费，还便于与糠麸或精料混合饲喂。用于肉牛的秸秆饲料切短的长度为3~5厘米，不提倡全部粉碎，一方面由于粉碎会增加饲养成本，另一方面，粗饲料过细也不利于肉牛的咀嚼和反刍，粉碎将加快饲料通过消化道的速度，降低消化率。

二、磨碎

用籽实粮食喂牛，常因咀嚼不细而浪费饲料，影响消化吸收。因此，凡用玉米、豌豆、蚕豆、麦类等作饲料，必须粉碎后再喂。但不能磨得太细，影响咀嚼，以致唾液不能与饲料充分混合，影响消化吸收。普遍认为，玉米粉碎过细，牛的消化率就会越高，这是一种误解。玉米粉碎的粗细度不仅影响育肥牛的采食量、日增重，也影响玉米本身的利用率和肉牛饲养成本。粗粉碎后牛的采食量和饲料转化率要比细粉碎时提高10个百分点，细粉碎后牛的采食量和饲料转化率低的原因，是由于饲料粉碎过细，在瘤胃被降解的比例提高，被利用的比例就低。把玉米粒压碎后饲喂肉牛，较其他的玉米加工方法喂牛，日增重提高13.66%~22.6%，玉米的回报率，也以玉米粒压碎形式喂牛较高（9.23%~14.44%）。在采用高玉米日粮时，由于粗料的比例很低，牛的瘤胃更适合整粒玉米，因整粒玉米较磨碎的有更大的粒度，并有尖而硬的玉米胚芽,能起到粗料的刺激作用,满足了牛瘤胃生理上的需要。喂牛的玉米粉碎的细度以 2～3 毫米为好。

三、炒香及软化

将黄豆、豌豆、高粱炒黄,粉碎成粗粒喂牛。煎炒后使蛋白质香脆和焦化,既适口又易消化,还便于混入青粗饲料内搭配饲喂,适口性增高,易增膘,又省料。

软化玉米、豌豆、蚕豆、黄豆、麦类、高粱等,最好是用淡盐水(沸水)浸泡一段时间,使之完全软化后再喂牛。

四、青贮(或黄贮)

青贮就是将青饲料贮藏在专用的青贮容器具内,在厌氧条件下进行乳酸发酵处理,其原理是利用乳酸菌在厌氧条件下发酵产生乳酸,抑制腐败菌、霉菌和病菌等有害菌的繁殖,达到牧草保鲜的目的。提高青饲料的利用率和消化率。

五、碱化

用氢氧化钠(NAOH)、氢氧化钾(KOH)、氢氧化钙[$Ca(OH)_2$]溶液喷洒或浸泡秸秆类饲料,可提高其干物质、有机物质的消化率和有效能值(有机物质消化率提高 20%)。碱处理后的植物细胞壁松软膨胀,出现裂隙,可发生酚、醯、醛和木质素间的脂键皂化反应。木质素也可部分溶解,使木质素与半纤维素间的结构破坏,从而便于微生物所产生的消化酶与之接触,有利于纤维素的消化。

第五节　肉牛的粗饲料及其加工利用

粗饲料是指水分含量在 45% 以下,干物质中粗纤维含量在 18% 以上或细胞壁含量为 35% 以上的饲料,统称为粗饲料。粗饲料对肉牛和其他草食家畜较为重要,这是因为他们不仅能提供养分,而且对肌肉生长和胃肠道活动还起着促进作用。母牛和架子牛则完全可以用饲料来满足其维持营养需要,能饲喂肉牛的粗饲料主要有青草、农作物秸秆和青贮饲料等。

一、青干草

青干草是青绿饲料在结籽以前收割,经过日晒或人工干燥除去大量水分而制成的,因其较好的保留了青绿饲料的养分和绿色,故又称青干草,干草是肉牛最基本、最重要粗饲料。一般来说,可占肥育日粮能量的30%,占其他肉牛日粮量的90%。干草的种类包括禾本科牧草和豆科牧草,他们不仅是肉牛的主要能量来源,而且豆科还是很好的蛋白质来源,豆科牧草中,紫花苜蓿营养价值最高,有牧草为王的美称。生产实践证明,优质的干草可以代替精饲料。

安全贮存干草的最大含水量一般要求是:疏松干草25%,打捆干草20%~22%,切碎干草为18%~17%。叶片的营养价值最高,要注意保护叶片。

叶量:叶量越多,说明青干草养分损失越少,植物叶片保留95%以上者为优等,叶片损失10%~15%的为中等,叶片损失15%以上的为劣等。含杂物量:干草中夹杂土、枯枝、树叶等杂质越少,品质越好。

(一)青干草干燥的原则

根据牧草干燥时水分散发的规律和营养物质变化情况,应掌握以下基本原则:一是干燥时间要短,以减少生物和化学作用造成的损失;二是牧草各部位含水量力求均匀,有利贮藏;三是防止被雨水和露水打湿。

(二)牧草干燥的方法

大体分为自然干燥和人工干燥法两类。自然干燥法又分为地面干燥法、草架干燥法和发酵干燥法,目前多采用地面干燥法。人工干燥法分为高温快速法和风力干燥法。

二、农作物秸秆的加工调制

与青干草相比饲喂肉牛,农作物秸秆的使用最为普通,主要来源于小麦、水稻、玉米、高粱、燕麦和谷子等作物。这些秸秆的粗纤维含量高,直接喂肉牛只能满足维持需要,不能增重。但是用适当的方法进行处理,就能提高这类饲料的利用价值。在肉牛饲养业中发挥巨大作用。在生产实践中,人们长期以来积累了许多改善秸秆适口性,提高采食量和提高秸秆营养价值的方法,包括物理处理、化学处理和微生物发酵处理等。

(一)粉碎、铡短处理

秸秆经粉碎、铡短处理后,体积变小,便于采食和咀嚼,增加了与瘤胃微生物的接触面,可提高采食速度,增加采食量,(由于秸秆粉碎、铡短后在瘤胃中停留时间缩短,养分来不及降解发酵,促进了真胃和小肠的蠕动,所以消化率并不能得到改进或提高)。但经粉碎和铡短的秸秆,可增加肉牛采食量20%~30%,因此,消化吸收的总养分增加,不仅减少了秸秆的浪费,而且可提高日增重20%左右,尤其是在低精料饲养条件下,饲喂肉牛的效果更为明显。实践证明,未经切短的秸秆,肉牛只能采食70%~80%,而经切碎的秸秆几乎可以全部利用。

1. 粉碎

用于肉牛的秸秆饲料不提倡全部粉碎,一方面是由于粉碎会增加饲养成本,另一方面饲料过细不利于肉牛的咀嚼和反刍。但有些研究证明,在肉牛日粮中适当混入一些秸秆粉,可以提高采食量。

2. 铡短

铡短是秸秆处理中常用的一种方法。过长过短都不好,一般在肉牛生产中,根据肉牛年龄情况以 3~5 厘米为好。

(二)热喷与膨化处理

1. 热喷

热喷是近年来采用的一项新技术。经热喷处理的鲜玉米秸秆可使粗纤维含量由 30.5% 降低到 20.14%;热喷处理干玉米秸秆,可使粗纤维含量由 33.4% 降低到 27.5%。另外,将尿素、磷酸铵等工业氮源添加到秸秆上进行热喷处理,可使麦秸消化率高达 75.12%,玉米秸秆的消化率达到 88.02%,稻草达 64.42%,使每千克秸秆的营养价值相当于 0.6~0.7 千克的玉米。

2. 膨化

膨化需要专门的膨化机。经过高温(200℃~300℃)、高压(1.5 兆帕以上)处理一定时间(5~20 秒),迅速降压,使秸秆膨胀,使植物细胞壁破坏而变得松软,原来紧紧地在纤维素外的木质素全部膨胀撕裂,可破坏细胞壁中木质素与半纤维来的结合而变得易于消化。热喷和膨化虽然能提高秸秆的消化利用率,但成本较高。

(三)揉搓处理

揉搓处理比铡短处理秸秆又进一步,经揉搓的玉米秸秆呈柔软的丝条状,适口性好,牛的吃净率由全株秸秆的 70% 提高到 90% 以上,揉搓的玉米秸秆在奶牛日粮中可代替 1/3~1/2 的干草,对于肉牛,揉搓的玉米秸秆更是一种廉价的,适口性好的粗饲料。

目前,揉搓机正在逐步取代铡草机,如果能与秸秆的化学、生物处理相结合,则效果更好。

(四)秸秆碾青技术

秸秆碾青是将干秸秆铺在打谷场上,厚约 0.33 米,上面再铺 0.33 米的青割牧草,牧草上面再铺同样厚度的秸秆,然后用滚反复碾压,流出的牧草液汁被干秸秆吸收,这样,被压扁的牧草可在短时间内晒制成干草,并且茎叶干燥速度一致,叶片脱落损失减少而秸秆的适口性和营养价值提高,一举两得。

(五)制粒与压块处理

1. 制粒

制粒的目的是为了便于肉牛机械化饲养的自动饲槽的应用。由于颗粒质地硬脆,大小适口,便于咀嚼和改善适口性,从而提高肉牛的采食量和生产性能,减少秸秆的浪费,颗粒饲料在肉牛应用时以直径 6~8 毫米为宜。

2. 压块

将秸秆压块能最大限度地保存秸秆的营养成分,减少养分流失。秸秆经高温挤压成形,使秸秆的纤维结构遭到破坏,粗纤维的消化率可提高 25%;在秸秆压块的同时可以添加复合化学处理剂(如尿素、石灰、膨润土等),这样制成的复合化学处理压块可使粗蛋白质含量提高到 8%~12%,使秸秆消化率提高到 60%。

(六)碱化处理

碱化物质能使秸秆纤维物质内部的氢键结合变弱,使植物细胞壁轻松膨胀,可发生酚、酸、醛和木质素间的脂键皂化反应,使纤维素与木质素间的结合力削弱使木质的半纤维素间的结构破坏,有利于反刍动物前胃中微生物的作用,从而提高秸秆的消化率,在实践生产中,碱处理主要是氢氧化钠和石灰水处理。

1. 氢氧化钠处理

(1)湿处理法 把秸秆放在其重量的 8 倍 1.5% 氢化钠溶液中浸泡 1 昼夜,然后用大量的清水漂洗,冲掉碱液,可使秸秆的消化率提高 24%,并使所含净能达到优质干草水平,家畜每千克代谢体重采食量从 27 克提高到 37 克。

(2)干处理法 每 100 千克秸秆用 30 千克 1.5% 的氢氧化钠溶液喷洒,边喷边拌,处理后的秸秆可以堆存在仓库或窖里。虽然 pH 升至 11,但喂前不需清洗,秸秆的消化率可提高 12%~15%。

2. 石灰处理

(1)石灰乳碱化法 首先用将 45 千克石灰溶于 1 吨水中,调成石灰乳再把秸秆放入石灰乳中浸泡 3~5 分钟后捞出,放置 24 小时后即可饲用。喂前不必用水清洗,石灰乳可使用 2~3 次,这种方法比较经济。

(2)生石灰碱化法 每 100 千克秸秆加入 3~6 千克生石灰拌匀,加适量水使秸秆浸透,然后在潮湿状态下保持软化 3~4 昼夜,即可饲喂,经过这样处理的秸秆,消化率可达到中等干草的水平,用石灰处理秸秆虽然效果不如氧化钠处理好,但石灰来源广,成本低,对环境污染,只是在饲喂时应考虑日粮中钙、磷的平衡。另外,秸秆不易久贮存,否则易发酵。

(七)氨化处理

由于秸秆中含氮量低,秸秆氨化处理时与氨相遇,其有机物就与氨发生氨解反应,打断木质素与半纤维素的结合,破坏木质素——半纤维素和纤维素的复合结构,使纤维与半纤维素被解放出来,被微生物及酶分解利用。氨化处理能使秸秆质地柔软,乏味,糊香,适口性大大增加,肉牛采食量可提高30%以上,多吃才能快长。氨化能使秸秆含氮量增加1.0~1.5倍。反刍动物胃中的微生物能利用这些非蛋白质氮合成菌体蛋白,进入真胃和小肠后被机体消化吸收转化成为体蛋白,促进畜体生长。

氨化处理方法有多种,其中使用液氨的堆贮法适于大批量生产,使用氨化水和尿素的窖藏法适于中、高规模生产,使用尿素的水源法、缸贮法、袋贮法适于农户少量制作。

原料秸秆的准备:清洁未霉变的麦秸、玉米秸、稻草等,一般铡短2~3厘米。

氨源的准备:①液氨(无水氨);②氨水,市售工业氨水,无毒、无杂质,含氮量15%~17%,用密闭的容器装运;③尿素:市售农用尿素,含氮量46%,用塑料袋密封包装。

氨化秸秆的制作:

①堆贮法:适用于液氨处理,大批量生产。

②窖贮法:适用于氨水处理,尿素处理,中、小型规模。

氨水用量:按3千克÷(氨水含氮量×1.12)计算。如氨水含氮量为15%,则每100千克秸秆需氨水量为3÷(0.15×1.12)=17.86千克。

③小垛法:适用于尿素处理。在庭院内向阳处地面上,铺2.6平方米塑料薄膜,取3~4千克尿素,溶解在40~55千克水中,将尿素溶液均匀地喷洒在100千克秸秆上,堆好踏实。最后用13平方米塑料布盖好压严。

根据气温确定氨化天数,并结合查看秸秆颜色变化,变成褐黄色即可。

开放放氨:开封后一般经2~5天自然通风将氨味全部放掉。呈糊香味时,才能饲喂,如暂时不喂,可不必开封放氨。

合理给量:开始饲喂时,应由少到多,少给勤添,先于谷草、青干草等搭配饲喂,1周后即可全部饲喂氨化秸秆。

合理搭配日粮:氨化秸秆应与一些精料(玉米,麸皮,糟渣饼粕类)合理搭配饲喂肉牛。

氨化秸秆的品质鉴定:根据微观和化学成分分析来判定。品质优良的氨化秸秆,外观黄色或棕色,刚开始时氨味浓郁,放氨后气味糊香,质地柔软,不霉烂,不变质,实验室分析测定,含氮量提高1.0%~1.5%;品质低劣的氨化秸秆,外观灰色或灰白色,有刺鼻恶臭,霉烂变质,不可用来饲喂肉牛。

(八)"三化"复合处理秸秆

发挥了氨化、碱化、盐化的综合作用,弥补了氨化成本过高,碱化不易久贮,盐化效果欠佳的缺陷。经试验证明,"三化"处理的麦秸秆与未处理组相比,干物质瘤胃降解率提高了22.4%,饲喂肉牛日增重提高48.8%,饲料/增重降低16.3%~30.5%,而成本比普通氧化(3%~5%尿素)降低32%~50%,肉牛肥育经济效益提高1.76倍。

1. 容袋的选择

可选择一般氨化窖和青贮窖(土窖、水泥窖均可),也可用小垛法、塑料袋或水缸。

2. 秸秆准备

清洁未霉变的麦秸、稻草、玉米秸秆和秕壳等多纤维的饲料,以铡短2~3厘米为宜。

3. 处理液的配制

将尿素、生石灰粉和食盐按比例放入水中,充分搅拌溶解,使之成为混浊液。

以300千克秸秆为例"三化"复合处理如下:

每300千克秸秆(干物质)用尿素3千克,加20~30千克水(40℃温水)溶解后充分搅拌备用,生石灰3千克配成200升石灰水后加入1千克食盐搅拌均匀,先用尿素水喷洒秸秆,后用石灰盐水浸泡秸秆,浸泡后将秸秆压实,用塑料将膜盖严,密封后用土将四边压紧。夏天24小时即可饲用,冬天温度0℃左右时约需经过48小时即可饲用。

(九)秸秆微生物贮技术

秸秆微贮饲料就是在农作物秸秆中加入微生物高效活性菌种,秸秆发酵活杆菌,放入密封的容器(如水泥窖、土窖)中贮藏,经一定的发酵过程,使秸秆变成具有酸香味,肉牛喜食的饲料。

1. 窖的建造

微贮的建窖方法与青贮相似,也可选用青贮窖。

2. 秸秆的准备

应选择无霉变的新鲜秸秆,麦秸铡短至2~5厘米,玉米秸最好铡至1厘米左右或粉碎(孔径2厘米筛片)。

3. 复活菌种并配制菌液

(1)菌种的复活　秸秆发酵活杆菌每袋3克,可处理麦秸,稻草,干玉米秸秆1吨或青饲料2吨。在处理秸秆前先将袋剪开,将菌剂倒入2千克水中,充分溶解(有条件的,可在水中加入白糖20克,溶解后,再加入活杆菌,这样可以提高复活率,保证微贮质量),然后在常温下放置1~2小时使菌种复活,复活好的菌剂一定要当天用完。

(2)菌液的配制　将复活的菌剂倒入充分溶解的0.8%~1.0%食盐水中拌均匀,食盐水和菌液用量见表4-12-1。

表4-12-1　菌种配置

秸秆种类	秸秆重量/千克	秸秆发酵活干菌用量/克	食盐用量/千克	用水量/升	贮料含水量/%
稻麦秸秆	1000	3.0	9~12	1200~1400	60~70
玉米秸秆	1000	3.0	6~8	800~1000	60~70
青玉米秸	1000	1.5		适量	60~70

秸秆微贮饲料的质量鉴定,可以根据微贮饲料的外部特征,通过看嗅和手感的方法等来鉴定微贮饲料的好坏。

看:优质微贮青玉米秸秆饲料的色泽呈橄榄绿,稻草、麦秸、干玉米秸秆呈金黄褐色。如果变成褐色或墨绿色则质量较差。

嗅:优质秸秆微贮饲料具有醇香和果香气味,并具有弱酸味。若有强酸味,表明醋酸较多,这是由于水分过多和高温发酵造成的,若有腐臭味、发霉味则不能饲喂。

手感:优质微贮饲料拿到手里感到很松散,质地柔软湿润。若拿到手内感到发黏,说明质量不佳,有的虽然松散,但干燥粗硬也属于不良的饲料。

秸秆微贮饲料的取用及饲料喂技术:根据气温条件,秸秆微贮饲料一般需在窖内祝脏21～45天才能取用。开窖时应从窖的一端开始,每次取出量应以天喂完为宜,坚持每天取料,每层所取得料不应少于15厘米,每次取完后要用塑料薄膜将窖口封严,尽量避免与空气接触,以防止二次发酵与变质。

开始饲喂肉牛有一个适应期,应由少到逐步增加微量,一般肥育牛每天喂15～20千克,由于制作微贮时加入了食盐,饲喂时应在日粮中扣除。

(十)"半干青贮添加剂"(菌、酶合剂)处理秸秆技术

1. 半干青贮添加剂(菌、酶合剂)处理秸秆

半干青贮添加理秸秆除具有一般微生物处理共有的优点,如成本低,采食量高,制作季节长,保存期长等特点外,还具有如下优点。

(1)使用更加方便 因添加剂中含有纤维素酶,对秸秆纤维结构直接作用,并把部分纤维素。半纤维素分解成糖,供给细菌更多的发酵底物,所以在处理秸秆中不需添加玉米面,麸皮等辅助料,也不必进行菌种复活。

(2)发酵贮存质量更高 开窖后气味芬芳,四壁及顶底均无霉烂现象,可100%完好利用。这是由于化学形式存在于秸秆细胞壁中的纤维素,受纤维素酶的细胞杆菌的作用,分解成乳酸菌直接利用的糖,同时酶系中的氧化还原酶创造厌氧环境,抑制腐败菌生长,而加入的乳酸菌可直接生长繁殖,快速形成发酵条件。

(3)对本质纤维结构分解程度较大 用"半青干贮添加剂"处理的玉米秸秆相比,中性洗缘纤维,酸性洗缘纤维、纤维素、半纤维素、木质素降低10.9%～19.0%。

(4)肉牛生产性能和经济效益进一步提高 饲喂肉牛,日增重比不处理组提高31.9%,饲料降低12.7%～15.8%,每头牛每天利润相对提高40.5%。

2. "半干青贮添加剂"处理秸秆的方法可参照微贮技术

"半干青贮添加剂"处理与微贮技术所不同的是不需提前复活菌种,不需添加精料辅料。"半干青贮添加剂"处理液的配制:每吨鲜草分别加入88%甲酸5千克;88%甲酸1.2千

克 +40%甲醛 1.4 千克,各加适量水稀释成 30 千克溶液。85%甲酸,按每 1000 千克半干青贮 2.7 千克混合,用后 pH 降至 4.8,可以使乳酸菌生长,如果欲抑制乳酸菌生长,剂量要大 2~3 倍。对于含水溶性糖类低的饲草和豆科牧草的青贮,加甲酸对提高青贮质量大有好处。

近年来使用较多的 40%的甲醛水溶液,或是甲醛与酸、硫酸或甲酸结合应用。例如黑麦草青贮可按 10 克 / 千克比例加入甲醛 / 甲酸(3∶1)的混合物,甲醛对饲草中的蛋白质还有保护作用,可以提高蛋白质的利用率,但甲醛的用量很关键,一般不应超过 50 克甲醛 / 千克蛋白质。

三、青贮饲料

青贮饲料是指青饲料在密封青贮容器(窖、塔、堆、塑料袋)中利用乳酸发酵而贮存的饲料。

将青饲料做成青贮饲料,能较长时间地保存饲料养分,养分的损失比晒制的干草要高,一般不超过 15%,并能保持饲料的多汁性,加上发酵后的酸香味,适口性也很好,青贮的方法又简单宜行,所以青贮饲料也是饲养肉牛的主要饲料。

1. 青贮制作原理

一般青贮是利用乳酸菌对原料的厌氧发酵产生乳酸,使 pH 降到4.0 左右时,达到青贮的目的,青贮原料从收割、切碎、封埋到启用。

乳酸菌是一种厌氧细菌,并能在 pH 降低的情况下生产繁殖。乳酸菌通过乳酸菌发酵能将葡萄糖转化为乳酸,乳酸增多,酸度提高,pH 下降,到达 1.0 左右时,就能抑制各种杂菌的生长繁殖。

调制良好的青贮饲料,保存 10 多年后,仍几乎是完全无菌的状态,因此,青贮成功的关键在于创造适宜的条件,保证乳酸菌迅速繁殖,产生足够的乳酸,才能抑制有害菌增殖,杜绝腐败发酵。

2. 对青贮原料的要求

(1)要有适宜的含水量　青贮原料适宜的含水量一般为65% ~ 70%,用手抓一把铡短的原料轻揉后用力握,手指缝中出现水珠但不成串滴出,说明含水量适宜;无水珠则含水分少,成串滴出水珠则水分过多。

(2)要有一定的含糖量　豆科牧草含糖量少,粗蛋白含量高,不宜单独青贮,应按 1∶3 的比例与禾本科牧草混贮。禾本科牧草或青秸秆含糖量符合青贮要求,可制作单一青贮。1 吨豆科牧草与带穗玉米秸或 3 吨豆科牧草与 1 吨青高粱混合都可以。

(3)原料一定要切铡　任何青贮原料入窖前都必须铡短。质地粗硬的原料,如玉米秸秆等以 1 厘米长为宜;柔软的原料,如藤蔓类以 4 ~ 5 厘米为宜。

3.常用的青贮原料

凡是无毒的青绿饲料均可制成青贮料。

(1)青割带穗玉米 乳熟期收割的整株玉米含有适宜的水分和糖分,是青贮饲料的好原料。用这样的玉米青贮喂牛增加的产肉量和鲜奶产量,要比玉米籽实加玉米秸秆饲喂的效果好。

(2)玉米秸秆 收获果实后的玉米秸秆上能保留 1/2 的绿色叶片适于青贮。若部分秸秆发黄,3/4 的叶片枯,视为青黄秸,青贮时每 100 千克需加水 5～15 千克。为了满足肉牛对粗蛋白质的要求,可在制作青贮时加入含量 0.5% 左右的尿素。添加方法是:原料装窖时,将尿素溶于水,均匀喷洒在原料上。

(3)甘薯蔓 粗纤维含量低,易消化。注意及时调制,避免霜打或晒成半状态而影响青贮质量。青贮时与小薯块一起装填更好。

(4)白菜叶、萝卜等 白菜叶水分 70%～80%,粗蛋白质含量为 2.5%～4.0%,略带酸味。青贮后可喂各种家畜,萝卜叶含水较高,铡短后最好与干草粉或麸皮混合青贮。白菜叶等含水分更高的菜叶可混入干草粉或秸秆后青贮。

(5)各种青草 各种禾本青草所含水分与糖分均适于调制青贮饲料。豆科牧草如苜蓿,因含粗蛋白而不适于青贮。

4.青贮与处理

青贮原料过早收割,水分多,不易贮存;过晚割,营养价值降低。收获玉米秸秆应尽快青贮,不易放置过久。

常用青贮原料的适宜收割期,既要兼顾较高的营养成分和单位面积产量,又要保证有较为适量的可溶性碳水化合物和水分。豆科牧草的适宜收割期是现蕾至开花期,禾本科牧草为孕穗至抽穗期;带果穗的玉米在蜡熟期收割,如有霜害则应提前收割青贮。收穗的玉米应在玉米穗成熟收获后,玉米秆仅有下部叶片枯黄时收割,立即青贮;也可在玉米成熟时,收割果穗以上的部分青贮。

5.青贮饲料的饲喂方法

(1)青贮饲料的取用方法 一般青贮在制作 45 天后(温度适宜 30 天即可)即可开始取用。垂直切面开窖,从上到下,直到窖底。均匀全面打开,防止曝晒、雨淋、结冰,严禁掏洞取料。无论采取哪种方法取料,都应坚持每天取料,每次取料层应在 15 厘米以上。

(2)青贮饲料的喂量法 肥育牛日喂量每 100 千克体重 4～5 千克,初喂时肉牛不适应,应少量,经短期训练,即可习惯采食;冰冻的青贮饲料待融化后再饲喂,每天用多少取多少,不能一次大量取出连喂数日,防止霉烂。发霉变质后的青贮饲料,绝不能饲喂肉牛。

(3)防止青贮二次发酵的方法 青贮启窖后,由于管理不当引起霉变而出现温度再次升高称为青贮的二次发酵。这是由于启窖后的青贮开始接触空气后,好气性细菌和霉菌开始大量繁殖所致,在夏季高温天气,品质优良的青贮容易发生。

要防止二次发酵,不仅启窖后应采取正确的取料方法,尽量由一端开始取料,每天的取料不少于15厘米,而且在制作青贮时应做到青贮原料尽量切短,并层层压实,这样可使青贮密度高,能有效地防止二次发酵;如启窖后出现二次发酵(青贮料温度上升到45℃),应立即在启封面喷洒丙酸等,并马上将窖密封,可抑制继续腐败。

第六节　青绿饲料怎样科学饲喂

青绿饲料含有丰富的蛋白质,而且含有各种必需氨基酸,尤其是赖氨酸、色氨酸和精氨酸较多,所以营养价值很高。

青绿饲料是肉牛多种维生素的主要来源, 能为肉牛提供丰富的B族维生素和维生素C、E、K,胡萝卜素高达50~80毫克/千克。肉牛经常喂青绿饲料就不会患维生素缺乏症。

青绿饲料钙、磷丰富, 比例适宜,尤其豆科牧草含量较高。但青绿饲料中含氯和钠较少,大量饲喂青饲料要注意补饲食盐。一般秸秆、糠麸、谷实、糟渣等都缺钙。

在牛生长早期可单一用优质青绿饲料饲喂, 但要取得较好的增重和在育肥期加快育肥,则一定要补充谷物、饼粕等能量饲料和蛋白质饲料等。

一般来说,幼嫩的青绿饲料粗纤维少,蛋白质含量高,消化率高,营养价值也高;而老化的青绿饲料正好相反。所以青绿饲料的利用要适时,种植的牧草要在孕穗期和初花期收割利用,其产量高,营养价值也高。如用苜蓿育肥肉牛,每增重1千克在初花期需18千克,而到盛花期则需21千克,到晚熟期则需39千克。青草茎叶的营养价值,上部优于下部,叶部优于茎部。收贮时要尽量减少叶部的损失。

苜蓿在幼嫩阶段,牛特别爱吃。但因其中含有皂素,牛食后会在瘤胃中产生大量泡沫,易引起瘤胃膨胀。所以不能只用苜蓿单一饲喂肉牛,要加喂一些干草和氨化秸秆、青贮等饲料,效果较好。

第七节　秸秆饲料的特点及其利用

秸秆的营养价值只相当于干草的1/2,主要原因是秸秆类饲料粗纤维含量高达25%~

50%，木质素多，有机物消化率低，一般不足50%。秸秆中缺乏除维生素D以外的其他维生素，钙磷尤其是磷含量很低。其营养价值很低，但数量很多，具有很大的容积，适宜于喂牛。要提高秸秆的利用率，就要进行物理和化学处理，提高其营养价值。

玉米秸秆：牛对其消化率为60%~70%，玉米秸秆以青贮为最好，青贮后营养损失一般不超过10%；玉米秸秆晒干后，营养损失多达30%~50%。玉米秸秆在不影响玉米籽实质量和产量的前提下，收割越早越好。据试验（秦川牛），在青贮玉米秸秆中添加0.6%的尿素，其粗蛋白含量可提高50%以上，干物质消化率可提高10个百分点；青贮玉米秸秆添加尿素量以0.5%~0.6%效果较好。添加方法是，将尿素溶于少量水中，在装填青贮时均匀地喷洒在青贮原料上。以氨化饲料为主要粗饲料，以氨化时间最长的冬季计算，2个月为一个氨化周期，1头肉牛1个氨化周期要300~400千克风干样秸秆。家养1头肉牛，常年以氨化玉米秸秆或麦草为主要粗饲料，需麦草或玉米秸秆10吨。按每个氨化周期装150千克风干麦草和玉米秸秆计算，需17立方米。

第八节　青干草的调制技术

优质的青干草应能最大限度地保持牧草营养的数量和质量，并为家畜提供较高的消化率和适口性。

一、牧草的品质

一般来讲，禾本科牧草茎秆中空，水分分布均匀，干燥时整齐度好，叶片不易脱落；豆科牧草则叶薄茎粗，由于叶片表面积比茎秆大，干燥时水分蒸发快，易造成叶片脱落而影响牧草品质。

二、适时收获原料

牧草收割过早，不但产量低，而且水分多，不宜过早；刈割太迟，则牧草质地粗硬，不易消化，且适口性差。禾本科牧草应在孕穗前或抽穗期收获，豆科牧草在现蕾期或初花期收获为宜。

三、牧草叶片

无论是禾本科还是豆科牧草，绝大多数叶片的营养价值比茎秆高。叶片所含的蛋白质和矿物质比茎秆多1.0~1.5倍，胡萝卜素比茎秆多10~15倍，粗纤维含量比茎秆少50%，且营养物质的综合消化率比茎秆高40%。因此,青干草要求有丰富的叶片是制作优质饲料的基本要求。

四、色泽和气味

颜色的深浅可作为判断干草品质优劣的依据。每个节的基部呈现深绿色部分越长,则干草所含的养分也越高;呈现淡的黄绿色,含养分较少;呈现白色,含养分更少;如有白毛时,说明开始发霉;变黑时,说明已霉烂。芳香的气味是青干草质量的重要标志之一,青草是有芳香气味的。芳香气味能刺激牲畜采食,提高青干草的适口性。

第九节　牧草青贮技术

一、适时收割青贮原料

不同生长阶段的牧草,其营养成分各不一样,差异很大。豆科牧草在花蕾期所含营养成分,尤其是蛋白质和胡萝卜素均最高,随着牧草的老化,干物质和营养物质含量均急剧下降;禾本科牧草也有类似的规律,禾本科牧草所含饲料单位、可消化蛋白质以孕穗阶段最高。但豆科牧草在开花末期、禾本科牧草在结实期,同最佳营养阶段相比,饲料单位几乎下降69.5%~75.0%,可消化蛋白质下降66.70%~82.76%,胡萝卜素下降75.0%~83.8%。由此可见,青贮作物适时收割是非常重要的。

二、把握原料的含水量

青贮原料应当有适当的含水量,才能保证获得良好的发酵并减少工作损失和营养物质损失。虽然含水率在相当大的范围内变动,均可制作青贮,但是,含水率以50%~70%为宜,尤以65%为最佳。

含水率高的作物在青贮过程中,首先有渗液问题。在青贮料压实时,饲料中的一部分营养物质便和水分一起被挤压出来,损失了部分营养,污染了环境。窖贮、堆贮垂直压力减小,但若含水率超过75%,也会产生渗液。其次是蛋白质的损失。含水率越高,贮存期间饲料中的蛋白质损失也越多。

如何判断原料作物的含水量呢?准确的办法是使用仪器测定。但在生产实践中,通常采用较简便的办法加以判断:抓一把割下的牧草或青贮作物秸秆,卷成球状,在手里捏紧,1分钟后松开,观察草球状况,判断其含水率。

青贮饲料按作物含水率的高低,可划分为高含水青贮、凋萎青贮和半干青贮。

(1)高含水青贮 青贮原料含水在70%以上,一般是直接收获并贮存的青贮,这种青贮方式的特点:作物不经晾晒,减少了恶劣天气的影响,减少田间损失。此外,草场可以尽快清理出来,(一般在1天以内),进行施肥,以利再生。

(2)凋萎青贮 青贮原料含水率在60%～70%之间,通常是将割下的牧草或饲料作物在田间经适当晾晒的青贮。凋萎青贮在世界各国广泛应用。

(3)半干青贮 主要用于牧草特别是豆科牧草,故又称之为"高水分干草"。它是将牧草割下在田间晾晒至含水率40%～60%,然后捡拾、切碎、压实贮存。半干青贮含水率较低,腐败细菌、丁酸菌以及乳酸菌的活动都受到抑制,微生物的发酵作用微弱,蛋白质不致分解。同时,由于微生物的发酵作用微弱,产生的有机酸较少,因而,pH不再是衡量青贮质量优劣的尺度。

半干青贮味不酸或微酸,有果香味,适口性好,兼有干草和青草二者的优点,是解决豆科牧草青贮的好办法。

半干青贮成功的关键是:创造并始终保持密封环境。如果空气侵入,好氧细菌繁殖,便导致饲料变质。"绝氧"对半干青贮是至关重要的。因此,半干青贮一般贮存在"限氧青贮塔"内,这种青贮塔为金属外壳、混凝土衬里和熔融玻璃涂层,气密性良好。

通过青贮饲料的实践,理想的切碎长度是:高含水青贮6.5～25毫米,半干牧草青贮6.5毫米,玉米青贮6.5～13毫米。

确定切碎长度的原则是:粗硬饲料应切短些,细软饲料可稍长些。一个奶牛场的试验报告,除切碎长度由30毫米降到10毫米,奶牛对青贮饲料的采食量增加14%,产奶量因而增加6%。因此,切碎是青贮品质优劣的关键之一。

第十节 秸秆微贮

一、秸秆微贮饲料的特点

1. 成本低,效益高

每吨秸秆制作微贮饲料用3克秸秆发酵活干菌(海星微贮王),成本不到10元。

2. 消化率高

秸秆在微贮过程中,由于高效复合活菌的作用,木质纤维素类物质大幅度降解,并转化为乳酸和挥发性脂肪酸(VFA),加之所含酶和其他生物活性物质的作用,提高了牛羊瘤胃微生物区系的纤维素酶和解脂酶的活性。麦秸微贮后干物质消化率提高29.4%，干物质代谢能 8.73 兆焦 / 千克，消化能 9.84 兆焦 / 千克，总能几乎没有变化。

3. 适口性好，采食量高

秸秆经微贮处理，可使粗硬秸秆变软，并具有酸香味，刺激家畜的食欲，从而提高了采食量。牛羊对秸秆微贮饲料的采食的速度可提高 40% ~ 43%，采食量可增加 20% ~ 40%。

4. 原料广，制作季节长，保存期长

微贮饲料原料来源可以是麦秸、稻草、黄玉米秸秆、土豆秧、山芋秧、青玉米秸、无毒野草、谷类牧草以及青绿水生植物。秸秆微贮饲料制作技术简便，易学易会，易普及推广。尽管微贮饲料取用方便，随需随取随喂，不需晾晒，和青贮一样可以长期保存，安全、无毒、无害。

二、秸秆微贮制作的关键

秸秆微贮与制作青贮饲料相似，但要注意以下三点，方能保证制作出品质良好的微贮料。

1. 压实

压实是制作微贮饲料成败的关键，压实后可以尽量减少空气存留，利于活干菌的发酵和抑制霉菌、腐败菌的繁殖，也可以多装秸秆，提高微贮窖池的利用率。一般压实后，1 立方可以装秸秆 200 千克左右。

2. 密封

当青贮料上部密封不严时，上部腐烂后可以充当密封层。而微贮饲料不同，微贮饲料如压实不好，上部密封不严，不仅容易造成上部霉烂变质，而且可使整个微贮失败。解决的方法是要按介绍的方法，盖上塑料薄膜后，在上面压 20 ~ 30 厘米厚的土层，以保证空气不进入。

3. 拌匀

秸秆不像青贮，拌菌液时一定要拌匀，否则装填压实后，秸秆容易过水而自己不被湿润，从而影响微贮料的制作质量。

三、微贮饲料质量鉴定

封窖 20 ~ 30 天后，即可完成微贮发酵过程。可根据微贮料的外部特征，用看、闻和手感的方法鉴定微贮饲料的好坏。

看：优质微贮秸秆饲料的色泽呈橄榄绿，稻麦秸秆呈金黄色。如果变成褐色，或墨绿色则质量较差。

闻：优质秸秆微贮饲料具有醇香和果香气味。若有醋酸味，则是由于表面水分过多和高温发酵造成；若有腐败味，发霉味，则不能饲喂，这是由于压实程度不够和密封不严造成的。

手感:优质的微贮饲料,拿到手里很松散,且质地柔软、湿润;若拿到手里发黏,或黏在一块,说明微贮料开始霉烂;有的虽然松散,但干燥粗硬,也属不良饲料。

四、秸秆微贮饲料饲喂家畜方法

秸秆微贮饲料应以饲喂草食家畜为主,可以作为家畜日粮中的重要粗饲料。饲喂时可以与其他饲料搭配,也可以与精料同喂。开始时,家畜对微贮饲料有个适应过程,应循序渐进,逐步增加喂量。一般每天每头只的饲喂量为:奶牛、育肥牛、肉牛 15~20 千克,羊 1~3 千克,马、驴、骡 5~10 千克。

在使用微贮饲料时应注意以下问题:

1. 秸秆微贮时,发酵过程大约有 28 天之久,因此最好应保证 30 天后取用为宜,冬季还应适当长些。

2. 取料时从一角开始,用多少取多少,然后盖严。微贮饲料很容易发生霉变。

3. 如微贮饲料中添加了盐,饲喂时应扣除日粮中盐的补充量。

芬兰一家饲料公司的科研人员研制的一种饲料可供养殖户借鉴,方法如下:先将普通稻草、麦秸粉碎,然后加入脂肪酸、黑糖浆(或黑糖浆渣)和大麦,再加入麸皮和酒精拌匀而成。采用这种方法制成的混合饲料味美可口,营养丰富,母牛特别爱吃。用这种美味饲料给一头公牛食用,结果这头牛每天可增加体重 1000~1200 克。

第十一节　氨化秸秆的效果和饲喂

一、氨化秸秆的效果

(一)消化率

通过氨化,秸秆的消化率(体内)一般提高 10%~20%。

(二)粗蛋白质

通常,未处理的粗蛋白质含氮量是 0.5%~0.6%(按干物质计),用氨处理后,氮的含量提高到 1.4%~1.5%,相当于含 9.0%~10.0% 的粗蛋白质。蛋白质消化率是 75%,即每千克饲料可消化蛋白质含量为 5.4%~7.5%,亦即每个饲料能量单位有 150~170 克可消化蛋白。阉牛和小母牛以氨化处理的秸秆为唯一饲料,可获得日增重 300~400 克。

(三)适口性

由于秸秆纤维降解,质地变得柔软,适口性增加,同时氨化秸秆略带糊香味,刺激了家畜对氨化秸秆的采食,表现在采食速度的加快和绝对量的提高,普通秸秆每100千克体重采食量为1千克左右,氨化处理的秸秆可达1.7~2.0千克,高的达3.3~3.8千克。

试验表明:秸秆氨化时,投入1吨氨至少可以节约7吨饲料,当日粮精料水平低时,可以达11吨。一般饲喂4吨氨化秸秆可节约精料1吨。

用氨化秸秆饲喂育成阉公牛,补充0.25千克精料,仍可获得434克日增重的效果。

二、氨化秸秆的饲喂

(一)品质鉴定

氨化后秸秆是好是坏,主要通过感官鉴定。氨化好的秸秆为棕色或淡黄色,气味糊香,质地柔软。开窖后冒气,温度升高,颜色变白或甚至发黑、发黏、结块,并有腐烂味,则是氨化失败,不可饲喂。另外,氨化秸秆还可以通过化学分析和消化试验来鉴定品质。

(二)使用和保存

使用前要开垛通风1~2天,散尽多余的氨气以免对家畜造成伤害。使用时用多少取出多少,不要一下子全散开,以免氨损失,降低效果。据测定,开口当天粗蛋白10%,晾8天粗蛋白为7.5%,18天为6.7%。

对于含水量大的氨化秸秆,可以一次掀开晾晒,干燥后放入舍内保存。

(三)训饲

对于从未采食过氨化秸秆的牛羊等反刍家畜,初次采食时,可能不适应或不爱采食。饲喂时,应由少到多,并于原饲草混拌,可以铡短拌精料或青贮饲料,喷洒盐水不失为一种好方法。饥饿也是诱导开食的方法之一。待家畜适应后,就十分爱吃氨化秸秆。

第十二节　如何鉴定和收贮青干草

1. 干草的好坏可根据颜色来判断

鲜绿色:表示青草刈割适时,调制过程未遭雨淋和阳光强烈暴晒,贮存过程未遇高温发酵,能较好地保存青草中的养分,属优良干草。

淡绿色(或灰绿色):表示干草的晒制与储存基本合理,未受到雨淋发霉,营养物质无重大损失,属良好干草。

黄褐色:表示青草收割过晚,晒制过程中虽受雨淋,储存期内曾经过高温发酵,营养成分损失严重,但尚未失去饲用价值,属次等干草。

暗褐色:表明干草的调制与储存不合理,不仅受到雨淋,而且已发霉变质,不宜再做饲用。

2. 青干草的收贮

垛址的选择：宜选择地势平坦，干燥，排水良好，距牛场较近的而又背风的地方。

垛底的准备：垛底应用石块、砖块或木块垫底，用干秸秆等物也可垫起，铺平，高出地面30～50厘米，在垛的四周挖排水沟。

垛的种类与形式：草垛的种类有圆形和长方形两种。其外形均应由下向上逐渐扩大，顶部逐渐收缩呈圆顶，形成下小、中大、上圆的形状。圆形一般直径4～5米，高6～7米；长方形一般宽4.5～5.0米，高6.0～6.5米，长8～10米。这种草垛暴露面积小，营养损失小，取喂、遮盖方便。草垛堆时分层进行，由外及里摆放，使之成为外部稍低，中间隆起的弧形，每层30～60厘米厚，草垛堆到一定程度后，进行扩大和收缩，制成圆顶。

封顶：一般可用干燥的麦秸或杂草覆盖顶部，并应逐层铺压。堆顶不能有凹陷和裂缝。草垛的顶脊用草绳或泥土封压坚固，以防大风刮起草顶。在条件允许时，最好建成简易的干草棚，能防雨淋、雪淋、潮湿和阳光直射。在草棚存放干草时，应使干草与地面和棚顶保持一定距离，便于通风散热。

第十三节　精饲料又分为能量饲料和蛋白质饲料

1. 能量饲料

能量饲料是指干物质中粗纤维含量在18%以下，粗蛋白含量在20%以下，每千克消化能在10.46兆焦以上的饲料。主要包括谷物及其加工副产品（糠麸类）、块根、块茎和瓜果等。

（1）谷实类饲料　谷食类饲料大多是禾本科植物的成熟种子，主要包括玉米、小麦、大麦、高粱、燕麦、稻谷谷子等。其主要特点是：能量含量高，一般占干物质的60%～80%，其中主要是淀粉，粗纤维含量低，一般在10%以下，因适口性好，可利用能量高，粗脂肪含量在3.5%左右，粗蛋白质含量低，一般在10%左右，而且缺乏赖氨酸、蛋氨酸和色氨酸。最突出的是钙少磷多（且多为植酸磷，利用降低），钙、磷比例不当，更不符合牛的需要。微量元素含量：铁30～100毫克/千克，铜5～10毫克/千克，锌15～30毫克/千克，锰15～30毫克/千克，硒0.02～0.06毫克/千克。除黄玉米外，胡萝卜素含量很少，缺乏维生素D，但维生素B和E含量丰富，谷实类饲料是养牛的主要能量来源。

玉米：被称为"饲料之王"，其特点是能量含量高，黄玉米中胡萝卜素含量也丰富，蛋白质含量低，且品质不佳，缺乏赖氨酸和色氨酸，但过瘤胃值高，钙磷均少，且比例不当，是一种养分不平衡的高能量饲料。玉米可大量用于牛的精料补充料中，一般肉牛混合料中用量为 40% 以上，并应与蛋白质饲料和容积大的饲料，如麸皮、燕麦等粗饲料搭配使用。

高粱：能量仅次于玉米，蛋白质含量略高于玉米。高粱在瘤胃中的降解率低。因含有单宁适口性差，其用量相当于玉米用量的 80%~95%，高粱与玉米配合使用效果增强，可提高饲料的利用率和日增重，要注意高粱喂牛易引起便秘。一般高粱不应做肉牛的主要饲料。

大麦：蛋白质含量为 12%~18%，高于玉米，是谷实类饲料中含蛋白质较多的饲料，肉牛可大量饲喂大麦，饲喂时稍加粉碎即可。

燕麦：蛋白质含量与大麦相似，粗纤维含量较高，为 10%~13%，钙高磷多，粉碎后饲喂，对肉牛有较好的效果。

小麦：营养价值与玉米相似，蛋白质含量 14.7%。喂肉牛时，小麦占精料的比例不应超过 50%，用量过大，会引起消化障碍，喂前应碾碎或粉碎。

稻谷和糙米：稻谷外壳粗硬，粗纤维含量约 10%，粗蛋白质含量约 8%。去掉壳的稻谷称糙米，它的粗纤维含量 2%，营养价值比稻谷高，与玉米相似。他们在饲料中的用量为 25%~50%。

（2）糠麸类饲料　为谷实类饲料的加工副产品。主要包括麦麸、米糠、玉米糠、高粱糠和小米糠等。其共同特点是无氮浸出物含量较高外，其他各种养分的含量均较其他原料高。有效能值低，含钙少而含磷多，多为植酸磷，利用率低，含有丰富的 B 族维生素，尤其是维生素 B_1、烟酸、胆碱等含量较多，维生素 E 含量较少，物理结构松散，含有适量的纤维素，有轻腹泻作用，吸水性强，易发霉变质，不易贮存。

麦麸：俗称麸皮，一般麦麸含粗纤维较高，约为 10%，无氮浸出物约 58%，其粗蛋白质含量高，为 13%~16%，属于低能饲料。具有轻泻作用，质地蓬松，适口性较好，母牛产后喂适量的麦麸粥，可以调养消化道的机能。

米糠：含粗蛋白质 3%，粗脂肪 1.15%，粗纤维 46%，营养价值比秸秆饲料还低，一般不宜作饲料，在肉牛饲料中脱脂米糠可用到 30%，（因为其含粗蛋白质约 18%。B 族维生素、维生素 E 丰富，含锰、磷高，适口性好）。肉牛适量采食米糠，可改善胴体品质，增加肥度，但若采食过多，可使肉牛体脂变软变黄。

其他糠麸：主要包括玉米糠、高粱糠、小米糠。其中小米糠的营养价值最高，高粱糠的消化代谢能较高，但因含有单宁，适口性产差，易引发便秘，应限制使用。

（3）块根、块茎　即瓜果类饲料又称多汁饲料，主要包括甘蔗、苜蓿、胡萝卜、马铃薯、饲用甜菜，干物质中淀粉和糖类含量高，蛋白质含量低，纤维素少，并且不含木质素，从干物质中的营养价值来考虑，属于能量饲料。鲜饲料中，一般水分含量较多，为 75%~90%，因此单位重量的营养成分低,但适口性和消化性均好,是牛冬季不可缺少的多汁饲料和胡萝卜素的重要来源,对保证牛的健康有重要的作用。

甘薯:又称红薯、白薯、地瓜、山芋等。甘薯富含淀粉,粗纤维含量少,热能低于玉米,粗蛋白质及钙含量低,多汁味甜,适口性好,生熟均可饲喂,在平衡蛋白质和其他养分后,可取代日粮中能量来源的 50%,有黑斑病的甘薯喂牛会导致喘气病,严重者可引起死亡,贮存在 13℃ 条件下比较好,制成甘薯干保存更安全,但胡萝卜素损失达 80%。

马铃薯:又称土豆,成分与其他薯类相似,马铃薯贮存不当发芽时,在其青绿饲料皮上,芽眼中含有龙葵素,采食过量会导致牛中毒。因此,马铃薯要注意保存。若已发芽,饲喂时一定要清除皮和芽,并进行蒸煮。蒸煮后的水不能喂牛。

胡萝卜:从干物质角度考虑,也属能量饲料。鲜喂时,其水分含量高,容积大,含丰富的胡萝卜素,一般多作冬季调剂饲料用,而不作为能量饲料使用。

(4)糖渣 其主要成分为糖类,蛋白质含量较低。维生素含量也低,水分高,能量低,具有轻泻作用,饲喂肉牛用量宜在 10%~20%。

(5)油脂 主要包括动物油脂,如牛油、猪油、鸡油、饲用植物油;植物油,如玉米油、大豆油、花生油等。一般认为,肉牛日粮脂肪含量不宜超过牛日粮中添加 10% 的菜籽油或 10% 的牛油,对粗纤维的消化和微生物氮的利用并无影响,添加脂肪对日粮消化率影响较少。(目前法规,动物油脂不能用)

2. 蛋白质饲料

蛋白质饲料是指干物质纤维含量在 18% 以下,粗蛋白质含量为 20% 及 20% 以上的饲料。主要包括植物性蛋白质饲料、动物性蛋白质饲料、单细胞蛋白质饲料、非蛋白质饲料及其他饲料。这类饲料粗蛋白含量高,粗纤维含量低,能量值与能量饲料基本相似,但是,蛋白质饲料的资源有限,价格较高,所以不能把它当做能量饲料来使用。肉牛的蛋白质饲料主要是饼粕。

(1)植物性蛋白质饲料 主要包括豆科籽实、饼粕类及其他加工副产品。

豆科籽实:主要有两类,一类是高脂肪、高蛋白的油料籽实,如大豆、花生等;另一类是高碳水化合物、高蛋白的豆类,如豌豆、蚕豆等。豆科籽实蛋白质含量为 20%~40%,较禾本科籽实高 2~3 倍。品质好,赖氨酸含量比禾本科籽实高 4~6 倍。蛋氨酸高 1 倍,一般大豆可用作饲料。因大豆中含有多种抗营养因子,如胰蛋白酶抑制因子、尿素酶、皂类等,这些物质影响牛对饲料中蛋白质的利用和正常的生理机能,所以应用时应进行适当的热处理(110℃,3 分钟)使抗营养因子失去活性。热处理或其他的过瘤胃处理还可降低蛋白质在瘤胃中的降解率。近年来,广泛进行了饲喂膨化大豆等富含蛋白质饲料的研究,大豆也可生喂,但不宜超过精料的 5%,且不宜与尿素一起饲用。

（2）饼粕饲料：为豆科及油料作物制油的副产品。常用的饼粕有大豆饼粕、花生饼粕、棉籽饼粕、菜子饼粕、亚麻饼粕、芝麻饼粕、葵花籽饼粕等。

大豆饼粕：是目前使用量最多，使用最广泛的植物性蛋白质饲料，其粗蛋白质含量为38%～47%，且品质较好，尤其是赖氨酸含量是饼粕类饲料最高者，可达2.5%～2.8%，是棉籽饼、菜子饼和花生饼的1倍，色氨酸、苏氨酸的含量均较高，这些均可弥补玉米的不足，因而与玉米搭配组成日粮效果较好，但蛋氨酸不足，约为0.4%，仅为菜子饼的55%。矿物质硒含量低，仅为菜子饼的7%以下。因此在日粮中用棉籽饼时要注意添加赖氨酸和蛋氨酸，最好与精氨酸含量较低，蛋氨酸和硒含量较高的菜子饼粕配合使用，这样即可缓解赖氨酸、精氨酸的拮抗又可减少了赖氨酸、蛋氨酸和硒的添加量。

饲喂棉籽饼时，加喂青干草或矿物质饲料或进行脱毒处理，效果较好，棉籽饼粕的脱毒方法有很多种，如加热或蒸煮，加入硫酸亚铁粉末，铁元素与棉酚重量比为1∶1，再用5倍于棉酚的0.5%石灰水浸泡2～4小时，可使棉酚脱毒素率达60%～80%。

花生饼粕：脱壳后制油的花生饼粕的营养价值较高，其代谢能和粗蛋白只是饼粕中最高的，粗蛋白质可达44%～48%。但氨基酸组成不好，赖氨酸含量只有大豆饼粕的一半，蛋氨酸含量也较低，而精氨酸含量可高达5.2%，是所有动植物饲料中最高的。维生素和矿物质含量与其他饼粕类饲料相近似。脱壳后制油的花生饼粕国外规定粗纤维含量应低于7%，我国统计的资料为5.3%。带壳花生饼粕纤维含量为20%～25%，粗蛋白质和有效能值相对也较低。花生饼粕易感染黄曲霉菌而产生黄曲霉毒素，其中以黄曲霉毒素B，毒性最强，该毒素在牛肉中残留，可使人患肝病。蒸煮或干热不能破坏黄曲霉毒素，据报道，超量的维生素E对防止该毒素中毒有效。

菜子饼粕：菜子饼粕是由菜子经取油后的副产品，其有效能值较低，适口性较差。粗蛋白质含量为34%～38%，氨基酸组成的特点是蛋氨酸、赖氨酸含量较高，精氨酸含量低，是饼粕类饲料最低者。矿物质中钙和磷的含量均高，磷的利用率也高，特别是硒的含量为1.0毫升/千克，是常用植物性饲料中含量最高者，锰含量也较丰富。在肉牛日粮中可使用5%～20%。

菜子饼粕的脱毒方法有坑埋法、水浸法、氨碱处理法，有机溶剂浸提法，微生物发酵法等。脱毒的菜子饼粕可适量增加喂量。

亚麻饼粕：又称胡麻饼粕。代谢能值偏低，适口性差。

芝麻饼粕：不含有害物质，是比较安全的饼粕类饲料。粗蛋白质含量40%～45%，最大特点是蛋氨酸含量高达0.8%以上，是所有饼粕类饲料中最高者，但赖氨酸不足，精氨酸含量过高。

葵花籽饼粕：其营养价值取决于脱壳程度。未脱壳的葵花籽饼粕粗纤维含量高达

39%，属于粗饲料。我国生产的葵花籽饼粕粗纤维含量为 12%~27%，粗蛋白质为 28%~32%，葵花籽饼粕中含有毒素（绿原酸）。

其他加工副产品：主要指糟渣类，糟渣类饲料是酿造、淀粉和豆腐加工行业的副产品，其主要特点是水分含量高，为 70%~90%，干物质中蛋白质含量为 25%~33%，B 族维生素丰富，含有维生素 B_{12} 和一些有利于动物生长的未知生长因子。常见的有玉米蛋白粉、豆腐渣、酱油渣、粉渣、酒糟等。

玉米蛋白粉：又称玉米面筋粉，由于加工方法和条件不同，蛋白质的含量变异很大，在 25%~60%之间。蛋白质的利用率较高，蛋氨酸含量高而赖氨酸不足。

豆腐渣、酱油渣和粉渣：多为豆科籽实类加工副产品，与原料相比粗蛋白质含量明显降低，但干物质中粗蛋白质的含量仍在 20%以上，粗纤维增加，维生素缺乏，消化率也较低，这类饲料水分含量高，一般不宜存放过久，否则极易被霉菌及腐败菌污染变质。酒糟、醋糟：多为禾本科籽实和块根、块茎的加工副产品，无氮浸出物明显减少，粗蛋白质和粗纤维明显提高，酒糟蛋白质含量一般为 19%~30%，是育肥牛的好饲料，一般日喂量为 10 千克左右，民间用酒糟育肥牛时，每头喂量达 40~50 千克，酒糟中含有一些残留的酒精，妊娠母牛不宜多喂。

（2）动物性蛋白质饲料（动物性蛋白饲料不能用）　用动物的尸体及其加工副产品加工而成，主要包括鱼粉、肉骨粉、血粉等。含蛋白质多且品质优良，过瘤胃蛋白质较多，生物学价值高，含有丰富的赖氨酸、蛋氨酸和色氨酸，含钙磷丰富且全部为有效磷，还含有维生素 B_{12}。

鱼粉：优质动物性蛋白质饲料，蛋白质含量为 45%~65%，赖氨酸、蛋氨酸含量的较高而精氨酸含量偏低，正好与大多数饲料相反，易在配制日粮时使氨基酸达到平衡，含有对动物有利的生长因子，属于天然的低降解率的蛋白质饲料，但实际生产中，由于其价格太贵，使用有一定的限制。

肉粉和骨粉：肉粉粗蛋白质含量为 50%~60%，含骨量大于 10%的称为肉骨粉，粗蛋白质含量为 35%~40%，这类饲料赖氨酸含量较高，蛋氨酸和色氨酸含量较低，含有较多的 B 族维生素，维生素 A、D 较少，钙磷含量较多，磷为有效磷。

血粉：以动物的血液为原料，经脱水干燥而成。粗蛋白质含量高，缺点是适口性差，消化率低，异亮氨基酸缺乏。在日粮中配合不宜过高。

（3）单细胞蛋白质饲料　主要包括酵母、真菌和藻类，以酵母具有代表性，其粗蛋白质含量为 40%~50%，但饲料酵母具有苦味，适口性差，粗粮中可添加 1%~2%。

（4）非蛋白氮饲料　一般指通过化学合成的尿素、缩二脲、凝胶淀粉尿素、铵盐等。牛瘤胃中的微生物可利用这些非蛋白质氮合成微生物蛋白，被宿主消化利用。

尿素含氮量46%，相当于287.5%的粗蛋白质(46%×6.25)含量。1千克尿素的蛋白质的含量相当于6.8千克粗蛋白质42%的大豆饼。尿素的溶解度很高，在瘤胃中很快转化为氨，饲喂不当或喂量过多，极易造成中毒。安全饲喂尿素的方法是：饲喂尿素等非蛋白氮饲料时应有2周以上的适应期，喂量应逐渐增加，只能供6月龄以上的牛使用，每日用量不可集中一次喂给，应分数次均匀饲喂，最好与淀粉的精料混匀一起饲喂，不可与生大豆和含脲酶的大豆饼粕配合使用，禁止将尿素溶于水中饮用，喂尿素饲料后，应等1小时后再给牛饮水，一般日粮粗蛋白质超过13%，添加尿素效果不好，注意氮中毒，当牛出现中毒症状时(表现为神经症状，全身肌肉紧张，震颤，唾液分泌过多，吼叫，呼吸困难)，灌服2%的醋酸溶液3～4升即可解毒。

尿素一般的用量不宜超过日粮干物质的1%或每100千克体重15～20克。近年来，为改善尿素氮转化为微生物氮的效率，降低尿素在瘤胃的分解速度，防止尿素中毒，研制出许多新型非蛋白质氮饲料，如：糊化淀粉尿素、异丁基二脲、磷酸脲、羟甲基尿素、包衣尿素、脂肪酸尿素、尿素砖盐等。

3. 精饲料的加工方法

精饲料加工是指用某种方法改变饲料的物理、化学或生物学特征，加工后不仅能提高营养价值，还能延长贮存时间，脱毒，改善适口性和减少水分等。目前，常用的加工方法有浸泡、蒸煮、压片、粉碎和制颗粒等。最新发展的方法还有挤压、蒸汽压片和高温处理等。另外，氧化钠和氨等化学试剂还可用于贮存高水谷物，对脂肪、蛋白质和氨基酸还可以进行过瘤胃保护加工处理，使他们直接到达真胃和小肠，经消化吸收后利用。

(1)常用的加工方法

①粉碎：这是最简单常用方法，精饲料经粉碎后，可以合理和均匀地配合日粮，但肉牛的谷实类精料不宜粉碎过细，一般粉碎成直径2毫米即可，与细粉相比，粗粉可提高牛唾液的分泌量，增加反刍，减缓淀粉在瘤胃中的分解，提高能量利用率，预防瘤胃酸中毒。

②压扁：将原料(玉米、小麦、高粱等谷物)用蒸汽加热到120℃左右，10～30分钟，含水量18%～22%，再用压扁机压成1毫米厚的薄片。迅速干燥，由于压扁饲料中的淀粉经加热糊化，用于喂牛，消化率明显提高。

③浸泡：可以软化饲料，便于牛吞咽，增加适口性，便于消化吸收。豆类、饼粕类、谷物等饲料经浸泡后，吸收大量水分，使之膨胀柔软，容易咀嚼，如豆饼、棉籽饼等相对坚硬，不经浸泡很难嚼碎。浸泡方法：用水泥池或缸等容器把饲料用水浸泡，一般料水比例1∶1～1∶1.5,浸泡时间应根据季节和饲料种类的不同而异，应注意的问题是不要浸泡过久，以免引起饲料变质，有些饲料中含有单宁、棉酚等有毒物质，并带有异味，浸泡后毒素、异味均可减轻，从而提高适口性。

④发芽：主要用于麦类籽实，如大麦先用水将籽实浸泡一昼夜后摊在木盘或细筛中，厚3~5厘米，上盖麻袋或草席，温度控制在18℃~25℃，保持湿润，经5~8天可利用，发芽的籽实含有丰富的蛋白质、维生素E和胡萝卜素，可用来喂种公牛、犊牛和育肥牛，效果很好。

⑤糖化：将富含淀粉的谷物饲料粉碎后，经过饲料本身或麦芽中淀粉酶的作用进行糖化，使饲料中一部分淀粉转变为麦芽糖。可改变适口性，提高消化率，可在肉牛强度肥育期饲用。

制作方法：粉碎的籽实饲料加入2.5倍的热水，搅拌均匀，堆成堆，盖上麻袋，保持温度55℃~60℃，使酶发生作用，4小时后可使饲料中含糖量增加到8%~12%，如果加入2%的麦芽，糖化作用更快。

⑥制粒：将饲料粉碎后，根据肉牛的营养需要，进行搭配并混匀，用颗粒机制成颗粒形状。一般牛食用的颗粒直径6~8毫米即可。使用颗粒料的优点：饲喂方便，适口性好，咀嚼时间长，有利于消化吸收，并减少饲料浪费。如果能将粗料和精料混在一起加工成颗粒则效果会更好。

（2）保护蛋白质过瘤胃方法

饲喂瘤胃保护蛋白质是弥补肉牛快速生长微生物蛋白质不足的有效方法，保护蛋白质过瘤胃的方法如下。

①利用天然饲料的过瘤胃蛋白质资源：豆科牧草在瘤胃内的降解率较低，是天然的过瘤胃蛋白质资源。

②加热加压处理：在一定压力下对蛋白质饲料进行加热，可降低饲料蛋白质在瘤胃的降解率，但是不能过热，否则易出现蛋白质的过保护现象，即在瘤胃内不降解，在小肠内被消化，造成浪费。

③鞣酸处理：用1%的鞣酸均匀地喷洒在蛋白质饲料上，混合后烘干。

④甲醛处理：甲醛可以与蛋白质分子的氨基、羟基、硫氧基发生烷基、化学反应而使其变性，免于瘤胃微生物降解。处理方法：饼粕经粉碎过2.5毫米筛，然后每100克粗蛋白质称0.6~0.7克甲醛溶液（36%）用水稀释20倍后喷雾并与饼粕混合均匀，然后用塑料薄膜封24小时后打开薄膜，自然风干。

⑤锌处理：锌盐可以沉淀部分蛋白质，从而降低饲料蛋白质在瘤胃的降解。处理方法：将硫酸锌溶解在水里，其比例为，豆粕∶水∶硫酸锌=1∶2∶0.03，拌匀后放置2~3小时，在50℃~60℃下烘干。

⑥商品性保护蛋白质：这类饲料市场有售，属于反刍动物的浓缩料，不仅含有保护性蛋白质，还有微量元素和维生素，能显著增加肉牛的生长速度。

4.保护脂肪过瘤胃方法

许多研究表明,直接添加脂肪对反刍动物不好,脂肪在瘤胃中会干扰微生物的活动,降低纤维消化率,影响生产性能的提高,所以将添加的脂肪素采取某种方法保护起来,形成过瘤胃保护脂肪。国外还有许多保护油脂出售,我国目前也开展了这方面的研究,并有成果,最常见的脂肪酸钙产品。

脂肪酸钙作为肉牛的能量添加在国内已开始应用,不仅能提高肉牛的生产性能,而且能改善产品质量。

了解了精饲料及其加工利用,还要注意肉牛的营养需要和日粮配合。肉牛的生命和生产活动中,需要机体的各部分协调地执行各自的功能,这些活动均要消耗能量。特别是肉牛培育过程中,牛体内的蛋白质、灰分和水分含量逐渐降低,脂肪含量逐渐增加。也就是说,以能量需要来讲,随着年龄增长,对饲料能量的需要也在不断升高,满足肉牛的维持需要时,以粗饲料为主,在肥育后期,则要增加精饲料的用量。从肉牛对蛋白质的需要来讲,一般生长快的犊牛,对蛋白质的需要量较大;而对于架子牛和繁殖母牛,用豆科牧草就能满足其蛋白质的需要,不必补饲蛋白质;对于肥育牛和怀孕母牛,要注意每天添加 0.5～1.0 千克的蛋白质补充料。在我国的饲料资源中,能量蛋白质结构不平衡,蛋白质饲料资源有限,且价格较高,而不能把蛋白质饲料当做能量饲料来使用。因此,增加饲料生产总量与提高饲料品质相结合,增加精饲料生产与粗饲料生产相结合,是我国今后饲料生产的基本方针。这样,就可以使肉牛生产以较低的投入获取较高的收益。

第十四节 肉牛的常用能量饲料及主要加工方法

1.种类

能量饲料是指干物质中粗纤维少于 18%,同时粗蛋白低于 20% 的谷类饲料。这类饲料主要是禾本科谷物及其加工副产品,如玉米、高粱、大麦、燕麦、米糠、麸皮等,是肉牛的重要饲料。

谷实类含无氮浸出物多(60%～70%),消化能值高,是牛补充热量的重要来源。这类饲料含粗蛋白较少(8%～12%),蛋白质品质也不太高,钙含量较少,缺乏维生素 A、维生素 D。谷实类饲料粗纤维少,营养集中,体积小,易消化,是小牛和育肥牛的十分重要的热能饲料。饲喂时应注意搭配蛋白饲料,并补充钙和维生素 A。

2.加工方法

粉碎:能量饲料加工的细度过细,会降低饲料的饲用效率和牛的采食量。牛采食细粉状饲料不如采食颗粒精饲料。一般细度直径 3~5 毫米为宜,高粱粉碎 1~2 毫米为好。有人用玉米作消化试验,结果是整粒玉米的消化率为 65%,碎玉米的消化率为 71%,碾压或片的消化率为 74%。

压扁:玉米、高粱、大麦等压扁更适宜喂肉牛。据试验,压扁玉米比粉碎玉米有机物消化率提高 8.2%,淀粉消化率提高 29.1%。

浸泡:将谷物及豆类、饼类放在缸内用水浸泡,100 千克料用水 150 千克。浸泡后的饲料柔软、容易消化。夏天浸泡饼类时间宜短,否则会腐败变质。

发芽:禾谷类籽实大多缺乏维生素,经发芽可成为成牛良好的维生素补充料,用以补充冬春季节青饲料的不足。一般芽长 0.5~1.0 厘米,富含 B 族维生素和维生素 K;芽长到 6~8 厘米时,富含胡萝卜素及维生素 B_2、维生素 C。

发芽方法:把籽实用 15℃ 的温水(或用冷水)浸泡 12~24 小时后,摊在木盘或细筛内,厚 3~5 厘米,上盖麻袋或草席,经常喷洒清洁的水,保持湿润。发芽室温控制在 20℃~25℃。在这种条件下,5~8 天即可发芽。发芽的饲料喂成年种公牛,每头每天 100~150 克,妊娠母牛临产前不要饲喂,以防流产。

糖化:在磨碎的籽实中加入 2.5 倍热水,搅拌均匀,放在 55℃~60℃ 温度下,使淀粉酶发生作用,4 小时后,含糖量可增加 8%~12%,如果在每 100 千克籽实中加入 2 千克麦芽曲,糖化作用更快。糖化饲料在肉牛育肥后期,用于提高采食量,促进育肥。

第十五节 牛常用添加剂类饲料

为补充营养物质,提高生产性能,提高饲料利用率,改善饲料品质,促进生长繁殖,保障奶牛和肉牛健康而掺入饲料中的少量或微量营养性或非营养性物质,称为饲料添加剂。牛常用的饲料添加剂主要有:常量元素(矿物质)添加剂,如钙、磷、钠、氯、镁等;维生素添加剂,如维生素 A、D、E、烟酸等;微量元素添加剂,如铁、锌、铜、锰、碘、钴、硒等;氨基酸添加剂,如保护性赖氨酸、蛋氨酸;瘤胃缓冲调控剂,如碳酸氢钠等。

一、矿物质类

奶牛每天通过泌乳消耗大量的矿物质,而肉牛育肥一般以粗饲料作为主要饲料,所以无论奶牛还是肉牛日粮中钙、磷、钠、氯等矿物质均不能满足奶牛泌乳和肉牛育肥的需要,必须额外补充。通常补充的矿物质饲料有食盐、磷酸氢钙、石粉等。

食盐含钠和氯,常用食盐来补充钠和氯的不足。

钠在保持体内的酸碱平衡、维持体液正常的渗透压和调节体液容量方面起重要作用；以重碳酸盐形式和唾液一起排出的钠离子，对反刍动物瘤胃、网胃和瓣胃中产生的过量酸有抑制作用，为瘤胃微生物活动创造了适宜的环境条件。氯和钠协同维持细胞外液的渗透压，参与胃酸的形成，保证胃蛋白酶作用所必需的 pH。

食盐能刺激唾液的分泌，促进其他消化酶的消化，并有改善饲料味道，增进动物食欲的作用。钠和氯的缺乏和过量都会影响奶牛和肉牛的生产性能和机体健康，成年牛日粮中长期缺少食盐，可导致食欲降低、精神不振、营养不良、被毛粗糙、产奶量和生产力下降等；犊牛日粮中长期食盐不足，表现为生长停滞、饲料利用率降低等。但食盐严重过量时会造成饮水量增加、腹泻、中毒。一般食盐的饲喂量为占精料的 0.5% ~ 1.0% 为宜；奶牛产奶量增加，食盐可适当提高。

磷酸氢钙、石粉磷酸氢钙是补充奶牛和肉牛钙、磷的常用矿物质饲料。我国磷酸氢钙的饲料级标准规定：磷含量不低于 16%，钙不低于 21%。

石粉主要指石灰粉，为天然的碳酸钙，含钙一般为 34% ~ 38%，是补钙最廉价、来源最广的矿物质饲料。成年牛饲粮中钙、磷不足时可导致骨软症或骨质疏松症，食欲不振或废食、异嗜癖，生产性能下降。母牛发情异常，屡配不孕，泌乳量下降；犊牛饲粮中钙、磷不足时可导致佝偻病，发病初期表现为食欲不振，精神萎靡，逐渐消瘦，被毛蓬乱，喜卧而不愿站立与活动，运动发生障碍；随着病程的发展，逐渐出现骨骼发育不良与变软，骨端未骨化的组织变得粗大，脊柱和胸骨弯曲变形。

肉牛在不同生理阶段精料中钙水平保持在 0.9% ~ 1.2%，磷保持在 0.5% ~ 0.7%。

二、维生素、微量元素类——添加剂预混料

维生素属于维持动物机体、生理机能正常所必需的低分子化合物。饲料中一旦缺乏维生素，就会使机体生理机能失调，出现各种维生素缺乏症。所以，维生素是维持生命的必需营养要素。

维生素种类很多，通常根据其溶解性分为两大类，即脂溶性维生素（维生素 A、维生素 D、维生素 E 和维生素 K）和水溶性维生素（B 族维生素和维生素 C）。

由于牛瘤胃微生物能够合成维生素 K、B 族维生素，肝脏和肾脏可合成维生素 C，所以，一般情况下，除犊牛外不需额外添加。但日粮中必须提供足够的维生素 A、维生素 D 和维生素 E，以满足奶牛和肉牛不同生理时期的需要。

另据报道，烟酸对于奶牛的营养代谢和产奶有重要作用，一般在奶牛泌乳初期或产前每日每头牛喂 3 ~ 6 克烟酸，可防止母牛发生酮病，产奶量也可明显提高。夏季对高产奶牛每日每头增加 6 克烟酸也可增加产奶量。

维生素的添加量应根据不同品种、不同生理时期的营养需要量来确定。维生素不足和过量均对牛体健康和生产性能产生不利影响。

缺乏维生素 A 时，会引起犊牛生长发育停滞，皮毛粗糙、无光泽，受胎率低，产后子宫发炎，严重影响生产性能；维生素 D 缺乏时，犊牛出现软骨病，成年牛表现为骨质疏松；缺乏维生素 E 的主要症状是犊牛骨骼肌变性，以致运动障碍，成年牛繁殖率下降。

维生素添加过量，不仅造成浪费，还可引起中毒。如维生素 A 过量可导致食欲不振，皮肤发痒，关节肿痛，骨质增生，体重下降；维生素 D 过量，可引起血钙增高，骨骼脱失钙盐，骨质疏松等。

微量元素类常用作饲料添加剂的微量矿物元素，包括铁、铜、锰、锌、硒、碘、钴等，它们在肌体内发挥着其他物质不可替代的作用。铁、铜、钴都是造血不可缺少的元素，起协同作用；锰是许多参与糖、蛋白质、脂肪代谢的酶的组成成分，也是硫酸软骨素形成必需的成分之一，促进机体钙、磷代谢及骨骼的形成；碘是甲状腺形成甲状腺素所必需的元素，缺碘时主要表现为甲状腺肿大及代谢机能降低，生长发育受阻，丧失繁殖力；锌是体内多种酶的组成成分，也是胰岛素的组成成分，锌主要通过这些酶及激素参与体内的各种代谢活动；硒是谷胱甘肽过氧化物酶的组成成分，谷胱甘肽可以消除脂质过氧化物的毒性作用，保护细胞和亚细胞膜免受过氧化物的危害。

复合预混料由于维生素、微量元素在饲料中添加的量很少，在饲料中混合不匀还容易引起中毒，所以给养殖户带来许多不便。

据报道，某大型养殖公司根据奶牛和肉牛不同的生理时期及不同的生理需要特点和应激等非正常条件下对各种维生素、微量元素等的需要，结合国际国内成熟的高效饲料添加剂应用技术，基于营养平衡理论、电解质平衡理论和营养与免疫调控技术，研制了奶牛犊牛期、育成期、泌乳期、干奶期；肉牛犊牛期、育肥期、妊娠期 1% 和 4% 牛复合预混料系列产品。通过近几年的应用，结果表明：该系列预混料可显著提高奶牛产奶量，增加乳脂率，预防骨质疏松症，提高受胎率；提高肉牛饲料转化效率，提高日增重，改善肉质，减少营养代谢疾病。

三、缓冲剂类

高产奶牛进食精饲料较多时，易造成瘤胃内酸度增加，瘤胃微生物活动受到抑制，引起消化紊乱、乳脂率下降并引发与此相关的一些疾病，为了预防此类疾病的发生。在下列情况下应考虑添加缓冲剂：①泌乳早期；②日粮中精料占 50% 以上；③粗饲料几乎全部为青贮；④乳脂率明显下降或夏季泌乳牛食欲下降，干物质进食量明显减少；⑤精料和粗料分开单独饲喂时。

缓冲剂的种类较多,一般以碳酸氢钠(小苏打)为主,碳酸钠(食用碱)也可,但对日产奶量高于30千克的高产奶牛,还要另加氧化镁或膨润土等。各种缓冲剂的添加量如下。

碳酸氢钠:占日粮干物质进食量的0.7%～1.5%,或占精饲料的1.4%～3.0%;

氧化镁:占日粮干物质进食量的0.3%～0.4%,或占精饲料的0.6%～0.8%;

膨润土:占日粮干物质进食量的0.6%～0.8%,或占精饲料的1.2%～1.6%;

碳酸氢钠和氧化镁混合使用效果更好,两者的混合物占奶牛精饲料的0.8%左右(混合物中碳酸氢钠占70%,氧化镁占30%)。

第十六节　植物油脂在牛饲料中的应用

牛羊饲料中加入植物油脂,常见植物油脂有大豆油脂、菜籽油脂、棉籽油脂、葵花油脂等。在饲料中添加一般为1.0%～2.5%。饲料中添加植物油脂的作用如下。

1. 提供能量。油脂属高能源,能值为可消化淀粉和糖的2.25倍,加之体增热较低,故可使动物获得更高的净能。

2. 改善饲料外观和饲料风味,提高适口性。

3. 为动物提供必需脂肪酸,并可提高脂溶性维生素及色素的吸收和利用。

4. 提高粗纤维的饲用价值,降低反刍动物瘤胃臌胀病的发病率。

5. 减少粉尘,改善制粒效果,减少混合机、制粒机的磨损等。肉牛饲料中加入植物油脂,可为肉牛后期生长增加能量,而且饲料产品流动性好,无粉尘,解决了养殖户拌料时冲暴现象,也减少了微量元素和维生素的损失,保证人食入后的身体健康。

第十七节　如金益生菌在养殖中的作用

如金益生菌原液为康源绿洲生物科技(北京)有限公司生产。采用独特的发酵工艺按一定比例加以混合,培养出多种多样微生物群落,形成一种人工的有效微生物生态系统,在这个系统中各种微生物在生长过程中形成相互间的共生增殖关系,相互作用,相互促进,起到群体的协同作用,抑制有害微生物的生长繁殖,它们的代谢产物能促进动植物和其他生物的生长,抑制病害发生。如金益生菌含有以光合菌、乳酸菌、酵母醛为主体的多种有益微生物、酸及代谢产物等。

一、如金益生菌在养殖过程中饲喂的使用方法

1. 制作发酵固体饲料添加剂：按日粮的 2%～10% 添加到饲料中。

2. 制作发酵浓缩饲料：按浓缩饲料的比例添加，一般添加量为 15%～25%。

3. 全价饲料发酵：取用 10% 的全价饲料，添加如金益生菌原液制作发酵饲料，发酵好后，再加入全价饲料中混合均匀进行饲喂。

4. 把 20 千克的如金益生菌原液激活后，与适量的水混匀，均匀喷洒在 100 千克的饲料中，可直接进行饲喂，当日用完。如金益生菌原液发酵鸡粪做蛋白饲料方法如下。

（1）原料（按 500 千克进行计算）

（2）制作方法

①制作如金益生菌稀释液（如金益生菌原液：如金营养剂：水 =1∶1∶8），得到 10 千克如金益生菌稀释液。

②将 10 千克的如金益生菌稀释液，加入到所需水中（根据原料的干湿度掌握用水量）搅拌均匀，称为"混合稀释液"，待用。

③将鸡粪、秸秆粉、米糠、麦麸、玉米面等混合并搅拌均匀，然后喷洒混合稀释液，边喷洒边搅拌（含水量控制在 40%～50% 之间），堆制进行好氧发酵，料温达到 40℃～50℃时，进行滚动式翻倒，继续好氧发酵至料温达到 40℃～50℃时，装入密闭容器内，继续厌氧发酵。

④如金益生菌发酵鸡粪的适宜温度为 25℃～35℃，发酵时间为 30～40 天。

（3）成功标准　鸡粪发酵料有曲香而无臭味。

（4）添加量　牛羊精料中添加 50%～70%，育肥猪饲料中添加 10%～30%。

（5）保存时间　密闭状态下，可保存 6 个月。

二、如金益生菌原液与营养剂配制使用方法

1. 如金益生菌原液与如金营养剂的配制方法

（1）直接稀释法（如金益生菌稀释液）

用少量热水将如金营养剂溶化→加水（温度调整到 30℃～35℃）→加入如金益生菌原液混合均匀即可使用。

（2）激活法（如金益生菌激活液）

用少量热水将如金营养剂溶化→加水（温度调整到 30℃～35℃）→加入如金益生菌原液混合均匀→装入塑料桶内密封发酵。

（3）发酵适宜温度　25℃～35℃。

（4）发酵时间　48～72 小时。

（5）成功标准 pH4.0 以下，有酸甜味。

（6）保存方法 5℃～25℃避光保存，最好在 7 天内用完。

2. 使用如金益生菌制作防虫液

（1）如金益生菌营养剂，用 3 千克热水稀释后，加入 7 千克凉水，1 千克醋和白酒（30度以上）充分混匀，在水温低于 35℃时，加入 1 千克如金益生菌原液混合均匀。

（2）将配好的混合液装入塑料容器中（不可使用玻璃容器），拧紧盖子密封发酵（环境温度在 25℃～35℃、15～30 天）。

（3）当容器内产生气体膨胀时，拧松盖子放气后再次拧紧盖子。目测气体不再发生时，即制作完成。

（4）成功标志 闻到酸甜的芳香（酯）味。

（5）保存环境 阴凉干燥处，昼夜温差较小的地方为宜。

（6）适宜温度 5℃～15℃。

（7）保存期限 密闭情况下，可保存 6 个月。

3. 如金益生菌养殖业过程中圈舍消毒方法

（1）将如金益生菌溶液稀释 10～30 倍，进行圈舍喷雾消毒。开始每周消毒 2～3 次，臭味减轻后每周 1 次，之后每周喷雾消毒 2～3 次即可。

（2）用如金益生菌原液发酵固体物料（锯末、稻壳、米糠等），直接撒在圈内，进行消毒。

4. 如金益生菌养殖业过程中饮水添加的使用方法

（1）将 1 千克营养剂和 1 千克如金益生菌原液稀释后，添加到 1000～2000 千克的饮水中，自由饮水；

（2）也可将如金益生菌激活液按照 2/1000～4/1000 添加到饮水中自由饮用，当天用完。

5. 糟渣发酵制作菌体蛋白饲料操作步骤

（1）原料 酱油渣 60%，醋渣 20%，麦麸 10%，玉米面 10%，无机营养盐适量。

（2）制作方法

①将 2 千克营养剂用 2 千克热水溶化，温度降至 35℃以下时，加入 2 千克如金益生菌原液搅拌均匀。

②将制作好的稀释液添加到新鲜糟渣（酱油渣、醋渣）中，搅拌均匀。

③再加入米糠、麦麸、饼粕、玉米面、无机营养盐等，边加边搅拌（含水量控制在 40%～50%之间），直至混合搅拌均匀。

④装入塑料容器内或水泥池中密封发酵。

⑤发酵的适宜温度为 25℃～35℃,发酵时间为 7～15 天。

(3)成功标准　发酵好的糟渣有清香、酸甜味。

(4)保存时间　密闭状态下,可保存 6 个月。

6. 如金菌发酵青贮饲料操作步骤

(1)原料(按 100 立方米,以压实方计算)

(2)制作方法

①制作如金益生菌稀释液(如金益生菌原液∶如金营养剂∶水 =1∶1∶8),得到 200 千克如金益生菌稀释液。

②将 200 千克的如金益生菌稀释液,加入到所需要的水中(根据青贮含水量掌握用水量),搅拌均匀,称为"混合稀释液",待用。

③将 200 千克尿素、100 千克硫酸铵、100 千克骨粉、50 千克盐一起搅拌均匀,称为"补氮料"待用。

④将切碎的青贮料,按层填入青贮池内,每添加一层(30～40 厘米),撒一次"补氮料",并喷洒一次"混合稀释液"压实,以此方法重复操作,直至填满青贮池,压实,覆盖塑料布,密闭发酵 40～60 天即可。

7. 如金益生菌原液发酵固体饲料操作步骤

(1)原料(以固体料 500 千克为例)　建议用两种或两种以上原料制作发酵料。

(2)制作方法

①制作如金益生菌稀释液(如金益生菌原液∶如金营养剂∶水 =1∶1∶8),得到 10 千克如金益生菌稀释液。

②将 10 千克如金益生菌稀释液加入到 170 千克的水里搅拌均匀,得到 180 千克混合稀释液,待用。

③将 500 千克固体料(两种或两种以上)混合均匀,然后将 180 千克"混合稀释液"喷洒于料上,边喷洒边搅拌。搅拌均匀后堆制进行好氧发酵,料温达到 45℃左右时,装入密闭容器内进行厌氧发酵。

④如金益生菌发酵料的适宜温度为 25℃～35℃,发酵时间为 15～30 天。

注:A. 含水量控制在 35%～45%,即用手一攥成团,一触即散的程度为宜。为防止一次性加水过多,应先加入 170 千克的水,当水分不足时,再依据加水标准适量添加。B. 在厌氧发酵时,如果密闭不严,容易影响发酵料质量。C.利用饲料(如浓缩料、全价料、精料等)制作发酵料时,制作方法同上。

(3)成功标准　有曲香或酸中带有芳香气味。

(4)保存时间　密闭状态下,可保存 6 个月。

三、用如金益生菌发酵床养牛如何进行垫料

如金益生菌原液发酵床技术采用高效益生菌把粪便分解成菌体蛋白饲料，是养殖业实现"四省、五提、一增、零排放"的效果。那么，发酵床养牛如何进行垫料？

1. 如金益生菌原液发酵垫圈料

（1）制作如金益生菌稀释液（如金益生菌原液∶如金营养剂∶水 =1∶1∶8），得到 30 千克如金益生菌稀释液，用少量热水将如金菌营养剂溶化→加水（温度调整到 30℃ ~ 35℃）→加入如金益生菌原液混合均匀即可使用。

（2）将 30 千克的如金益生菌稀释液，加入 1000 ~ 1500 千克的水中搅拌均匀，搅拌均匀，成为"混合稀释液"，待用（根据垫圈料的不同掌握用水量，为防止一次性加水过多，应先加入 1000 千克的水，当水分不足时，再依据加水标准适量添加）。

（3）垫圈料可直接放入发酵池内或在地面上制作。将秸秆粉、稻壳、锯末、树叶等农林下脚料，分层铺 90 厘米厚，将 5 千克食盐均匀撒在上面，再将粪便及土各铺 10 厘米厚，总厚度为 1.1 米（发酵后会下沉）。

（4）将混合稀释液喷洒到垫圈料中，边喷洒边搅拌均匀（含水量控制在 40% ~ 50%之间，将垫料攥紧，手指间有水不滴为宜），在池内发酵 7 ~ 14 天（视季节而定），摊开后即可使用。

2. 发酵床养牛技术的垫料主要分三层

第一层，首先在最底层铺一些玉米秸秆，按每平方米加入 1 千克如金益生菌(液体)均匀搅拌，水分掌握在 30% 左右（手握成团、一触既散为宜）；

第二层，中间一层要铺上稻草，然后再喷洒一遍如金益生菌液；

第三层，铺上用如金益生菌喷洒后的粉碎的玉米秸秆，充分混合搅拌均匀，在搅拌过程中，使垫料水分保持在 50% ~ 60%（其中水分多少是关键，一般 50% ~ 60%比较合适，现场实践是用手抓垫料来判断，即物料用手捏紧后松开，感觉蓬松且迎风有水气，说明水分掌握较为适宜），再均匀铺在圈舍内，最上面用干的碎秸秆覆盖 5 厘米厚，3 天即可使用。

四、如金益生菌在养殖过程中饲喂的使用方法

1. 制作发酵固体饲料添加剂：按日粮的 2% ~ 10%添加到饲料中。

2. 制作发酵浓缩饲料：按浓缩饲料的比量添加，一般添加量为 15% ~ 25%。

3. 全价饲料办法发酵：取用 10%的全价饲料，添加如金益生菌原液制作发酵饲料，发酵好后，再加入全价饲料中混合均匀进行饲喂。

4. 把 20 千克的如金益生菌原液激活后，与适量的水混匀，均匀喷洒在 100 千克的饲料中，可直接进行饲喂，当口用完。

五、如金益生菌原液发酵鸡粪做蛋白饲料

1. 原料（按 500 千克进行计算）

表 4-12-2　如金益生菌做蛋白饲料原料

品　　名	数量/千克	备　　注
鸡　粪	350	新鲜、无病鸡粪
秸秆粉、米糠、麦麸、玉米面	150	
如金益生菌原液	1	水温 35℃以下时添加
如金营养剂	1	用热水溶化
水（总含水量控制在 35%～45%）	适量	根据原料的干湿度，增减水量

2. 制作方法

（1）制作如金益生菌稀释液（如金益生菌原液：如金营养剂：水 =1：1：8），得到 10 千克如金益生菌稀释液。方法见"直接稀释法"。

（2）将 10 千克的如金益生菌稀释液，加入到所需水中（根据原料的干湿度掌握用水量）搅拌均匀，称为"混合稀释液"，待用。

（3）将鸡粪、秸秆粉、米糠、麦麸、玉米面等混合并搅拌均匀，然后喷洒混合稀释液，边喷洒边搅拌（含水量控制在 40%～50% 之间），堆制进行好氧发酵，料温达到 40℃～50℃时，进行滚动式翻倒，继续好氧发酵至料温达到 40℃～50℃时，装入密闭容器内，继续厌氧发酵。

（4）如金益生菌发酵鸡粪的适宜温度为 25℃～35℃，发酵时间为 30～40 天。

3. 成功标准

鸡粪发酵料有曲香而无臭味。

4. 添加量

育肥猪饲料中添加 10%～30%，牛羊精料中添加 50%～70%。

5. 保存时间

密闭状态下，可保存 6 个月。

六、如金益生菌原液与营养剂配制使用方法

如金益生菌原液、如金营养剂与水配制比例为 1：1：8。方法如下。

1. 直接稀释法（如金益生菌稀释液）

用少量热水将如金营养剂溶化→加水（温度调整到 30℃～35℃）→加入如金益生菌原液混合均匀即可使用。

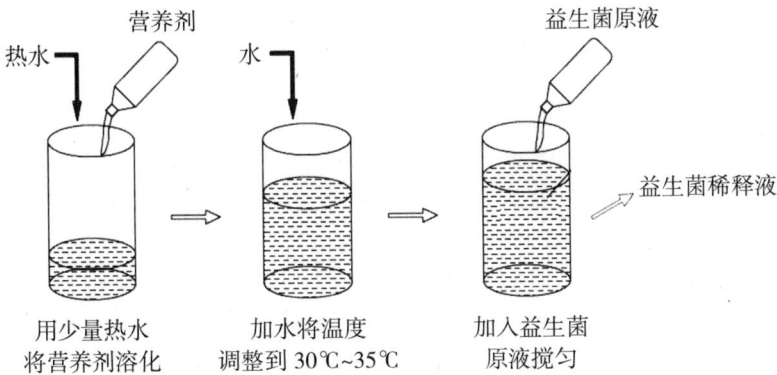

图 4-12-1　如金益生菌直接稀释法

2. 激活法（如金益生菌激活液）

用少量热水将如金营养剂溶化→加水（温度调整到 30℃～35℃）→加入如金益生菌原液混合均匀→装入塑料桶内密封发酵。

发酵适宜温度：25℃～35℃。

发酵时间：48～72 小时。

成功标准：pH4.0 以下，有酸甜味。

保存方法：5℃～25℃避光保存，最好在 7 天内用完。

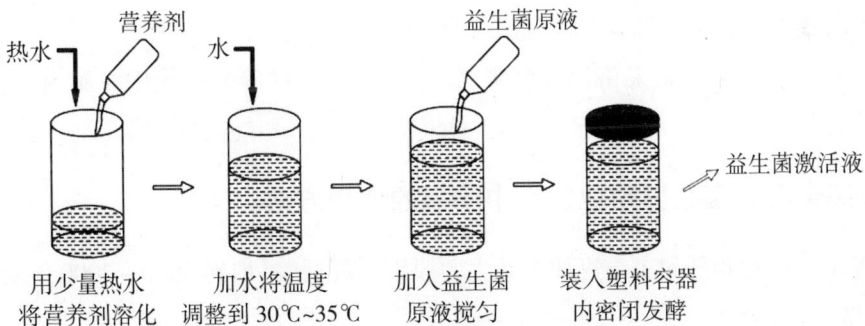

图 4-12-2　如金益生菌激活法

七、使用如金益生菌制作防虫液

1. 制作方法

（1）将 1 千克如金营养剂，用 3 千克热水稀释后，加入 7 千克凉水，1 千克醋和 1 千克烧酒，充分混匀，在水温低于 35℃时，加入 1 千克如金益生菌原液混合均匀。

（2）将配好的混合液装入塑料容器中（不可使用玻璃容器），拧紧盖子密封发酵（环境温度在 25℃～35℃、15～30 天）。

表 4-12-3　如金益生菌制作防虫液原料

原　　料	比例/千克	备　　注
如金益生菌原液	1	水温 35℃以下时添加
如金营养剂	1	用热水溶化
酒	1	以酒精度 35℃以上为好
醋	1	酿造醋(如米醋、果实醋等)
水	10	

（3）当容器内产生气体膨胀时,拧松盖子放气后再次拧紧盖子。目测气体不再发生时,即制作完成。

（4）成功标志　闻到酸甜的芳香(酯)味。

（5）保存环境　阴凉干燥处,昼夜温差较小的地方为宜。

（6）适宜温度　5℃～15℃。

（7）保存期限　密闭情况下,可保存 6 个月。

八、利用如金益生菌进行圈舍消毒方法

1. 将如金益生菌溶液稀释 10～30 倍,进行圈舍喷雾消毒。开始每周消毒 2～3 次,臭味减轻后每周 1 次,之后每周喷雾消毒 2～3 次即可。

2. 用如金益生菌原液发酵固体物料(锯末、稻壳、米糠等),直接撒在圈内,进行对面消毒。

九、如金益生菌在养殖业饮水中添加的使用方法

1. 将 1 千克营养剂和 1 千克如金益生菌原液稀释后,添加到 1000～2000 千克的饮水中,自由饮水;

2. 也可将如金益生菌激活液按照 2/1000～4/1000 添加到饮水中自由饮用,当天用完。

十、如金益生菌在糟渣发酵制作菌体蛋白饲料操作步骤

1. 原料(见表 4-12-4)

2. 制作方法

（1）将 2 千克营养剂用 2 千克热水溶化,温度降至 35℃以下时,加入 2 千克如金益生菌原液搅拌均匀。

（2）将制作好的稀释液添加到新鲜糟渣中,搅拌均匀。

表 4-12-4　糟渣发酵制作菌体蛋白原料

品　　名	数量/千克	备　　注
新鲜糟渣(如酒糟、豆腐渣、淀粉渣等)	500～700	可根据当地原料选择
米糠、麦麸、玉米粉、饼粕等	300～500	
如金益生菌原液	2	水温 35℃以下时添加
如金营养剂	2	用热水溶化

(3)再加入米糠、麦麸、饼粕等,边加边搅拌(含水量控制在 40%～50%之间),直至混合搅拌均匀。

(4)装入塑料容器内或水泥池中密封发酵。

(5)发酵的适宜温度为 25℃～35℃,发酵时间为 7～15 天。

3. 成功标准

发酵好的糟渣有清香、酸甜味。

4. 保存时间

密闭状态下,可保存 6 个月。

十一、如金菌发酵青贮饲料操作步骤

1. 原料(按 100 立方米,以压实方计算)

表 4-12-5　如金益生菌发酵青贮原料

品　　名	数量/千克	备　　注
如金益生菌原液	20	水温 35℃以下时添加
如金营养剂	20	用热水溶化
青玉米秸或全株玉米	100 立方米	各种青绿牧草均可使用
尿素	00	混合
硫酸铵	100	
骨粉	100	
食盐	50	
水(总含水量控制在 45%～55%)		根据青贮含水量,调节用水量

2. 制作方法

(1)制作如金益生菌稀释液(如金益生菌原液:如金营养剂:水 =1:1:8),得到 200 千克如金益生菌稀释液。方法见"直接稀释法"。

（2）将200千克的如金益生菌稀释液，加入到所需要的水中（根据青贮含水量掌握用水量），搅拌均匀，称为"混合稀释液"，待用。

（3）将200千克尿素、100千克硫酸铵、100千克骨粉、50千克盐一起搅拌均匀，称为"补氮料"，待用。

（4）将切碎的青贮料按层填入青贮池内，每添加一层（30~40厘米），撒一次"补氮料"，并喷洒一次"混合稀释液"压实，以此方法重复操作，直至填满青贮池，压实，覆盖塑料布，密闭发酵40~60天即可。

十二、如金益生菌原液发酵固体饲料操作步骤

1. 原料（以固体料500千克为例）

表4-12-6 如金益生菌发酵固体饲料原料

品　　名	数量/千克	备　　注
固体料（麸皮、米糠、次粉、鱼粉、菜饼、豆粕等）	500	可根据饲喂需要选择原料
如金益生菌原液	1	水温35℃以下时添加
如金营养剂	1	用热水溶化
水（总含水量控制在35%~45%）	150~200	以固体干料为基准，根据发酵原料的不同调节用水量

建议用两种或两种以上原料制作发酵料。

2. 制作方法

（1）制作如金益生菌稀释液（如金益生菌原液：如金营养剂：水 =1∶1∶8），得到10千克如金益生菌稀释液。方法见"直接稀释法"。

（2）将10千克如金益生菌稀释液加入到170千克的水里搅拌均匀，得到180千克混合稀释液，待用。

（3）将500千克固体料（两种或两种以上）混合均匀，然后将180千克"混合稀释液"喷洒于料上，边喷洒边搅拌。搅拌均匀后堆制进行好氧发酵，料温达到45℃左右时，装入密闭容器内进行厌氧发酵。

（4）如金益生菌发酵料的适宜温度为25℃~35℃，发酵时间为15~30天。

注：① 含水量控制在35%~45%，即用手一攥成团，一触即散的程度为宜。为防止一次性加水过多，应先加入170千克的水，当水分不足时，再依据加水标准适量添加。② 在厌氧发酵时，如果密闭不严，容易影响发酵料质量。③ 利用饲料（如浓缩料、全价料、精料等）制作发酵料时，制作方法同上。

3. 成功标准

有曲香或酸中带有芳香气味。

4. 保存时间

密闭状态下,可保存 6 个月。

第十八节　深秋多给肉牛补充维生素 A

肉牛在生长发育的过程中,容易发生维生素 A 缺乏症,特别是深秋,更容易缺乏维生素A。因为深秋时青草开始木质化,粗纤维增多,而胡萝卜素的含量大大降低。麦秸、玉米秸、干山草等饲料胡萝卜素的含量更少。加之肉牛喂精料较多,高精饲料中胡萝卜素的含量很低。在进行圈栏强度育肥时,肉牛迅速增重,需要维生素 A 的数量增多。维生素 A 供应不足时,肉牛采食量下降,增重减慢。因此,从深秋季节就要注意给肉牛补充维生素 A。

方法:对开始育肥的肉牛每头每天内服 10 万国际单位维生素 A,连用 3 天,再隔 3 天,依次循环类推。也可肌肉注射 50 万~100 万国际单位维生素 A,隔 10 天注射一次,依次循环类推。这样,对提高饲料转化利用率和肉牛的生长发育极为有利。

第十九节　冬季肉牛要适时饮水啖盐

进入冬季后,肉牛的饲料开始以秸秆为主。因此,肉牛进入冬季以后,就会不同程度地出现毛色干燥、无光泽等现象,直接影响到肉牛的食欲与健康。所以,把好肉牛冬季饮水、啖盐关,在肉牛养殖过程中尤为重要。

具体做法有以下几点:在晚上肉牛进圈前,一定要让肉牛饮用 25～35 千克的洁净水,同时可以将 100～150 克的碘盐放入水中,便于肉牛摄入。而碘盐的食用一般为 5 天或者 7 天投喂 1 次,不可过频,否则就会引起食盐中毒,造成不必要的损失。

入冬以后,养殖户一般会考虑到肉牛饲料单一的现状,就会为肉牛搭配饲料,而这些饲料大部分会以花生秧、山药秧等农作物秸秆粉碎后的碎末与玉米面、麦麸子为主,拌料时最好把这些饲料混匀、稀释,便于肉牛进食,同时,在拌料过程中,要拌入适量的碘盐,一般为 50～100 克。这样一来,既保证了肉牛的水分与盐分的摄入,又调节了饲料单一而影响肉牛健康的不利因素。值得提醒养殖户的是,拌料放入碘盐的时间　定要与肉牛饮水时放入的碘盐时间错开，一般 3～4 天在拌料中放入一次碘盐。

除了以上两点，把好青绿多汁饲料搭配关也很重要。青绿多汁饲料以无腐烂的大白菜、胡萝卜、山药为主，而这些青绿多汁饲料在喂食肉牛前，必须进行切碎加工，避免颗粒过大，影响肉牛进食，防止出现噎食等不良现象，影响肉牛的健康。而这些青绿多汁饲料的摄入，正好可以为肉牛提供一些所需的水分与盐分，有利而无害。

第二十节　黄贮秸秆养牛效益在哪里？

黄贮的好处，不仅能缩短肉牛育肥期，而且还能减少浪费，节约成本。

使用没有经过发酵的干玉米秸，每头牛每天需要 5 千克饲料，育肥 6 个月；使用黄贮饲料，还是 5 千克饲料，饲料转化率却从 1.5~2.0 千克增加到 3.25 千克左右，育肥期相应缩短到 4 个月，仅此一项，每年就能节 7 万 ~10 万元（年饲养量 600 多头，需要 12.5 万千克左右的玉米秸）。同时，由于黄贮后秸秆使用期能延长到 1 年，因此能减少因腐败变质所导致的 1／5 损失，按玉米秸秆收购价 0.30~0.40 元／千克计算，一年用 50 吨，每年又能省下 1.5 万 ~2.0 万元。此外，和玉米秸相比，经过黄贮发酵的饲料有效避免了糖和微量元素的流失，酒糟和玉米面等用量减少，也在一定程度上降低了饲养成本。

和牧草相比，黄贮秸秆饲料的成本优势更加明显，据黑龙江省畜牧兽医局测算，该省黄贮秸秆饲料每千克生产成本在 0.3 元左右，而牧草平均价格每千克至少 0.5 元。按每头每年需要 3 吨饲草计算，用黄贮饲料可以降低饲养成本 600 多元。

质量提高了，收益自然就更好。

由于青贮营养含量比较高，一方面有饱腹作用，另一方面能刺激胃肠蠕动，很适合反刍动物，因此奶牛场从建成开始，就一直采用青贮喂养。青贮饲料能增加产奶量 20%~30%。另外，如果在青贮饲料中加入豆粕等精饲料，制成全混日粮喂养，据测算，产奶量比青贮喂养又增加了大约 2%，质量提高了，收益自然就好。现在奶牛场的奶牛平均单产为 6.8 吨，平均乳脂率 4.12%，平均乳蛋白 3.33%，每千克的全年平均售价可以达到2.8 元。

由于采取了青黄贮混合饲料饲养，平均成本比同类养殖场低 20% 左右，产奶量也提高到 7.5 吨。

产业经营，让散户受益于秸秆养畜。相对于粮食生产，青贮饲料要有专用机械、专用设施、场地等，需要投入相对较多。如何解决种养规模小与秸秆饲料规模化生产矛盾的问题，让更多散户受益于秸秆养畜。北京畜牧兽医研究所副所长王加启认为出路在产业化。

第十三章 肉牛育肥与管理

第一节 肉牛育肥原理

肉牛育肥主要是以提高日增重,生产更多优质牛肉,进而获得最大经济效益为目的。所谓育肥,就是必须使日粮中的营养成分含量高于牛本身维持(成年牛)和正常生长发育(幼龄牛)所需的营养,促进肌肉组织的快速生长,并使多余的营养尽量以脂肪的形式沉积体内,获得高于正常生长发育的日粮增重效果,缩短出栏日龄,达到按期上市或提前出售的过程。

日增重受到生产类型、品种、年龄、营养水平和饲养管理方式的影响,同时确定日增重必须考虑经济效益和牛的健康状况。在我国现有生产条件下,最后 3 个月,日增重以1.0~1.5 千克最为经济。提高日增重,可在短期达到最大产肉量。在肉牛育肥过程中应特别注意肉牛的品种。不同生长发育阶段和不同的营养供给方式对牛肉产量和品种有较大的影响,所以在肉牛育肥过程中,要根据不同肉牛品种、生长发育阶段和产品销售市场定位确定日粮标准。如果要达到相同的日增重,则非肉用品种牛所需的影响物质高于肉用品种和肉牛杂交牛。幼龄牛以肌肉、骨骼和内脏为生长重点,所以饲料中蛋白质含量应高一些,成年牛主要是沉积脂肪,所以饲料中能量应高一些。由于两者增重成分不同,单位增重所需的营养量以幼龄牛最少,成年牛最多。当脂肪沉积到一定程度后,成年牛的生活力降低,食欲减退,饲料转化率降低,日增重减少,必须及时出栏,以免浪费饲料。公牛增重最快,每单位增重平均消耗草料几乎较母牛低 10% 以上,阉牛则介于公、母牛之间。母牛则在饲养水平高的时候较公牛易于沉积脂肪,达到"雪花"肉标准。

另外,市场需求不同,营养供给也不同,如出口到日本、韩国市场时,要求生产高脂肪且在肌肉中分布均匀的牛肉,育肥期日粮营养供给应采取先低后高、先中后高或者一直保持高营养的供给方式,如果出口欧洲市场,则需要生产低脂肪的牛肉,应采取中等营养供给方式。

总之,在肉牛育肥环节上应根据产品供应的市场、牛场的条件和地理位置条件来决定选用何种牛(年龄、品种、性别),用什么日粮,用什么方法育肥,以取得最大的经济效益。

肉牛育肥有多种形式。犊牛的年龄可分为犊牛育肥、幼龄牛育肥和成年牛育肥;按性别可分为公牛育肥、母牛育肥和阉牛育肥;按育肥所采用的饲料种类可分为干草育肥、秸秆育肥和糟渣育肥;按饲养方式可分为放牧育肥、放牧＋饲料育肥和舍饲育肥,也可分为持续育肥和吊架子育肥(后期集中育肥)。虽然牛的育肥方式各异,但在实际生产中是交叠应用的。

第二节　肉牛育肥注意事项

肉牛育肥时,应选择健壮、早熟、易肥、不挑食、饲料报酬高的牛作为架子牛。应注意以下几方面。

1. 品种:西门塔尔牛、利木赞牛、黑安格斯牛与我国各地黄牛母牛的杂交后代,如安秦一代牛、西秦一代等。

2. 年龄:选择 1～2 岁的架子牛进行育肥最为适宜。

3. 性别:以公牛生长最快,阉牛次之,母牛最慢。育成牛较阉牛日增重高 15%,饲料利用率高 12%,且胴体瘦肉多,脂肪少。因此,对 24 月龄以内育肥屠宰的公牛,以不去势为好。

4. 体重:若有青年牛育肥,则最好选择体重在 350 千克以上的青年牛,以便获得较大的育肥日增重(一般在 1.2 千克左右)。在市场购买架子牛时,由于称重不便,可用眼力和触摸经验来估测。通常,体重为 350 千克的架子牛,体高应在 115～118 厘米,胸围应在 112～165 厘米。

5. 外形:四肢和体躯较长的架子牛,生长发育潜力大,十字部略高于体高,后肢飞节较高的架子牛,生长发育能力强;皮肤松弛柔软,被毛致密柔软的架子牛,育肥后所获的牛肉品质上乘。

6. 季节:肉牛育肥以秋季最好,春季次之,夏季最差。牛生长的最适宜空气温度是 5℃～21℃。

7. 驱虫:育肥前应对牛体内寄生虫进行驱除。药物及口服剂量为丙硫咪唑,每千克体重 10 毫克;虫克星,每千克体重 0.2～0.3 千克;第三天再用大黄苏打片进行健胃,每 15 千克体重 1 片。

8. 防治疥癣:疥癣俗称"发癫"。冬春季节最易发病,牛患病后,昼夜擦痒,影响休息和采食,日渐消瘦。用油 250 克炸辣椒可治疗牛疥癣。早晚各一次,一般 3～5 天可治愈。

9. 运动:每次喂完后,将每头牛用单木桩拴系,缰绳的长度以牛能卧下为好。

10. 刷拭:必须坚持每日 1～2 次,能使牛体血液循环增强,采食量增加。

11. 冬季用塑料暖棚育肥:暖棚育肥时间为 11 月上旬至次年 3 月为好。为保持棚舍内空气新鲜,暖棚必须设置换气孔,以排除过多的水分,维持牛舍适宜的温度和湿度。一般进气口设在暖棚南墙 1/2 处的下部,排气孔设在北墙 1/2 处的下部或塑料棚面上。每天应通风 2 次,每次 10 分钟左右即可。扣棚时,塑料薄膜应绷紧拉平,四边封严不透风,夜间和阴雨风雪天气,要用草帘、棉帘或麻袋片等物将暖棚盖严以保温,并及时消除棚面上的霜和积雪以保证光照效果良好。

12. 搞好卫生,严防疾病:牛舍要勤除粪,勤垫草,保持空气新鲜。饲草饲料应无霉变,饮水应无毒清洁。要勤观察,看牛的精神状态、毛色、皮肤、鼻镜、口色、舌苔、反刍、饮食、粪便是否正常,若异常,则可能有病,应及时治疗。

13. "五看、五净、一短",五看:看采食,看饮水,看粪尿,看反刍,看精神状态是否正常;五净:草料净,饲槽净,饮水净,牛体净,圈舍净;一短:缰绳短。

14. 各种饲料应混合饲喂,配成"花草花料"。

15. 精料拌湿饲喂。

16. 饲料更换应逐渐进行,有 3～5 天的过渡期。

17. 充足饮水。

第三节　肉牛育肥期

通常肉牛育肥期 3 个月左右,可分为三个阶段。第一阶段 15 天为适应期。开始 1～2 天肉牛刚购回,宜多饮水,多给草,少给料。第二阶段 40～45 天,精料由少到多,每 100 千克体重宜以 1.7～2.0 千克为好。这一时期最关键,应设法使肉牛多休息,以利长膘。第三阶段 25 天左右,称为强度育肥期,又称为肉质改善期。牛肉中能否夹杂脂肪形成大理石纹,主要决定此时期的育肥。此时期肉牛不大喜欢吃草,不喜欢运动,日增重最快。应适当增加精料、食盐,加强刷拭。刷拭能增加肉牛的血液循环,提高肉牛采食量,每日刷拭 2 次,上午下午各一次,喂牛后即可进行,先从头到尾,再从尾到头,反复刷拭。牛舍应每天清粪,保持干净卫生。

育肥季节:肉牛肥育以秋季最好,其次为春、冬季节。夏季气温如超过 30℃,育肥肉牛自身代谢快,饲料报酬低,必须做好防暑降温工作。

肉牛年龄:肉牛越小,生长发育越快。肉牛一般在 2 岁以前骨、肉、内脏增长快,饲料转化率高,而大牛,特别是老龄牛,全靠积累脂肪增加体重,用草料换脂肪,不符合高档牛肉生产的要求,经济上也不合算。

根据生产实践,提供育肥牛年龄选择方案:

1. 短期育肥出售为目的,计划饲养 3~6 个月,不宜选购犊牛、生长牛,而应选择 2~5 岁育成牛、架子牛和成年牛。

2. 在秋天收购架子牛育肥,第二年出栏,应选购 1 岁左右的牛,而不应购 2 岁以上大牛。

3. 利用大量粗饲料育肥,应选购 2 岁牛较为有利。

4. 小肉牛培育,养殖户应自己培育犊牛或建立供育肥的犊牛繁殖基地。

第四节　肉牛体重和组织增长规律

1. 肉牛体重增长规律。

犊牛出生后,在充分饲养条件下,1.5 岁之前发育最快,1.5 岁之后发育逐渐减慢。随着年龄的增长,增重速度呈递减方式。即第二年增重仅为第一年的 50%。而且随着年龄的增长,不但增重速度放慢,而且肉质也变得粗硬。因此,在生产中应掌握肉牛的生长发育特点,在生长速度快的阶段给以充分的营养,以发挥其增重潜力,同时充分发挥这一阶段饲料利用率高的特点。

肉牛有"补偿生长"的特性。所谓"补偿生长",即肉牛在生长发育的某个阶段,因营养欠缺而导致生长缓慢(如冬春季节枯草期以及吊架子期营养缺乏),一旦恢复正常饲养时,其生长速度要比一般的牛快,经过一个时期的饲养后,体重仍能恢复到正常水平。但不是任何情况下都能进行补偿,如果在生命早期(3 月龄前)生长速度受到严重影响,则在下一阶段(3~9 月龄)便很难进行补偿生长。

不同类型牛的增长速度不同。小型早熟品种(如安格斯牛)较中型品种(如海福特牛)和大型晚熟品种(如夏洛莱牛)在断奶后同样的饲养管理条件下,饲养到胴体达到屠宰的要求(体脂肪含量 30%)所需的时间较短。

性别对生长速度的影响:生长牛的增重速度以公牛最快,阉牛次之,母牛最慢。

2. 肉牛体组织的增长规律。

初生犊牛,肌肉、脂肪等发育较差,骨骼占胴体的比例高;幼龄阶段,四肢骨骼生长较快,以后则体轴骨的生长速度增大。随着年龄的增长,牛肌肉的生长速度由快到慢,脂肪则由慢到快,而骨骼的生长速度一直保持平稳。据测定,幼牛肌肉组织的生长主要集中于 8 月龄以前,脂肪比例在 1 岁逐渐增加,而骨骼的比例则随年龄的增长而逐渐减少。

同一品种内,公牛的肌肉生长速度最快,而脂肪生长速度最慢,脂肪的沉积以阉牛最快,母牛次之。

第五节　育肥牛饲养实用技术

一、饲料的能量水平对肥育肉牛的影响

对能量的利用是在满足维持基本需要以后,多余的才用来生长脂肪和肌肉等,所以饲料中能量水平的高低,可影响其增重速度,也就是说,饲料中的能量水平高时增重速度快,反之增重速度慢甚至不增重,不仅增重速度受饲料能量水平的影响,饲料利用率亦受饲料能量水平的影响。所以,肥育肉牛饲料的能量水平以每千克含消化能 12.6 兆焦 ~ 13.0 兆焦为宜,最低限度也需 11.7 兆焦 ~ 12.1 兆焦。

二、饲料的蛋白质水平对育肥肉牛的影响

合理蛋白质水平,要看是什么杂种肉牛而言,因为不同杂交肉牛的瘦肉率是不同的。如用我国的地方肉牛与国外瘦肉肉牛杂交的二元杂种肉牛,瘦肉率为 46% ~ 50%;三元杂的肉牛瘦肉率平均在 50% ~ 55%。瘦肉率越高的杂种肉牛,其饲料蛋白质水平应当高一些,此外,肉牛在幼龄期,饲料的蛋白质水平也要高一些。虽然蛋白质水平与瘦肉率有一定关系,但是并不是越高越好,当日粮中的蛋白质水平差异较大时可以提高瘦肉率 1% ~ 3%;当蛋白质水平达 25% 时,瘦肉率几乎无明显提高。所以若用高价蛋白饲料仅多增加 1% ~ 3% 的瘦肉率,在经济上肯定是不合算的。考虑蛋白质水平时,还要注意氨基酸的平衡作用,如果饲料的蛋白质水半降低些,而氨基酸达到平衡,特别是赖氨酸得到满足,其效果比提高蛋白质水平还好。

三、改革饲喂方式

1. 改熟料喂为生喂

青饲料、谷实类饲料、糠麸类饲料,含有维生素和有助于肉牛消化的酶,这些饲料煮熟后,破坏了维生素和酶,引起蛋白质变性,降低了赖氨酸的利用率,有人总结 26 个系统试验的结果,谷实饲料由于煮熟过程的耗损和营养物质的破坏,利用率比生喂降低了 10%。同时熟喂还增加设备、增加投资、增加劳动强度、耗损燃料。所以一定要改熟喂为生喂。

2. 改稀喂为干湿喂

(1)稀料水分多,营养干物质少,特别是煮熟的饲料再加水,干物质更少,影响肉牛对

营养的采食量,造成营养的缺乏,必然长得慢。

(2)水不等于饲料,因它缺乏营养干物质,如在日粮中多加水,喝到肚子里,时间不久,几泡尿就排出体外,肉牛就感到很饿,但又吃不着东西,结果会出现情绪不安、跳栏、撬墙、犁粪等现象。

(3)稀喂影响饲料营养的消化率。饲料的消化,依赖口腔、胃、肠、胰分泌的各种蛋白酶、淀粉酶、脂肪酶等酶系统,把营养物质消化、吸收。喂的饲料太稀,肉牛来不及咀嚼,连水带料进入胃、肠,影响消化也影响胃、肠消化酶的活性,酶与饲料没有充分接触,即使接触,由于水把消化液冲淡,肉牛对饲料的利用率必然降低。

(4)喂料过稀,易造成肚大下垂,屠宰率必然下降。采用干湿喂是改善饲料饲养效果的重要措施,应先喂干湿料,后喂青料,自由饮水。这样既可增加肉牛对营养物质的采食量,又可减少因排尿多造成的能量损耗。

3. 改先拖后攻的育肥法

肉牛前期生长快,需要的蛋白质饲料多,后期主要是长脂肪,需要的能量饲料多,可采用先拖架子后催肥的饲养方法。由于前期蛋白质饲料少,营养水平低,不能满足肉牛需要,必然影响生长,长得就慢,到后期是长脂肪的时候,用木薯、大米等能量饲料猛攻,充分满足脂肪的生长,必然脂肪多、板油厚、肉牛价高。

四、架子牛补偿生长

架子牛在生长的某一阶段,通过控制牛的饲料供应量或饲料品质,使牛表现暂时性的生长停滞。在适当的时候,恢复营养和供应时,牛会表现出超出正常的生长速度,弥补原来所受到的损失,甚至超过正常生长水平的现象,称为补偿生长。在肉牛育肥中是常采用的一个重要手段,可提高饲养肉牛的经济效益,减少饲料消耗,降低饲养成本。但要注意犊牛生长受阻时间不能超过 3~6 个月,受阻阶段应在犊牛生长到 3~6 个月以后才能进行。

第六节　肉牛饲喂草料科学配制

一、肉牛饲料草饲喂方法

1. 长草短喂

把饲草铡短后喂牛,比整喂节省 20% 左右,尤其是在整喂时采食较少或难以采食的粗、硬茎秆,如果将其铡短饲喂,便能被充分利用,且消化率也有所提高。一般应把茎秆铡成 3~5 厘米喂牛。

2. 粗草细喂

用作饲草的作物秸秆,若能进行盐化、碱化、氨化处理,或粉碎后拌精料喂牛,能提高饲草的利用率,增加适口性,从而节省了饲草。

3. 少喂勤添

一次喂给,牛易养成挑剔适口草料的毛病,使饲草造成浪费。少喂勤添可节省饲草。

4. 先粗后精

先喂粗饲料,牛会饥不择食,采食粗饲料较多。之后,再按其营养需要饲喂精料或优良牧草。这样,充分发挥了反刍牛对粗饲料的利用特点,节省了饲草。

5. 剩草加工

如果将剩草(特别是被牛的唾液、口水污染过的饲草)晾干后收集起来,用粉碎机粉碎成草粉,然后喂给,就能得到有效利用。千万不要把牛吃剩下的粗硬茎秆当柴烧,造成浪费。

6. 看牛吃草

不要把草料放到牛槽就一走了之,应尽量看牛将草料吃完再离开,发现饲草落地,要及时收起给牛。这样可节约不少草料。

7. 槽内饲喂

要改变把饲草直接扔在牛栏里饲喂的不良习惯,将饲草放在槽内饲喂。这样,饲草就不会被粪便污染,牛食后卫生,免生疾病,也节省了大量的饲草。

气温对牛的影响一般居首位,直接影响肉牛的生长、增重、生产性能、生存行为等。肉牛一般较耐寒而不能耐高温,适宜的温度应为 10℃以下。冬季,牛舍内要保持干燥,防止产生贼风,贼风可增大饲料消耗,降低增重,还可能使牛体局部受冻伤或引起肌肉、神经炎症。

在高端养肉牛技术中有"抓犊先抓配,抓膘先抓喂,抓料先抓草,抓大先抓小"的说法。

饲喂要先粗(料)后精(料),先干(草)后青(草),先喂后饮,少给勤添,按次饲喂,喂料变更应逐渐进行。幼嫩的苜蓿等豆科牧草不可饲喂过多,以免发生瘤胃臌胀。粉料应拌湿饲喂,以免粉尘呛入气管而造成异物性肺炎。

二、葵花盘喂牛好

葵花盘含有粗蛋白 7% ~ 9%,粗脂肪 6.5% ~ 10.5%,粗纤维 17.5%,无氮浸出物 43.9%,其中的粗蛋白和无氮浸出物的含量,可以与粮食比美。用葵花盘制成的粉料,每 100 千克的营养价值相当于 60 ~ 66 千克的玉米或 70 ~ 80 千克的小麦精饲料。葵花盘除可加工成粉状饲料外,还可用来做青贮,留到冬季饲喂,青贮的葵花盘芳香扑鼻,肉牛十分爱吃,可增进肉牛的食欲。葵花盘中含有大量的钙质和较多的果糖,因此很适合用来饲喂幼畜和孕畜。葵花盘做饲料喂肉牛,既能使肉牛快增膘,又能节约饲料和粮食,降低养牛成本,可谓一举多得。

三、鸡粪是育肥牛的好饲料

鸡粪成本低廉,营养价值很高。据测定,自然干燥的鸡粪,含粗蛋白质约 26%,几乎含有所有的必需氨基酸,其中赖氨酸为 0.51%,蛋氨酸与胱氨酸为 1.27%,同时含有大量的钙、磷、钾、钠、镁、铁、铜、锰、锌等常量和微量矿物质元素以及维生素 B_2、胆碱、维生素 B_{12} 等多种维生素供牛利用,尤其笼养蛋鸡粪,均比谷物类籽实饲料高。由于所含粗蛋白质大部分为非蛋白氮,可被反刍家畜利用,所以是肥育肉牛的好饲料。据测定,鸡粪每千克干物质含有消化能 10048.3 焦,代谢能 8792.3 焦,而优质干草中,每千克的消化能仅为 7117.6 焦,远低于鸡粪。但鸡粪适口性差,同时有可能含有某些寄生虫卵及病原微生物,对牛体有危害,因此喂前必须进行发酵处理。

发酵方法:将鸡粪捡净鸡毛、晒干、拍碎,每 100 千克均匀混入 40 千克麸皮或 20 千克麸皮、20 千克酒糟、0.8 千克食盐,加水拌湿,含水量 55%~65%。然后分层装入缸或水泥池内,层层压实,直到高出池面 20 厘米,覆盖塑料膜密封,夏秋气温时 15~20 天,冬季室内或塑料暖棚内 20~30 天即可饲喂。发酵好的鸡粪呈黄色,略带酸香味。若出现霉变、则不能饲喂。

饲喂方法:用发酵鸡粪 40%、玉米 45%、麸皮 12%、食盐 1.5%、矿物质添加剂 1% 和碳酸氢钠 0.5% 组成混合精料,按饲料干物质 60%~70% 与氨化麦秸或青贮饲料组成日粮,每头每天另加 200 毫克瘤胃素。饲喂 2 岁以内,300 千克以上肥育牛,日增重可达 1.2 千克以上。开始饲喂鸡粪时由少到多,逐渐增加,2 周时喂到定量。

第七节　巧看牛的 10 个部位,谨防病牛引入

一看牛耳。牛健康时两耳房扇动灵活,时时摇动,用手触摸会感到温暖,而牛患病时则是低头垂耳,双耳不摇动,且耳根发冷。

二看双眼。健康的牛双眼发光,炯炯有神,视觉敏捷,反应迅速。如患病时则两眼下垂,目光无神,视觉迟钝,没有反应。

三看鼻镜。一般牛体健康时,鼻镜有汗珠,且分布均匀。

四看牛舌。牛体健康时舌头光滑红润,舌苔正常。但在患病时不仅舌头不灵活,而且舌苔粗糙无光,多为黄、白、褐色。

五看口腔。健康的牛,口腔黏膜淡红,温度正常,无臭味。而病牛口腔时冷时热,黏膜淡白色,且流涎,或潮红干涩,并有恶臭味。

六看毛色。牛健康时毛色光亮,富有弹性。而牛患病时则皮毛粗乱,并且无光泽。

七看角根。一般健康牛的两角尖凉,且角根温暖。而患病时牛的角根不是发冷,就是发热。

八看反刍。牛体健康时,每次采食后,半小时就开始反刍一次,一昼夜可反刍4~8次。而在患病时则反刍就不正常,甚至停止反刍。

九看牛便。健康的牛,大便软而不稀,硬而不坚,无异臭。小便清流,并且大小便有规律。而病牛大小便无度,大便稀薄恶臭,或坚硬,甚至停止排便,小便黄而短,尿少或血尿,甚至不排尿。

十看行走。牛体健康时有精神,走路昂首阔步,步伐稳健。而患病时行走头不摇,尾不动,精神不振,严重者甚至卧地不起。

第八节　识别牛是否怀孕的方法

1. 看牛奶识别

用手挤出的牛奶,是蜜糖色并呈糊状、不流动的则多为怀孕母牛;如果是白色稀的,而且一挤会自然流出的则为空胎母牛。

2. 看乳房识别

乳房膨胀,乳头硬直,是怀孕母牛。乳房不膨胀,乳头不硬直者则没有怀孕。

3. 看牛眼识别

怀孕母牛瞳孔的正上方虹膜上出现 3 条特别显露的竖立血管,即所谓的妊娠血管,它充盈突起于虹膜表面,呈紫红色。而没有怀孕的母牛虹膜上血管细小而不显露。

4. 看口腔识别

打开母牛的口腔,看嘴两边的舌下肉阜,如果呈鲜红色,则为怀孕母牛,如果是粉红色或是淡红色,则母牛没有怀孕。

5. 用酒精测试

取待检奶牛的新鲜乳汁 100 毫升,放入消毒干净的玻璃器皿中,再取 95% 的医用酒精 1 毫升滴入鲜乳汁,充分混匀,在 5 分钟内,如果发生了凝集现象,就证明牛已经怀孕,如果在半小时以后才凝集,就没有怀孕。

6. 看尾巴识别

牛的尾巴在不甩动下垂时,如果遮盖阴户而向左或向右斜放者,说明牛已怀孕。如果尾巴正垂直遮盖当中者,说明没有怀孕。

第九节　异性双生母犊不宜留用繁殖后代

在牛的双胎中,约有50%为异性双胎。异性双胎中的母牛犊长大后90%以上不能生育(繁殖后代)。其原因在于,胚胎时期,雄性胎儿的睾丸先发育,产生的雄性激素,通过绒毛膜血管流向雌性胎儿,影响了雌性胎儿的性腺分化,使性别趋向中间性,在以后的生长发育中不能产生成熟可用的卵子,从而失去生育能力。没有生育能力的异性双胎母牛一般没有发情表现。从外部仔细观看,有的牛阴门狭小,且位置较低,阴蒂较长,乳房极不发育,乳头与公牛相似。因此,要留意对异性双胎母牛犊的生殖器官查看,当到达性成熟年数(生后12个月)时,要留意是否有发情示意,以便早抉择是否可留作繁殖之用。

对没有繁殖能力的异性双胎母犊,应实时淘汰育肥,不要作繁殖母牛卖出。

第十节　促进肉牛长春膘的饲养管理措施

吃:配料要科学。其日粮配方为:优质干草10千克、酒糟7千克、玉米面3.5千克、豆饼0.5千克、尿素100克、食盐50克。要每天喂3次,即早晨6点、中午12点、下午6点各喂一次。要先喂粗料后喂精料,人不离槽,少给勤添,每次喂八九成饱即可,以有利于牛下一次饲喂时保持旺盛的食欲。

喝:饮水要充足。饮水不足,不但影响牛的进食,也影响牛对饲料的消化和吸收利用率,使牛被毛、皮肤干燥、精神不振。俗话说:"草饱、料力、水精神"。可见供水的重要性。同时供给的水要洁,温度要适宜(15℃~20℃为宜)。

第十一节　给肉牛吃夜宵

随着科学技术的普及和提高,大多数养牛户都采用了科学养肉牛的方法,做到了饲喂氨化麦秸、青贮饲料、配合饲料、添加尿素等,但在肉牛平时的饲养过程中,一般都是白天添草加料饲喂,不注意在夜间喂牛。只知道马不吃夜草不肥,却不知道牛也是这样。实践表明,除了白天采用上述科学的饲喂方法外,在夜间还要注意喂草加料,让牛吃顿夜餐。

其方法是:每天早上7点、中午12点、下午6点钟各饲喂一次,夜间零点再加喂一次。特别是在春天,这种饲喂方法对肉牛更好。中午的时间尽量让牛在户外晒太阳,以便充分采光采热,肉牛浑身晒得暖洋洋的,非常舒服自在,有利于其身体健康和长肉。半夜零点加喂一次的好处:一是肉牛肠胃中有了食物,体内增加了能量;二是夜间安静,牛吃草料后有利于休息、反刍、消化和吸收。

采用了这一方法饲养的肉牛得病少,精神好,生长发育快,出栏时间缩短。

第十二节　能让瘦弱牛复壮的六个汤

一是鸡蛋米汤。每日用1千克小米(或大米)熬稀汤,趁热加2个鸡蛋,用木棒打开蛋黄,待温后喂或灌服,连续2~3周可复壮。

二是胎衣汤。牛(或猪)胎盘1个,洗净晾干,文火焙至枯干研成细末,红糖200克,黄酒500克,用适量开水化开,待温后灌服。

三是羊衣豆芝麻汤。黄豆1千克磨成浆,加用酒洗净切碎的羊胎盘1个熬汤,然后与炒熟研成末的芝麻250克混合,晾温后灌服。

四是壮筋汤。牛(或猪、羊)骨头1千克、茶叶50克、小米(或大米)500克、食盐150克熬汤,晾温喂或灌服,每周1次,连喂3~4次。

五是四物汤。取大枣2千克、茶叶50克,加水3千克煎熬,然后加入切碎的生姜250克或炒熟研成末的芝麻300克,待温后1次灌服。此方对牛胃肠因冷泄而发生的不食症有较好疗效。

六是中药。取沙参50克、苡米100克、黄精60克、土人参50克,研成细末掺入饲料中喂服,或研成细末后调稀米汤适量灌服,每日1剂,连喂1周。

第十三节　健康肉牛的识别

1. 看肉牛犊的采食情况

牛槽的饲料没有吃完,肉牛犊就慢慢地离开,说明牛犊不够饥饿,一般4个月左右的牛犊吃饲料并不是很多,瘤胃也发没有完全发育完整,所以建议引进肉牛犊不要引进太小月龄的,如果肉牛犊吃的饲料干干净净,牛槽舔得干干净净,说明饲料不足,需要添加。

2. 看粪便情况

肉牛犊吃的饲料多,粪便情况稍微稠一些,说明采食量正常。随着采食量的增加,肉牛犊的排粪情况也会发生变化,一般在早晚喂养之前排粪,粪便呈无数团块融在一起,像成年牛粪便一样油光发亮且发软。如果牛犊排出的粪便如粥状,说明采食过多,如果屁股后面沾有粪便,粪便呈水状,可能是饮水过凉或者采食量太大,这个时候,要隔离,停止喂养一天,然后在饲料中添加一些玉米、麸皮就可以了。

3. 看采食状态

固定喂养时间,这个要根据季节性灵活调整。从养殖场买回肉牛犊去后,要按接养殖场给出最佳喂养时间喂养。如果采食不积极,说明存在一定的问题,要及时观察,正常情况下,养牛户一定要注意在选牛的时候可以根据这一点来判断牛犊的健康情况。

4. 看肚子

如果肉牛犊肚子塌陷呈凹形,饲料看都不看,说明可能牛犊伤风感冒,或者伤食病;如果肉牛犊凹形很明显,采食很积极,但是闻闻饲料就走开,说明饲料变化大,不合口味,要注意饲料的水分高低;如果肉牛犊肚子膨大,不吃食,说明上次采食过量,停止采食1次,即可好转。

第十四节　提高牛肉质量,育肥后期是关键

肉牛出栏屠宰前一个月为育肥后期。这一阶段是提高牛肉品质,确保牛肉安全,增加胴体重和净肉率的关键时期,对饲养管理水平较低的中小肉牛饲养场户来说,这是关系到能否获得育肥牛高价位、取得高效益的重要时期。因此加强这一阶段的饲养管理十分重要。

一般说,从架子牛(骨骼和内脏高速生长期的牛只)过渡到育肥场后,经过 3～4 个月的短期集中育肥,使之快速达到增肉、增膘的目的,育肥场和饲养户从中获得利润,这是对肉牛生产中"架子期—育肥期"两阶段模式的笼统说法。实际上,育肥期这一阶段还需要细分,还应该分为前、中、后期三个阶段。目前,国内多数规模牛场已采取这样的喂养策略。吊成架子的牛转为育肥,前期生长主要表现在肌肉生长,脂肪积存不多,饲养上不需要过多的营养和脂肪,并可避免影响以后的消化吸收,造成饲料的过多消耗。此期应依其强大的消化能力,供给大量营养丰富的粗饲料和适量的含蛋白质较多的精饲料,并给予充足的饮水。中期牛只表现增重快、外形变化大,短期"成个""成型"。此阶段的养殖饲料增重比是合算的,若此时屠宰就很不合算,表现为出胴出肉成绩不好,肉质肥度差,上不了高档次,卖不了好价。这就是人们通常说的"水膘"或"虚膘"。严格地讲,此时育肥周期尚未完成,不应出栏。

加强育肥牛后期饲养管理,除做好日常工作外,应重点注意以下几点。

一是把握好出栏牛育肥程度。育肥牛达到以下状况即可适时出栏:①皮肤折少,体膘丰满,看不到明星的骨骼外露;②采食量下降,牛腹缩小,牛只不愿走动;③臀部丰满,尾根两侧看到明显突起;④胸前端突出且圆大;⑤手握肷部皮紧,手压腰背部有厚实感。

二是育肥后期应适当集中统一管理。对于出现下列情况的牛只:①不明原因减食喜卧的;②体重达到要求的;③其他需要育肥出栏的,要适当集中,做好最后一个月的统一饲养、统一管理,以发挥投入的最大效能,避免其他牛只过早肥胖。

三是饲养技术。①提高日粮能量:后期育肥牛精料配方应单独设置,突出能量物质,条件许可的可以少量添加动植物油脂(可占精料的 13%),适当减少蛋白质用量,同时注意满足矿物质维生素等营养物质的供应;②草料比:饲草精料供给比例不高于 4∶6(折干计算);③精料用量:体重 500 千克育肥牛日供给混合精料不低于 6 千克/头,若以日粮总量计算,最高用量可占到日粮干物质的 85%;④饲草要求:能量大,易消化,适口性好,生物学利用价值高;⑤给牛只以安静环境,少轰打、惊吓,保证牛床、运动场松软卫生;⑥勤观察牛只的采食情况及粪便的变化,及时处理发生的异常问题;⑦禁止使用抗生素或不符合要求的药物与添加剂。

养殖场(户)在搞好育肥后期饲养管理的同时,还要注意把出栏牛卖给分级严格、信誉高的宰杀企业,这样的企业实行优级优价,能保证养殖场(户)的利益。只有这样,养殖场(户)才能得到真正的实惠。

第十五节　吃饱太阳晒，肉牛长得快

冬季天气寒冷，要使肉牛生长发育良好，除了满足牛对各种营养物质的需要外，还需要让牛少活动，多晒太阳。解决这两个问题的最好办法是进行桩养有机肉牛。

选择坐北朝南、北高南低、采光聚热性能好、宽敞清洁的场地(场地的大小要根据饲养肉牛的数量而定)，用砖和水泥在四周砌垒 2 米高的围墙。有符合上述条件的院落也可以。在场地上固定 0.50 米高的木桩，用砖、水泥紧靠木桩砌垒一个小食槽，牛拴系在木桩上以互相踢咬不着为宜，牛绳的长度以 60～66 厘米为好。实行一牛一桩，一牛一槽。在晴好的天气里，牛可全天在桩上拴系饲喂，吃完草料后，即可靠桩卧倒休息、反刍、晒太阳等。如果遇阴雨、风雪天气，可把牛牵到舍里饲喂。

这种桩养有机肉牛的好处：一是牛可充分采光采热，促进生理生化活动的正常运转。特别是在寒冷的冬季，阳光更加重要；二是可限制有机肉牛的活动量。长度为 60～66 厘米的牛绳，既能满足其轻微的转动、站立和卧倒休息的需要，又能限制其狂欢乱跑。因为任何形式的大量活动对育肥家畜都是不利的。

第十六节　养牛用哪几种饲料搭配比较好

牛喜食禾本科牧草和高秆类植物，其次为豆科牧草。适宜饲喂牛的牧草品种有杂交狼尾草、苏丹草、紫花苜蓿、串叶松香草、冬牧 –70 黑麦、菊苣和芜菁甘蓝等。奶牛一般每头每天青饲料需要量为 50 千克，包括青年牛、犊牛在内的混合牛群平均每天每头青饲料需要量为 30 千克。要实现青饲料全年不间断供应，应以一年生牧草与多年生牧草、热带型牧草与温带型牧草搭配种植为主，单位面积上尽量采用单种与套种相结合。

以奶牛为例，牧草的季节分配方式是：3～6 月份选择温带型牧草，如多年生红三叶、白三叶、紫花苜蓿、禾本科的牛尾草、一年生的黑麦草作为主栽品种；6～10 月份，种植热带型牧草，如杂交狼尾草、苏丹草等；11 月至翌年 3 月初的枯草期，主要饲喂青贮的多汁饲料和一部分干草。适宜作青贮饲料的作物有玉米、高粱、大麦以及多花黑麦草等。豆科牧草如紫花苜蓿、红三叶、白三叶等，不适宜单独进行青贮。

第十七节 冬季喂牛要"七巧"

1. 秸秆巧处理

饲草单一、营养缺乏，易导致牛掉膘消瘦，如果把秸秆进行氨化巧处理，牛就爱吃。做法是：把麦草、稻草等细铡成 2～3 厘米长的短节，每 100 千克碎麦草或稻草加 4 千克尿素，先用 40 千克水把尿素充分溶解，然后搅拌在碎麦草、碎稻草内，搅匀后，装入大缸或水泥池，压实、封严，进行氨化，1 个月后可开缸饲喂。氨化过的饲草绵软、芳香、易消化。

2. 饲草巧搭配

做到饲草多样化、短草配长草、优质草配次草。如稻草配青干草、树叶、花生秧、苜蓿草等。

3. 精料巧配合

要软硬配合，如玉米、大豆等硬料和麸皮、粉料等软料搭配饲喂。开始先喂草，牛吃到大半饱时少加料，牛将要吃饱时多加料，且要加有香味的料，如把大豆炒香、磨碎，加拌在草内。

4. 食量巧安排

冬季夜长，不但白天要喂好，夜间还要加喂 1 次，每头牛日喂草量 13～15 千克。

5. 饮水巧加温

冬天应给牛饮 25℃左右的温水，还要向温水中加点食盐和豆末，牛爱饮，还可降火、消炎。

6. 尿素巧加喂

添加尿素是补充蛋白质的主要措施，育肥牛每日 70～100 克，成年母牛 150 克，可按 1%与精饲料混合饲喂，喂后 1 小时内不能饮水，

7. 卫生巧刮刷

每天中午吧牛拉到阳光下晒太阳，并用铁刷顺毛刮刷牛身，可促进血液循环，防止生疮、癣。

第十八节　大麦发芽喂牛增重快

取适量的大麦(或稻谷)放入缸内,用18℃~20℃温水浸泡15小时后,捞出摊放在容器中,厚约5厘米,用麻袋或稻草盖严。每天早晚用18℃左右温水冲洗一次,室温保持在25℃左右,经5~7天即可发芽。由于发芽谷物含有充足的水分和一定量的糖分以及各种维生素等营养物质,牛特别喜食,且消化率高、育肥效果显著,每头牛每天喂100~120克即可满足需要。

第十九节　小母牛最合适的配种时间

小母牛一般在6~12月龄初次发情,此时发情持续期短,周期也不正常,生殖系统及其机能仍处在生长发育阶段,还不适于繁殖犊牛。公、母牛在8~12月龄的性成熟期,已具备了生育能力,但此时身体正处于生长发育的旺盛阶段,如果配种受孕,会影响它们的生长发育及今后的配种繁殖,还会缩短利用年限,后代的犊牛活力和生产性能也低。所以此时不宜配种,生产中应注意避免野交乱配。

那么母牛多大年龄开始配种好呢?这要看它的体成熟年龄。公、母牛一般在2~3岁生长基本完成,达到可以配种的体成熟期。据经验,初配年龄一般母黄牛1.5~2.0岁,公黄牛2.0~2.5岁,国外引进的公、母牛1.5~2.0岁为宜。具体应看个体的生长发育状况,以成年牛为标准,当个体的体重达到成年的65%~70%、体高达90%、胸围达80%时为初配适龄,此时开始配种经济效益最好。

第二十节　母牛秋配受胎率高

秋季是母牛发情配种的旺季。在配种期到来前,应让适龄母牛具有中等膘情。对过肥牛要限制喂量,对瘦牛要先育肥。母牛发情后食欲减退,兴奋不安,阴部潮红,充血肿胀,常伴有白色透明的黏液流出。触摸母牛臀部,牛尾高翘,安静不动,此时为母牛配种时期。对不发情的母牛,一是用激素类药物催情。可选择下列任何一种雌性激素给其注射:己烯雌酚用 25 ~ 30 毫克,二酚乙烷用 40 ~ 50 毫克,三合激素用 3 ~ 5 克。注射后,母牛即可发情配种。二是用中药催情。取益母草 30 克、南瓜叶 24 克、红花 15 克,煎水给母牛内服。

第二十一节 提高母牛受胎率的十四种妙方

造成母牛不孕或受胎率低的原因很多,但主要为日粮搭配不合理,矿物质、维生素缺乏。母牛健康有问题,生殖系统如子宫、卵巢疾患;发情周期不正常,精液品质差、输精方式和操作不正确不熟练等。减少母牛不孕症,提高受胎率,应视其病因特征认真鉴别分析,要采取相应措施进行处理。

方一:炒香附、云苓各 45 克,炙半夏、橘皮各 40 克,炒苍术 50 克,六曲 100 克。每日 1 剂,分两次煎服,连服 6 日,停药 1 日,为 1 个疗程。一般服一个发情周期(即 3 个疗程左右)为宜。此方适于体壮过肥,不发情或发情屡配不孕的母牛。

方二:鲜酸枣树根皮 2.5 千克,鲜瓦松 3 千克,淫羊藿 150 克,三味混合后分成 3 等份,每份 1 剂,加水煎汤内服,效果明显。

方三:幼鸽 1 对,全皮毛炙干,研末,干姜 250 ~ 400 克(或鲜姜 500 克)切细,陈酒 500 ~ 700 克。待母牛发情时,用陈酒配药一起内服,3 ~ 5 小时后配种。

方四:益母草 250 克、红花 30 克、黑豆 500 克,煎汤内服。隔日 1 剂,连服 2 ~ 3 剂为宜。此方适于不发情母牛。

方五:按碘片 1 克、碘化钾 3 克、蒸馏水 6 克的比例配成稀释液,同时取 4 毫升稀释液,加 200 毫升蒸馏水冲洗子宫。此方法对慢性子宫内膜炎、化脓性子宫炎、卡他性子宫炎、阴道炎等引起的母牛不孕症有明显疗效。

方六:大麦芽 120 克,当归、红花、生地、地骨皮各 60 克,黑豆 500 ~ 1000 克,加水熬汤。母牛发情 1 ~ 3 天开始喂药,每日 1 剂,连服 3 剂,第 3 剂药服完后的第 2 天配种。此方适于发情正常而屡配不孕的母牛。

方七:卵巢机能不全时,肌注 0.5% 新斯的明 2 毫升,连注 3 次,每次间隔 48 小时。第 3 次可同时注射孕马血清 1000 国际单位,82.4% 的母牛可恢复机能。

方八:对隐性子宫内膜炎的母牛,在发情配种前 2 小时,用生理盐水 200 ~ 500 毫升冲洗子宫之后,注入青霉素 40 万 ~ 100 万国际单位,链霉素 100 万国际单位,再适时输精,受胎率可达 60% 以上。

方九:肌注维生素。输精后 15 ~ 20 分钟,肌肉注射维生素 E 500 毫克,情期受胎率可提高 14.4%。在输精的当天,输精后的第 5 ~ 6 天,各肌注维生素 A 58 万国际单位,维生素

D 310 万国际单位,维生素 E 500 毫克一次情期受胎率可提高 20%。

方十:50%～70%葡萄糖溶液加入青霉素和链霉素 100 万～200 万国际单位,于人工授精 6～8 小时后注入子宫体内,对患子宫内膜炎的母牛可提高受胎率 26%～50%。

方十一:在母牛分娩后的第一、二情期,输精后 5～7 分钟,各肌肉注射 40 万～50 万国际单位的催产素一次,受胎率提高 20%。

方十二:肌肉注射促性腺激素 10 毫克,受胎率可提高 12.0%～19.1%,屡配不孕的牛经注射后受胎率提高 26.1%。

方十三:卵巢机能减退或囊肿,可连续注射油质孕酮每次 50 毫克,连注 6 天,再配合注射孕马血清促性腺激素 2400～3500 国际单位,能使 42% 以上的牛受胎。

方十四:在母牛分娩后 45～60 天肌肉注射前列素 F 两天,20～25 毫升,受胎率可达 73%～85%。长期不孕的牛,皮下注射初乳 20 毫升和 0.5% 新斯的明 2 毫升,受胎率提高 24%。

第二十二节　初乳在肉牛繁殖中的应用

过去教科书是这么写的,据最近研究资料表明,0.5 小时以内的初乳,又叫胶奶,是肉牛分娩后 3 天内所分泌的乳汁。初乳色黄、有苦味和异臭味,其蛋白质、脂肪、无机盐以及维生素的含量均显著高于常乳。由于初乳含丰富的乳白蛋白和乳球蛋白,耐热性能差,加热至 60℃ 以上即开始形成凝块,因此一般不用于乳品加工。过去,初乳除用来喂犊牛或供人蒸食外,其余多数被废弃。

现代化奶牛生产中,犊牛在刚生下就与母牛隔离,使犊牛吸食初乳受到限制,如果要淘汰公犊牛(大多数奶牛场如此),则初乳的过剩显得更加突出,使得许多奶牛场将大量初乳废弃,造成很大浪费。20 世纪 50 年代以来,由于生理学、生物化学、医学以及分子生物学等的发展,发现了肉牛初乳中含有丰富的营养物质以及大量十分珍贵的免疫因子和生长因子,是犊牛饲料不可替代的营养品。同时证实,肉牛初乳中含有类似绒毛膜促性腺激素和孕马血情促性腺的激素,有刺激卵巢卵泡发育、成熟作用,进而引起发情并导致排卵,是一种宝贵的天然雌激素,对牛的繁殖机能有良好的刺激作用。

1. 肉牛初乳的采集

初乳应采自经产未患乳房炎的健康母牛中,因为母牛的初乳通常含有免疫球蛋白、维生素和较少生殖激素。产后 1 小时,用温水将肉牛乳房和乳头洗净,用消毒毛巾擦干,最后用 70 度的酒精棉球消毒,挤出头把乳,再将初乳挤入消毒过的容器量瓶内。为防止污染,在每 100 毫升初乳中加入青霉素、链霉素 1 万国际单位。

2. 利用初乳调解家畜繁殖机能

（1）控制肉牛产犊　间隔在 12 个月左右，实现一年一胎，对提高母牛繁殖率具有重要意义。母牛产后均有一段乏情期，这期间母牛无明显的发情表现，处在完全无性欲状态，卵巢无周期性的功能活动。母牛产后乏情期长短直接影响母牛的繁殖率及养牛业的经济效益。

肉牛分娩后，用自家未被污染和未变质的初乳 300 毫升子宫内灌注，每日 2 次，连用 5 天，对照组牛仅灌注等量 0.9% 的生理盐水，结果产后第 1 次发情时间平均为 38 天、对照组为 91 天，第 1 次情期受胎率分别为 51%、对照组为 20%。马氏（1995）也报道了用初乳 20 毫升颈部皮下注射，可提高第 1 次发情时间和提高受胎率。产后 70 天内不发情母牛，一次皮下注射初乳 40 毫升，情期受胎率为 50%。产后乏情母牛，肌注初乳 20 毫升，处理 5~8 天后发情率为 80%。

初乳配合新斯的明，能有效地激发母牛产后发情性能。母牛产后注射 0.5% 新斯的明 20 毫升，实验组发情率在 100%，第 1 次情期受胎率 82%，总受胎率 94%，分别比对照组提高 21.8、35.23 个百分点（杨子阁等，1986）。肉牛产后 1~3 天内颈部皮下注射 0.5% 新斯的明溶液 2 毫升，2 小时后皮下注射初乳 20 毫升，产犊后首次发情间隔由 56 天缩短至 45 天，第一次情期受胎率提高 20.9%，配种指数降低（1.5~2.5）。草原红和短角母牛，于产后立即注射 0.5% 新斯的明溶液 2 毫升，颈部皮下注射初乳 20 毫升，结果，母牛发情率提高 80.4%，第 1 情期受胎率明显改善（80%，对照 47%），产后受胎时间缩短（60.8 天，对照 66.3 天），配种指数减少（1.63，对照 3.25）。产后乏情母牛，肌注初乳 20 毫升 + 新斯的明（0.5%）2 毫升，处理 5~8 天后发情率提高（93.3%，对照 26.67%），受胎率提高（71.43%，对照 50%）平均产犊—受胎间隔缩短（75 天，对照 126 天）。

事实证明，初乳与新斯的明（0.5%）2 毫升，前列腺素类似物处理配合，可有效激发产后母牛性机能，对缩短肉牛产犊间隔效果良好。每 100 毫升初乳中加抗生素 5 万国际单位，从产后 1~3 天开始肌注初乳，共 3 次，间隔 1 周注射；对照牛只注射加抗生素的生理盐水 20 毫升，结果见表 4-13-1。在初乳中添加新斯的明，尤其是添加前列腺素类似物后，初乳的激素作用加强。即初乳或新斯的明（或前列腺素）处理，能有效激发产后母牛繁殖机能。

表 4-13-1　产后母牛用初乳及新斯的明或 PGF$_2$a 类似物处理后的繁殖性能

处理	牛群	产后 24 天子宫完全复位 /%	产后并发症 /%	患子宫炎 /%	第一期受胎率 /%	配种指数	空怀时间 /天
对照组	33	37	52	31	30	2.7	103
初乳	33	46	21	11	42	20.2	90
初乳 + 新斯的明	32	58	16	5	50	2.0	86
初乳 +PGF$_2$a 类似物	33	64	14	0	51	1.8	69

（2）预防产后产科疾病的发生　据一般牛场情况调查,产后子宫内膜炎是造成母牛难产、不孕的主要原因。在屡配不孕的肉牛中,70%是子宫内膜炎所致。母牛产后即注射或饲喂初乳,能增加子宫紧张度,增强子宫的收缩力,从而加速胎盘的分离和胎衣排出,减少子宫内膜炎的发病率。

母牛产后用生理盐水冲洗子宫,排净后注入自身初乳 300 毫升,每天 2 次,共 5 天;对照组采用同样方法,但注入生理盐水,结果试验组产科病(子宫复原不全、胎衣滞留、产后感染)发病率 11.11%(5/45),对照组 28.89(13/45)。试验组产后第 1 次发情平均天数 38 天,第 1 次情期受胎率 51%, 总受胎率 88.2%; 对照组分别 91 天,31% 和 86.2%(吴志杰, 1990)。

邰学德(1991)让母牛在分娩后 30 分钟饮羊水,并于 1 小时内在母牛颈部两侧皮下注射初乳 25 毫升,结果试验组(18 头)产后 12 小时内排出胎衣占 81.25%,72 小时内排出者 6.26%;对照组(11 头)分别为 36.36%,18.18%。张伯宽(1992)于母牛分娩后 20~30 分钟两侧肩胛中部皮下注射羊水或初乳 50 毫升,结果 58 头试验牛胎衣排出率 94.8%,而未注射的 34 头对照牛胎衣排出率 73.5%。

产后给母牛颈部皮下注射分娩后 1~4 天的初乳 20 毫升(每 100 毫升加青霉素、链霉素 5 万国际单位)或喂初乳 2~3 升,可提高母牛子宫的紧张度和增强子宫收缩能力,加快了胎盘的分离和胎衣排出,胎衣滞留(2~3 昼夜)减少 10%~20%,急性子宫内膜炎发病率降低 10%~30%,产后第 1 情期和 90 天受胎率提高,结果见表 4-13-2。

表 4-13-2　初乳对产后母牛产科病答案影响

项目	注射	饮喂	对照
母牛头数 / 头	91	63	80
胎盘分离时间 / 时	3.42	3.45	3.50
胎衣滞留牛头数 / 头	2	2	7
产后患子宫内膜炎头数 / 头	7	18	17
产犊—首次输精 / 天	40	40	41
第 1 情期受胎率 /%	43.6	41.4	26.6
1~2 次输精受胎率 /%	78.8	73.5	64.6
90 天受胎率 /%	82.3	82.1	72

（3）治疗母牛繁殖疾病　给 22 头患持久黄体母牛皮下注射初乳 20~30 毫升 / 头,发情率 90.91%(20/22),注射后平均发情时间 8.4 天(2~12 天),其中 19 头配种,10 头受孕,受胎率 52.63%(杨安光,1986)。

胎衣滞留牛一次颈部皮下注射初乳 20 毫升,发情提早 27 天,空怀时间缩短了 30 天。对子宫复旧不全或胎衣不下肉牛,用注射自体初乳,注射初乳 + 子宫按摩 + 催产素 30 万国际单位 3 种方法处理。结果子宫复原加快,产犊至首次发情时间分别缩短 9、10 和 17天,空怀时间分别减少 14、22 和 28 天,配种指数分别降低 0.2、0.3 和 0.7。

用孕马血情促性腺激素与新斯的明配合使用可治疗产后 15~30 天卵巢机能减退。间隔 48 小时注射新斯的明(共 3 次)2 毫升,并于同一时间注射孕马血清促性腺激素(1 千克体重 3 小鼠单位)。经 2 个月后有 77.5% 的母牛出现发情(比对照组提高 35%),产犊至受胎率平均间隔缩短了 18.46 天,受胎率提高了 10% 以上(田允波,1990)。对产后平均 51 天不发情母牛(子宫松弛 42.9%,卵巢机能不全 30.9%,持久黄体 11.9%,其他 14.3%)皮下注射初乳 20 毫升和 0.5% 新斯的明 2 毫升,对照牛不做处理。结果发情时间缩短(27 天,对照47 天),第 1 情期受胎率调高(69%,对照 39%),配种指数明显减少(1.6,对照 2.2)。同时,产后母牛皮下注射自体初乳 25~30 毫升,产犊至发情时间缩短 12 天,产犊至受胎间隔缩短 30 天,产后 60 天内 26.9% 牛受胎,配种指数减少(2.1,对照 2.7),卵巢机能减退减少80%;若产后第 1 天注射初乳,7 天后注射三合维生素(A、D、E)10 毫升,产犊至发情时间缩短 6 天,产犊是受胎时间缩短 26 天,配种指数减少(1.9,对照 2.4),第 1 情期受胎率提高14%。可见初乳、初乳 + 新斯的明对母牛繁殖疾病有良好的预防和治疗作用。

(4)调节和改善母牛繁殖性能　苏联学者对一年四季用初乳刺激母牛性机能效果做了研究。初乳为产后 1~2 小时采集的,每次分两处皮下注射 20 毫升,共 4 次,春季(3~5 月)母牛产后 1 个月内发情率有了改善(78.2%,对照 18.1%);夏季(7~8 月)间隔 6 天两次注射初乳,产后 1 个月内发情侣明显提高(90%,对照 55%);秋季(9~10)月产后一个月内发情率明显改善(80%~50%);冬季(11~12 月)产后 2 个月内发情率极显著改善(82.3%,对照38.8%)。所有牛均是自然交配,四季的受胎率试验和对照组相应为:春季 77.7% 和 75.0%,夏季 100% 和 99.9%,秋季 87.5% 和 80.0%,冬季 66.6% 和 25.0%。

(5)诱导乏情母畜发情　给 17~18 月龄的青年母牛颈部皮下内注射初乳 30 毫升,处理后 4 天内 93.8% 的母牛发情,受胎率提高(73.3%,对照 27.1%)。

产后 70 天内不发情母牛,一次皮下注射 40 毫升牛初乳的,情期受胎率为 50%,而且初乳对发情不正常或屡配不孕母牛有促进恢复性机能和提高受胎率的作用。农村可繁殖母牛,因使役过度和饲养管理差,有 20%~25% 不发情,皮下注射肉牛初乳 20~30 毫升后,发情率达 90.8%,受胎率高达 70%。将产后 25~35、30~60、61~80、81~120 和 120~300 天内未发情母牛分为 5 组 27~81 头,全部一次皮下注射初乳 40 毫升,处理后发情率分别为86.5%、93.8%、88.8%、81.7%、83.8%,第 1 情期受胎率分别为 45.4%、43.9%、58.1%、32.0%和 48.0%,3 次输精受胎率分别为 77.8%、77.3%、83.9%、52.0% 和 70.0%;处理到发情时间分别为 12.6 天、10.4 天、14 天、14.3 天和 14 天。产后乏情母牛,用肌注初乳 20 毫升或初乳 + 新斯的明处理,对照不做处理,处理后 5~8 天内发情分别为 80%、93.3%、26.6%;配种时肌注 LRH-A₃100 毫克,受胎率分别为 58.33%、71.43% 和 50%;产后空怀时间分别为 84 天、75 天和 126 天。

4. 初乳的作用机制

肉牛初乳中含有较高的雌激素和少量 P4(白磷),雌性激素是促进母牛性器官正常发育和维持正常性机能的主要激素,高浓度的雌激素和少量 P4 协同作用,可促使母牛发情(张宏伟 1985)。肉牛初乳中含有类似绒毛膜促性腺激素和孕马血清促性腺激素,有刺激卵巢卵泡发育、成熟的作用,进而引起发情的生理基础,至少部分与溶黄体有关。在性周期的 9~10 天,用不同成分的初乳饲喂母牛(产后 8 小时初乳,含不同量硫酸雌酮初乳、常乳),结果表明,饮低水平硫酸雌酮常乳母牛,乳汁 P4 水平不受影响;但增至 2000 皮克/毫升时,可使乳汁 P4 水平下降。田允波等(1991)研究表明,初乳对产后乏情母牛的诱导发情作用,可能与处理各乳汁 17B-E2/P4 比值显著增加有关。

总之,利用肉牛初乳预防、治疗母牛的繁殖疾病是一项新技术、新举措,是一项具有前景的技术措施。具体地说具有四大优点。

(1)初乳是天然有机物质,与那些化学合成的激素有本质上的区别,应用多少都不会产生耐药性,更没有对牛体形成有害残留,是任何一种提高肉牛繁殖功能的药物所不可比拟的;

(2)防治肉牛繁殖疾病应用面广,具备了能防能治,充分显示了防治兼备的突出作用;

(3)就地取材,灵活方便而且成本低廉,便于操作;

(4)应用之后既能解决母牛产期中的胎衣不下、子宫不完全复旧等疾病,又能解决母牛下一个产期的子宫内膜炎、胎衣滞留,还能促进母牛及时发情配种,从而提高肉牛的繁殖效率。

第二十三节　从农谚看牛的饲养管理

民间丰富的养牛农谚,对肉牛的科学养殖具有一定的指导意义

"一千根稻草,比不上一根青草";

"家牛要过冬,草料第一宗";

"冬牛体质好,饮水不可少","冬天不患病,饮水不能欠"。每天给水一般为早、中、晚 3 次,水温以在 20℃左右为宜。

　　"隔年要犁田,冬牛要喂盐"。每天每头牛可以喂 50 克盐,拌入精料或溶解于水中饲喂。

　　"养牛无巧,栏杆食饱";

　　"刷拭牛体,等于加料","冬冷皮,春养骨"。在立春季节,一则应减少掉膘,二则应防寒保暖。

　　"一天没有三个饱,很难使牛上油膘"。

　　"有料无料,四角拌到","头和草,二和料,最后麸子要拌到,饮水不可少"。

　　"早喂吃在腿上,迟喂吃在嘴上"。

　　"三知,六净",所谓"三知",就是知冷暖、知饥饱、知疾病;所谓六净,就是草净、料净、水净、槽净、圈净、牛体净。

　　"三分喂牛,七分用牛"。

第十四章 肉牛饲养小诀窍

1. 肉牛喝酒增膘快

在饲料中加入适量酒可大大加快肉牛的生长速度。根据试验,一般情况下,每天在每头肉牛的饲料中加入白酒 10 克或啤酒 50 克效果最好,可使其生长率提高 20% 以上,且牛肉品质更佳,屠宰率更高,净肉比例更大。

2. 瘦牛催肥有绝招

取新鲜健康、无污染的人尿置于桶或小池内,投入黄玉米浸泡至发胀后,捞出晒干,即可饲喂肉牛。每日瘦牛饲喂 200 克,一个月后即可育肥;若在饲养过程中,每日加入适量的干酵母片,效果更好。

3. 中药治牛流感

麻黄 50 克,桂枝 50 克,杏仁 40 克,炙甘草 50 克,水煎汁候温后,一次灌服,每天一次,连用三天。

4. 瘦弱牛复壮经验

(1)对特别瘦弱又不肯吃草料的牛,可先用米汤拌服鸡内金(每次服鸡内金 10～20 克),日服 2 次,以健脾化食。一般三天后肉牛就会产生饥饿感,这时可喂炒熟的黄豆粉掺和等量的玉米粉,然后再逐步喂细草,3 周即可复壮。

(2)对既不肯吃草又不饮水的牛,可在饮水中加少量盐、糖让肉牛饮。如肉牛仍不饮盐糖水,可将黄豆、绿豆磨成粉让肉牛吃,吃后饮些小米汤,待饮水量开始增加时,就可喂嫩绿草,让其逐渐增加食量。只要细心照料,一般两个月就可按正常牛饲喂,并很快长膘复壮。

5. 牛掉毛怎么治疗

螨病,又名疥疮,是由疥螨或痒螨寄生于皮肤上,皮肤瘙痒,被毛脱落、皮肤增厚的一种皮肤病。

(1)烟末烟锅油 1 份加水 5 份,煮成红色汁,凉后涂抹;

(2)用伊维菌素皮下注射,每 500 千克体重注射 100 毫克,7～10 天再注射一次。

6. 牛水土不服怎么办

（1）牛到新的环境后，前3天一定要喂凉白开水，适量加一些碘盐，不要掺加一点凉水，不然牛就会腹泻。牛腹泻就是水土不服的前兆，不爱吃草，牛一腹泻就会缺水。一般牛腹泻要持续好几天。

（2）如果牛在运输当中受到惊吓，正常的生理循环被破坏，这时养牛户应该前3天不给牛喂凉水，前3天，不要让牛吃得太饱，慢慢地增加牛的采食量，让牛慢慢地适应新的环境。

（3）其实，牛和人和他动物一样，需要精心照料，养牛户，只要在喂牛时注意细节，牛就不会出现水土不服的现象发生。

（4）如果真有发生腹泻的状况，赶紧注射消炎针剂（吃消炎药也可以），或者在饲料里添加一些含矿物质的粉剂，放在饲料里拌匀让牛吃。

7. 育肥牛过程中需要考虑哪些因素

为提高肉牛的利润，加强饲养管理十分关键，肉牛养殖户在肉牛养殖过程中应该注意以下几点。

（1）由于不同的肉牛个体间差异很大，喂养牛要注意个体生长的好坏。最好根据不同品种的肉牛在制订不同的饲养方案。

（2）饲料和水都要保持清洁新鲜。

（3）补饲钙盐时要率先混入饲料。

（4）要想提高肉牛肉质，就要知道，盐多时会影响肉色，水多时肉质松软；加葡萄糖能使肉质变软、变好；只喂大麦可使脂肪变硬；喂玉米只能提高生长速度，不能形成大理石状的肉（雪花肉）。让牛睡好是使肉质变好、形成大理石花纹的条件之一。

（5）饲养过程中可以使用氯化氨舔剂（舔砖等）。

（6）要根除虱子，在冬季要用驱虫药擦背。

8. 肉牛犊养殖中如何处理断奶问题

很多饲养人员在肉牛养殖时，经常会遇到断奶的肉牛犊，这些犊牛过早地被断奶饲喂饲料，突然改变了饲喂方式，不仅使小犊牛身体接受不了，也会对犊牛产生情绪方面的刺激，引起消化紊乱，还容易发生肺炎。

太急于给犊牛断奶，会对生后的饲养带来诸多的不便。如果在运输过程中，对当年的犊牛没有直接进行饲喂，就会造成：

（1）很费事的饲养；

（2）有可能对犊牛造成生长方面的障碍，所以很多有经验的养殖场通常不购买未断奶的犊牛。以买牛的人来看，犊牛离开牛场前，最好是适应了育肥用的日粮，买牛者也会付一些额外的费用。

想要在肉牛养殖上盈利,养牛户一定要注意不要过早的给犊牛断奶,其副作用会很严重,要慎重考虑,可能影响以后的饲养过程,还可能影响养殖利润。

9.肉牛养殖短期育肥的三个重要措施

(1)选择合适的肉牛育肥　虽然注意点已经强调过好多次,育肥还是要从最基本的抓起。品种的选择决定了育肥的效果。不得不说一些杂交的牛育肥效果比一般的牛好得多。所以应引进一些大型的肉牛品种,可以有效地提高养牛的利润。

(2)控制好牛舍的温度　大家都知道温度会影响禽类的孵化率,同样,温度也可以影响肉牛的生长。如果温度过高或者过低,都会影响牛的增重。所以要保持牛舍内的温度最好在5℃~10℃,在冬季牛舍最好用塑料薄膜覆盖保温,并要防止贼风、穿堂风。牛舍还应有良好的采光,减少牛热量的散发,才能让牛增膘。

(3)改进饲料　育肥的饲料搭配要多样化(花草花料),定时定量饲喂,适当地减少肉牛的运动量,为全面育肥做好准备。肉牛繁殖或生产的时候,体况不应该过于肥胖以免影响繁殖性能。

养牛技术不仅是为了让单个牛生长,更主要的是提高牛群的整体效果。

10.肉牛防止马铃薯中毒

在用马铃薯喂养肉牛时,应注意不应该饲喂发芽的或是腐烂变质的马铃薯,饲喂量应该逐渐增加,不宜全部饲喂马铃薯,要与其他饲料混合搭配。

一旦中毒就要先把肠胃的食物排出,用高锰酸钾洗胃,对于气虚狂躁的病牛可以用溴化钠灌服;对于有肠胃炎症的牛,可用鞣酸或吸附剂灌服;如果皮肤湿疹的肉牛,应该再用药膏擦涂患部。

11.养肉牛专业户教你巧养牛

巧养牛就是告诉你用科学方法养牛。巧养,省料,省事,降低成本,增加收入。

(1)老残牛巧利用　牛一般超过10岁以上不论役牛、肉牛、奶牛,利用价值降低了,只能利用它的肉来增加收入。像这类牛,经过较短的育肥期,就可提高产肉量,具体做法:①充分准备好饲草、饲料,在育肥开始前,草料必须备足,中途断炊,影响肥育效果。在肥育期,采取"睏肥"法,即圈在合适的温舍内,室温维持在18℃~22℃,低于0℃,不利于肥育。②供料量,每增重1千克,需料8~10千克,另可添加些青绿饲料,但不能太多(供料量也要看牛体型,小型牛减量)。③催肥期40~60天,超过150天影响经济效益。④育肥效果,达到日增重1.0~1.5千克。

(2)多产母犊新法　凡是生物繁衍都是按雌雄性别配比出生的,从奶牛的饲养价值来衡量,母牛的价值高。据国外资料报道,可采取新方法能多产母牛犊。方法是:①在人工授精输精前 20～30 分钟,先在母牛子宫颈内输入 5%的精氨酸溶液,能改变染色体性质,提高母犊受胎率(无高科技条件慎用);②添加含钙、镁量大的饲料,可提高母胎受胎率,如蔬菜类、萝卜、大叶菜类等。牛奶、鸡蛋、胡萝卜含钙镁较多。③高科技的日本在显微镜下把受精卵一分为二,一半作性别鉴定,另一半用作移植,将鉴别雌性的半个受精卵移植到一头牛子宫内,着床受胎。

(3)肥育肉牛何时出栏效益高 从肉牛的生长发育规律、运作,采取"两头高带中间"的肥育法。小牛犊 1 岁前生长较快,第 2 年增长仅为第 1 年的 70%,第 3 年仅为第 2 年的50%,这样,从消耗饲料来比,2 岁时多耗饲料 42%,3 岁多耗饲料 65%。可见,从消耗饲料量和资金周转及设备利用方面考虑,凡饲养年龄小的牛都比较有利。反过来,把出栏年龄缩短,老龄肥育牛少了,出栏率达到 25%以上。若繁殖母牛提高到 60%,出栏率可达到 40%以上。由此可见,缩短牛的饲养期,不仅可以提高出栏率,而且还可增加牛群的母牛比例和产犊数量,养牛经济效益大大提高。

12. 盛夏养殖肉牛场苍蝇的解决办法

(1)及时清除舍内粪便污水,应特别注意死角中的粪便和污水,尽可能保持粪便干燥,尽可能做到每天清理一次。搞好舍内外的清洁卫生,定期消毒。妥善处理清除的粪便,及时拉走并进行无害化处理。场内的废旧垫料和病死畜禽也要妥善处理。

(2)对墙面、过道、天花板、门窗、料位、饲料桶、饮水器等所有苍蝇可能栖身的地方用左旋氯菊酯喷施,可有效杀灭外来苍蝇,有效期长达 45~60 天。

(3)定期进行环境消毒。使用含氯的消毒剂,利用氯的特殊气味(苍蝇不喜欢)起到驱散的作用。

(4)在饲料中添加环丙氨嗪 5～10 毫克/千克,按说明使用,隔周饲喂或连续饲喂 4~6周。环丙氨嗪通过饲料途径饲喂动物,进入动物体内基本不被吸收,绝大部分都以药物原形的形式随粪便排出体外,分布于动物的粪便中,直接阻断幼虫(蛆)的神经系统的发育,使得幼虫(蛆)不能蜕皮而直接死亡,从而使蝇蛆不能蜕变成苍蝇,在肉牛养殖粪便中发挥彻底地杀蝇蛆作用,能够从根本上控制苍蝇的产生,达到彻底控制苍蝇的目的。环丙氨嗪必须采用逐级混合的办法搅拌均匀后使用;在四月中旬苍蝇季节开始前应及时使用。

13. 肉牛的巧饲喂

(1)饲喂粥料法 有资料表明,喂粥料的肉牛比喂干湿料的肉牛提高产奶量 13%。加工粥料可先把粉状精料加少许食盐,用少量水冲稀搅匀,待锅内水沸腾时倒入,搅拌 5～10分钟即成。

(2)头部冷热法 把热水袋固定在肉牛两角之间,冬天灌满热水,夏天灌满冰凉水,使肉牛感到舒适,冷热应激小,产奶量可随之增加。

（3）修整牛蹄法　每季度修整牛蹄一次,特别在春初秋末尤为重要。把畸形的牛蹄校正过来。可使肉牛日产鲜奶增加 1～2 千克。

（4）加喂脂肪法　脂肪产热性能高,能改善饲料的适口性,在饲料中添加 3%～5% 的动物油脂,可提高肉牛对饲料的消化率。同时要适当提高饲料中钙的含量。

（5）夜间补料法　冬季夜间 11 点左右补给产肉牛 1 千克热熟料,可增加营养,提高抗寒能力,日增鲜奶2 千克以上。夏季补给液料可达到同样的效果。

（6）喂秕壳葵花籽法　秕壳葵花籽含有丰富的蛋白质和脂肪,在饲料中加入 10%～20%,产奶量可提高 15% 左右。

（7）喂甜高粱法　甜高粱营养丰富,据试验,肉牛喂甜高粱可比喂玉米每头每日增产鲜奶 0.5～1.0 千克。

（8）添加胡萝卜素法　在肉牛产奶前 30 天和产奶后 92 天的日粮中添加 7 克胡萝卜素制剂,可使每个泌乳期净增牛奶 200 千克。

（9）喂鱼虾法　每头每天掺拌在饲料中煮熟的小鱼虾 0.3 千克,可增产鲜奶 2 千克;如在肉牛泌乳初期每头每天添加鱼粉 0.75 千克,可增产鲜奶 1.5 千克左右。

14. 肉牛不反刍怎么办

养殖肉牛不反刍是常见病中时常发生的,此病属于易发易治疗的范围内,发现后并不用过分担心,只需要观察肉牛病情的程度,加以治疗和预防就可以避免发生此病,如果当天肉牛犊没有反刍,我们可以增加肉牛犊的活动量,促进肉牛胃部蠕动,增加反刍的动力,一般轻微的消化病就能痊愈。

如果病情严重不反刍不消化就需要加以药品治疗了,可以采用健胃药碘酸钠和腹安宁治疗,一般在 3～5 天就可以恢复肉牛的不反刍和不消化,在日常饲养的时候要在草料上多加注意,避免过脏的草料,精饲料最好的采用混合精饲料,可以有效地避免此病的发生,每天要让肉牛犊活动 2～3 个小时,促进消化系统的蠕动。

15. 老残牛育肥绝招

淘米水加米糠育肥:每日每头牛用淘米水 20～30 千克,加入米糠 2～3 千克,混合后喂牛,其他常规饲料让牛自由采食,日增重 1 千克左右。

16. 肉牛食欲差调理有办法

（1）驱虫　对于消瘦、食欲不振的牛,首先要驱虫。用 0.1% 的畜卫佳(每千克体重用 0.3 克)和丙硫苯咪唑(每 10 千克体重用 1 毫升)同时给药,可驱除牛体内的线虫、蠕虫、吸虫、绦虫等,7 天以后再重复用畜卫佳 1 次,还可以驱除体表寄生虫。在饲料中加入瘤胃素,不但可以提高饲料转化率,还具有明显的抗球虫病作用。

（2）瘤胃取铁　牛采食较粗,饲草中铁丝、铁钉等容易进入瘤胃,沉入网胃,给网胃造成创伤,影响牛的食欲,因此要定期进行瘤胃取铁。

(3)消除胃肠道炎症 多种因素可引起牛浅表性胃肠炎,病牛常表现为食欲不振,粪便稀软。消炎常用磺胺脒(每天每头 40~80 克)灌服或拌入饲料中饲喂,连用 2~3 天。

(4)合理配制饲料 品质差的粗饲料,如麦秸、稻草等,可进行氨化或微贮处理,豆秸等质地较硬的饲草要用揉草机揉碎。精饲料的搭配要注意食盐、微量元素、维生素的添加,并使用质量信得过的添加剂。

(5)科学饲养 在给牛治疗、调理期间,可喂给现有的粗饲料,精饲料要逐渐增加。每次只能喂八成饱。秸秆经水淘后喂给,牛易采食和消化,并能除去杂质。经过氨化、微贮、青贮的秸秆不能进行水淘。对于饮水量少的牛,可将部分精饲料水煮,调成稀粥,诱使牛大量饮水。牛对干草的采食可不加限制,尽量让其多饮水,使其萎缩的胃肠道逐渐恢复正常。

17. 国外是如何改良肉牛饲养技巧

(1)澳洲采用红葡萄酒喂牛改善肉质。日本的神户牛肉软嫩可口,香而不腻,堪称美味,据说这种牛是喝着啤酒、听着音乐长大的。最近,一家澳大利亚养殖户也开始效仿,不过他们用的是红葡萄酒,据说效果比啤酒更好。该养殖场经理麦克劳德说,每天每头牛在喂食的时候可以享用一升由卡勃耐红葡萄酒和墨尔乐红葡萄酒 (都是无甜味的葡萄酒)混合而成的葡萄酒。这种供应会持续 60 天。

麦克劳德说,一天一升的量不足以把牛灌醉,相反它们在喝酒后不仅食欲大增,而且更加温顺了,另外牛肉的颜色和保鲜性有了很大的改善,口感上更甜了,这可能得益于红葡萄酒中的抗氧化成分。技术人员认为,牛长到一定程度时会出现食欲减退,红葡萄酒不仅具有增进食欲的功效,而且可以改善血液循环,对人如此,对牛也是一样,可以帮助牛减轻"精神压力",使其"安心长肉"。

(2)以色列专家建议给肉牛喂大蒜味草料。据以色列《新消息报》近日报道,以色列农学家建议给食用牛喂大蒜味草料,认为这样做不仅可以减少牛感染虱子的概率,还能使牛肉更加美味。调查显示,没有喂大蒜味草料的牛感染虱子的概率比喂大蒜味草料的牛高 3倍。以色列农业部首席科学家丹·勒瓦依说:"研究结果清楚显示,大蒜味可以驱赶虱子……甚至可以使牛肉味道更好。"

18. 瘦牛增膘复壮有妙招

瘦牛科学增膘,只要方法得当,会很快膘肥体壮。

(1)饲料加蜜可增膘 每天将 100 克蜂蜜拌在精料中喂牛,一般连喂 10 天为一期,效果会较明显。若仍食欲不佳,再加喂一期,便会食欲大增,背毛光滑,体重增加。

(2)小米粥增膘法 每天加喂一次熬烂的小米粥,半月内便可明显增膘。每次用小米 1千克,用文火熬 1 小时。

（3）增加营养可增膘　用大豆粉、黑芝麻各 0.5 千克，炒焦压碎，开水冲熟后晾凉服下，分三次服，每天服一次。对食欲不振、瘤胃积食、百叶干燥、毛焦体瘦的牛，增膘效果最好。

（4）白菜、韭菜加香油增膘法　配方为白菜 1 千克、韭菜 0.5 千克，切碎后加少量香油和盐，炒熟后晾凉喂牛，每 2 天喂 1 次，连喂 4 次，便可食欲大增，渐渐地肥起来。

19. 黄烟巧治牛虱

牛虱是寄生于牛体外的一种寄生虫，牛剧痒，常常摩擦于物体，容易感染。治疗可用黄烟 250 克，植物油 500 毫升，加热后呈液状，趁热擦。

20. 牛肚子胀不吃食怎么办

用紫皮蒜 5 头，加白酒 250 克，混合后再加适量温开水一次灌服。预防：不要一次大量饲喂或放牧幼嫩多汁饲草（特别是紫花苜蓿等豆科牧草），青绿饲草最好掺一些优质的青干草饲喂。对腹围特别大的病牛应该穿刺放气，但注意放气要缓慢，以免牛虚脱。

21. 肉牛养殖中催肥添加剂的应用

肉牛在肥育期使用催肥饲料添加剂，可提高牛体同化（合成）代谢作用，使饲料中的氮源物质更多地转化为牛体蛋白质，碳水化合物更多地转化为脂肪；或改变牛体内不同激素的浓度对比，协调内分泌系统的功能而提高体内有利于牛体生长的激素分泌量；或控制牛体的代谢速度，以降低牛的活动量，从而降低牛的维持需要，使更多的营养物质特别是能量物质在体内的蓄积……而最终加速肉牛在肥育期的增重。

国内外许多研究和生产实践证明，催肥添加剂的使用，可使日增重提高 10%～20%，饲料转化效率提高 8%～20%，从而可缩短肉牛的肥育期，获得更高的经济效益。肉牛常用的催肥饲料添加剂如下。

（1）碳酸氢钠　牛瘤胃的酸性环境对微生物的活动有重要影响，尤其是当变换饲料类型时（如在肥育后期由粗饲料变换为高精料催肥时），可使瘤胃的 pH 显著下降，而影响瘤胃内微生物的活动，进而影响饲料的转化。在肉牛饲料中添加碳酸氢钠 0.7% 后，能使瘤胃的 pH 保持在 6.2～6.8 的范围内，符合瘤胃微生物增殖的需要，使瘤胃具有最佳的消化机能，提高 9% 的采食量，日增重提高 10% 以上。碳酸氢钠 66.7 克、磷酸二氢钾 33.3 克组成缓冲剂，肥育第 1 期添加量占牛日粮干物质的 1%，第 2 期添加 0.8%，日增重可提高 15.4%，精料消耗减少 13.08%，并且消化系统疾病的发病率大为减少。

（2）莫能菌素　又叫瘤胃素，每头牛每天 360 毫克混于精料中喂，或把混有莫能菌素的精料与粗饲料混合喂，一般增重可提高 15%～20%。

（3）非蛋白氮　用得最多最普遍的是尿素。牛是反刍动物，瘤胃中的微生物能利用尿素氮合成菌体蛋白质（真蛋白质），到肠道为牛利用。现代养牛业已广泛应用尿素等非蛋白氮替代牛饲料中的一部分蛋白质，提高低蛋白饲料中粗纤维的消化率，提高氮的保留量和增重。每 1 千克尿素的营养价值相当于 5 千克大豆饼或 7 千克亚麻籽饼的蛋白质营养价值。

饲喂方法：按每 100 千克体重尿素 20～30 克混在精料或把混有尿素的精料与粗饲料混合喂；或直接把尿素用水溶解后混拌或喷洒在青干草上喂；或尿素、玉米与糖浆混合成液状饲料喂；或添加尿素制作青贮喂。添加量一般为贮物湿重的 0.2%～0.5%。有人提出，尿素 3.4～4.0 千克、硫酸铵 1.5～2.0 千克分别配制成水溶液，掺入 1 吨青贮物中青贮，不仅增加了硫元素，还可减少尿素用量，降低成本，饲喂效果更好。肉牛喂非蛋白氮，增重可提高 10%～20%。

（4）益生素　如乳酸杆菌剂、双歧杆菌剂、枯草杆菌剂等，能激发自身菌种的增殖，抑制别种菌系的生长；产生酶、合成 B 族维生素，提高机体免疫功能，促进食欲，减少胃肠道疾病的发病率，具有催肥作用。添加量一般为牛日粮的 0.02%～0.2%。

（5）稀土　据测定，在肥育牛的日粮中添加稀土 1000 毫克／千克，日增重可提高 26.63%，料肉比降低 21.30%，饲料转化效率提高 23.39%。

（6）溴化钠　0.5 克溶于水中后拌精料喂，日增重可提高 16.4%～17.7%，胴体重、肉重分别可提高 8.6% 和 10.5%。

22. 养牛为什么要推广使用舔盐砖

（1）盐、食盐、舔盐砖的区别　盐是金属离子与酸根离子的化合物的统称，而我们通常用的食盐则主要是指氯化钠。舔盐砖是根据牛的生长发育需要，以食盐为载体，加入钙、磷、碘、铜、锌、锰、铁、硒等常量微量元素，经一定的工艺科学加工而成的。

（2）养牛为什么要使用舔盐砖　通常我们用于养牛的饲草饲料中也含有一定量的矿物质，然而存在着两方面的问题：一是矿物质的含量不平衡、不全面；二是其中的矿物质，特别是一些微量元素常被有机键紧密的联结，难以为牛机体吸收。舔盐砖是依据牛的生理特点，经科学加工而成的易被牛机体吸收的添加剂，牛机体需要得多就舔得多，需要得少就舔得少，而且方便，省工。

（3）舔盐砖的作用　①维持牛机体的电解质平衡；②促进牛的生长，提高饲料报酬；③促进牛的繁殖；④防治家畜矿物质营养缺乏症，如异嗜癖、白肌病、高产牛产后瘫痪、幼畜佝偻病和营养性贫血等。

（4）舔盐砖的使用方法　该产品呈扁圆柱体，中间有孔，饲喂时可吊挂于牛食槽或水槽上方或拴牛休息的地方，由其自由舔食。

（5）试验效果　用后五天，日产奶增加 1 千克／头。日增重多 0.12 千克／头。

（6）存在的问题及注意事项　①舔盐砖为易溶于水的物品，故严禁湿水或直接放入食槽、水槽；②个别奶牛开始时可能不舔，不要误认为牛不需要，一般这种牛，三天后即开始舔食。

23. 苜蓿喂畜需谨慎

苜蓿是一种优质牧草,营养价值高,适口性好,各种家畜都喜欢吃。但有的家畜采食大量苜蓿,经日光照射后,皮肤会出现炎症,即"苜蓿病"。

家畜患苜蓿病后,往往食欲减退或消失。轻者在其头部、四肢的皮肤无色素处,出现潮红、肿胀;炎症消失后,患部脱毛;牛四肢、胸腹下、乳房、颈部等处常出现疹块,瘙痒不安。重者皮肤明显肿胀,触摸敏感疼痛,有的破溃化脓而感染;有的结膜黄染、流涎、腹痛、便秘;还有的出现神经症状,如兴奋不安或昏睡、麻痹等。

防治苜蓿病可用以下方法:

(1)家畜饲喂苜蓿后,不要让其在强烈的日光下照射;也不要在烈日下到长有苜蓿的草地上放牧。用苜蓿饲喂家畜时,必须搭配其他饲草(干青草更好)。

(2)发病后,立即停喂苜蓿,将病畜赶到较阴凉的地方。

(3)用植物油(豆油、花生油等)或动物油(猪油、獾油等)500毫升,一次灌服。

(4)皮肤上的炎症可用3%水杨酸洗涤,然后再涂擦消炎软膏。

(5)用25%葡萄糖150毫升,40%乌洛托品60毫升,安纳钾25毫升,一次静脉注射,每天1次,连用5天。

24. 新麦糠直接喂肉牛慎当心

许多饲养户都习惯于用新麦糠直接喂家畜,这种喂法不好。因为家畜吃了未经处理的新麦糠,口腔黏膜往往被麦芒扎破而引起口腔炎。

肉牛患口腔炎后,想吃食而又拒食;把饲料采到口中而不敢咀嚼,或者咀嚼几口后又把饲料吐出;口中不断流出白色浑浊黏液;口腔内可见到牙根及舌底等处扎满麦芒。

预防口腔炎最好的办法是将新麦糠进行碱化处理后再喂。处理方法:用0.3%的石灰水浸泡新麦糠,石灰水的用量因麦糠数量而定,一般以淹过麦糠为宜;浸泡30分钟后捞出麦糠,堆在木板或水泥地上闷着,使新麦糠碱化变软,再用清水冲净即可饲喂。这样不但能预防家畜口腔炎,而且提高了饲料的适口性,增加了钙质含量,使家畜不易患软骨病。

一旦发生此病,首先要将家畜口腔内的麦芒清除干净,再用清水冲洗口腔,防止感染。然后用以下方法治疗:

(1)煅石膏粉敷患处,每天敷3次,连敷3天;

(2)香油调油菜秆灰涂患处,效果很好;

(3)蜂蜜调麻秆灰涂患处;

(4)用1%甲紫溶液涂患处;

(5)用1%的磺胺甘油乳剂涂病畜口腔,每天涂3次,连涂3天,即可痊愈。

25. 农村养肉牛误区

(1)父本品种单一 目前农村养肉牛大多从传统养牛的毛色(如秦川牛)和习惯来挑选父本,而对其他品种不愿接受。优质品种单一,致使其杂交优势不能充分发挥,结果造成牛增重慢,饲料报酬低,养牛效益不高。

(2)使用杂种公牛配种 由于缺乏科学养牛知识,使用杂种公牛配种,使后代生产力低下,杂交优势退化。

(3)轻培育 犊牛出生后补饲不足,尤其生后第一、二个冬春舍饲期间很少补料或不补料,致使改良牛生长发育严重受阻,使出栏时间延长,经济效益不高。要想提高养牛效益,就必须从培育犊牛抓起,特别是要搞好第一、二个冬春舍饲期的补饲,使其在18~24个月龄体重达300千克以上时出栏。

(4)粗饲料不经加工处理喂牛 大量科学试验早已证实,秸秆经过科学加工处理后,既可提高秸秆的利用率、适口性和营养成分,又能促进增重育肥效果和加快出栏、提高出栏率。因此,必须将喂牛的各种粗饲料进行科学的加工处理,积极推广应用秸秆青贮、氨化和微贮等秸秆加工处理新技术。

(5)管理粗放 目前农户养牛的牛舍多数较简陋,育肥牛舍温度偏低,牛每日排出的粪尿清理不及时,舍内阴暗潮湿,常年对牛体不刷拭,常年拴在舍内不运动,不晒太阳。要使牛增重快,出栏率高,效益好,农户养牛就必须重牛舍建设,使牛舍能做到冬暖夏凉,冬季使舍内的温度保持在5℃以上。牛舍必须做到每日定时清理粪尿,舍内要注意通风换气,对牛体要每日进行刷拭,每日要将牛赶到舍外,进行晒太阳和运动,以增强牛的体质和抗病力,以达到增膘增重快的目的。

26. 饲养架子牛技术要领

(1)架子牛的选择 12月龄以上的牛都称为架子牛,体重在250~350千克较佳。体貌要好,头短宽,脊背宽,体型大,皮松有弹性,并要经过严格检疫和消毒。要选择引进品种如西门塔尔、夏洛来等与国内黄牛的杂交后代作为架子牛。

(2)饲养管理要点

①育肥前期(也叫过渡饲养期):大约15天。经过长时间、长距离的运输以及环境的改变,一般应激反应比较大,胃肠中食物少,体内失水严重。因此,首先应提供清洁的饮水,并在水中加适量的人工盐。但要防止牛暴饮,第一次限量每头10~20千克为宜。4小时后可以让其自由饮水。要保持环境安静,防止惊吓,让其尽快适应育肥环境条件,然后让牛自由采食粗饲料,以干青草为宜,且每天每头补饲精饲料500克,与粗饲料拌匀后饲喂,由少到多,逐渐增加到1.5千克。另外,在此阶段进行必要的驱虫与健胃工作。

②育肥中期:需45~75天。精粗饲料比例为45∶55~50∶50。建议配方:玉米65%,

大麦 10%、麦麸 14%、菜子粕 10%、添加剂 1%。另外,每头牛每天补加磷酸氢钙100 克、食盐 40 克。

③育肥后期:通常为 30～80 天。精粗饲料比例为 1∶1～1.5∶1。建议配方:玉米 75%、大麦 10%、菜子粕 8%、麦麸 6%、添加剂 1%。另外,每头牛每天加磷酸氢钙 80 克、食盐 40 克。

要保持牛舍清洁卫生,定期打扫,定期消毒,绝对不给牛饲喂发霉变质的饲料,饮水要清洁,冬季饮水中不能有冰,加强牛舍的保暖防寒,做好疾病防疫工作,牛舍周围保持安静,尽量减少应激因素。

27. 过冬肉牛的饲养管理要点

(1)注意入冬前抓好膘 利用秋天不冷不热牛食欲好,放牧时应利用好青草。牛吃得好,吸收养料多,就能积蓄一些油脂,就可以抵御严寒,保持健康。

(2)注意牛舍保温 保温的牛舍可减少牛体热量的散失,入冬前一定要把牛舍修好,不能有贼风侵袭。

(3)防止有啥喂啥 每日每头粗料不可低于 6 千克,饲草和精料更要多样化,不能总给一种饲料喂养。

(4)注意饮水不足 牛的代谢和体温是靠水来调节的,在饮水时水面上撒一把麸皮,可防止暴饮。如有温水饮,更有利于母牛保温保胎。

(5)注意不要粗放喂养 秸秆饲料粗硬,喂前一定要粉碎,以 3～4 厘米为宜,粉后的秸秆利用率高,牛易上膘。

(6)注意喂牛要及时 牛该喂时不喂,没有规律,易造成消化紊乱,牛可因饥饿过度,暴饮暴食,会引发一些疾病。定时定量,保持正常的消化状态。

(7)注意不要喂发霉变质的饲料 饲料里有丰富的营养,发霉变质后可转化为有毒物质,可引起中毒,牛食用后有时造成大批死亡。因此切忌喂发霉变质的饲料,必须加强对饲料的贮存。

28. 育肥牛"五最"效益高

(1)最优的肉牛品种 实践证明,夏洛来、西门塔尔杂交一代公牛的育肥效果好,不经杂交的本地黄牛育肥效果差。此外,黑白花杂交一代公牛效果也较好。

(2)最佳的育肥季节 秋季饲料充足,气温适宜,是育肥牛的大好时机。

(3)最科学的饲养技术 巧选牛,购买 1.5～3.0 岁、发育正常、中等膘情、健康没病的牛育肥。巧驱虫,育肥前驱虫 1 次,不仅可减少营养消耗,又防止了胃穿孔。巧饲喂,育肥时,每天喂 4 次,先喂料,最后饮水。拴系饲养,一牛一槽一牛桩,拴系时绳长 40 厘米,限制运动,减少热量消耗,夜间让其进牛舍休息。

（4）最适宜的出栏期　1.5～2.0岁牛育肥,90～100天出栏较好,3～4岁牛育肥80天出栏最好。

（5）最严格的防疫灭病制度　要加强管理,搞好消毒与防疫,无病早防,有病早治,保证育肥牛的身体健康。

29. 肉牛每天需水量及缺水的危害

水在牛体成分中的比例占58%～60%,水是牛生命活动必不可少的物质。因为水不是营养物质,所以在生产中人们对牛的饮水量不够重视,认为饮多饮少无关紧要,其实这种想法是非常错误的。研究表明,缺水比缺少其他营养物质更易引发代谢障碍。短时间缺水,就会引起食欲减退,生产力下降;较长时间的缺水,会使饲料消化发生障碍,代谢物质排出困难,血液浓度及体温也随之升高,当因缺水使体重下降20%时便会死亡。

牛的日需水量常以采食干物质的量估计,即每采食1千克干物质饲料需水3.5～5.5千克。例如,体重为200千克的生长肉牛,每天采食7千克的干物质,则需水24.5～38.5千克。一般气温高时,则需水量较高;母牛处于泌乳期,需水量也较高。

30. 选牛口诀,养殖必备

"远看一张皮,近看四只蹄;前看鬐甲高,后看屁股齐。"

健康肉牛背毛整齐光亮,毛短而伏贴,皮薄富有弹性。

四蹄要圆大,大小一致,色黑有光,蹄趾对称,蹄壳整齐,质地坚韧,蹄缝紧密,不易嵌入石块等异物。

臀部宽大整齐的肉牛,后躯发达,有较强的推进力和耐久力。

"胸深能放斗,腹圆肋骨拱;摸索不招头,必定是好牛。"

胸部宽深丰满的肉牛,心肺发达,利于正常呼吸和血液循环,力气就充足。

腹宽而圆大,不上吊下垂,肋骨开张,肋间紧密,则说明它有一套发达的胃肠器官,可容纳和消化大量的饲料,保证营养物质的供应,满足使役时能量的需要。

从外表看,公牛头要粗短,骨骼显露,血管明显,精壮有生气;母牛头应稍狭长,外形秀丽。

不论公母牛,要求"嘴圆大,鼻镜宽,两耳薄,眼大有神,两角对称"。

"肢直如箭,善走不用鞭;后肢弯似弓,运步快如风。"

一头好肉牛前肢应与地面垂直。肢间距离宽,后肢主要起推进作用,宜微弯曲。

31. 塑料暖棚饲养牛技术

（1）塑料暖棚的主要技术参数　塑料暖棚必须适合于牛生活和生产的综合环境条件。所以采光、温度、相对湿度及有害气体的含量等方面必须注意。塑料暖棚设计的原则是在坚固耐用性基础上有良好的采光,保温和通风换气性能,根据目前塑料暖棚建造的实践,提出一些参数以供参考。

①暖棚的规格:适度规模养殖,暖棚的规格根据饲养规范确定。

饲养规模,可按每头牛 1.6~1.8 平方米(实用面积)确定建筑面积。

②跨度与长宽:跨度主要根据当地冬季雨雪多少以及冬季晴天多少而确定。冬季雨雪多的以窄为宜(5~6 米),雨雪少的可以放宽(7~8 米)。冬季晴天多的地区太阳利用较充分,可以放宽,以增加室内宽度,相反阴天多的地区应该窄一些。

③高度与高跨比:暖棚的高度是指屋脊的高度。它与跨度有一定关系,在跨度确定的情况下,高度增加,暖棚的屋面角度增加,从而提高采光效果。因此适当增加高度,在较好保温的同时,能提高采光效果,进而增加蓄热量,可弥补热量损失,高度一般以 2.0~2.6 米为宜,高跨比为 2.4:10 到 3.0:10,最高不宜超过 3.5:10,最低不宜低于 2.1:10。

④棚面弧度:在半拱圆形和拱圆形塑料膜暖棚的设计工程中,要充分考虑到牢固性。早晨不太严寒,天气透明高的地区以偏东为宜,以便于早晨采光,偏东和偏西以 5 度为宜,不宜超过 10 度。则暖棚跨度 10 米,中高 2.5 米,从地面上画一道 0~10 米直线,共分 9 个点,每个点向上引垂线,确定各点高度,将有关数据代入公式:

$y0 = (4f/12) \times n(1-x)$

$y1 = (4 \times 2.5/10^2) \times 1(10-1) = 0.9(米)$

$y2 = (4 \times 2.5/10^2) \times 2(10-2) = 1.6(米)$

$y3 = (4 \times 2.5/10^2) \times 3(10-3) = 2.1(米)$

即距 0 的 1、2、3 米处的高度分别为 0.9、1.6、2.1。依次类推,4、5、6、7、8、9 米处的高度为 2.4、2.5、2.1、1.6、0.9 米。将各点连接起来,就形成了一个合理的圆拱形暖棚弧线。

⑤后墙高度和后坡角度:后墙矮,后坡角度大,保温比大,冬至前后阳光照到坡内表面,有利于保温,但棚内作业不方便;后墙高,后坡角度小,保温比小,保温差,但有利于棚内作业。综合考虑后墙高度以 1.2~1.8 米为宜,后坡角度以 30 度左右为宜。

⑥暖棚前面和两侧无阴影距离:暖棚非常需要太阳辐射的光和热,所以前面和两侧扇形范围内,不允许任何地貌、地物遮挡太阳的光线。一般来说,在暖棚的东西和南北 8 米范围内,不应有超过 3 米高的物体。

⑦保温比:暖棚的保温比即畜床面积/维护面积,保温比越大热效能越高。暖棚需要保温,但也要求白天有充分的光照,晴朗的白天太阳辐射到暖棚内的光线很强,热能伴随而来,这时暖棚的保温和光照无疑是统一的,刮风下雪天,特别是夜间,暖棚准备的采光面越大,对保温越不利,保温的采光便发生矛盾。所以,兼顾采光和保温要考虑保温比,一般保温比为 0.6~0.7。

（2）暖棚场地选择与构造

①塑膜暖棚场地选择：塑膜暖棚场地宜选择在地势高、开阔、干燥、无污染、水源方便，避风向阳地方，地面平坦而略有坡度，坡度以 1%～3% 为好，最大不宜超过 25%，通风良好，热交流方便。

②棚舍走向：不论是半坡型还是半拱圆形，都适宜坐北向南，东西走向，在农、牧区早晨空气无污染，太阳光通过率高，应偏东 10 度为好，便于早上采光。双列或塑膜暖棚，无论是等面式，不等面式，还是拱圆形，都适宜南北走向。

③塑膜暖棚构造：各种类型的塑膜暖棚其构造大致相同，都是由基础、前沿墙、后墙、山墙、牛床、地窗、天窗、侧窗、屋面、棚面、间柱、中梁等构成。基础是指承载整个塑膜暖棚舍重量的底座部分，一般由砂石和混凝土构成；前墙一般由砖或混凝土构成，后墙一般由土坯和草；牛羊站床是指牛羊休息以及活动范围场地，牛垫床由垫料构成，其一般由混凝土构成；出入口是指饲养人员和牛羊进出棚舍的通道，一般由木料或钢材加工而成；地窗是指棚舍墙距地面 5～10 厘米处所留的进气孔（即前沿墙 1/2 以下处留进气口），便于热空气进入牛羊棚舍；天窗是棚舍面出所留的排气孔（即后沿墙 2/3 以上处留有排气孔），便于有害气体排出；侧窗是指在两山墙高处所留的通风换气孔，一般情况下，侧窗的高度可以不相同，以免形成穿堂风；屋面是指暖棚舍用木椽、竹席、草泥、油毛毡或塑胶沫块等所覆盖的固定部分；棚面是指暖棚舍用塑料薄膜覆盖的部分；间柱是指暖棚舍内的支柱；中梁是指横跨两山墙最高点的大梁。其各构成部分规格应根据暖棚舍的不同类型而定。

A. 暖棚牛舍：采用坐北向南，东西走向的牛拱圆形塑膜暖棚。棚舍中梁高 2.5 米，后墙高 1.8 米，前沿墙高 1.2 米，前后跨度 5 米，左右宽 8 米，中梁与前沿墙之间竹片和塑料棚舍搭成拱形塑膜棚面。中梁下面沿圈舍走向设饲槽（高处地面 40 厘米左右），将牛舍与人行道路隔开，后墙距离中梁 3 米，前沿墙距离中梁 3 米，在一端墙上留两道门，一道门通牛舍，供牛出入和便于清理粪便，另一道门通入人行道，供饲养人员出入。

最简单的塑膜暖棚墙以土坯为主、砖混为辅的混合墙。内墙和后墙可以用土坯建设，前沿墙、分栏墙和圈舍与工作走道隔断，墙用砖修建成或用混凝土修建。土墙建筑在圈舍部分要用混凝土包裹起来，其余部分用白灰封刷。这种墙价格低廉，但使用年限较短。比较正规的塑膜暖棚墙为混合型墙，白灰封刷，这种墙基牢固，耐用、防潮、防腐蚀、保暖性好，虽然一次性投资比较大，但是使用年限长，能发挥长期效益。

塑膜暖棚牛舍一年四季其日光的照射量（以下简称日射量）是不同的。据测定，冬季室外日射量为 1356.5 焦 /（平方厘米·天），室内日射量为 971.3 焦 /（平方厘米·天）；夏季室外日射量为 2369.7 焦 /（平方厘米·天），室内日射量为 1637.0 焦 /（平方厘米·天）。

日射量不仅有季节性区别，而且在同一季节不同大气也有不同的变化，在冬季，假定室外日射量晴天为 100%，那么阴天就为 35.2%，雨天则只有 11.4%；室内为：晴天 71.6%，阴天 54.4%，雨天 48.6%；室内日射量白天最大值为：晴天 3.77 焦 /(平方厘米·分)，阴天 2.09 焦 /(平方厘米·分)，雨天为 1.26 焦 /(平方厘米·分)。

因此，只有掌握住日射量的变化规律，才能在不同季节和不同天气变化的情况下，采取不同方式和措施管理好塑膜暖棚舍的采光。在密封式塑膜棚内湿度变化有规律，从垂直方向讲，由于热空气上升，天棚和屋顶附近温度较高，地面湿度较低；从水平方向讲，由于热交，换靠近门、窗及墙壁等处的温度较低，暖棚中间室温比较高。因此，在阴雨天或者清晨要把握好通风换气的时间和日常通风换气的设置部位，以利保温。提高塑膜暖棚温度，除尽可能接受太阳光辐射和加强棚舍热交换管理外，还可以采取挖防寒沟、覆盖草帘、地温加热等。

防寒沟：在棚舍四周挖环形防寒沟，一般防寒沟宽 30 厘米，深 50～100 厘米，在沟内填上炉灰渣或麦秸拌废柴油，夯实，顶部用草泥封死。

覆盖草帘：覆盖草帘主要是控制夜间棚舍内热能不通过或少通过塑膜传向外界大气层，以保持棚内较高的温度。

地温加热：具体方法是棚舍下沿前墙挖一深 100 厘米、长和宽约 50 厘米的坑，然后沿牛羊站床搭火炕，火炕前面厚，后面薄，在暖棚中央处(亦可根据各自棚舍设计确定位置)架设烟囱。

B. 湿度：空气中所含水分数量的多少，有绝对湿度和相对湿度之分。

绝对湿度即空气中所含水量的多少，季节的不同大气候中绝对湿度差异很大。一般情况下，冬季早晨为 2 克 / 立方米，白天为 2.5 克 / 立方米；春天早为 5 克 / 立方米，白天为 7 克 / 立方米；夏季早晨为 10 克 / 立方米，白天为 15 克 / 立方米。春天一般情况下是冬天的 2 倍，在室内小气候中，绝对湿度也随季节的变化而变化。

相对湿度是指在相同温度下 1 立方米空气中所含水量与 1 立方米饱和湿空气中所含水量的比。通常所说的湿度是指相对湿度。在塑膜暖棚内相对湿度随季节变化和棚内温度等条件的变化而变化。在养殖棚内，如果一定的加温和换气的情况下，冬季相对湿度不会超过 90%。

塑膜暖棚内湿度控制在实际操作过程中问题比较多，搞不好会出现湿度过大，影响肉牛生长。湿度控制应采取综合治理措施，除平时及时清理牛粪尿，保证牛站床无粪尿堆积、加强通风换气管理外，还应加强棚膜管理和增设干燥带。

a. 加强棚膜管理：塑膜棚的透光率一般在 80% 以上，但覆盖在棚架上以后就会逐渐发生变化，表面出现灰土和水珠，甚至外面积雪等，会严重影响透光，降低棚内温度，增大棚内湿度。尤其是聚氯乙烯膜与灰尘有较强的亲和力，当棚膜表面附有灰尘时，可损失可见光 15% ~ 20%;棚膜表面附有水珠时,可使入射光发生散射现象,损失可见光 10%左右。因此,要经常擦拭塑膜表面的灰尘和水珠,以保持棚膜清洁,获得尽可能大的光照度。

b. 增设干燥带:塑膜暖棚干燥带可设多处,主要设在前沿墙和工作走道上,而前沿增加干燥效果最好。具体做法:将前后墙砌成空心墙,当墙砌成规定高度时,形成凹形墙,凹形墙的外缘砌成空心墙,凹形墙的外缘与棚膜光滑连接,凹形槽内添加沙子、白灰等吸湿性较强的材料,当水滴沿棚膜下滑,滑至前墙时,水滴就会很自然地流入凹形槽内,被干燥带中的干燥材料所吸收,这样只要勤换干燥材料就可以达到湿度控制的最佳效果。

c. 尘埃、微生物和有害气体

塑膜暖棚内尘埃以 10 ~ 100 微米的颗粒居多, 小于 5 微米的颗粒可以长期悬浮在空中。尘埃的形成是牛本身活动和饲养人员打扫卫生所致,它的增多不但影响透光率,而且还对牛体健康不利。有效控制办法就是增加通风换气量和减少人为造成的不应有的污染。

塑膜暖棚内有害气体主要有二氧化碳、硫化氢、氨气和少量甲烷气体。二氧化碳主要来源于牛的呼吸,它对牛的危害不大,一般来说塑膜暖棚在适当通风换气的情况下对牛构不成危害;硫化氢主要来源于含硫有机物的分解,牛食入含硫量高的蛋白质饲料,在体内腐败、发酵,随粪尿排出体外,有些还进一步腐败、挥发,它密度大,易溶于水,主要分布在地面附近,对牛危害大;氨主要来源于含氮有机物的腐败分解,如剩余饲料、粪便、垫草等含氮有机物,它密度小,水中溶解度高,由于产自地面,所以一般分布在离地面较近的地方和墙壁四周,过量的氨气对牛危害程度比较大,尤其容易造成牛的眼睛结膜炎、黏膜炎等。控制有害气体除及时清理牛羊粪尿外,还要加强通风换气。

通风换气可以有效控制棚内有害气体、尘埃和微生物,但是,通风换气和保温是一对矛盾。因此,通风换气一定要和保温密切联系起来,只有这样才不会顾此失彼。通风换气时间一般应把握在外界温度高的中午, 打开太阳光照射一面的进气孔和棚顶排气孔进行换气。清晨宜在太阳刚出时或太阳出来后进行通风换气,但时间不宜过长。夜间气温低,不宜换气。换气时间不宜太长,一般每次半小时左右。最好采取间歇式换气法:换气→停→再换气→再停。具体换气次数和时间要根据棚舍大小、牛只多少和人对舍内气体的感觉来决定。

根据热量计算通风换气量,实际是根据棚内余热计算通风换气量,这个通风量只能用于排除多余的水分和污浊空气。但用热平衡计算的办法来衡量暖棚保温性能的好坏,所确定的通风换气量能否得到保证以及是否补充热源等,都具有重要意义。

第十五章　肉牛的疾病防治与防疫

第一节　牛猝死症的防治

牛猝死症是近年来在我国各地普遍发生的一种新的病症，备受养殖户的关注。很多肉牛养殖的规模肉牛场出现了以发病急、病程短、死亡快、病死率高为主要特征的一种疾病，其特点是发病急、症状不明显，常来不及治疗即死亡，对养牛业危害极大。由于病牛不见任何征兆而突然死亡，所以称为肉牛"猝死症"。

一、病因

1. 牛误食氟乙酰胺污染的饲草和饲料。
2. 牛感染 A 型魏氏梭菌引发本病，或致病大肠杆菌混合感染引发。
3. 牛严重缺硒引起急性死亡
4. 天气忽冷忽热，饲草料单一，饲草料发霉变质也会引起牛猝死症。

二、由魏氏梭菌引起肉牛猝死临床症状

肉牛在采食后不久或休息时，突然倒地，四肢滑动如游泳状，几声哞叫后很快死亡。本病特点是肉牛发病急，多是频频鸣叫、惊恐、口吐白色或暗红色泡沫，全身肌肉颤动抽搐，尤为肩部和臀部肌肉明显；共济失调，时而不顾障碍向前直冲，时而后腿倒地呈犬坐姿势，唇顶槽沿；听诊心跳快、心律不齐、体温基本正常或偏低，突然倒地，四肢滑动，很快死亡。

三、剖检变化

肉眼观察，可视黏膜发绀，腹部略显膨大，口吐白沫，心包积液，心内外膜、心肌有出血点，冠状动脉和后腔大动脉均有出血；肺肿大、色深、肺尖叶瘀血明显，气管与支气管内有黏液，肝肿大、瘀血；胆囊肿大，充满胆汁；脾肿大，有出血点；胰脏出血或瘀血；瘤胃积食，皱胃空虚，胃黏膜出血；肠黏膜脱落，回肠、空肠呈广泛性出血，黏膜层脱落严重；肠系膜淋巴结显著肿大、出血，有坏死状；肾色淡有广泛性出血。

四、实验室诊断

采心、肝、肺、脾、胃、肠等病料送专业实验室诊断。

1. 镜检

采用血肠段黏膜涂片,进行革兰氏染色,镜检可见到粗大而两端钝圆的 G+ 梭菌存在。(即魏氏梭菌)。

2. 平皿培养

在鲜血琼脂平皿培养有圆形凸起的单个菌落,直径 2~3 毫米,半透明,表面光滑,且菌落周围出现双重溶血;在乳糖牛奶卵黄脂平皿上,菌落周围和下面出现浮浊带,菌落周围呈现红色晕环,确定为 A 型魏氏梭菌。

3. 肠毒素测定

取小肠内容物,按 1∶5 稀释,3000 转 / 分,离心 30 分钟,用灭菌注射器吸取上清液注射小白鼠的尾静脉内,注射剂量分别为 0.1 毫升、0.2 毫升、0.4 毫升、0.6 毫升。结果在 10 分钟内,4 组小白鼠全部出现神经症状后迅速死亡,说明肠内容物含有大量毒素。如果要确定魏氏梭菌的型,可再用魏氏梭菌 A、B、C、D 4 型抗毒素血清进行交叉中和实验,可准确定型为 A、B、C、D 其中的某一类型。

五、防治措施

本病诊治困难,应以预防为主。

1. 预防接种,用牛魏氏梭菌灭活疫苗接种,用量用法按照瓶签说明。

2. 用抗牛魏氏梭菌高免血清和患魏氏梭菌病康复牛血清治疗有效。

3. 青霉素、链霉素、庆大霉素、红霉素、林可霉素和磺胺药对本病治疗有效。

4. 对严重缺硒引导起的死亡应采用综合性预防措施。对于缺硒地区,应立即定期给牛补饲含硒 VE,对于 A 型魏氏梭菌感染为主的地区,可选用多联魏氏梭菌疫苗。

5. 做好消毒工作,加强对疫点、疫区及规模养殖场等重点区域的消毒,确保肉牛经常处于有效保护状态。

6. 新建圈舍应先进行消毒后,或经太阳光暴晒一段时间,方可进入肉牛。在对牛舍垫土时,一定要注意对垫料进行消毒,尤其是对在沟坎或空闲地等挖掘土壤的消毒,如果挖到有动物尸体残骸的土壤,严禁使用。提倡清粪式饲养模式,减少或不用垫土,避免类似情况发生。同时,坚决杜绝养殖户倒牛贩牛。

7. 加强饲养管理。提倡采用全价精饲料喂养肉牛,科学合理的搭配青嫩多汁青贮饲料,增强肉牛休质,避免异嗜癖发生,做好牛舍的清洁、消毒工作,提高肉牛的免疫力和抵抗力。

第二节　肉牛常见病的防治方法

1. 支气管炎与肺炎

症状:早晚咳嗽非常明显,会流清鼻涕,呼吸异常困难,体温会升高到40℃左右。

防治:加强肉牛的防寒保暖,对肉牛的饲养管理更精心。治疗肉牛的支气管炎与肺炎的药用青霉素300万~600万国际单位,链霉素150万~200万国际单位,安基比林20~30毫升肌注。紫苏、荆芥、前胡、防风、桔梗、黄柏、麻黄、生姜各30克,党参、黄芪各40克,甘草20克,水煎取汁内服,连着灌服2~3剂。

2. 低温症

病因:因受到寒潮的侵袭导致的。

症状:病牛精神差食减,起卧困难,耳、鼻甚至全身都冰凉,体温在36℃以下,常衰竭死亡。

防治:供给优质、易消化的饲料,加强防寒保暖,同时静脉注射5%~20%的葡萄糖液1500~2000毫升,肌肉注射10%樟脑磺酸钠10~20毫升,并配合中药熟附子60克,干姜、炙甘草各40克,研末,开水冲,稍温一次内服,连用2~3天。

3. 百叶干

症状:患肉牛精神萎靡,鼻镜干燥龟裂,粪便像粟,腹痛,反刍停止。

防治:加强饲养管理,搭配喂青料,供足饮水,加强运动。药用硫酸钠500克,兑水500毫升,一次内服;或用白糖、蜂蜜250克,兑水500毫升,一次内服,同时向瓣胃中注入30%的硫酸钠溶液400毫升。

4. 前胃迟缓

症状:食欲时好时坏,反刍减弱或停止。

治疗:给病牛静脉注射10%氯化钠300~500毫升,维生素B_1 30~50毫升、10%安钠咖10~20毫升,每天1次;同时取党参、白术、陈皮、茯苓、木香各30克,麦芽、山楂、神曲各60克,槟榔20克,煎水内服。

5. 风湿症

症状:患牛后躯板直,起卧困难,食量减少。

治疗:用热敷方法,取黑豆15千克,醋0.5千克,面袋1条。把黑豆炒热加醋拌匀,趁热装入面袋平搭于患牛腰上热敷1小时,日敷2次,连敷3天。同时内服茴香散,效果会更好。

第三节 牛病治疗偏方

1. 母牛不孕症。用母牛产后的胎衣 1 个,晒干后加益母草 200 克熬水灌服,连用 2 ~ 4 次。

2. 牛中暑。鱼腥草 1000 克,韭菜 500 克,水煎取汁,待凉后加童便 1 碗,1 次内服。

3. 虚寒腹泻。党参、茯苓各 60 克,干姜、白术、附子、厚朴、甘草各 30 克,白芍 20 克,水煎取汁,内服,连用 2 ~ 3 剂。

4. 牛黏液性痢疾。用蜂胶 30 ~ 60 克,马齿苋 120 ~ 250 克,红痢加白糖,白痢加红糖煎水调服。

5. 牛湿疹。食醋 1000 毫升与炉甘石等量混合,晒干研末,敷于患处,每天 1 次,连用 3 ~ 5 次。

6. 牛鼻出血。鲜蒲公英 500 克,白糖 100 克,煎水取汁内服。

7. 牛结膜炎。川黄连 15 克,水煎取浓汁 20 毫升,加等量蜂蜜调匀点眼。

8. 牛肚胀。10% 新鲜石灰乳 250 克,加入等量煎沸的植物油搅匀,凉后 1 次灌服。

9. 牛翻胃吐草。陈石灰 200 克,黄酒 60 毫升,加开水 1 次内服。

10. 牛胃肠火。花椒、山药、生地各 30 克,胡椒 15 克,蜂蜡 60 克,糯米 100 克(炒焦),加水煎取汁内服。

11. 牛虱。头天用鲜桃叶 1 千克加水 2 千克煎汤,洗牛身上虱子活动处,第 2 天再洗 1 次。

12. 牛有机磷中毒。取绿豆 1000 克磨浆加鸡蛋 20 个,醋 250 毫升,共服。

13. 牛误食化肥。用绿豆 1000 克加水磨浆,甘草 100 克粉碎后混后灌服。

14. 牛肾炎水肿。茶叶 40 克,黄花菜 120 克,豆腐 400 克,煮烂,连汤 1 次内服。

15. 牛瘦弱症。取红枣 300 克,红糖 250 克,当归 60 克,水煎喂服,5 天 1 次,一般连用 2 ~ 3 例。

16. 牛便血。取松树外壳硬层树皮 200 克,红糖 100 克,加水煎汁,每天 3 次,连用 3 天。

第四节　中西医结合治疗牛肠炎

牛肠炎(血痢):以断奶后牛犊和 1～2 岁小牛发病率高,成年牛也有发生,黄牛比水牛多发,3～8 月份易发,呈地方性或散发性流行。

1. 临床症状

患牛发病时体温 38℃～39.5℃,粪便较稀软,而后呈粥样,拉粪不能一次完成,有少许血块或黏液。2～3 天后,粪便更稀,排粪呈水样或喷射状,拉粪数增多,粪中带大量黑色血块或黏液。少数病例,便血呈鲜红色。舌苔黄褐色,口内黏液较多、味恶臭。大部分病例,被毛逆立,腹痛,起卧不安,采食反刍减少,小便短黄,口渴,频频饮水。严重的病牛,步态不稳,跌倒抽搐,眼睑上翻,眼结膜苍白或发紫,病牛喜卧地,精神沉郁,有腹痛现象。

2. 治疗

(1)中药疗法:清热燥湿,止血止泻,健脾补气。

方一:灶心土 100 克,侧柏枝一把(烧成灰),混合后一次灌服。

方二:鲜马齿苋 1500 克,龙胆草 80～150 克,捣烂取汁,加童便 2 碗,混合后一次灌服。

方三:地榆 34 克,血竭 32 克,黄柏 30 克,仙鹤草 34 克,龙胆草 23 克,茵陈 28 克,共研为末,开水冲烫,温凉后灌服。

方四:槐花(炒),加等量的蜂蜜,空腹喂下,每天 1 次喂 800 克,连服 3～6 天。

方五:云南白药 6～10 克,用温开水溶化后灌服。

方六:槐花(炒)70 克,当归 40 克,黄芪 40 克,地榆 48 克,沙参 37 克,地黄 45 克,甘草 30 克,白芍 36 克,共研为细末,用蜂蜜 200 克为引,开水冲,温凉后灌服。如果病牛气弱喘急,加阿胶 36 克;粪便稀,呈黄色,加苍术、茯苓、白术各 35 克;体质瘦弱,四肢无力,加党参 38 克,五味子 35 克;小便短赤,加茯苓 37 克,车前子 30 克,泽泻 38 克;若食欲、反刍减少或停止,加厚朴 38 克,青皮 40 克,大黄(酒炒)36 克。

(2)西药疗法

方一:用 0.1%～0.2%高锰酸钾溶液,每次用药 4～5 克,每天灌服 1 次,连用 2 天。

方二:用 3%～5%晶体明矾,每次用 700～1600 毫升灌服。

方三:用磺胺脒 20～30 克、痢菌净可溶性粉 50～100 克(含量 2%)一次灌服。

方四:用 5%葡萄糖生理盐水,或复方氯化钠溶液 700～1500 毫升,加安钠咖、维生素 C 或碳酸氢钠静脉注射。

方五:因长期泻痢造成脱水者,可用补液盐 100～150 克兑水,让牛自由饮用。

第五节　秋季"牛瘤胃臌胀病"的防治

牛的"瘤胃臌胀病"也叫做"瘤胃臌全",是牛采食了大量容易发酵产气的牧草,使瘤胃急剧发生臌胀的疾病。本病主要发生在秋季。

(一)病因

一是牧草(特别是苜蓿、紫云英、三叶等豆科牧草)幼嫩多汁,二是牧草带有露水或潮湿,三是深秋牧草上有霜雪。牛采食了上述几种牧草后,很容易发生瘤胃膨胀病。

(二)症状

发病后出现腹痛,病牛回头看腹,后肢踢腹,食欲废绝,腹围急剧膨大,叩诊呈现鼓音。如果治疗不及时,瘤胃常发生破裂而死亡。

(三)防治

1. 秋季要加强对牛的饲养管理,放牧或舍饲的牛都要防止一次吃过多幼嫩的豆科牧草;也不能饲喂带露水和霜雪的草。

2. 用涂有松馏油的木棒横于口中,用绳子拴在嘴角上固定,使牛张口不断咀嚼,促进嗳气。

3. 对急剧膨胀的病牛,要立即插入胃管排气,或用套管针在左胁窝部进行瘤胃穿刺放气急救。

4. 5%水合氯醛注射液 500 毫升,一次静脉注射。

5. 硫酸镁 800 克,加水 6 升,溶解后一次灌服。

6. 烟叶末 100 克,菜油 250 毫升,松节油 50 毫升,常水 500 毫升,混合均匀后一次灌服。

第六节　肉牛腹泻的治疗方法

1. 草食性腹泻

牛采食过多的刚萌芽的嫩草或青料,导致胃肠功能失调而引起下泻,粪便稀薄呈青绿色,病牛精神、食欲良好,体温正常。防治:轻者只需饲喂适量干草或稻草,控制嫩草和青料的采食量,即可康复。重者可取生姜 50～75 克,捣碎炒熟,加白酒 50～100 毫升,1 次灌服,每日 3 次,连服 2～3 大可愈。

2. 不洁性腹泻

牛由于采食脏物、污水,极易引起细菌性胃肠炎。病牛精神沉郁,体温升高,食欲、反刍减少甚至废绝,持续腹泻,初期排粪如喷射状,后期排粪乏力,粪中混有泡沫、黏液和血液。治疗:可用大蒜 60 克,捣碎,加适量水灌服,每日 3 次;严重时肌注氯霉素,每千克体重每次 5～10 毫克,配合内服磺胺嘧啶,首次量每千克体重 0.2 克,维持量为 0.1 克,每日 2 次。

3. 中毒性腹泻

牛饲喂过酸的青贮料、酒糟,易引起瘤胃酸中毒。病牛精神沉郁,结膜呈淡红色,食欲减退甚至废绝,目光呆滞,步态蹒跚,后肢踢腹。严重者卧地不起,磨牙呻吟,肌肉颤抖,呈昏迷以至虚脱状。初期排灰色稀粪,继而转为绿色泡沫状水泻,如不及时治疗最后便血死亡。治疗:取石灰 50～100 克,加水 1000～1500 毫升,充分搅拌静置沉淀 5～10 分钟,取上层清液,一次灌服,每日 3 次,连用 2～3 天。重症者需静注 10%葡萄糖酸钙注射液 200～400 毫升。

4. 犊牛腹泻

取茶叶 100 克、生姜 500 克捣碎,加水 2000 毫升,煮沸浓缩至 500 毫升,滤出渣后,加入红糖 200 克,待温后给病犊牛 1 次灌服。每天 2 次,连用 1～2 天即可痊愈。

5. 霉菌性腹泻

牛饲喂发霉饲料极易引起霉菌性胃肠炎。病牛精神萎靡,食欲减退,反刍减少甚至停止,持续腹泻,粪便恶臭,混有泡沫、黏液和血液,但体温不升高,使用各种抗菌剂治疗无效。治疗:每次可灌服 0.9%食盐水 2500～4000 毫升,每日 2～3 次,同时供给新鲜青绿多汁饲料。重者需静注 5%葡萄糖氯化钠注射液 1000～3000 毫升、维生素 C 2～4 克。

6. 过劳性腹泻

耕牛过冬后体质消瘦,开春后突然负重役,则筋骨和脏腑均易受伤。表现为整日卧地,疲惫乏力,食欲减少或废绝,长期持续腹泻,粪中混有泡沫、黏液和血液,但体温不升高。防治:可取苏木 50～75 克,水煎候温,加入切碎的鲜铁树叶 50～75 克,1 次灌服,每日 3 次,连服 3～5 天可愈。

第七节　牛羊误食塑料薄膜的急救方法

牛羊误吃塑料薄膜后表现为:精神沉郁,咀嚼无力,反刍时,会从口角流出带有泡沫样液体,呕吐,便秘,后期转为腹泻并带有黏液,病羊还表现为腹痛不安,哞叫,呻吟,不断回顾腹部或用后蹄踢腹。静卧时大多呈右侧横卧,头颈屈曲于胸腹部,偶尔伸头展颈。

急救措施是：

（1）排除瘤胃内容物　可用植物油 250～300 毫升或液状石蜡 500～1000 毫升，1 次灌服。或者用硫酸钠（或硫酸镁）150～200 克溶于 1000 毫升温水中 1 次灌服。

（2）促进瘤胃蠕动　可用 3%毛果芸香碱 24 毫升或 0.05%新斯的明 5～10 毫升 1 次皮下注射，待 4 小时后重复注射 1 次，以便排出异物。

（3）止胃肠内容物异常腐败　可用鱼石脂 10 克，溶于 20%酒精 100～150 毫升内，加适量水，1 次灌服。

（4）改善消化机能　可用碳酸氢钠 10～25 克，加适量水，1 次灌服。

（5）其他方法　取植物油（菜籽油）500～1000 毫升或液状石蜡油 1500～2000 毫升 1 次灌服；用硫酸镁 500 克，加温水 2.5 升 1 次灌服；给病牛皮下注射新斯的明 10～20 毫升，5 小时后重复注射 1 次；用碳酸氢钠 30～50 克、酵母粉 40～50 克，加水适量，1 次灌服；取鱼石脂 20 克，溶于 20%酒精 200 毫升中，加温水适量 1 次灌服；用 3%硝酸毛果云香碱 5～10 毫升，1 次皮下注射。

第八节　尿素中毒

由于反刍家畜可以利用非蛋白氮（尿素和其他氨化物）作为蛋白质的来源。因而近年来也将尿素添加入牛的饲料中，作为牛、羊等反刍家畜的蛋白质的代用品。饲喂不当可引起中毒。

1. 病因

尿素喂量过多，或饲喂方法不当，如将尿素溶解成水溶液喂牛，或被大量误食即可中毒。此外，如不严格控制定量喂或添加尿素搅拌不匀等，均可造成中毒。

尿素的添加量，可控制在全部饲料总干物质的 1%以下或精饲料的 3%以下；全天的配合量，成年牛为 200～300 克，喂尿素必须经过一段增量过程，才能达到正常用量，如母牛初次突然饲喂 100 克并无不良影响。但饲喂过多，或者由于被牛偷食，饲喂的方法不当，饲料里可溶性糖和淀粉不足，以及蛋白质含量高等，都可引起中毒。

2. 毒理

尿素在反刍动物的胃中，由于酶的作用而被分解，当胃内容物的 pH 在 8 左右时，酶的活性最为旺盛可使多量尿素在短时间内分解，分解产物被迅速吸收到血液后，立即对神经中枢产生直接毒害，从而出现一系列临床症候学和病理解剖学变化。据测定，当血氨氮浓度达到每 100 毫升 2 毫克时，即发生显著中毒症状，而当血氨氮升高到每 100 毫升 5 毫克或以上时,则病牛死亡。

3. 症状

牛采食尿素后 30～60 分钟即可发病,初期出现不安、呻吟、肌肉震颤和步态踉跄等,继则反复发生痉挛,呼吸困难,自口、鼻流出泡沫状液体,心悸亢进,脉搏增至 100 次／分钟以上;末期出汗,瞳孔散大,肛门松弛。急性中毒,全病程不过 1~2 分钟即可因窒息死亡。如延长至 1 天左右,可能发生后躯不全麻痹。

4. 剖检

瘤胃、肠呈膨满状态,血液黏稠,心外膜下出血,无气肺等病变。

5. 诊断

一般根据临床症状以及喂给或误食尿素的病史,容易做出诊断。实验室诊断可测定瘤胃中氨的含量。

6. 预防

要加强尿素的管理,防止误食。饲料中添加尿素时,要掌握好用量,体重 400 千克的成年牛,每日用量不能超过 80 克。饲喂时以尿素拌在饲料中喂给为宜,不能溶在水中饲喂或饮服;喂后半小时内不要饮水。不要与豆类饲料合喂,如果日粮中蛋白质已足够,不宜加喂尿素,犊牛不宜使用尿素。

7. 治疗

停喂可疑饲料。早期可灌服大量食醋或稀醋酸等弱酸类溶液,以抑制瘤胃中脲酶的活力,并中和尿素的分解产物氨。1% 醋酸 1000 毫升,糖 250~500 克,水 1000 毫升,混合,一次灌服。

静脉注射硫代硫酸钠或碳酸氢钠注射液。应用葡萄糖酸钙注射液、高渗葡萄糖注射液,水合氯醛注射液及瘤胃制酵剂等,可提高疗效。

第九节　牛湿疹的治疗

一是加强饲养管理,注意皮肤清洁。二是用 3% 硼酸水洗刷患部后,再用滑石粉 5 克,赛洛仿 1 克,混合后撒布患处。三是用 2% 的明矾液洗刷患部,然后用氧化锌、滑石粉和淀粉等量混合后撒布患处。四是用 0.1% 的高锰酸钾液洗刷患部,然后涂擦清凉软膏。五是内服水合氯醛 20 克,每天 1 次,连用 3 天。

第十节　牛乳房、腹下、后肢浮肿怎么办?

对于牛来说在妊娠后期出现妊娠浮肿是正常的现象。大多在分娩前一个月左右开始出现,10 天前后症状明显,大多数在分娩后 2 周自行消退。

如果浮肿面积小、症状轻者,这是怀孕末期的一种正常生理现象。如果浮肿面积大,症状比较重的就是病理现象,大多数浮肿从腹下及乳房开始,逐渐蔓延至前胸及阴门,有时可波及后肢的跗关节及球节。浮肿一般呈扁平状,触诊如面团,指压留痕。这时必须进行治疗:一是皮下注射安钠咖或口服醋酸钾,剂量按说明书使用;二是可强心利尿,促进水肿消散,可用 5% 葡萄糖、10% 葡萄糖酸钙、40% 乌洛托品等静脉注射;同时用 20% 安钠咖皮下注射;每天 1 次,连用 3 ~ 5 天。

妊娠后期适当增加母牛的运动也是预防妊娠浮肿的有效方法。同时限制饮水,减少精饲料和多汁饲料,给予丰富的蛋白质、维生素饲料即可有效防止妊娠浮肿。

第十一节　牛羊四季祛病保健中药疗方

一年四季气候变化显著:春风、夏火、秋燥、冬寒,对家畜正常生理活动有很大的影响,饲养管理稍有不适,就会使牛羊患病,造成损失。如果根据季节和气候的不同,平时对家畜用中药进行调理,就可以达到预防保健、防病治病的目的。为此,现将四季应灌服的保健中药疗方介绍如下,供农民朋友和养殖专业户参考。

(一)春季防病

灌服茵陈散:茵陈 60 克,黄连 60 克,防风 60 克,甘草 60 克,生姜 100 克,以上诸药研碎混合后加蜂蜜 100 克,开水冲调后微温时灌服,每日 1 剂,连服 3 剂(该剂量为牛用量,羊为牛服药量的 1/4)。

(二)夏季防病

灌服消黄散:黄药子 60 克,贝母 60 克,知母 60 克,大黄 60 克,白药子、黄芩、甘草、郁金各 60 克,蜂蜜 100 克,开水冲调后微温时灌服,每日 1 剂,连服 3 剂(该剂量为牛用量,羊为牛服药量的 1/4)。

（三）秋季防病

灌服理肺散。蛤蚧、知母、贝母、秦艽、紫苏子、百合、山药、天门冬、马兜铃、枇杷叶、防己、白药子、栀子、瓜蒌根、麦门冬、升麻各 50 克，蜂蜜 100 克，糯米粥 2 碗，开水冲调后微温时灌服，每日 1 剂，连服 3 天(该剂量为牛用量，羊为牛服药量的 1/4)。

（四）冬季防病

灌服茴香散。茴香、川楝、青皮、陈皮、当归、芍药、荷叶、厚朴、玄胡、牵牛、木通、益智仁各 50 克，黄酒 2 碗，葱一把，煎好后放温加童便半碗，空腹灌服，每日 1 剂，连服 3 天(该剂量为牛用量，羊为牛服药量的 1/4)。

第十六章 肉牛的屠宰与加工

第一节 肉牛屠宰

一、屠宰加工

肉牛育肥是生产高档牛肉的基础,但如果屠宰加工达不到要求,则前功尽弃。因此,屠宰加工必须符合国家检验检疫卫生管理及国际兽医组织对畜产品和生鲜食品的防疫卫生要求与规范,严格按照屠宰程序操作。新运来的牛,拴在栏车或待宰棚内,只供饮水,不喂饲料,消除运输的应激,使牛羊恢复正常,停食24小时后送入喷淋间,冲刷牛体,上宰牛台。吊挂上传送带,去头、蹄、剥皮、开膛,摘除内脏,锯开或二分胴体,称重,冲洗,进入预冷车间,肉块分割。根据客户的需要和要求,高档牛肉一般进行12~17个部位的分割。高档肉块主要是牛柳、西冷和眼肉。有的地方如河北,还将牛柳、眼肉、臀肉、大米龙、小米龙、膝肉、腰肉、黄瓜条、腱子肉等也作为高档肉块。

二、排酸与预冷

牛肉的嫩度是高档牛肉的主要指标。通常若牛的年龄较大或饲养管理不当,或胴体分割后未加保鲜,使肌肉收缩,若不加处理直接销售,则牛肉质地老,不美观,不受消费者欢迎。一般在1℃~4℃条件下,排酸4~7天。

三、高档牛肉的质量标准

肉质评定根据肌肉间脂肪大理石花纹分布状况、肉的色泽、肌肉纹理致密程度、脂肪的色泽及品质4个项目进行综合评定。

四、牛肉质量控制

1. 肌肉的色泽

除牛的性别、年龄、品种的影响外,日粮影响是可以控制的。一般日粮长期缺铁,会使牛血液中铁浓度下降,导致肌肉中的铁元素分离补充血液中铁不足,使肌肉颜色变淡,会损害牛的健康和妨碍增重。肌肉色泽过淡(如母牛)则可在日粮中使用含铁高的草料,例如鸡粪再生饲料、番茄、阿拉伯高粱、须芒草、菠萝皮(渣)、红薯饼、玉米酒糟、燕麦、亚麻饼、土豆及绿豆粉渣、黑麦青草、燕麦麦麸、苜蓿等,也可以在精饲料中配入硫酸亚铁等,使每千克铁含量提高到 500 毫克左右。

2. 脂肪的色泽

脂肪色泽越白,与亮红的肌肉对应才越悦目,才能被评为高等级肉。脂肪越黄,感官越差,会使肉的等级下降。造成脂肪颜色变黄主要是由于花青素、叶黄素、胡萝卜素沉淀在脂肪组织中所造成。牛随月龄增大脂肪组织中沉积的色素量增加,所以颜色变深。要取得肌肉内外脂肪近乎白色,可对年龄较大 3 岁以上的牛,采用脂溶性色素少的草料做日粮,脂溶性色素物质较少的草料有甘草、橘杆、白玉米、大麦、豆饼、啤酒糟、粉渣、甜菜渣、糖蜜等,用这类草料组成日粮饲喂 3 个月以上,可明显地使脂肪颜色变浅。一般育肥牛在出槽前 30 天最好少用胡萝卜、番茄、南瓜、黄心、红心和花心的甘薯、黄玉米、鸡粪再生饲料、青草、青贮、高粱糠、红辣椒、苜蓿等,以免破坏脂肪色泽。

使肉质更嫩的办法是尽量减少肉牛的活动,同时尽量提高月增重。牛肉脂肪中,饱和脂肪酸含量较多,为增加牛肉中不饱和脂肪酸的含量,特别是增加多不饱和脂肪的含量来提高牛肉的保健效果,可通过适量增加以鱼油为原料(海鱼油中富含 $\omega-3$ 多不饱和脂肪酸)的钙皂,加入饲料中,一般用量不要超过精料的 3%,以免牛肉有鱼腥味。

3. 在牛的配合料中注意

平衡微量元素的含量,一方面可以得到 1∶10 以上的增产效益,同时有利于提高肉牛的牛肉风味。

中草药添加剂可以提高增重,改善牛肉品质。中草药饲料添加剂可使肉牛得到充分休息,减少活动消耗的营养物质。促进营养物质的代谢和合成,提高增重,改善牛肉的品质,并更加有风味,给肉牛每天每头添加 100 克中草药添加剂(由神曲、麦芽、使君子、贯众、苍术、当归、甘草等组成),试验组肉牛每头日增重达 105 千克,比对照组提高 12.41%,经济效益明显。按肉牛精料 1.5% 添加中草药(苍术、当归、甘草、神曲、山楂、陈皮等)使肉牛日增重达到 1.561 千克 / 头,提高了 9.93%,每千克增重节约精料 10.11%。日本、韩国饲料公司在饲料中添加中草药(姜花、肉桂、薄荷、大蒜等)改善了牛肉品质,使肉汁不易从细胞中流失,保持肉质的香味。美国也对中草药提高增重进行了试验,提高增重 2% 以上,月增重可达到 1.6 千克,饲料转化率提高 9.1%。

第二节　影响牛肉产量与质量的因素

一、肉的品质与肉色、年龄及性别的关系

1. 肉色

肉色是鉴定肉质的重要指标。牛肉红色是因为肌肉和血液中血红蛋白所致。一般来说,牛越老,牛肉带暗红,血红蛋白越多;年幼的 1 岁左右牛肉色鲜红,血红蛋白含量较少。

2. 年龄

通过胴体可辨别牛的年龄。将脊椎骨砍开,如果骨为红色,多孔,且椎顶部有软骨则为幼龄牛;如果骨为白色,骨质致密,坚硬,则为老牛。一般来说,2 岁以后牛肉就逐渐变粗老。

牛肉的嫩度是检验肉质的重要标志,一般来说,年幼的牛肉嫩度好,随着年龄增大,牛肉的嫩度就逐渐变得粗老,不易咀嚼。凡是幼嫩的肉,切下时阻力小,粗硬的肉阻力就大。肉的阻力在 1 千克以内的, 嫩度都是好的。如小于 2 千克的很嫩,2 ~ 5 千克的为嫩,5 ~ 7 千克的为中等嫩,大于 7 千克的则较粗硬,大于 11 千克的则更粗硬。

3. 性别

性别对肉的品质有较大的影响。从生长速度看,公牛长得最快,阉牛次之,母牛又次之。从胴体瘦肉率看,公牛最高,阉牛次之,母牛又次之。从早熟性看,公牛晚熟,母牛早熟,阉牛居中。公牛有产肉多、瘦肉多等优点,但公牛肉有时不如阉牛肉、母牛肉嫩,但只要在 8 月龄左右屠宰,就不存在这个问题。

二、肉的产量、品质与品种的关系

早熟品种开始沉积脂肪的年龄早,应早期育肥,早期屠宰销售。因为屠宰晚了,胴体中脂肪含量就太多了,造成浪费。晚熟品种,在早熟品种开始沉积脂肪时它还在长肉,直到最后才沉积脂肪。青年母牛一般早熟,而公牛则晚熟。饲养水平低可促进早熟品种继续其肌肉生长,因而能适当压抑其快速脂肪沉积。特别是利用秸秆加少量精料来达到这种目的,是最经济不过的。当然对生长率快的早熟品种,饲养水平低就会抑制其肌肉生长,对增重不利。

三、高档牛肉生产

(一)高档牛肉

高档牛肉是指按照特定的饲养程序,在规定的时间完成育肥,并经过严格屠宰程序分

割到特定部位的牛肉。一般分为高档红肉和大理石花纹肉。无论生产红肉和大理石花纹肉，目标是追求好的肉质，因此，需要对公牛进行去势。在生产中，以高档红肉为生产目的时，公牛去势时间在 10~12 月龄，以生产大理石花纹肉为目的时公牛去势时间在 4~6 月龄。所谓优等级牛肉是指肉牛经特定育肥达到上等和特等膘情，年龄在 30 月龄以内屠宰体重达到 600 千克，屠宰后胴体能分割出规定数量与质量的高档牛肉块。

（二）高档牛肉标准

1.年龄与体重要求

肉牛年龄在 30 月龄以内，屠宰活重为 500 千克以上；体形呈长方形，腹部下垂，背平宽，皮较厚，皮下有较厚的脂肪。

2.胴体及肉质要求

胴体表面脂肪的覆盖率达 80% 以上，背部脂肪厚度为 8~10 毫米以上，第 12、第 13 肋骨脂肪厚度为 10~13 毫米，脂肪洁白、坚挺；胴体外型无缺损；肉质柔嫩多汁，肌肉剪切力值在 3.62 千克以下的出现次数应在 65% 以上；大理石纹明显；每条牛柳 2 千克以上，每条西冷 5 千克以上；符合西餐要求，用户满意。

（三）高档牛肉生产模式

1.建立架子牛生产基地

生产高档牛肉，必须建立肉牛基地，以保证架子牛牛源供应。基地建设应注意以下几个环节。

（1）品种　高档牛肉对肉牛品种要求并不十分严格，据试验测定，我国现在的地方良种或它们与引进的国外肉用、兼用品种牛的杂交牛，经良好饲养，均可达到进口高档牛肉水平，都可以作为高档牛肉的牛源。

（2）饲养管理　根据我国生产力水平，现阶段架子牛饲养应以专业乡、专业村、专业户为主，采用半舍饲半放牧的饲养方式。夏季白天放牧，晚间舍饲，补饲少量精饲料；冬季全天舍饲，寒冷地区扣上塑膜暖棚。舍饲阶段，饲料以秸秆、牧草为主，适当添加一定量的酒糟和少量的玉米粗粉、豆饼。

2.建立肥育牛场

生产高档牛肉应建立肥育牛场，当架子牛饲养到 12～20 月龄，体重达 300 千克左右时，集中到肥育场肥育。肥育前期，采取粗饲料日粮过渡饲养 1～2 周。然后采用全价配合日粮并应用增重剂和添加剂，实行短缰拴系，自由采食，自由饮水。经 150 天一般饲养阶段后，每头牛在原有配合日粮中增喂大麦 1～2 千克，采用高能日粮，再强度肥育 120 天，即可出栏屠宰。

3.建立现代化肉牛屠宰场

高档牛肉生产有别于一般牛肉生产,屠宰企业无论是屠宰设备、胴体处理设备、胴体分割设备、冷藏设备、运输设备均应达到较高的现代化水平。根据各地的生产实践,高档肉牛屠宰要注意以下几点。

(1)肉牛的屠宰年龄必须在 30 月龄以内,30 月龄以上的肉牛一般是不能生产出高档牛肉的。

(2)屠宰体重在 500 千克以上,因牛肉块重与体重呈正相关,体重越大,肉块的绝对重量也越大。其中,牛柳重量占屠宰活重的 0.84% ~ 0.97%,西冷重量占 1.92% ~ 2.12%,去骨眼肉重量占 5.3% ~ 5.4%,这 3 块肉产值可达 1 头牛总产值的 50% 左右;臀肉、大米龙、小米龙、膝圆、腰肉的重量占屠宰活重的 8.0% ~ 10.9%,这 5 块肉的产值占 1 头牛产值的 15% ~ 17%。

(3)屠宰胴体要进行成熟处理。普通牛肉生产实行热胴体剔骨,而高档牛肉生产则不能,胴体要求在温度 0℃ ~ 4℃条件下吊挂 7~9 天后才能剔骨。这一过程也称胴体排酸,对提高牛肉嫩度极为有效

(4)一般情况下,牛肉分割分为高档牛肉、优质牛肉和普通牛肉 3 个部分。高档牛肉包括牛柳、西冷和眼肉 3 块;优质牛肉包括臀肉、大米龙、小米龙、膝圆、腰肉、腱子肉等;普通牛肉包括前躯、脖领肉、牛腩等

(四)大理石花纹肉生产

大理石花纹肉是指脂肪沉积到肌肉纤维之间, 形成明显的红白相间状似大理石花纹的牛肉。这种牛肉香、鲜、嫩,是中西餐均宜的牛肉

1.品种

瘦肉型品种难以生产大理石花纹牛肉,我国良种黄牛却易于达到,如晋南牛、秦川牛、鲁西牛、南阳牛和延边牛等。欧洲品种中以安格斯牛和海福特牛等品种较佳(表 4-16-1)。

表 4-16-1　几个品种牛的肉用性状

项目	生长速度	皮下脂肪薄	大理石状	眼肌面积	嫩度	肉色	风味	腔油少
中国良种黄牛			＋＋＋		＋＋	＋＋	＋＋＋	
乳用荷斯坦牛	＋＋							
西门塔尔牛	＋＋	＋	＋＋	＋	＋	＋	＋＋	
夏洛莱牛	＋	＋		＋＋				＋
安格斯牛	＋	＋	＋＋		＋＋	＋＋	＋＋	
海福特牛	＋＋		＋＋		＋	＋	＋＋	
皮埃蒙特牛	＋＋	＋＋		＋＋	＋＋	＋＋	＋＋	＋＋
抗旱王牛	＋	＋	＋			＋	＋	
圣格鲁迪牛	＋	＋	＋			＋	＋	＋
短角牛	＋		＋＋		＋＋	＋＋		

注:＋号越多者越佳

我国纯外来品种架子牛尚欠缺,改良牛具备外来品种与我国本地黄牛的共同特点。所以可选用改良牛,从表 4-16-1 分析,易生产五花肉的改良牛为安格斯牛,其次为西门塔尔牛、海福特牛和短角牛等品种的改良牛,低代数的较优。

2. 年龄

因为牛的生长发育规律是脂肪沉积与年龄呈正相关,即年龄越大沉积脂肪的可能性越大,而肌纤维间的脂肪是最后沉积的,所以生产大理石花纹肉应该选择年龄在 1~3 周岁的牛。年龄再大虽然更易于形成五花肉,但年龄与肌肉嫩度、脂肪颜色有关,一般随年龄增大,肉质变硬,颜色变深变暗,脂肪逐渐变黄。

3. 性别

母牛沉积脂肪最快,阉牛次之,公牛脂肪沉积最慢;肌肉颜色以公牛深母牛浅、阉牛居中。饲料转化效率以公牛最好,母牛最差综合效益。年龄较轻时,公牛不必去势,年龄偏大时,公牛去势(育肥期开始之前 10 天);母牛则年龄稍大亦可,母牛肉一般较嫩,年龄大些可改善肌肉颜色浅的缺陷。不同性别其膘情与大理石花纹形成并不一样,公牛必须达到满膘以上,即背脊两侧隆起极明显,"象臀"状极明显,后胁也充满脂肪时,已达到相当水平。

(五)高档红肉生产

1. 饲养

公牛在 10～12 月龄去势后进行育肥,育肥期分为育肥前期(去势到 14 月龄左右)和育肥后期(15~18 月龄)。

育肥前期,日粮的粗蛋白质含量在 14%～16%,消化能维持在 3.4～14.3 兆焦 / 千克。精料补充料的干物质饲喂量为肉牛体重的 1.0%～1.3%,粗饲料自由采食。

育肥后期,日粮的粗蛋白质含量维持在 12%～14%,消化能提高到 13.8～15.1 兆焦 / 千克。精料补充料的干物质饲喂量为肉牛体重的 1.3%～1.5%,粗饲料自由采食。

2. 管理

其管理与大理石花纹肉生产时的肉牛管理相同。

第三节　高档牛肉标准介绍

牛肉品质档次划分,消费者的需求是主要依据之一(牛肉本身品质的优劣当然不能忽视)。因此国外有多种标准,如美国标准、日本标准、欧共体标准等。我国肉牛饲养业起步较晚尚未形成独立的产业,因此尚无统一的标准,根据笔者的试验研究和生产实践,提高高档牛肉的标准,目的在于和同行一起研究制定我国自己的高档牛肉标准,以便尽快和国际接轨。下面介绍美国、日本、欧共体的标准。

1. 美国牛肉分级标准

美国肉牛生产时间久,水平高,牛肉分级严,根据综合评定牛肉等级、牛肉品质等级的分布和牛肉分割。

(1)以性别、年龄,体重为根据的肉牛分级。

(2)以体质量为依据的分级标准。在确定肉牛胴体等级时,必须考虑两个因素:一是产量级,胴体经修整、去骨后用于零售量的比例,比例大,产量级就高;二是质量级,牛肉品质包括适口性、大理石花纹、多汁性、嫩度等内容。

阉牛,未生育母牛的同体等级分为8个等级:优质、精选、良好、标准、商售、可利用、次等、制罐用;公牛体只有产量等级,没有质量等级;奶牛胴体无优质等级。青年公牛胴体等级分5等:段质级、精选级、良好级、标准级、可利用级。

(3)以牛肉品质为依据的分级标准。牛肉品质等级评定的主要依据是大理石花纹结合牛的年龄。

牛肉的多汁性、口味、嫩度都和肉的大理石花纹有关,所以在评定牛肉品质等级时,离不开牛肉大理石花纹,大理石花纹是由第12~13肋处横切的眼肌面积中脂肪沉积程度来确定的,共分9个等级,1级最好,9级最差。

牛肉的品质还受年龄的影响。由年龄确定牛的生理成熟度,分为五个等级:1级,9至30月龄;2级,30至48月龄;3级,48至60月龄;4和5级,超过60月龄。

牛肉品质的评定,由牛的生理成熟度和大理石花纹等级综合评定。

2. 欧洲经济共同体的体评定标准

欧洲经济共同体肉牛体的分级标准,是根据体的肥瘦、胴体的结构和肥度来划分的。根据肥度共七个等级,根据体结构共分7个等级。

3. 日本肉牛体分级标准二分带骨牛肉标准内容

(1) 最小重量 肉片的最小重量分级分别为:"精选"130千克,"特等"130千克,"上"120千克,"中"120千克,"下"100千克。

(2)外观 牛胴体外观项目中包括匀称情况、瘦肉的发达程度、脂肪附着、处理情况四种。

(3)肉质 牛肉肉质包括瘦肉层大理石花纹状情况、色泽、纹理及致密性、脂肪的质量和色泽等内容。

4. 加拿大肉牛分级标准

加拿大牛肉分级标准由政府部门与养牛协会制订。在制订牛肉分级标准时一般考虑三个条件:胴体的成熟程度,即牛的屠宰年龄;牛肉品质;牛胴体重量中肉的重量。

5. 中国牛肉分级标准

我国肉牛生产起步较晚，又受到"无肉牛品种就不能生产牛肉"的传统观念的影响，直到目前我国草拟了牛体分级标准，即鲜、冻四分体带骨牛肉分级标准，分为3级。分级规格如下。

（1）肌肉发达，全身骨骼突出，皮下脂及由肩胛至坐骨结节布满整个体，在股骨部允许有不显著的肌膜露出。四分体肌肉断面上大理石纹状好。

（2）肌肉发育良好，骨骼无明显突出，皮下脂肪由肩胛至坐骨结节布满整个胴体，在股骨及肋骨部允许肌膜露出。四分体肌肉断面上大理石纹状大致好。

（3）肌肉发育一致脊椎骨尖、坐骨及髋骨结节突出，由第八肋骨至坐骨结节布有薄层皮下脂肪。

第四节　国内外牛肉嫩化技术

1. 低温吊挂自动排酸成熟

该方法是将胴体后腿朝上，挂在10℃以下的低温库中进行自动排酸，自然完成宰后肉的僵直、解僵和成熟过程。这种方法是目前我国高档牛肉生产的主要方法。但也存在着占用冷库时间长、耗能大、易氧化、干耗高、易受嗜冷性细菌污染、费用高、效率低等缺点。

2. 机械嫩化法

此法是利用机械外力将肌节拉长，并使肌膜等结缔组织受到外力的冲击而变得松散破碎，最终使肉变得柔软。常用的方法是：机械滚揉法，此法是把经过腌制的肉块采用机械的方法进行翻滚，肉体表面形成黏液，从而增加了肉的嫩度。

3. 重组嫩化法

即将嫩度低的肉用切片机切片再混合食盐及磷酸盐，直至肉片产生黏度为止，抽取的肌肉中的蛋白使肉片黏在一起，起到改善嫩度的目的。这种方法结合腌制等工序就能进一步提高肉的嫩度，增加肉的持水性和改善肉品的质量。此法常用于西式肉制品加工中。

4. 电刺激嫩化法

电刺激是家畜屠宰放血后，在一定的电压电流下，对胴体进行通电，改善肉的嫩度，防止寒冷收缩。根据法国的资料介绍，刺激后的牛肉可提高嫩度15%～16%。电刺激的应用减少了胴体冷却和成熟所用时间，同时节省了胴体吊挂冷却成熟所占用的空间，为企业带来显著经济效益。

5. 高压嫩化法

高压嫩化具有嫩化效果明显、作用均一等优点，不仅合乎卫生条件(处理前进行真空包装)，不会增加微生物污染的机会，而且可以起到杀菌作用，风味也明显改善。这种嫩化方法在国内应用较少，是一种较新的嫩化技术。其工序是先将肉进行真空包装，在高压下(1MPa～10MPa)处理10分钟即可提高肉的嫩度，可延长保质期。由于高压处理所需能耗较低，且不会造成污染，有利于环境保护，还顺应了目前小包装分割冷却肉的国际消费趋势，极具发展前景。然而投资较大，对该工艺的发展起到了限制作用。

6. 外源酶嫩化法

利用外源蛋白酶嫩化肉类，常用的酶有木瓜蛋白酶、菠萝蛋白酶、无花果蛋白酶等植物蛋白酶和枯草蛋白酶、米曲蛋白酶、根酶蛋白酶及黑曲蛋白酶等细菌性蛋白酶。这些酶性质稳定，分解能力强，而且可以对一般无法作用的弹性蛋白进行分解，市场上许多嫩化剂就是这类产品。其使用方法有喷洒搅拌、浸泡、注射、活体静脉注射和宰后大动脉泵注等。在宰前10～30分钟注入蛋卤酶制剂，用量为体质量的2%～5%，将木瓜蛋白酶以氧化态注入静脉血液，可避免动物应激。宰后注射活性为 1.6×10^4 国际单位的酶剂，以肉重的0.2%～0.5%的用量，进行嫩化处理。

第十七章　肉牛场的粪污处理与环境控制

第一节　粪污的无害化处理

一、粪尿的处理方法

粪尿处理的基本原则是使粪尿无害化。经处理的粪尿应符合《粪尿无害化卫生标准》（GB7959—2012）和《畜禽养殖业污染物排放标准》（GB18596—2001）的有关规定。

（一）堆肥法

堆肥法是在人工控制的好氧条件下,在一定水分、碳氮比和通气条件下,通过微生物的发酵作用,将对环境有潜在危害的有机质转变为无害的有机肥料的过程。在此过程中,有机物由不稳定状态转化为稳定的腐殖质物质。堆粪法主要有以下几种。

1.自然堆肥法

自然堆肥法是将固体粪便及添加料谷壳、锯末、秸秆等堆成长 10 ~ 15 米、宽 2 ~ 4 米、高 1.5 ~ 2 米的条垛,静置堆放 3 ~ 5 个月即可完全腐熟。而且可杀死病原微生物、寄生虫及其虫卵,腐熟后的肥料无臭味,复杂有机物被降解为易被植物吸收的简单化合物,成为高效有机肥料。

2.野外堆肥发酵法

首先选一块交通便利、易进出的田块。用稻草、薯藤、花生藤或玉米秸秆等同时发酵,应先将要发酵的原料切碎,长度一般为 3 ~ 8 厘米。在底部先铺一层秸秆,然后再铺牛粪 20 厘米高,以此类推,堆积至 1 米高即可,含水率控制在 60% ~ 70%。原料一定要压实,尽量排出空气,以减少养分损失。为使堆料腐熟彻底、均匀,温度控制在 25℃ ~ 30℃,1 周后再作第 2 次翻堆,以后每隔 3 ~ 5 天翻 1 次。发酵时间在冬季一般 1 个月左右,夏季 20 天左右就可使用。

3.棚式堆肥发酵法

把含水率 70% 以下的鲜粪堆放在塑料大棚或日光温室内,用搅拌机往复行走,用鼓风机强制通风排湿,使粪便一方面利用其中的好氧菌进行发酵,另一方面借助于太阳能、风能得以干燥。通常经过 25 天左右,含水率降至 20% 以下,可以把大部分病菌、寄生虫及其虫卵杀死,成为无害化的有机肥料。

4.现代化堆粪

根据堆肥原理,利用发酵池、发酵罐、发酵塔、卧式发酵滚筒等设备,为微生物活动提供必要条件,天冷适当增温,可提高效率3~4倍以上,一般4~6天即可完成有机物降解,含水率降至25%~30%,放置20~30天完全腐熟,为便于贮存和运输最好将水分降至13%左右,并粉碎、过筛、装袋。因此,堆肥发酵设备包括发酵前调整物料水分和碳、氮比的预处理设备,以及腐熟后物料的干燥、粉碎等设备,可形成不同组合的成套设备。

(二)生产沼气法

沼气是有机物质在厌氧环境中,在适宜的温度、湿度、酸碱度、碳氮比等条件下,通过厌氧微生物发酵作用而产生的一种可燃气体,其主要成分是 CH_4(60%~70%)、CO_2(25%~40%),同时还含有少量的 CO、H_2S、H_2 等。生产沼气不仅可以利用大量人畜粪便,杀灭病原菌和寄生虫,而且通过发酵后的沼渣、沼液把种植业、养殖业有机结合起来,形成一个多次利用、多层增殖的生态系统。目前,世界许多国家广泛采用此法处理肉牛场粪尿。

以1000头肉牛场为例,利用沼气池或沼气罐厌气发酵肉牛场的粪尿,每立方米牛粪尿可产生多达1.32立方米沼气(采用发酵罐),产生的沼气可供1400户职工烧菜做饭,节约生活用煤1000多吨。粪尿经厌气(甲烷)发酵后的沼渣含有丰富的氮、磷、钾及维生素,是种植业的优质有机肥。沼液可用于养鱼或用于牧草地灌溉等。

(三)牛粪加工有机肥

利用牛粪加工有机肥,首先要把牛粪晾晒或沥干,使其水分控制在85%以下,然后加入秸秆末,牛粪和秸秆末的比例为7∶3,使原料(牛粪)辅料(秸秆末)的碳氮比控制在23~28,含水量控制在52%~68%。最后再加入有机肥发酵腐熟剂。

原料和辅料及菌剂混合搅拌后,即可上堆发酵,上堆的要求是将混合料在发酵场上堆成底边宽1.8~3.0米,上边宽0.8~1.0米,高1.0~1.5米的梯形条垛,条垛之间间隔0.5米。条垛堆好以后,在24~48小时内温度会上升到60℃以上,再保持60℃以上的温度48小时开始翻堆。翻堆时务必均匀彻底,将低层垫料尽量翻入堆的中上部,以便充分腐熟。

第1次翻堆后,以后每星期都要翻堆1次。但是,当温度超过70℃时,必须立即翻堆,否则有益微生物及发酵菌会被大量杀死。不利于发酵腐熟。全部发酵腐熟的标准:一是看颜色,一般肥料的颜色会变为褐色或黑褐色,铵态氮含量显著增加;二是看浸出液,腐熟的有机肥加清水(1∶5)搅拌后,放置5分钟浸出液颜色;三是看体积,腐熟堆肥的体积比刚堆成的条垛塌陷13~1/2。最后,将发酵完成的有机肥在晾晒场上均匀摊开,厚度不要超过20厘米,并经常翻晒使含水量低于32%,以上粪便处理方法可在指定地点堆积,密封发酵最好,表面应进行消毒或拌加消毒剂。处理应符合环保要求,所涉及的运输、装卸等环节要避免洒漏,运输装卸工具要彻底消毒后清洗。以上所产生的污水要经过处理,达到环保排放标准。

(四)人工湿地处理

湿地是经过精心设计和建造的,湿地上种有多种水生植物(如水葫芦、细绿萍等)。水生植物根系发达,为微生物提供了良好的生存场所。微生物以有机物质为食物而生存,它们排泄的物质又成为水生植物的养料,收获的水生植物可再作为沼气原料、肥料或草鱼等的饵料,水生动物及菌藻,随水流入鱼塘作为鱼的饵料。通过微生物与水生植物的共生互利作用,使污水得以净化。据报道,高浓度有机粪水在水葫芦池中经 7~8 天吸收净化有机物质可降低 82.2%,有效氮降低 52.4%,速效磷降低 51.3%,该处理模式与其他粪污处理设施比较,具有投资少,维护保养简单的优点。

二、生产污水的处理

为防止牛场生产污水对周围环境水体造成污染,必须有效地加强牛场管理,通过限制用水冲洗牛粪及建立污水收集和处理系统等一系列措施,减少污水产生量。同时,通过污水多级沉淀和固液分离,减少污水中有机物含量,并对牛场排放的污水进行必要的处理。污水处理可采用两级或三级处理。两级处理包括预处理(一级处理)和好氧生物处理(二级处理)。一级处理是用沉淀分离等物理方法将污水中悬浮物和可沉降颗粒分离出去。常采用沉淀池、固液分离机等设备,再用厌氧处理降解部分有机物,杀灭部分病原微生物。二级处理是用生物方法,让好氧生物进一步分解污水中的胶体和溶解的有机物,并杀灭病原微生物。常用方法有生物滤池、活性污泥、生物转盘等。畜牧场污水一般经两级处理即达到排放或利用要求。当处理后要排入卫生要求较高的水体时,则须进行三级处理。

第二节　肉牛场的环境控制

一、有害气体和粉尘的控制

(一)有害气体污染控制

肉牛场内有害气体主要是牛的粪尿挥发产生的有害气体,如氨气、硫化氢等。一般规定,牛舍空气中 CO_2 浓度不超过 1500 毫克/立方米,NH_3 不超过 20 毫克/立方米,H_2S 不超过 8 毫克立方米,微粒量不超过 4 毫克/立方米。为了减少舍内空气中的有害气体和尘埃,在建造牛舍时应合理设计通风、排水、清粪系统,在生产管理中合理组织通风换气,及时清除粪尿,保持舍内干燥;也可使用垫料和吸附剂来减少舍内有害气体;注意通风换气的同时,需及时打扫,利用地沟等把粪便、尿污及时清理出牛舍;并可利用化学法除臭,如过磷酸钙、过氧化氢、高锰酸钾、硫酸铜、苯甲酸及乙酸等均有抑臭作用。过磷酸钙可减少空气中的氨;40%硫酸铜和熟石灰处理垫料能有效控制氨气21天左右,用2%苯甲酸或乙酸处理垫料能在15~20天内降低氨气含量。另外,按可利用氨基酸等新技术,科学地配制理想蛋白日粮,以降低粪尿中氨氮、硫化氢等的排泄量,研究结果表明,日粮中粗蛋白的含量每降低1%,氮的排出量就减少84%左右,如将日粮中的粗蛋白从18%降到15%,就可使氮的排出量减少1/4,但降低饲料粗蛋白,不应使生产性能受到影响,措施是满足家畜的有效氨基酸需要。另外,添加酶制剂可提高饲料的利用率,也可减少氮的排出量。

(二)场舍内粉尘污染的控制

场舍内的粉尘中含有饲料、垫草、土壤的微粒和被毛、皮的碎屑等,治理措施为:牛床可采用橡胶垫,其余地面采用水泥地面,并保持舍内适当湿度(60%~70%);适时通风,尽量避免干的粉状精饲料的单独饲喂,如可把精料湿拌或者与青草等混合喂;同时加强消毒,夏季最好每2~3天带牛消毒1次,冬季每周消毒1次,带牛消毒可降低场舍内粉尘的浓度并杀灭空气中所带的病原微生物。

二、声污染的治理

噪音会引起牛只惊恐不安,产奶量下降,造成母牛早产或流产等不良应激反应,故规划养牛场时,应尽量远离噪音大的饲料加工车间等,应尽量安排先进的低音机械设备,并加强设备的保养及维修。

三、蚊蝇、害的控制

要做好场舍的卫生清理工作,及时清理污水、粪便和垃圾并做无害化处理,同时应定期清除场舍周边的杂草。防治蛆蛹的生长可用有机磷制剂杀虫,每周喷洒1次,牛粪集中堆肥处理要制订确实有效的灭鼠措施,可用80%的敌鼠钠盐和0.05%的溴敌隆等药物,长期轮换使用灭鼠效果更好。

四、垃圾、病死牛的处理

牛场生活垃圾的处理应遵照国家有关规定分类回收、集中处理和综合利用,不得自行采取随处的掩埋或焚烧,以防造成环境污染。

对患有传染病,如炭疽、口蹄疫的病牛尸体应焚烧深埋,并做无害化处理,以免传播疾病。肉牛尸体能很快分解腐败、散发恶臭、污染环境,特别是患传染病肉牛的尸体,危害更严重。因此必须正确而及时地处理。常用方法主要有两种。

（1）焚烧法　用于处理危害人、畜健康较为严重的传染病尸体，一般挖一"十"字形沟，按顺序放上干草、木柴及尸体，然后焚烧。对焚烧产生的烟气应采取有效的净化措施，防止烟尘、一氧化碳和恶臭污染环境。

（2）深埋法　不具备焚烧条件的养殖场应设置 3 个以上的安全填埋井，利用土壤的自净作用使其无害化。填埋井应为混凝土结构，深度大于 3 米，直径 1 米，井口加盖密封。进行填埋时，在每次投入尸体后，应覆盖一层厚度大于 10 厘米的熟石灰，井填满后，须用黏土填埋压实并封口。或者选择干燥、地势较高，距离住宅、道路、水井、河流及牛场或牧场较远的指定地点，挖深坑掩埋尸体，尸体上覆盖一层石灰。尸坑的长和宽以容纳尸体侧卧为度，深度应在 2 米以上。

五、生物污染物的控制

生物污染物是指饲料与牧草霉变产生的霉菌毒素、各种寄生虫和病原微生物等污染物。生物污染物会在饲料的分发和牛只的采食、运动过程中伴随着尘埃的飞扬进入畜舍空气中，其中的微生物会通过飞沫和尘埃传播给肉牛带来危害。因此，在生产中应该重视饲料卫生问题，购买饲料时尽量从通过国家质量鉴定的厂家购买。并且要求牛舍内尽量避免尘土飞扬，加强畜舍通风。此外，要严格执行消毒制度，门口设消毒室（池），室内安装紫外灯，池内置 2%～3% 氢氧化钠液或 0.2%～0.4% 过氧乙酸等消毒液。同时，工作人员进入生产区必须更换工作服。

六、牛场环境的绿化

据测定，绿化可以使畜牧场空气中的有害气体含量降低 25% 以上，使场区空气中的臭气减少 50%，尘埃减少 35%～37%，空气中的细菌减少 22%～79%。此外，绿化可以减少噪音，因为绿色植物对噪声具有吸收和反射作用，使噪音强度降低 25% 左右。通常在场内道路两侧和牛舍周围应植树绿化，而在牛场内其他的空地可以选择种植草坪等绿化措施，以改变场区小气候环境。

第三节　疫苗免疫注意事项

疫苗免疫是给牛接种各种免疫制剂(疫苗、类毒素及免疫血清),使接种牛个体和群体产生对传染病的特异性抵抗力。疫苗免疫是预防和治疗传染病的主要手段,也是使易感动物群转化为非易感动物群的最有效手段。

一、正确选择疫苗

选用正规生物制品厂生产的疫苗。采购及使用前应注意观察疫苗,有无标签,标签字迹是否清晰,标签上的各种注意事项是否符合国家兽药(生物药品)的有关规定(如批准文号、生产日期、批号、有效期、贮存方法或温度),疫苗的形态、颜色及疫苗的外包装。

二、正确使用疫苗

在使用前认真细致地阅读疫苗的使用说明。应严格按照使用说明正确地使用疫苗,尤其注意疫苗的免疫注射剂量及疫苗的保存方法。对于同一批疫苗,可以先进行小范围免疫接种,确定安全后,再进行大规模的免疫注射。不要任意把不同毒力、不同种类,相互有颉颃作用的疫苗在同一时间对同一牛体进行免疫注射。

三、选择合适的免疫时间

保证在非疫区内选择机体免疫效果最佳时间。一般患病牛,瘦弱牛,临产前2个月怀孕牛,吃奶的犊牛,不足月龄的早产牛以及经过长途运输的牛不进行注射,带病牛康复,母牛产后或犊牛断奶后方可注射疫苗。怀孕母牛必须进行免疫时,为减轻免疫副反应,可将疫苗多点多次免疫,并避免动物剧烈活动。

在牛机体免疫保护期没有结束前应用,不给疫病的传播留下漏洞,必要时进行抗体检测选择注射时间。由于疫苗常常发生应激(过敏)反应。因此在具体的免疫注射工作中,应选择利于观察牛免疫注射后的各种生理现象及行为姿态的时间, 即最好是白天进行免疫注射,避免黄昏后免疫注射,以免造成不必要的事故。

四、器械的灭菌与注射部位的消毒

建议使用一次性注射器或针头进行免疫注射,若要重复利用,必须做好灭菌消毒工作。

灭菌后的器械只能当天使用,隔天使用得重新消毒灭菌,切忌将注射过的器械用酒精等消毒药来进行消毒。按常规消毒注射部位。

五、预防接种造成的应激反应

实际工作中,如牛口蹄疫疫苗注射后有3%左右的牛会产生明显的应激反应(或称过敏),严重时若不及时抢救会造成死亡。常见的应激反应有皮肤发痒、瘤胃臌胀、气喘、肌肉震颤、食欲下降等,常发生在注射后20分钟至1天内。若有上述应激反应应注射肾上腺素进行治疗。治疗时,先皮下注射抢救剂量的50%,剩余肾上腺素进行肌内注射。

六、紧急接种免疫

疫苗免疫分预防免疫和紧急免疫。预防免疫是在平时为了预防某些传染病的发生和流行,有组织、有计划地按免疫程序给健康牛群进行的免疫接种。紧急免疫是指在发生传染病时,为了迅速控制和扑灭疫病的流行,而对疫区和受威胁区尚未发病的假定健康动物进行的应急性免疫接种。应用疫苗进行紧急接种时,必须先对肉牛群逐头地进行详细的临床检查,只能对无任何临床症状的假定健康动物进行紧急接种,对患病动物和处于潜伏期的动物,不能接种疫苗,应立即隔离治疗或捕杀。

第四节　肉牛参考免疫程序

肉牛免疫接种程序应视当地疫病流行情况而定,疫苗的具体使用方法以生产厂家的使用说明书为准,以下免疫程序仅供参考(表4-16-2)。

表4-16-2　肉牛主要传染病常用免疫程序

免疫时间	疫苗种类	接种方法	预防疾病	免疫期
1周龄以上	无毒炭疽芽孢苗、Ⅱ号炭疽芽孢苗、炭疽芽孢氢氧化铝佐剂疫苗等任选一种	皮下注射,每年3~4月免疫1次	牛炭疽	1年
1~2月龄	牛气肿疽灭活疫苗	皮下或肌内注射	牛气肿疽	6个月
3月龄	牛口蹄疫疫苗(O型、亚洲Ⅰ型二价苗,种公牛和部分地区尚需接种A型)	皮下或肌内注射	牛口蹄疫	6个月

续表

免疫时间	疫苗种类	接种方法	预防疾病	免疫期
4月龄	牛口蹄疫疫苗（O 型、亚洲Ⅰ型二价苗，种公牛和部分地区尚需接种 A 型）	加强免疫，皮下或肌肉注射。以后每隔 4~6 个月免 1 次或每年 3~4 月和 9~10 月各免疫 1 次，疫区可于冬季加强免疫 1 次	牛口蹄疫	6个月
4~5月龄	牛魏氏梭菌（产气荚膜梭菌)病灭活疫苗	皮下或肌内注射，以后每年 3~4 月和 9~10 月各免疫 1 次	牛魏氏梭菌(产气荚膜梭菌)病	6个月
4.5~5月龄	牛巴氏杆菌病灭活疫苗	皮下或肌内注射	牛出血性败血症	9个月
6月龄	牛气肿疽灭活疫苗	皮下或肌内注射，后每年 3~4 月和 9~10 月各免疫 1 次	牛气肿疽	6个月
成年牛	牛流行热灭活疫苗	皮下注射，每年 4~5 月免疫 2 次，每次间隔 21 天，6 月龄以下的犊牛，注射剂量减半	牛流行热	6个月

第五篇　肉羊养殖实用技术

第十八章 肉用绵羊与山羊的主要品种及特性

第一节 肉用绵羊的主要品种及特性

一、滩羊

滩羊是我国特有的轻裘皮羊肉用绵羊品种。据古书记载,滩羊是由蒙古羊经长期的自然选择和人工选择而形成的一个长脂尾、软毛型裘皮羊品种。经考证,清代以前的史书上,关于滩羊的记述却几乎没有。追溯古籍,滩羊至少有 300 多年历史。乾隆四十五年左右,滩羊裘皮已成为宁夏名产之一。到清末,滩羊裘皮已成为我国裘皮之冠。滩羊肉的有机纤维细,肉质细嫩,肉脂混生,脂肪高,分布均匀,呈大理石状,无膻骚味,肉质鲜美,熟肉率高,在羊肉品质中公认最好,是火锅涮羊肉的名贵食材。尤其是稍加催肥而宰剥二毛皮后的羊羔肉,更是鲜美多汁,别有风味,为羔羊肉中的上品,深受消费者喜爱。宁夏独特的生态条件是滩羊形成的基础和前提。在宁夏,滩羊就是国家的"大熊猫",有其他不可替代的优良特性和独具特点。

滩羊主要分布于北纬 36° ~40°、东经 104° ~108° 之间,优良滩羊产区主要在北纬 39°、东经 105° ~107°,一般滩羊产区在北纬 37°、东经 105° ~108° 之间。

滩羊体躯毛色绝大多为白色,头部、眼周围和两颊多为褐色、黑色、黄色斑块点,两耳、嘴和四蹄上都也是有类似的色斑,纯黑、纯白较少。这是滩羊毛色上的主要特征。

滩羊体格中等大小,体质结实。鼻骨稍微隆起,眼大微凸出,耳有大、中、小 3 种。大耳数量较多,占 85% 以上,长达 10~12 厘米,宽 3.5~6.5 厘米。中耳和大耳半下垂。公羊有大而弯曲主螺旋形角。大多数角尖向外延伸,角长 25~48 厘米,两角尖距离一般为 50 厘米,最宽的可达 80 厘米;其他为抱角(角尖向内)和中型弯角,小型弯角。母羊一般无角或小角,占母羊数的 18% 左右,角呈弧形,长 12~16 厘米。颈部丰满,中度长度,颈肩结实良好。背髻腰平直,胸较深,母羊髻甲高略低于十字部,公羊有十字部宽稍大于胸宽,整个体躯较窄长。尾为脂尾,尾长下垂尾根部宽大,尾尖细而圆,部分尾夹呈"S"状弯曲或钩状弯曲,尾尖一般下垂过飞节,尾长一般长 25~28 厘米。

滩羊的体高、体长、胸围，分别为61~65厘米、65~68厘米、74~81厘米，尾长26~30厘米、尾宽9~13厘米。成年体重：公羊40~50千克，母羊33~40千克，屠宰率37%~46%。6~7月龄性成熟，周岁左右初配，妊娠期153天，1年1胎，产羔率100%，乳房发育良好，产奶较多。

滩羊生长发育快，1岁时体重可达成年羊的75%左右。秋季最肥时期，成年公羊可超过50.00千克，成年母羊可达45.00千克。

滩羊年剪毛两次，分为夏毛与秋毛。一般成年公羊年产毛量为2.25千克，母羊为1.87千克，羯羊2.31千克，幼年羔羊0.60千克。毛的细度一般在32~52克，其中以46克者比例较大。羔羊生后30天左右宰杀取二毛皮时，屠宰率为55%，成年羊秋季肥育季节屠宰率为41.5%。

滩羊的初生体重、二毛期体重、周岁体重、成年体重，公羊分别为3.44千克、7.16千克、30.36千克、46.84千克，母羊分别为3.33千克、6.95千克、27.18千克、35.26千克。

二、小尾寒羊

小尾寒羊是我国古老的优良地方绵羊品种，原产于山东、河北、河南、江苏、安徽五省接壤区，其中以山东西南部和河南省濮阳市台前县的小毛寒羊品质最好。

小毛寒羊头略长，鼻梁隆起，耳大下垂，公羊有螺旋形大角，母羊多数有小角或无角；颈较长，背腰平直，体躯高大，前后躯发育匀称，侧视呈长方形，四肢粗壮，蹄质结实；脂尾呈椭圆形，下端有纵沟，尾尖上翘贴附于纵沟，尾长在飞节以上；体躯被毛白色，少数个体头肢杂色、异质毛，可分为细毛型、裘皮型和粗毛型三种被毛类型。

成年公羊体重为94.15千克，成年母羊为48.75千克；周岁公羊体重为60.38千克，周岁母羊为41.33千克；6月龄公羔可达38.17千克，母羔可达37.75千克。周岁公羔屠宰率为55.6%。剪毛量成年公羊为3.5千克，成年母羊为2.1千克，净毛率为63%。该品种性成熟早，母羊常年发情，通常是两年三胎，甚至一年两胎，每胎产双羔、三羔者屡见不鲜，平均产羔率为265%~287%，系列率居我国绵羊之首，是世界上著名的高繁殖力绵羊品种之一。

20世纪80年代以来，小尾寒羊以其体格高大、生长发育快、性早熟、四季发情、多胎多产、胴体品质好等优点受到国内外关注，被誉为"国宝"；从而掀起了"小尾寒羊热"。目前，该品种被推广至全国20多个省、直辖市、自治区，总数多达300万余只。但是，小尾寒羊作为肉羊品种使用，其本身还存在不少问题，如体型外貌不很一致，类型分化明显，干死毛多，前胸不发达，后躯不丰富，肋骨开张不够等，有待进一步选育提高。而作为肉羊经济杂交的母本或作为培育肉羊新品种的母系均具有非常好的应用前景。

三、萨福克羊

萨福克羊原产于英国，是用英国短毛种肉羊南丘陵羊与旧型黑头有角的洛尔福克杂交,于 1895 年培育而成的。

萨福克羊体格较大,骨骼坚强、头较长、耳长、胸宽深,背腰和臀部宽而平,肌肉丰满,后躯发育良好。脸和四肢为黑色,头肢无羊毛覆盖。成年公羊体重为 90～100 千克,成年母羊为 65～70 千克;被毛白色同质,羊毛细度为 50～58 支,毛长 8～9 厘米;剪毛量成年公羊为 5～6 千克,成年母羊为 2.5～3.0 千克。产羔率为 130%～140%。4 月龄育肥羔羊胴体重,公羔可达 24.2 千克,母羔可达 19.7 千克。

萨福克羊是美国养羊业完成从毛用转向肉用的重要品种,产肉性能突出,成年体重和生长速度居美国 20 个品种之首。繁殖性能仅次于芬兰的兰德斯羊。经杂交组合试验,杂交效果最好的首推萨福克羊,故常被用作肥羔羊生产的终端父系品种。在澳大利亚、新西兰、法国等国家也均是作终端品种使用。

1989 年,我国从澳大利亚引入 100 多只萨福克羊,饲养在新疆和陕西北部地区。目前我国许多省(自治区)均有饲养,一般用以改良当地品种,从事肉羊生产。

四、无角道塞特羊

无角道塞特羊原产于澳大利亚和新西兰,是雷兰羊为母本,以考力代为父本,然后再用无角道塞特公羊回交,选择无有道后代培育而成,具有早熟性好、生长发育快、全年发情和耐热、耐干旱的特点。无角道公羊、母羊均无角,颈粗短,胸宽深背腰平直,躯体呈圆桶状,四肢粗短,后躯丰满,面部、四肢及蹄白色,被毛同质且为白色。成年公羊体重为 90~100 千克,母羊为 55～65 千克;剪毛量为 2～3 千克,羊毛细度为 48～58 支,毛长 7.5～10 厘米;平均产羔羊率为 130%左右。

20 世纪 80 年代以来,我国先后从澳大利亚引入数百只,分别饲养在新疆、内蒙古、陕西及中国农业科学院畜牧研究所等地,除进行纯种繁殖外,与当地羊进行杂交。据报道,无角道塞特羊与小尾寒羊杂交一代羔羊 6 月龄胴体重可达 24.2 千克,屠宰率为 54.5%。该品种在澳大利亚主要用作生产大量羔羊肉的父系品种。

五、夏洛莱羊

夏洛莱羊原产于法国中部的夏洛莱地区,是当地农户引入英国莱斯特羊改良当地的摩尔万戴勒羊,经过长期选育而成,1963 年命名为夏洛莱羊,1974 年法国农业部正式承认为品种。现广泛分部于欧洲主要养羊国家。

夏洛莱羊公、母均无角,额宽,身大,颈粗短,肩宽平,胸宽而深,肋骨拱圆,背部肌肉发达,体躯呈桶状,四肢较短,肉用体型好;被毛同质白色,羊毛细度为 56～58 支,毛长 7 厘米左右;成年公羊休重为 100～150 千克,成年母羊为 75～95 千克;羔羊生长发育快,6 月龄公羔羊体重达 48～53 千克,母羔 40～45 千克;7 月龄出售的种羊标准为,公羔 50～55 千克,母羔 40～45 千克。胴体品质好,瘦肉多,脂肪少,屠宰率 55% 以上,产羔率高,经产母羊为 182.4%,初产母羊为 135.3%。

20 世纪 80 年代中期以来,我国河北、河南、山东、辽宁、宁夏等省(自治区)先后引入数百只,与当地绵羊杂交效果很好,但是,在实践中发现,该品种对炎热气候条件适应性差,使用时应加以注意。

六、杜泊绵羊

杜泊绵羊原产于南非干旱地区,抗热耐寒,适应区域广。该品种是由有角道赛特和波斯羊杂交育成的肉用型绵羊品种。其特点是早期生长发育快,胴体质量好、出肉率高,具有世界钻石级肉用羊的美称。

杜泊绵羊分为白头和黑头两种,头上无角、有短、暗、黑或白色的毛。躯体呈独特的桶状,躯体前半部有短而稀的浅色毛。

该品种具有早期放牧能力,生长速度快,4 月龄的羔羊体重可达 37 千克左右,胴体重在 16 千克以上,肉的品质细嫩,脂肪分布均匀,胴体品质上等。虽然杜泊绵羊个体高度中等,但躯体丰满,体重较大,6 月龄的羔羊体重平均高达 54 千克左右,平均日增重 270～280 克。成年公羊和母羊的体重分别在 120 千克和 85 千克左右。

杜泊绵羊常年发情、配种,其发情情周期为 21 天左右,发情持续时间为 1～2 天,初次发情时间在 3～5 月龄,初配时间为 6～8 月龄;妊娠期约 146 天。一般两年三胎,母羊的产羔间隔期为 8 个月,产羔率在 150% 以上。母性好、产奶量多,能很好地哺乳后代。与小尾寒羊杂交平均产羔率达 190%,最多时产 6 只小杜泊杂交一代,杜泊绵羊与小尾寒羊杂交一代出生重平均达 3.9 千克。

第二节　肉用山羊的主要品种及特性

一、波尔山羊

波尔山羊原产于南非的干旱亚热带地区,是外国科学家多年培育的、理想的、世界公认的肉用山羊品种。据考证记载,17 世纪中叶就有该羊存在,19 世纪才有"波尔山羊"的称谓,1959 年才建立波尔山羊品种协会,1995 年引进我国。

波尔山头一般都有角,头颈粗短,耳大下垂,背腰平直,四肢短而粗壮,胸宽深,后躯丰满,体躯呈圆桶状,肉用体型明显。一般被毛较短,但少数个体被毛较长,毛色有两种:一是全身被毛红(褐)色;二是体躯被毛白色,头颈部红(褐)色,头部(脑门)正中有一条白色条带。

波尔山羊成熟早,3个半月龄的公羔羊体重能达22~36千克,母羔羊体重达19~29千克;9月龄公羊体重达50~70千克,母羔羊体重达50~60千克;成年公羊体重90千克,母羊体重达65~75千克。肉用性能好,体重41千克的去势羊屠宰率达52.4%,未去势的公羊屠宰率可达56%以上;羔羊胴体重平均为15千克以上,羊肉脂肪含量适中,胴体品质好。母羊可四季发情,产羔率为180%~200%,繁殖成活率为123%~184%。

该品种肉用性能好,抗逆性强,生态适应性广泛,深受世界上许多养羊国家的重视。澳大利亚、德国、新西兰、美国、加拿大、斯里兰卡等国家早已引进了该品种。我国1995年引进的首批波尔山羊,分别饲养在陕西、江苏、四川、山东等省。在纯繁的基础上已开始大量杂交改良,取得了良好效果,具有良好的推广应用价值。

在养羊生产中,波尔山羊主要用作杂交终端父本,可提高后代的生长速度和产肉性能。从波尔山羊与国内外诸多本地山羊品种杂交改良情况来看,均表现出明显的杂交优势,主要表现在杂交后代肉用性状明显改善,初生重、生长速度、体尺、体重、屠宰率、胴体重等较同龄本地山羊显著提高,适应性进一步增强。实践证明,用波尔山羊杂交改良其他品种山羊,效果十分显著。波尔山羊确实是一个不可多得的杂交父本品种。

据报道,波尔山羊与我国鲁白山羊的杂种一代公、母羊,3月龄体重达到20千克和16千克,较同龄鲁白山羊重105%和93%;波尔山羊与四川当地山羊的杂交一代公、母羊体重,较当地山羊重30%~117%,3月龄公、母羊体重达26千克和24千克,日增重达245克和230克,波尔山羊与陕南白山羊杂交,初生及1~6月龄羊体重高于陕南白山羊62%~78%;波尔山羊与关中奶山羊杂交到第二代,6月龄公、母羊体重可达40千克和35千克,较同龄关中奶山羊提高15%~20%,三代杂交羊的体型外貌及生产性能已接近波尔山羊。

陕西宝鸡市和西北农林科技大学养羊研究室,在波尔山羊产业化开发中,传颂着一首"波尔山羊产业歌"现录之如下,供全国养羊场参考。

波尔山羊产南非,世界名种数第一。不惜重金引宝鸡,纯繁杂交建基地。

世人都知宝鸡美,波尔山羊显声威。此种山羊长得奇,外貌特征记心里。

头脸遗传很怪异,两边棕色中间白。长头垂耳骡马鼻,嘴耳脖蹄为棕色。

圆桶体躯全身白,背腰平阔臀部肥。性情温顺喜挤堆,放牧补饲好育肥。

采食灌木饮清水,喜燥恶湿怕料霉。常年发情容易配,二年三胎没问题。

杂交改良效果好,快速生长无羊比。防疫灭病按程序,有病早治找兽医。

第十九章　肉用商品羊的繁殖及羔羊护理

第一节　肉用羊的繁殖规律和发情鉴定

一、性成熟与初配年龄

羊生长到一定的年龄,生殖机能逐渐成熟,生殖器官已发育完全,能产生成熟的生殖细胞(精子或卵子),而且具有繁殖后代的能力,此时期称为性成熟。由于品种、遗传、地理、气候、饲养管理、个体发育等因素的影响,羊的性成熟年龄差异很大,一般公羊在6~10月龄,母羊在6~8月龄达到性成熟。早熟品种4~6月龄性成熟,晚熟品种8~10个月性成熟。我国地方绵羊、山羊品种4月龄就出现性活动。如公羊爬跨、母羊发情等。

虽然羊到了性成熟年龄,生殖器官已发育完全,具有繁殖后代能力,但并没有达到体成熟,因为此时羊正处在生长发育阶段,如果这时配种产羔会对公、母羊的发育及后代带来不利的影响。因此,必须掌握适龄配种。一般来讲,初配母羊的年龄达12月龄,体重达成年体重的70%时开始配种为宜。早熟品种,饲养条件好的母羊可适当早些。种公羊的利用2岁左右为宜。在生产上,羔羊断奶后,公、母羊要分开饲养,防止早配和近亲繁殖。

二、肉羊的繁殖季节

羊属短日照动物,一般总是在秋、冬季节发情配种,这是自然选择的结果,也是生物适应环境的具体表现。在野生条件下,羊总是选择在秋末冬初配种,春季产羔。这样所产的羔羊经过一年生长发育即可安全越冬,这是长期的自然演化形成的。

羊的发情季节因品种、地区域而有差异。生长在寒冷的地区或原始品种羊,发情表现出季节性;生长在温暖地区或经过人工选择的羊品种,则没有严格的季节性。我国的湖羊、小尾寒羊、陕南白山羊等地方品种,萨福克、波尔山羊等培育品种都是具有四季发情的特性。而绝大多数品种发情季节明显,即使全年发情的品种也相对集中在春、秋两季,以8~9月间发情最多。影响繁殖季节的主要因素是光照,其次还有地理位置、气候、饲养条件等多种因素。

公羊没有明显的繁殖季节,任何季节都可配种。但精液品质在四季中也有不同区别。

一般秋季最好,春、夏季较差。公羊的性活动也有秋季旺盛、冬季差的趋势。有些品种公羊夏季无性欲。

三、发情与发情周期

1.母羊发情

发情是指母羊达到性成熟后表现出的一种周期性的性活动现象。这种周期性性活动同时伴随着母羊的卵巢、生殖道、精神状态及行为的变化,表现出一定的特征。

母羊发情后表现为兴奋不安,对周围外界刺激反应敏感,常鸣叫,举尾拱背,频频排尿,食欲减退,放牧的母羊常离群独自行走,喜欢主动接近公羊,愿意接受公羊交配。当公羊追逐或爬跨时站立不动或绕圈而行,摆动尾部,后肢岔开,后躯朝向公羊。处于泌乳期内的母羊发情,泌乳量下降,不照顾羔羊。母羊外阴部充血、肿胀、阴蒂充血勃起、阴道黏膜充血、潮红、湿润并有黏液分泌。母羊发情虽然有以上表现,但在生产中往往不明显,尤其是处女羊,所以在生产中要多观察,并结合试情进行鉴定。

母羊每次发情持续的时间称为发情持续期。发情持续期的长短与羊的品种、年龄及每年配种阶段有关。幼龄羊发情持续期较短,成年羊则较长。交配季节刚开始时,发情持续时间较短,中期较长,以后又缩短。绵羊的发情持续时间为30小时左右,山羊为24～38小时。

2.发情周期

母羊出现第一次发情后,其生殖器官及整个有机体的生理状态有规律的发生一系列的周期性变化,这种变化是周而复始,一直到停止乏情年龄为止,这种周期性变化称为发情周期。发情周期的计算一般从这次发情开始到下一次发情开始为一个发情周期。一般绵羊为14～20天,平均为17天;山羊为18～23天,平均为21天。

四、发情鉴定

发情鉴定是绵羊、山羊繁殖工作的一项重要技术环节。通过发情鉴定可以及时发现发情母羊,正确掌握配种或人工授精时间,防止误配、漏配,提高受胎率。要做好此项工作,就必须做到专人负责,勤观察。

羊的发情鉴定方法很多,常用的方法有阴道检查法、外部观察法、试情法等。由于母羊发情持续期短,外部表现不太明显,不易发现,尤其是绵羊。因此,母羊的发情鉴定法应以试情法为主,结合外部观察。

1.外部观察法

外部观察法主要是观察母羊的精神状态,性行为表现及外部变化情况。母羊发情时,常常表现为兴奋不安,对外界刺激反应敏感,食欲减退,主动接近公羊,有交配欲,外阴部常有少量黏液,有频频排尿现象。绵羊发情期短,外部表现不如山羊明显。处女羊一般比经产羊表现差。

2. 阴道检查法

该方法是用开张器辅助观察母羊的阴道黏膜、分泌物和子宫颈口的变化来判断是否发情。如发情,母羊的阴道黏膜充血、红色、表面光亮湿润,有透明黏液流出。子宫颈口充血、松弛、开张,有黏液流出。进行阴道检查时,先将母羊保定好,把外阴部清洗干净,将消毒好的开张器涂上灭菌的润滑剂或用生理盐水浸湿。工作人员左手横向持开张器闭合前端,慢慢插入阴道轻轻打开开张器。通过反光镜或手电筒光线来检查阴道变化,检查完毕稍微合拢开张器慢慢抽出。

3. 公羊试情法

选择体格健壮、无病、年龄特征在 2～5 岁的公羊放入母羊群中,发现有站立不动,主动接近公羊的母羊,特别是接受爬跨的母羊,此母羊已发情。要迅速挑出。为了防止试情公羊偷配母羊,通常在试情公羊的腹部绑好试情布护住其阴茎,也可在使用前做输精管结扎或做阴茎移位手术。试情公羊平时应单圈饲养,除试情外,不得与任何母羊接触,并开始以良好的条件保持体格健壮,每隔 5～6 天排精或交配一次,以维持其旺盛的性欲。试情公羊与母羊的比例以 1：45～1：50 为宜。在生产中多采用每天早上试情,也有早晚各一次的。由于天亮以后,母羊急于出牧,性欲往往下降,试情效果不好。因此,试情应在黎明前进行,天亮时结束。

五、排卵与配种

绵羊和山羊均属自发性排卵动物,即卵泡成熟后自行破裂排出卵子。排卵时间为绵羊在发情后 20～30 小时,山羊在 24～36 小时,配种一般应在发情开始后 12～24 小时。在实际生产中,一般母羊上午发情,下午傍晚进行第一次交配或输精,第二天上午进行第二次交配或输精;如果是在下午傍晚发情,则在第二天上午进行第一次交配或输精,下午再进行第二次交配或输精。

六、妊娠

母羊在发情内配种后,不再表现发情,说明已怀孕。从开始怀孕到分娩的这一期间叫妊娠期,通常是从最后一次配种或输精的那一天算起至分娩之日为止,绵羊的妊娠期一般为 146～157 天,平均为 150 天;山羊的妊娠期为 146～161 天,平均为 152 天。羊的妊娠期因品种、年龄、胎次、性别及外界环境因素等不同略有差异。一般国内本地羊比杂种羊短些,青壮年羊比老、幼羊短些。

根据妊娠期可以推算预产期，具体方法是：由母羊最后一次配种日期向后推算150天，即为预产期。如：某一只母羊最后一次配种时间为9月1日，那么该羊的预产期应为下一年的2月1日。

第二节 配种方法及人工授精

一、配种时期的选择

羊配种时期的选择，主要是根据什么时期产羔最有利于羔羊的成活和母仔健壮来决定，在年产羔一次的情况下，产羔时间可分为两种，即冬羔和春羔。一般7~9月配种、12月份至翌年1~2月产羔的叫冬羔；在10~12月配种，第二年3~5月产羔的叫春羔。这要根据养殖场所在地区的气候和生产技术条件来决定。

为了进一步分析最适应的配种时间，就应当把冬羔和春羔的优缺点进行比较。产冬羔的主要优点是：因羊在怀孕期，由于饲养条件比较好，所以羔羊初生重大；在羔羊断奶以后就能吃青草，因而生长发育快，第一年的越冬度能力强；由于产羔季节气候比较寒冷，因而肠炎和羔羊痢疾等疾病的发病率比春羔低，故羔羊成活率比较高。但是冬季必须贮备足够的饲草饲料和准备保温良好的羊舍，同时劳动力的配备也要比产春羔的多；如果不具备上述条件，产冬羔则会给养羊业生产带来很大的经济损失。产春羔，气候已经开始转暖，因而对羊舍的要求不严格，同时，由于母羊在哺乳期已能吃上春草，能分泌较多的奶汁哺乳羔羊，但春羔的主要缺点是，母羊在整个怀孕期处于饲草饲料不足的冬季，由于母羊营养不良，因而胎儿的个体发育不好，出生体重比较小，体质弱。

二、羊的配种方法

羊的配种方法有两种，即自然交配和人工授精。

自然交配是养羊业中最原始的方法，这种配种方法是在绵羊的繁殖季节，将公羊、母羊混群放养，任其自由交配，用这种方法配种，节省人工，不需要任何设备。如果公、母羊比例适当（一般1∶30~1∶40），受胎率也相当高。但是用这种方法配种也有许多缺点，由于公、母羊混群放牧，公羊在一天中追逐母羊交配，故影响羊群的采食抓膘，而且公羊的精力也消耗太大，也无法了解后代的血缘关系，不能进行有效的选种选配。另外，由于不知道母羊配种的确切时间，因而无法推测母羊的预产期，同时，由于母羊的产羔时期拉长，所产羔羊年龄大小不一，从而给管理上造成困难。

为了克服自然交配的缺点，但又不能进行人工授精时，可采用人工辅助交配法。即公母羊分群放牧或饲养，到交配种季节每天对母羊进行试情，可以准确登记公母羊的耳号及配种日期，从而能够预测分娩期，节省公羊精力，提高受配母羊头数，同时也比较有利于羊的选种选配工作进行。

羊的人工授精是指通过人为的方法，经过精液品质检查和一系列处理后，再将公羊的精液输入发情母羊的生殖道内，使卵子受精繁殖后代，它是近代畜牧科学技术的重大成就之一，是当前我国养羊业中常用的技术措施，与自然交配相比，有以下优点。

第一，扩大优良公羊的利用率。在自然交配时，公羊射一次精只能配一只母羊，如采用人工授精的方法，由于输入精液量少和精液可以稀释，公羊的一次射精量，一般可供十几只或几十只母羊的受精之用。因此，应用人工授精的方法，不但可以增加公羊配母羊的数量，而且还可以充分发挥优良种公羊的作用，迅速提高羊群质量。

第二，可以提高母羊受胎率。采用人工授精的方法，由于将精液输送到母羊的子宫内颈或子宫颈口，增加了精子与卵子结合的机会，同时也解决了母羊因阴道疾病或因子宫颈位置不正而引起的不育；再者，由于精液品质经过检查，避免了精液品质的不良所造成的空怀。因此，常用人工授精可以提高受胎率。

第三，采用人工授精的方法，可以节省购买和饲养大量种公羊的费用。例如，有适龄母羊3000只，如果采用自然交配的方法，至少需购买种公羊80~100只，而如果采用人工授精的方法，在我国目前的条件下，只需购买10只左右就行了，这样就节省了大量的饲养管理费用。

第四，可以减少疾病的传播。在自然交配的过程中，由于羊体和生殖器的相互接触，就有可能把某些传染病和生殖器官疾病传播开来。采用人工授精的方法，公母羊不直接接触，器械经过严格消毒，这样传染病传播的机会就可以大大减少了。

第五，由于现代科学技术的发展，公羊的精液可以长期保存和实行远距离运输。这样对于进一步发挥优秀种公羊的作用，对迅速改造低产养羊业的面貌将有着重要的作用。

第三节　冷冻精液技术在养羊业中的应用

该技术在我国养羊业中的运用日益扩大，对其中若干重大问题的研究在逐步深入，并取得了进一步成果。据科学工作者研究和在实践中应用证明效果比较好。现将绵羊精液冷冻保存技术及冻配技术简介如下。

一、精液冷冻保存

1. 器械消毒

采精前一天清洗各种器械（先以肥皂粉水清洗，再以清水冲洗 3~5 次，最后用蒸馏水冲洗晾干）。玻璃器械采用干燥箱高温消毒，其余器械用高压锅或紫外线灯进行消毒。

2. 稀释配制

（1）c 液配方

Ⅰ号液：双重蒸馏水 20 毫升、乳糖 2.9 克，水浴煮沸消毒过滤，降至 30℃左右，加新鲜卵黄 4 毫升。

Ⅱ号液：双重蒸馏水 20 毫升、乳糖 2.9 克、三羟甲基烷 0.12 克、柠檬酸钠 0.054 克，热溶过滤，消毒降至 70℃，加阿拉伯树胶粉 1.2 克，降温至 30℃左右，加新鲜卵黄 4 毫升、甘油 3~4 毫升（单独水浴加热消毒）。

（2）f 液配方

基础液：双重蒸馏水 100 毫升、乳糖 14.5 在克、葡萄糖 1.2 克，热溶过虑、消毒。

Ⅰ号液：取基础液 20 毫升，降温至 30℃左右，加卵黄 4 毫升。

Ⅱ号液：取基础液 20 毫升，加三十羟加甲基氯基酸烷 0.12 克、柠檬酸钠 0.054 克，过滤后增加温至 70℃，加阿拉伯树胶粉 1.2 克，搅动至溶解后，降温至 30℃左右，加新鲜卵黄 4 毫升、甘油 1~4 毫升（单独煮沸消毒）。

上述各溶液每 100 毫升加青霉素 10 万国际单位、链霉素 100 毫克。稀释液应现配现用，用后置于冰箱内备用。

3. 采精

采用假阴道按常规方法采集精液，采精频率一般可连采两天，休息一天，在采精当日可连采两次（间隔 10~15 分钟）。原精液活率要求 0.35 以上，密度达"密"类，精子畸形率在 15% 以下方可使用，一般采用数只公羊混合精液制作冻精。

4. 稀释平衡采用两次稀释法

第一次稀释平衡：采精镜检后，先以不含甘油的Ⅰ号液，在等温条件下按精液的 1：0.5 稀释。稀释后包裹 8 层纱布，再降温 10 分钟。然后连同稀释用的注射器，Ⅱ号液等一并放入 3℃~4℃的冰箱（或装水的广口瓶）内平衡 2.0~2.5 小时，在此期间温度不得有变化。

第二次稀释平衡：在冰箱内按原精液总量 1：1 的比例，缓缓放入Ⅱ液，再继续平衡 15 分钟后立刻液氮冻制。最终稀释比例 1：1.5，稀释后每毫升含精子 $1.0 \times 10^9 \sim 1.2 \times 10^9$（如果原精液活率好，密度稍差，可适当降低稀释倍数，以确保冷冻精质量）。

5. 冷冻保存

冷冻前对冷冻器材用紫外线灯消毒灭菌。冷冻采用氟板法或铜纱网冷冻法。

(1)氟板法 初冻温度为 -90℃ ~ -100℃，将液氮盛入铝盒做的冷冻器中，然后把氟板浸入液氮中预冷数分钟后(氟板不沸腾为准)，将氟板取出平放在冷冻器上，氟板与液氮面的距离为 1 厘米，再加盖 3 分钟后，按分颗粒 0.1 毫升剂量滴冻。滴完后保存于液氮中。

(2)铜纱网法 将液氮盛入约 6 千克广口瓶，距瓶口约 7 厘米，然后将铜纱网浸入液氮中 3 分钟，并在铜纱网底下做距液氮面 1 厘米的漂浮器，将铜纱网漂在液氮面上，进行滴冻，滴完后加盖 4 分钟，将铜纱网浸入液氮中，然后镜检，合乎要求者分装保存。

6. 解冻

(1)解冻方法 解冻可分为干解冻和湿解冻。干解冻指用消毒过的干燥试管浸入 40℃ ~ 60℃温水中 2 ~ 3 分钟，将冻液颗粒放进试管中进行快速摇动；湿解冻是用 2.9%的柠檬酸钠解冻液把试管冲洗一下，然后倒出解冻液，再放到 40℃ ~ 60℃温水中预热后，将冻精颗粒放入试管中进行快速解冻。

(2)解冻温度 绵羊冷冻精液解冻温度，一般采用 40℃ ~ 80℃均可，但温度过高较难掌握。经多次试验，40℃、65℃比较可靠。40℃解冻时，应待精粒全部融化为止；在 65℃解冻时，必须全轻摇试管，直至冻精液溶化到绿豆颗粒大小时，迅速取出置于手中搓揉，借助手温全部融化，然后镜检。直线运动的精子活率达 0.35 以上均可用于授精。

二、绵羊冻配操作规程

1. 器械消毒

(1)配种前一天必须对输精管、试管、温度计、镊子、开张器，按肥皂水→清水→清水→清水的顺序认真洗涤，以达到消除油垢一又不留碱性余液为目的，洗涤的器械置于干净的瓷盘中，用清洁纱布盖好备用。

(2)配种当日要对输精器、试管、镊子等器械用消毒槽煮沸消毒 15 分钟，用前须用 2.9%柠檬酸钠或生理盐水反复清洗输精枪与试管中的水珠，防止水分混入精液。

(3)对开张器、瓷盘等用火焰消毒，消毒好的开张器包裹纱布待用。纱布、毛巾蒸气消毒。

(4)对复用的输精枪要用解冻液或生理盐水反复冲洗几次，再用浸过解冻液或生理盐水的棉球擦净输精针后，方可复用。

2. 预配母羊的发情鉴定

要求配种人员坚持每天早晨对授配母羊群试情观察。对参加冻配的羊场、农户的母羊,必须坚持先试情,后配种的做法。

3. 解冻

（1）绝对避免冻精回温　取冻精时提漏不得超过液氮口,冻精需要多罐时,在空气中暴露时间不得超过 5 秒钟,取冻精用的镊子要在罐口预冷。

（2）解冻至关重要　同批冻精解冻后活率因技术而异。关键在于解冻温度和解冻速度的掌握上。要求解冻快（迅速跨过危险温度区,防止冰晶发生）,又要终末温度适宜,难度较大,需要反复练习和实践。

（3）解冻后活率低于 0.35 者弃去不用。

4. 输精

总之,要做到"适时""适插""轮注""深部""稍站"十字方法,从输精时间上要求越快越好,每羊从解冻到输完精要求在 10 分钟内完成。

（1）保定好母羊　用 0.1%高锰酸钾液擦净外阴,擦洗用纱布（或白平布）每次使用后应该清洗干净,晾干备用。

（2）输精时,按常规方法,将开张器插入阴道。注意开张器插入阴道深部后,稍向后拉,使子宫颈口处于正常位置,开张幅度宜小（2 ~ 3 厘米）,从缝里找子宫颈口很容易。否则开张愈大,金属刺激越大,羊努责,越不易找到子宫颈口。

（3）精液必须输以子宫颈内 1.5 ~ 3.0 厘米处,此点至关重要。要充分利用 XK2 型输精器的优势,遇到子宫颈口有"盖板"的母羊,要用输精针挑起盖板,找到颈口,也要坚持"深部输精",绝对不能马虎从事。

（4）每羊每次分别解冻精两粒,吸入输精器内一次输入,间隔 8 ~ 10 小时复输一次,至少不低于 6 小时,必须保证两次输精。原精输精每只羊每输精 0.05~0.1 毫升,低倍稀释为 0.1~0.2 毫升,高倍稀释为 0.2~0.5 毫升,冷冻精液为 0.2 毫升以上。

（5）插输精针时,要深要慢,尽量减少刺激,如前端顶到子宫颈管壁上,精液不好注入时,要转动一下输精针,缓慢注入。另外,输精瞬间,缩小开张器的开张程度,减少刺激,并向外拉出 1/3,阴道前边闭合,越容易输精。

（6）输精完毕,要观察子宫颈口有无精液倒流现象。严重倒流者应重配,然后就地站立或饲喂 10 ~ 20 分钟,再将母羊赶走。

（7）羊群距输精架越近越好,严禁输精前,强行牵母羊到较远地方配种,这样会降低受胎率。

第四节　产　羔

产羔是肉羊生产的主要收获季节。因此,应当积极重视,认真组织和安排好劳动力,确保丰产丰收。

一、接羔前的准备工作

1. 接羔棚舍的准备

我国地域辽阔,各地自然生态条件和经济发展水平差距很大,接羔棚舍及用具的准备,应当因地制宜,不能强求一致。但必须强调的是,产羔开始前一周,必须对接羔棚舍、运动场、饲养架、饲槽、分娩栏等进行修理和清扫,并用 3%~5% 的碱水或 10%~20% 的石灰乳溶液进行比较彻底的消毒,消毒后的接羔棚舍,应当做到地面干燥、空气新鲜,光线充足,挡风御寒。

产羔房面积大小以(1.0~1.5 平方米 / 只母羊 × 产羔母羊数 / 批)计算。产羔房应由待产区、产羔区和适应缓冲区 3 部分组成,具有观察预备、接产育幼和母子隔离管理及转群 3 个功能。产羔舍采用滑键板为宜,避免母子与粪便接触以减少病菌感染,提高成活率。产羔区设有供暖设施(煤炭炉、火墙、暖气等),待产区和达应缓冲区可不设供暖设施。产羔舍温度以 ≥10℃ 为宜。

2. 饲草饲料的准备

在牧区,在接羔棚舍附近,从牧草返青时开始,在避风、向阳靠近水源的地方用草坯或铁丝网围起来,作为产羔用草地,其面积大小可根据产草量、牧草的植物组成以及羊群的大小、羊群品质等因素决定,但至少要够产羔母羊一个半月的放牧为宜。

有条件的羊场及农牧民饲养户,应当为冬季产羔的母羊准备充足的青饲草,质地优良的农作物秸秆,多汁饲料及适当的精饲料等,对此季节产羔的母羊,也应当准备至少 15 天所需要的饲草及饲料。

3. 接羔人员的准备

接羔是一项繁重而细致的工作。因此,每群产羔母羊除主管饲养员以外,还必须配备一定数量的辅助劳动力,才能确保接羔工作顺利进行。

每群产羔母羊配备辅助劳动力的多少,应根据羊群属于什么品种,羊群的质量,畜群的大小,营养状况,是经产还是初产母羊以及接羔点当时的情况而定。

产羔母羊群的主管饲养员及辅助接送人员,必须分工明确,责任到人。在接羔期间,要求坚守岗位,认真负责地完成自己的工作任务,杜绝一切责任事故发生,对初次参加接羔的人员,在接羔前组织学习有关接羔的服务技术。

二、接羔

1. 临产母羊的特征

母羊临产前,表现乳房肿大,乳头直立,阴门肿胀潮红,有时流出浓稠黏液,肷窝下陷,尤其以临产前 2~3 小时最明显,行动困难,排尿次数增多,起卧不安,不时回顾腹部或喜欢卧墙角,卧地时两后肢向后伸直。

2. 产羔过程及接羔技术

母羊正常分娩时,在羊膜破后几分钟至 30 分钟左右,羔羊即可产出。正常胎位的羔羊,出生时一般是两前肢及头部先出,并且头部紧靠在两前肢上边,若是产双羔,先后间隔 5~10 分钟,但也有偶尔长达数小时以上的。因此,当母羊产出一羔后,必须检查是否还有第二羔羊,方法是以手掌在母羊腹部前侧适力颠举,如系双胎,可触摸到光滑的羔体。

在母羊产羔过程中,非常必要时一般不宜干扰,最好让其自行娩出,但有时初产母羊骨盆和产道较狭小,或双胎母羊在分娩第二只羔羊,并已有疲乏的情况下,仍然需要助产。其方法如下。

(1)如胎头已露出阴门外,而羊膜还未破裂,应立即撕破羊膜排放羊水,使胎羔的口鼻露出并清理其处的黏液,待其生产。

(2)若初产母羊骨盆、阴道狭窄或胎儿过大,生产困难,则应扩大母羊的阴门,具体方法是把胎儿前肢拉出、送入,反复 3~4 次,然后接羔员一手拉胎儿前肢,一手扶胎儿头,随母羊努责将胎儿斜向下方拉出,动作要温柔缓慢。

(3)若羊水已出,母羊的腹部及努责无力时,接羔员应蹲在母羊体躯后侧,用膝盖轻压羊的腹部,等羔羊的嘴露出后,用一只手向前推动母羊的会阴部,待羔羊的头部露出时,再用一只手拉头,另一只手拉两前肢,随着母羊的努责斜向下方轻缓地把羔羊拉出。

(4)若胎位不正,则应在母羊阵缩时,用手将胎儿推回腹部,然后再用手伸入母羊的阴道,中指、食指伸入子宫探明胎位,帮助纠正,再待产出并给以辅助。若需要手术助产或剖宫产,则应请有经验的技术人员协助解决。

羔羊出生后,先将口鼻部的黏液擦掉,并让母羊将羔羊舔干,如果母羊不舔,可在羔羊身上撒一些麸皮。脐带一般会自然拉断,接羔人员要把脐带内的血液挤净,然后涂上碘酒消毒,也可用烧烙器熔断。因分娩时间长,有的羔羊呈假死现象,可进行人工呼吸,以两手分别握住羔羊的前肢和后肢,慢慢活动胸部,或对羊的鼻内进行人工呼吸,使其复苏。

3.难产与助产

（1）难产的主要原因　阵缩努责微弱或过强、子宫腹壁疝阴门狭窄、子宫颈狭窄、骨盆狭窄、骨盆骨瘤、胎儿过大、双胎、胎儿楔入产道、胎儿畸形、死胎、胎儿姿势异常、胎向及胎位不正等。当破水后20分钟左右母羊不努责、胎膜也未出来时应当进行助产。

（2）难产临床　症状多发生于超过预产期的妊娠母羊。表现不安，不时徘徊，阵缩或努责、呕吐、阴唇松弛湿润，阴道流出胎水、污血、黏液，时而回头顾腹部及阴部，但经1~2天不见产羔，有的外阴部夹着胎儿的头或腿，长时间不能产出。随难产时间延长，妊娠母羊精神变差，痛苦加重，表现呻吟、爬动、精神沉郁、心率增加、呼吸加快、阵缩减弱。病至后期阵缩消失卧地不起，甚至昏迷。

（3）难产诊断　应了解预产期、年龄、胎次、分娩过程及处理情况，然后对母体、产道及胎儿进行检查，掌握母体状况、产道的松紧及润滑程度、子宫颈的扩张程度、骨盆腔的大小、胎儿的大小及进入产道的深浅、胎儿是否存活、胎向及胎位等。

（4）助产为了保证母子安全，对于难产的妊娠母羊必须进行全面检查，及时进行人工助产术；对种羊可考虑剖宫产。

①助产时间。当母羊开始阵缩超过4小时以上，未见羊膜绒膜在阴门外或阴门内破裂（绵羊需14分钟至2.5小时，双胎间隔15分钟；山羊需0.5~4.0小时，双胎间隔0.5~1.0小时），母羊停止阵缩或阵缩无力时，需迅速进行人工助产，不可拖延时间以防羔羊死亡。

②助产准备

A.助产前询问母羊分娩时间、是初产或经产，看胎膜是否破裂，有无羊水流出，检查全身状况。

B.保定母羊，一般使羊侧卧，保持安静，让前肢低、后躯稍高，以便于矫正胎位。

C.对手臂、助产用具进行消毒；对阴户外周，用0.5%新洁尔灭溶液进行清洁。

D.检查产道有无水肿、损伤、感染，产道表面干燥和湿润状态。

E.确定胎位是否正常，判断胎儿死活。胎儿正产时，手入阴道可摸到胎儿嘴巴、两前肢，两前肢中间夹着胎儿的头部；当胎儿倒生时，手入产道可触及胎儿尾巴、臀部、后蹄，以手压迫胎儿，如有反应，表示尚存活。

③助产方法。常见的难产位有头颈侧弯、头颈下弯、前肢腕关节屈曲、肩关节屈曲、胎儿下位、胎儿横向、胎儿过大等，可按不同的异常产位将其矫正，然后将胎儿拉出产道。

A.子宫颈扩张不全或子宫颈闭锁，胎儿不能产出，或骨骼变形，致使骨盆腔狭窄，胎儿不能正常通过产道时，可进行剖宫产急救胎儿，保护母羊安全。

B.皮下注射麦角碱注射液1~2毫升。必须注意，麦角制剂只于子宫颈完全开张，胎势、胎位及胎向正常时方可使用，否则易引起子宫破裂。

C. 当母羊怀双羔时，可遇到双羔同时将一肢伸出产道形成交叉的情况。由此形成的难产，应分清情况，辨明关系。可触摸腕关节确定前肢，触摸关节确定后肢。若遇交叉，可将另一羔的肢体推回腹腔，先整顺一只羔羊的肢体，将其拉出产道；再将另一只羔羊的肢体整顺拉出。切忌将两只羊的不同肢体误认为同只羔羊的肢体。

三、产后母羊和羔羊的护理

1. 产后母羊的护理

母羊产后身体虚弱，应让其很好的休息，并给一些温盐水饮用，喂些麸皮和青干草。胎衣通常在产后 2~3 小时内排出，应及时取走，以防母羊吞食，对绵羊应把乳房周围的毛剪去，并调教母羊护羔、喂奶。

哺乳期羔羊的营养主要依靠母羊，母乳是羔羊生长发育所需要营养的主要来源，母乳多，羔羊生长发育就好，抗病能力强，成活率高。因此，在产后 1~3 天，应对母羊进行补饲，以补饲多汁饲料及优质干草为主，补饲精饲料，每天每只羊补喂 0.25 ~ 0.50 千克精料。常用配方如下：玉米粉 35%、小麦粉 47%、豆饼或菜（棉）籽饼 15%、食盐 0.5% 和矿物质预混饲料 2.5% 等，或玉米粉 54%、小麦麸 27%、黑豆 8%、豆饼 8%、轻质碳酸钙 1%、脱氧磷酸氢钙 1%，食盐 1%。

产后 1 ~ 3 天的母羊，不能饲喂过多精料，以免造成消化不良和乳房炎的发生，产后母羊不能饮冷水和冰水。

2. 羊羔的护理

（1）喂好初乳　初乳浓稠，营养丰富，含有初生羔羊所需要的抗体、抗氧化物和各种酶等。羔羊吃了初乳可促进胎粪排出，增强疾病的抵抗力。羔羊出生后 1 小时即可站立行走吃奶，如不能自己吃的应在接产人员辅助下进行，保证羔羊吃到初乳。若母羊有病、死亡、无奶或奶水不足时，就找保姆羊代乳。

（2）羔羊补饲　羔羊的哺乳一般为 2~3 个月，母羊产后 1 个月奶量逐渐减少，往往不能满足羔羊生长发育的需要。因此，羔羊出生后 10~15 天要训练其采食能力。先让羔羊学吃饲草、树叶或优质柔软的禾本科和豆科牧草，扎成直径为 5 厘米的小草把，吊在羊舍的四周，让其采食。30 日龄羔羊要让其采食混合精料，每天每只羊 10~50 克，30~100 日龄羔羊每天 100~150 克混合精料。

（3）羔羊管理　刚出生的羔羊体质较弱，对外界环境抵抗力较差。因此，要求产羔室内温度适中，地面干燥，垫草要经常更换，同时要防止羔羊被压伤、压死，对产羔羊舍要经常消毒保持舍内干净卫生。对病弱、缺奶羔羊要特殊护理，让其吃饱奶，对病羔要及时发现病情，对症治疗。

（4）预防羔羊疾病　羔羊容易发生的疾病有两种，一是羔羊痢疾，另一种是蹄叶炎。羔羊痢疾主要是由于感染了大肠杆菌所引起，一般羔羊出生后 2~4 天出现腹泻，粪便呈灰白色、蛋黄色或绿色，沾在肛门附近，有特别的臭味，也有的粪便中有血；羔羊精神不佳、食欲不振，耳和四肢发凉，背弓起，颈曲头垂，全身无力。这种病死亡率较高，应注意预防和治疗。个别羔羊出现痢疾，可请兽医及时治疗。

肺炎主要是由于气候异常或羊舍过于潮湿，氨气、二氧化碳不能及时排出造成的。病羔羊主要表现呼吸急促、咳嗽、气喘、流鼻涕，体温升高，无食欲，对新生羔羊危害极大，应积极预防。

第二十章 肉用羊的育肥与管理

第一节 羊的生长发育规律

一、体重增长规律

1. 哺乳期（出生—断奶）

哺乳期体重占成年体重的 28% 左右，是羊一生中生长发育的重要阶段，也是培育的关键时期。此阶段增重的顺序是内脏→骨骼→肌肉→脂肪，体重随年龄迅速增长。羊从出生重 3.1 千克左右，增长到断奶重 9.6 千克左右，相对增长率为 332%。

2. 幼年期（断奶—配种前）

幼年期体重成年体重的 70% 左右，这一阶段性发育已趋于成熟，但仍是羊增重最快的阶段。日增重为 180 克左右。增重的顺序为生殖系统→内脏→骨骼→脂肪。

3. 青年期（12～24 月龄）

青年羊体重占成年羊体重的 85% 左右。这个时期，羊的生长发育接近成熟，体形基本定型，生殖器官已发育完善，绝对增重达到高峰，以后增重缓慢。增重的顺序是肌肉→脂肪→骨骼→生殖器官→内脏。

4. 成年期（2~6 岁）

这一阶段的前期，体重还会有缓慢地上升，48 月龄后增长基本停滞，再增重的是脂肪。

二、骨骼生长规律

羊在出生后，体型及各部位的比例都会发生很大变化。这种变化主要是躯体各部位骨骼生长变化引起的。羊的胚胎期，生长最快的骨骼是四肢骨，主轴骨生长比较慢；出生以后则相反，主轴骨生长加快，四肢骨生长缓慢。就躯体而言，出生时头和四肢发育快，躯干较短而浅，腿部发育差；生后首先是体高和体长增加，然后是深度和高度增加，二者有规律地更替。

第二节　羊的消化器管特点及功能特点

羊是属于反刍类家畜,亦称复胃动物,它的胃不同于单胃动物,它的胃有瘤胃、肉胃、瓣胃、皱胃4个胃组成,成年羊胃的总容量为29.6升。前三个胃总称前胃,胃黏膜无腺体组织。只有皱胃的胃黏膜有腺体组织,相当单胃动物的胃,所以又叫真胃。

瘤胃,在4个胃中排第一,又称第一胃,土名叫草包,位居腹腔左半部,容积为23.4升,占总容量的79%,黏膜为棕黑色,表面有密集的乳头。网胃,排第二,又称第二胃,胃黏膜表面像蜂巢,所以又叫蜂巢胃,呈球形,容积为2.0升,内壁如蜂巢状,与瘤胃紧连在一起,其消化生理作用与瘤胃基本相似,主要是微生物消化,分解消化粗纤维。瓣胃,排第三,又称第三胃,内有无数褶膜,所以又叫百叶胃,容积为0.9升,对食物进行机械压榨作用。皱胃,排第四,又名第四胃,为圆锥形,容积为3.3升,胃腺分泌胃液,主要有盐酸和蛋白酶,食物在胃液作用下,进行化学性消化。

小肠是羊消化吸收的主要器官,平均长度约25米,与体长之比为5:1~30:1,细长而曲折,能产生蛋白酶,当胃内容物进入小肠后由于各种消化酶的作用,分解为各种简单的营养物质而被绒毛上皮吸收。未消化的食物被推入大肠。大肠长4~13米,主要功能是吸收水分和形成粪便。凡被消化的营养物质,可在大肠微生物的作用下继续消化吸收,剩余残渣成为粪便排出体外。

山羊的瘤胃比绵羊小,但小肠的长度比绵羊稍长些。

一、羊的消化功能特点

1. 反刍机能特点

羊在短时间内能采食大量草料,经瘤胃混合和发酵,随即出现反刍活动,逆呕食团于口中,经咀嚼后再入腹。每次反刍持续40~60分钟,有时可达1.5~2.0小时,一天的逆呕食团数约为500个。羊每天反刍时间约为放牧采食时间的3/4,为舍间采食时间的1.6倍。

2. 瘤胃的消化特点

各种家畜对粗纤维的消化利用能力有很大差别。单胃动物,猪只有18%,马为30%。而复胃动物,牛为55%,羊最高,可达65%。

羊的瘤胃中繁殖着大量的微生物,1克瘤胃内容物中有500亿~1000亿个细菌;1毫升瘤胃液中含有20万~400万个纤毛虫,其中细菌起主导作用。羊依赖微生物的作用,能将50%~80%的纤维分解消化。在瘤胃发酵过程中,纤毛虫先使纤维组织变得疏松,然后细菌通过水解酶的作用,将纤维分解为乙酸和丙酸等挥发性低级脂肪酸,由瘤胃壁吸收进入肝脏,成为能量的主要来源,或被运送到脂肪组织中形成体脂肪。绵羊一昼夜内分解碳水化合物形成挥发性脂肪酸的数量约 500 克,可提供羊对总能量需要的 40%,主要是乙酸。依赖微生物的作用,可将草料中的部分非蛋白质结构的含氮化合物(尿素和氨化物)合成为菌体蛋白。草料中的氨化物含量,一般占粗蛋白质总量的 1/3 ~ 1/2,具有与蛋白质同等的营养价值。

绵羊由瘤胃转到真胃的蛋白质约为 82% 是菌体蛋白,这些菌体蛋白在胃肠蛋白酶的作用下,在小肠内被消化吸收。据测定,绵羊干草精饲料日粮中,一昼夜可从瘤胃获得 30 克的菌体蛋白。纤毛虫和细菌的菌体蛋白的生物学价值约为 80%,但前者的消化率为 91%,比后者高 17 个百分点,且富含氨基酸。

依赖微生物的作用,可在羊体内合成硫氨素(VB_1)、核黄素(VR_2)、维生素 B_{12}(VB_{12})和维生素 K(VK)等维生素,满足自身需要,不必另外补充。

从一种口粮改变为另一种口粮,微生物各群随之发生变化,而且这种变化进程很缓慢。口粮转变过急,过大,会发生消化失调,必须遵循逐渐过渡的原则。

3. 羔羊的消化特点

初生时期的羔羊,起主要作用是真胃,其他 3 个胃的作用很小。此时瘤胃微生物区系尚未形成,无消化粗纤维的能力,不能采食和利用草料,淀粉的耐受量很低,小肠消化淀粉的能力也很有限。吸吮的母乳直接进入真胃,由真胃分泌的凝乳酶进行消化。随着日龄的增长和采食植物性饲料的增加,前 3 个胃的体积逐渐增大,一般在 20 日龄后出现反刍活动,真胃凝乳酶的分泌逐渐减少,其他消化酶分泌增多,对草料的消化分解能力逐渐加强。根据这一特点,对生后7~10 天的羔羊,应开始补饲容易消化的精料和优质干草,以促进瘤胃发育和增强对饲料的消化能力。加强在精料中添加 25 毫克抗生素(土霉素、磺胺类药物),可提高增重 11%。

第三节　肉羊的管理技术

一、肉用羊的放牧管理

从国外看,羊肉生产特别是羔羊肉生产,逐渐地采用集约化的生产方式。但根据我国的实际情况,今后较长时间内,无论是农区还是牧区和半农半牧区,都应该充分利用我国丰富的天然草场资源,采用放牧和舍饲相结合的方式。所以,放牧是养羊业的重要环节,通过放牧可促进羊体健康成长,降低生产成本。因而羊群营养状态的好坏与生产力的高低,都与放牧有密切关系。

1. 放牧羊群的组织

合理组织羊群，既节省劳动力，又便于羊群管理，可提高生产率。因此，要根据羊的特性和牧区、农区、半农牧区及山区的草场条件，按品种、性别、年龄来组织羊群。

牧区草场面积宽广，羊群可大一些。一般编为：繁殖母羊和育成母羊200～250只一群，当年生的去势育肥公羊150～200只一群，种公羊以100只为一群，幼龄公羊和幼龄母羊250～300只一群。

农区放牧多在地边、路旁、河堤、渠边、溪沿等处，放牧受到一定限制，羊群不宜大，繁殖母羊和育成母羊30～40只一群，当年去势公羊25～30只一群，种公羊以10只为一群比较合适。

半农业半牧区和山区羊群的组织介于农区和牧区之间。

2. 四季牧场的选择

广大牧区的气候差异较大，冬天严寒夏天酷热，并且牧场有漫长的枯草季节，这就需要一套因地、因时而异的放牧技术，否则羊群就会出现"夏壮、秋肥、春老"的现象。自由放牧时，四季牧场的选择可用"春洼、夏岗、秋平、冬暖"八个字来概括。广大牧民在长期生产实践中总结出的经验，也值得借鉴，如："春放平川免毒草，夏放高山避日焦，秋放满山吃好草，冬天就数阳坡好"。

（1）春季牧场　春季气候极不稳定，忽冷忽热，乍暖还寒，有时风雪侵袭，牧草刚刚萌发，放牧不当易造成损失。春牧场多接近冬牧场，宜选择平原、川地、盆地或丘陵地及冬季未利用的阳坡，气候较温暖，雪融化早，牧草最先萌发的草地。

绵羊经过漫长的冬天，营养水平下降。春季放牧的要求是让羊尽早恢复体力，给以后放牧抓膘创造条件。羊群啃食一冬枯草，一进入春场难免嘴馋，见青就跑，即所谓"跑青"。此时一定要稳字当头，经常在前面拦领头羊，严防"跑青"，做到"有草没草，不跑就好"。也可在出牧时先在枯草地上放一会儿，等羊半饱后再赶到青草地上，充分采食青草。

根据春季气候容易变化的特点，出牧宜迟、归牧宜早，中午可不回圈，使羊多吃些草。如果放的是待产母羊群，归牧时要注意观察，看有无即将分娩的羊只，发现时应及时照料。放牧过程中要求特别注意天气变化，发现天气有变坏预兆时，及早赶羊到羊圈附近，以便风雪来临及时躲避。

（2）夏季牧场　夏季气温较高，降水量较多。炎热潮湿的气候对健康不利。夏季牧场应选择气候凉爽、蚊蝇较少、牧草丰茂、有利于抓膘复壮的高山地区。

羊群经过春季放牧，营养得到了加强，平均日增重可达200克以上。而夏季是放牧旺盛之际，正是抓膘的关键时刻，应大力搞好放牧，以促进羊群尽快抓膘复壮，快速增重，母种羊按时发情配种。为了延长夏季放牧采食时间,出牧宜早,归牧宜晚,中午可不回圈,使羊群尽可能够每天吃三个饱,早上出牧时,为了防止羊吃露水草引起臌气病,最好不要在有露水的公共牧场上放牧。中午最热的时候,羊挤在一起,都想为其头部找到荫凉,头钻在其他羊的腹下或胯下,以对方作为保护伞,即所谓"扎窝子"。里面的羊会因温度过高而闷死。为了避免这一现象发生,可选择干燥凉爽的地方,让羊群歇息。如天气太热,卧息时间可延长一些,也可进行夜牧,但要注意羊群的安全,防止野兽袭击。夏季放牧时,上午放阳坡,下午放阴坡,上午顺风放,下午逆风放,可使羊不受热。夏季多雨,小雨可照常出牧,如遇雷阵雨,应迅速避开河槽和沟底,将羊赶到较高的地方,分散站立,以免山洪暴发冲走羊只;如久雨不停,应不时轰动羊群活动产热,以免受凉感冒;如遇冰雹最好把羊赶到林间隐蔽,如来不及,可把羊赶得密集一些,拢好群,防止乱跑。

(3)秋季牧场　秋季气候逐渐变冷,羊群要从高山牧场向低处转移,可选择牧草丰盛的山腰和山脚地带放牧。此时气候较凉,蚊蝇较少,牧草开花结籽,对抓膘更为有利,所以秋季放牧的重要任务是抓膘育肥和组织配种,在夏膘的基础上抓好秋膘,利于越冬。在半农半牧区,收过庄稼的田地里往往遗留下少量谷穗、田埂边长有青草,在茬地里放牧,对羊群营养有较大裨益。早秋有霜时放牧要早出晚归,尽量延长放牧时间;晚秋有霜时,最好是晚出晚归,中午继续放牧。秋季是羊配种季节,忌跑远路,当羊群抓到 7~8 成膘时,不宜再上高山。做到抓膘、配种两不误。在牧地的利用上,先由山冈到山腰,再到山底,最后到草滩地,准备进入冬季牧场。

(4)冬季牧场　冬季气候寒冷,风雪频繁,应选择背风向阳、地势较低的丘陵、山沟的低洼地放牧。冬季放牧的主要任务是保胎、保膘,安全生产,保证胎儿发育正常,达到多产、多活、多奶水。

冬季白天短夜间长,实行全天放牧的要早晚补饲,冬场放牧时不要游走太远,在天气骤变时能很快及时返圈,保证羊群安全。冬季时间很长,应尽量节约牧地,放牧时先远后近,先阴后阳,先高后低,先沟后平,早出晚归,慢走慢游。为了避免冰雪覆盖草场,给放牧造成困难,应在圈舍附近保留优良的阳坡草场,以便在大雪后放牧。冬季放牧时,应特别注意风雪造成的损失和防止羊只丢失、滚沟、流产和狼害。在气温特别低的夜晚,羊互相挤压取暖常常堆积成若干层,俗称"上垛",瘦弱者在下层出不来,易造成流产或压死,晚上应加强巡逻,以防止意外发生,造成损失。

3. 放牧方式

(1)固定放牧　羊群一年四季在一个区域自由放牧采食。这是一种原始的放牧方式,它不利于草场的合理利用与保护,载畜量低。

(2)围栏放牧　根据地形把放牧场圈围起来,在一个围栏内,根据牧草所提供的营养物质数量,安排一定数量的羊只放牧。这种放牧方式能合理地利用和保护。

(3)节能轮牧 轮牧是根据四季牧场的划分,按季节轮流放牧。这种放牧能合理利用草场,提高放牧效果,是我国牧区普遍采用的放牧方式。

(4)划区轮牧 划区轮牧是在划定的季节牧场的基础上,根据牧草的生长、草地生产力、羊群的营养需要量和寄生虫的侵袭动态等,将放牧地划分为若干个小区,按一定的顺序在小区内轮回放牧。这是一种先进的放牧方式。其优点:一是能合理利用和保护草场,提高载畜量;二是将羊群控制在一定范围内,减少了游走所消耗的能量,利于育肥增重;三是能控制寄生虫的感染,寄生虫卵随粪便排出体外约经 6 天发育成红幼虫便可感染羊群,所以羊群只要在某一小区的时间限制在 6 天以内,就会大大减少感染的机会。

4. 羊群的放牧队形

(1)一条鞭 一条鞭是指放牧时,排成类似"一"字形的横队。横队一般有 1~3 层。放牧人员在前面控制羊群前进速度,缓慢前进,并随时让离队的羊只归队。刚出牧时,是采食高峰期,放慢前进速度;当放牧一段时间,羊快要吃饱时,前进速度应当快一些。当大部分羊吃饱后,放牧人员左右走动,不让羊群前进,让羊就地休息,反刍过后,再继续前进放牧。一条鞭放牧队形,适用于地势平坦、植被均匀的中等牧场。

(2)满天星 满天星是指羊群控制在牧地一定范围内,让羊自由散开采食。当采食一定时间后,再移动草地。散开面积的大小,主要决定于牧草的密度。牧草茂密,产草量高的牧地,羊群散开的面积要小一些,反之要大一些。这种队形适用于各种类型的放牧地,无论是牧草优良、产草量高的牧地,还是牧草稀疏或牧草覆盖不均匀的牧地均可采用该方式。

总之,在放牧过程中,只要做到"三勤"(腿勤、眼勤、嘴勤)、"四稳"(出牧稳、放牧稳、收牧稳、饮水稳)、"四看"(看地形、看草场、看水源、看天气),不让羊多跑腿消耗过多的能量,保证一日三饱。无论采用哪种类型都有利于抓膘和安全生产。

二、肉用羊的一般管理

1. 羊只的编号

编号对于羊只识别和选配是一项不可缺少的基础工作,常用的方法有带耳标法、剪耳标法、墨刺法和烙角法。现在规范的使用方法是耳标法。

(1)带耳标法 耳标有金属耳标和塑料耳标两种,形状有圆形和长条形,以圆形较好。现在对耳标的质地、形状、大小国家农业部都有统一规定,标记的内容也有很大的改进。金属耳标一般不使用了,大部分是塑料的,使用方便,写字有专用笔。耳标一般是标记羊的个体号、品种符号以及出生时间等。为了控制疫情和生产无公害羊肉,在耳标上采取了全国统一编号。耳标统一制作、管理发放,内容增加了羊的产地、羊场、防疫内容、防疫员等编号。在羊群编号时,一般习惯将公羊编为单号,母羊编为双号。每年从1号或2号编起,不要逐年累计。而且可用红、黄、蓝三种不同颜色代表羊的等级。

耳标一般带在左耳根的耳根软骨部,避开血管,要在蚊蝇未生时带好耳标。

(2)剪耳法　在一时没有耳标时可临时用此法,以后有了耳标可再补上,用耳标号钳在羊耳朵上剪耳缺,代表一定的数字,作为个体号。其规定是:左耳作个位,右耳作十位,耳上缘一缺代表3,下缘代表1。这种方法简单易行,但有缺点,羊数量在1000以上无法表示,而且在羔羊时期剪的耳缺到成年时往往变形无法辨认。所以此法用的很少。有些地方用此法来标记羊的等级编号,耳尖剪一缺代表等级:耳下缘剪一缺代表3级,耳上下缘各剪一缺代表4级,纯种羊可在右耳上剪一缺,杂羊可在左耳上剪一缺。

2. 肉用羊的断尾

肉用羊业中羔羊的断尾主要是用于肉用绵羊品种公羊同当地的母绵羊杂交所生的羔羊,或是利用半细毛羊品种来发展肉羊生产的羔羊。这些羔羊均有一条细长的尾巴,为避免粪便尿污染羊毛及防止夏季苍蝇在母羊外阴部下蛆而感染疾病和便于母羊配种,必须断尾。断尾应在羔羊生后10天内进行,此时尾巴较细,不易出血。

羔羊断尾常用的是热断法,就是利用一把厚0.5厘米,宽7厘米的铁铲,将铁铲在炉火上烧成暗红色,在离尾部4~5厘米处,在第三至第四尾椎骨之间,要边切边烙,切忌太快,这样还有消毒作用。为了避免铁铲烫坏羊的肛门或母羔羊外阴部及确保断尾长度一致,采用一块厚4~5厘米、宽20厘米、长30厘米的木板,在木板的一端紧贴边凿个直径5厘米大的圆孔。断尾时将羊尾套进去并压住。断尾时两人操作,一人保定羊,另一人持铁铲和木板紧密配合。另外还有结扎法,就是用橡皮筋在第三和第四尾椎骨之间紧紧扎住,断绝血液流通,下端的尾巴10天左右即可自行脱落。此法简便易行,但时间拖得很长,不便统一管理。

在羊的管理方面,还要按时给羊剪毛,对留作繁殖用的种公羊、母羊每年剪完毛后,还要进行药浴,定时驱虫和接种防疫,以防内外寄生虫病的传染病。

3. 肉羊要去势

在肉用羊的养殖过程中对不做种羊的公羔羊和公羊一律及时去势,去势后的羊不但便于饲养管理和育肥,而且羊肉的膻味小,能提高羊肉的质量。公羊去势的时间一般在生后2~3周为宜,如天气寒冷,羔羊有病或体质弱,去势时间可适当延迟,过早过晚都不利于羔羊的生长和育肥。去势和断尾也可同时进行,最好选择晴天、上午去势,以便对去势的羊观察护理,促进伤口愈合以防感染。

去势的方法有:

(1)刀切法　刀切法就是用手术刀切开阴囊摘除睾丸。手术时需要两人配合,一人保定羊,一人做手术。一人也可做,事先将羊保定好,手术前阴囊外部用碘酒消毒,之后术者一手握住阴囊上方向后下方推睾丸,以防睾丸滑回腹腔,使阴囊的皮肤绷紧;另一手持刀在阴囊的下方中线一侧切开小口,睾丸被迅速挤出。此时,一手拉睾丸,一手向相反方向推阴囊皮肤,露出精索,小羊的精索可用手捻转自动断,大羊结扎剪断,断端用碘酒消毒,防止出血。另一侧睾丸可在睾中膈上开口,同样方法摘除,而后阴囊刀口内撒上 20 万~30 万国际单位的青霉素或磺胺结晶,然后对切口进行常规消毒。

(2)去势钳法　该法是用特制的去势钳,在阴囊上部(精索)用力将精索夹断,失去营养睾丸会逐渐萎缩。

(3)结扎法　该法是将睾丸挤进阴囊内,用橡皮筋或细绳紧紧地结扎阴囊的上部(精索)。切断睾丸的血液流通,经 15 天左右,阴囊和睾丸萎缩会自行脱落。

第四节　肉羊的育肥

在了解了羊的发育规律和消化功能的基础上,再根据羊的品种、年龄、季节和市场具体情况就可适时合理地制订安排育肥方案。

一、育肥方式

1. 放牧育肥

放牧育肥是羊育肥最经济的方式,将不能做种羊的公、母羊和老残羊以及断奶后的商品羔羊集中起来,利用天然草场、人工草场或秋茬地,在夏秋牧草生长茂盛的时候和农作物收后,即 8~9 月份放牧育肥,11 月份前后可出栏上市。

2. 舍饲育肥

舍饲育肥是将舍饲和放牧结合起来的一种育肥方式,即每天放牧 3~6 小时,舍饲 1~2 次。此法在农区、牧区及半农半牧区都可采用,根据当地条件,灵活采用以放牧为主或以舍饲为主,或者放牧、舍饲并重等形式。

3. 舍饲育肥

育肥羊在圈舍中,按饲养标准配制口粮饲料,采用科学的饲养管理,是一种短期强度育肥方式。此法育肥期短,周转快,效果好,经济效益高,并且不受季节时间的限制,可全年实施,均衡供应市场的羊肉产品。适应现在的市场经济的形势。舍饲育肥主要用于组织肥羔生产,用于生高档肥羔羊肉,也可根据生产季节,组织成年羊育肥生产。舍饲育肥期通常为 75~100 天。

二、育肥方案

1. 育肥的进度和强度

绵羊羔羊育时,肉用羔羊一般在 6.0~6.5 月龄结束。若采用强度育肥,育肥期短,技术性强,费用大,可获得好的增重效果和高的经济效益;若采用放牧育肥,需要延长育肥期,效果慢,生产成本较低。

2. 育肥准备

育肥前做好圈舍和饲料的准备。舍饲、混合育肥均需要羊舍,羊舍要求冬暖夏凉,清洁卫生,平坦高燥,圈舍大小按每只羊占地面积 0.8 ~ 1.0 平方米计算。在我国北方,尽量选用营养价值高、适口性好、易消化的饲料,主要包括精料、粗饲料、多汁饲料、青绿饲料,还需要准备一定量的微量元素添加剂、维生素、抗生素添加剂以及食盐、轻质碳酸钙或碳酸氢钙等。此外,一些粉渣、酒槽、甜菜渣等加工副产品也可以适当选用。随着养羊形势的发展市场上出现了 1%、5% 的预混料,也有 50% 的浓缩料,这些料的科技含量很高,很适应小型场和科学技术差、条件差的养殖场使用。特点是科学配方、营养全面、使用方便。不过一定要认准质量和性质,科学选用。

3. 挑选育肥羊

根据市场销路和育肥条件,确定每次育肥羊的数量。育肥羊主要是来源于自群繁殖和外地购入,收购来的肉羊当天不易饲喂,只给予饮水和少量干草,让其安定休息。同期育肥羊根据瘦弱情况、性别、年龄、体重等分组,育肥前要驱虫、检疫和防疫。育肥开始后,要注意羊只的表现和异常情况,及时挑出伤、病、弱的羊只,给予治疗并改善管理条件。

三、育肥技术

育肥要严格按饲养管理日程进行操作,育肥羊的口粮定额一般按每天 2 ~ 3 次定时定量供给,为防止羊抢食,便于准确观察每只羊的采食情况,应训练羊只在固定位置采食。羊舍内或运动场内应备有饮水设施,定时供给清洁饮水。为保证饮水清洁,可安装自动饮水碗。

舍饲育肥羊的饲养管理日程表可根据当地本场的具体情况参考以下舍饲育肥羊管理程序合理制定。

6:30~9:00　　　清扫饲槽,第一次饲喂;

9:00~12:00　　将羊赶到运动场或附近草地,打扫舍卫生;

12:00~14:30　　羊饮水、躺卧休息;

14:30~16:00　　第二次饲喂;

16：00~18：00　将羊赶到动场或附近草地,清扫饲槽和卫生;

18：00~20：00　第三次饲喂;

20：00~11：00　自由饮水,躺卧休息;

22：00~ 次日　饲槽中投放铡短的干草,供羊夜间采食

不同年龄的羊只,育肥应采取不同的措施。

1. 羔羊早期育肥

从羔群中挑选体格较大,早熟性好的公羊作为育肥羊,要以舍饲为主,育肥周期一般为50～60天。羔羊不提前断奶,保留原来的母子对,不断水、料提高隔栏补饲水平。羔羊要求及早开食,每天喂两次,饲料以谷物粒料为主,搭配适量豆饼,粗饲料用上等苜蓿干草,让羔羊自由采食。3月龄后体重达到25～27千克的羔羊出栏上市,活重达不到此标准者继续饲养,通常在4月龄全部达到上市要求。这种方法目的是利用母羊的全年繁殖,安排秋季和初冬季节产羔,供应节日特需的羔羊肉。

2. 断奶后羔羊育肥

羔羊断奶后育肥是羊肉生产的主要方式,分为预饲期和正式育肥期两个时期。

预饲期约为15天,可分为三个阶段。第一阶段1～3天,只喂干草,让羔羊适应新环境;第二阶段7～10天,此阶段日粮含蛋白质13%、钙0.78%、磷0.24%,精饲料占36%、粗饲料占64%;第三阶段10～15天,从第11天起逐步用第三阶段的日粮,第15天结束后,转入正式育肥期,日粮含蛋白质12.2%、钙0.62%、磷0.2%,精、粗饲料比为1：1。

对体重大或体况好的断奶羔羊进行强度育肥,选用精饲料型日粮,经40～55天出栏体重达到48~50千克。日粮配方为玉米粒96%、蛋白质平衡剂4%,矿物质自由采食。

对体重大或体况好的断奶羔羊进行适度育肥,日粮以青贮玉米为主,青贮玉米可占日粮的67.5%～87.5%,育肥期在80天以上日粮的喂量逐日增加,10～14天内达到正常饲喂量,日粮中石灰石不可缺少。

3. 成年羊育肥

按品种、活重和预期日增重等主要指标来确定育肥方式和日粮标准。目前实际生产中主要是采用放牧加补饲的方式。

第五节　肉羊育肥的关键技术

肉羊育肥的关键技术一般来讲,肉羊的生产力(经济效益)20%取决于品种,40%~50%取决于饲料,20%~30%取决于环境(饲养管理)。肉羊育肥一般要注意以下九条关键技术,

张教授形象地称为"黄金九条"。

第一，尽量选择饲养杂交羊品种进行育肥，父本为杜泊、陶塞特、夏洛莱；母本为小尾寒、湖羊、洼地绵羊。

第二，在自繁自养场，母羊要进行适龄配种。母羊不能只看月龄，6 ~ 7 月龄，等到体成熟，体重 35 ~ 40 千克，配种为宜。

第三，改小公羔去势育肥为不去势直接育肥。出肉率，公羔大于羯羔，羯羔大于母羔。公羔不去势直接育肥有更高的生长速度和饲料利用率，而且羔羊在 6 月龄内出栏，还未参加配种，肉无膻味。

第四，要科学调配饲料配方，最好选用高档肉羊饲料，建议设用 TMR 日粮。

第五，使用功能性添加剂，例如，维生素、小苏打、瘤胃调节剂、促生长剂等。

第六，母羊妊娠后两个月进行补饲，羔羊 1 周开始补饲，60 ~ 90 天断奶。

第七，羔羊应适时出栏屠宰。随着月龄的增长，生长速度下降，饲料利用率也在下降。提倡 6 月龄内出栏。

第八，育肥中一年两次驱虫，清除体内外寄生虫。

第九，避免羊群的冬、夏季冷热应激。夏季建议通风，冬季在暖棚中进行育肥。

关于肉羊异嗜症和黄膘羊的疾病防治措施。"肉羊异嗜症表现为吃毛、吃土、乱舔。发病原因一般为粗饲草单一，微量元素，矿物质不足，常舔舐碱性物质；钙磷比例失调，长期饲喂大量精料和酸性饲料，使体内碱消耗过多；某些维生素的缺乏，尤其 B 族维生素的缺乏，导致体内代谢功能紊乱；矿物质缺乏，特别是钠盐不足，钠的缺乏可因饲料里钠不足，也可因饲料中钾盐过多而造成。"

对于异食症的营养策略为，选择质量好的配合饲料，配方科学，营养搭配合理，添加各种矿物质微量元素，尤其是添加了羊生长所必需的氨基酸；粗饲料多样化，如干草 + 青绿 + 青贮；料槽中放置盐砖；功能性添加剂。

出现黄膘羊的现象主要是因为过量饲喂玉米。张桂国提醒，喂精料补充料后，再喂粗料，比如，麸皮、玉米、玉米皮等能量饲料，这是完全没有必要的。过量的能量摄入只会增加油脂的沉淀，影响羊肉的品质，尤其喂黄玉米更会增加黄膘肉的出现。

第二十一章 肉用羊的营养需要和饲料种类

第一节 肉用羊的营养需要和饲养标准

一、营养需要

绵羊和山羊所需要的营养物质,如能量、蛋白质、矿物质、维生素和水等,都依赖人类提供。合理供给羊的营养物质,才能合理地利用饲草饲料,生产出最多优质的产品。羊的营养需要包括维持和生产需要。羊的维持需要,指羊为了维持正常生命活动,体重既不增加,也不减少,也不生产,其基本生理活动所需要的营养物质。生产需要包括生长、繁殖、泌乳等营养需要。

1. 能量需要

能量的作用是供给羊体内部器管正常活动、维持羊的日常生命活动和体温。饲料的能量水平是影响生产力的重要因素之一。能量不足,会导致幼龄羊生长缓慢,母羊繁殖力下降,泌乳期缩短,生产力下降等;能量过高,造成浪费,且对生产和健康同样不利。因此,合理的能量水平,对保证羊体健康、提高生产力,降低饲料消耗具有重要作用。

(1)维持能量需要 羊只既不生长也不生产,只是用以维持能量需要的能量。美国全国研究委员会确定绵羊每日维持能量需要是〔5.6w～0.75〕×4.1868 千焦,山羊为〔6.2w~0.75〕×4.1868 千焦。(w 为体重)。

(2)生长能量需要 用于组织沉积的能量。科技工作者研究后认为,不同品种,空腹重20~50 千克生长发育的羊,每千克空腹增重需要的热值,轻型体羔羊为 12.56～16.75 兆焦／千克,重型体重羔羊为 23.03～31.40 兆焦／千克。在生产上计算增重所需要的热值,需将空腹重换算为活重。空腹重乘以 1.95 为估计活重。同品种相同活重,公羊每千克增重需要的热值是母羊的 0.82 倍。

(3)妊娠母羊能量需要 青年妊娠母羊能量需要量包括用于维持净能的饲料量＋本身生产增重的饲料量＋胎儿增重和妊娠产物的饲料量。成年妊娠母羊不生长,能量需要量包括维持净能的饲料量和胎儿增重、妊娠产物的饲料量。在妊娠期的后 6 周,胎儿增重快,对能量需要量大,怀单羔的妊娠母羊,总需要为 1.5 倍维持需要量,怀双羔的母羊为 2 倍维持需要量。

(4)泌乳母羊能量需要量　包括维持和产乳需要量。羔羊在哺乳期增重与对母乳的需要量之比为 1：5。绵羊在产后 12 周之内，有 65%~83% 的能量转化为奶能，带双羔母羊比带单羔的转化率高。

2. 蛋白质需要

蛋白质具有重要的营养作用，它是动物建造组织和体细胞的基本原料，是修补体组织必需的物质，还可以代替碳水化合物和脂肪的产热作用，以供给机体热能的需要。羊日粮中蛋白质不足，会影响瘤胃的作用效果，羊生长发育缓慢，繁殖机能、产乳量下降。严重缺乏，会导致羊只消化紊乱，体重下降、贫血、水肿以致抗病力减弱。饲喂蛋白质过量，多余的蛋白质变成低效的能量，很不经济。过量的非蛋白质和高水平的可溶性蛋白可造成氨中毒。所以合理的蛋白质水平很重要。

在羊的瘤胃功能正常的情况下，对蛋白质需求量的计算公式如下：

$$粗蛋白质需要量 = \frac{pd+Mfd+Eup+Dl+Wool}{Npv}$$

式中：pd——蛋白质贮留量；

　　　Mfd——粪中代谢蛋白质；

　　　Eup——尿中内源蛋白质；

　　　Dl——皮肤脱落蛋白质；

　　　Wool——羊毛内的蛋白质；

　　　Npv——蛋白质净效率。

Pd(克 / 天)：怀单羔母羊妊娠初期为 2.95 克 / 天，妊娠最后 4 周为 16.75 克 / 天，多胎母羊按比例增加；泌乳母羊的泌乳量，成年母羊哺乳单羔按 1.74 克 / 天，双羔 2.60 克 / 天，青年母羊按成年母羊的 75% 计算，而乳中粗蛋白质按 47.875 克 / 天计算。

Mfp(克 / 天)：假定为 33.44 克 / 千克干物质采食量。

Eup(克 / 天)：0.14675 × 体重(千克)+3.375。

Dl (克 / 天)：$0.1125w^{0.75}$(w 为体重)。

Wood(克 / 天)：成年母羊和公羊假定为 6.8 克，羔羊毛粗蛋白质含量(克 / 天)，可以 3+(0.1 × 无毛被羊体内蛋白质)计算。

Npv：0.561 是由真消化率 0.85 × 生物学价值 0.66 而来。

蛋白质在动物的生命活动中具有重要的营养作用。它是构建、更新、修补机体组织细胞的主要原料，是机体内功能物质，如酶、抗体、激素等的主要成分。在动物机体供能不足时，蛋白质也可分解供能以维持正常的代谢活动。

蛋白质的营养问题实质上就是氨基酸的营养，蛋白质品质的好坏取决于其中各种氨基酸的含量和比例。构成动物体的蛋白质含有 20 多种氨基酸,羊至少需要 9 种必需氨基酸,这些氨基酸能由瘤胃微生物合成,羔羊由于瘤胃内没有微生物或微生物合成功能不完善,需提供必需氨基酸。

在必需氨基酸中,与需要量相比,含量低且因其含量限制了其他氨基酸的利用者称为限制性氨基酸。在羊的日粮中,蛋氨酸为第一限制性氨基酸,其次为赖氨酸和苯丙氨酸。羊由小肠吸收的氨基酸来源于四个方面:瘤胃微生物蛋白、过瘤胃蛋白、过瘤胃氨基酸和内源氮。

3. 矿物质需要

羊正常营养需要多种矿物质,矿物质是羊体组织、细胞骨骼和体液的重要成分。体内缺乏矿物质。会引起神经系统、肌肉运动、食物消化、营养输送、血液凝固和体内酸碱平衡等功能紊乱,影响羊体健康、生长发育、繁殖和畜产品产量,乃至死亡。

羊体内有多种矿物质元素,现证明有 15 种必需元素,其中含量占体重的 0.01% 以上的元素为常量元素,其常量元素有 7 种:钠、氯、钙、磷、镁、钾和硫;含量占动物体重 0.01% 以下的为微量元素,微量元素有 8 种:碘、铁、钼、钴、铜、锰、锌和硒。

(1)钠和氯　在体内对维持渗透压、调节酸碱平衡、控制水代谢起重要的作用。钠是制造胆汁的重要原料,氯合成胃液中的盐酸参与蛋白质消化吸收,食盐还有调味的作用,刺激唾液分泌,促进淀粉酶的活动,缺钠和氯导致消化不良,食欲减退或异嗜癖,利用饲料营养物质降低,发育受阻,精神萎靡,身体消瘦,健康恶化等现象。饲喂食盐能满足羊对钠和氯的需求。

(2)钙和磷　羊体内约有 99% 的钙、80% 的磷存在于骨骼和牙齿中,钙、磷关系密切,幼龄羊其比例为 2∶1。血液中的钙有抑制神经和肌肉兴奋,促进血凝和保持细胞膜完整等作用;磷参与糖、脂类、氨基酸的代谢和保持血液酸碱度(pH)正常。缺钙和磷骨骼发育不正常,幼龄羊出现佝偻病和成年羊出现骨软化症等。羊食用钙化物一般不会出现钙中毒,但日粮中钙过量,会加重其他元素如磷、镁、铁、碘、锌和锰缺乏。

(3)镁　镁有许多生理功能。镁是骨骼的组成部分,肌体中的镁有 60%~70% 在骨骼中。许多酶也离不开镁。镁维持神经系统正常功能。缺镁的典型症状是痉挛。一般不会出现镁中毒,镁中毒症状是昏睡、运动失调和下痢。

(4)钾　钾约占机体干物质的 0.35%。主要存在细胞内液中,影响机体的渗透压和酸碱平衡。对一些酶的活化起促进作用。缺钾会造成采食量下降、精神不振和痉挛。羊对钾的最大耐受量占日粮干物质的 3%。

(5)硫　硫是保证瘤胃微生物最佳生长需要的重要成分,在瘤胃微生物消化过程中,硫对含硫氨基酸(蛋氨酸和胱氨酸)、维生素 B_{12} 的合成有作用。硫还是黏蛋白和羊毛的重要成分。硫缺乏与蛋白质缺乏症相似,出现食欲减退,增重减少,生长速度降低。此外,还出现唾液分泌过多、流泪和脱毛。用硫酸钠补充硫,最大耐受量为日粮的 0.4%。严重中毒症状是呼出气体有硫化氢气味。

(6)碘　碘是合成甲状腺素的必需原料,参与物质代谢过程。碘缺乏会造成甲状腺出现肥大,羔羊发育缓慢,甚至出现无毛症或死亡。对缺碘的羊,采用碘化食盐(含 0.01%~0.02%碘化钾)补饲,碘中毒症状是发育缓慢、厌食或体温下降。

(7)铁　铁参与形成血红素和肌红蛋白,保证机体组织氧的运输。铁还是细胞素酶类和多种氧化酶的成分,与细胞内生物氧化过程密切相关。缺铁的症状是生长缓慢、嗜睡、贫血、呼吸频率增加。铁过量,其慢性中毒症状是采食量下降,生长速度慢、饲料转化率低。其急性中毒表现是厌食、尿少、腹泻、体温低、代谢性酸中毒、休克甚至死亡。

(8)钼　钼是黄嘌呤氧化酶及硝酸还原酶的组成成分,体组织和体液中也有少量的钼。钼与硫之间存在着相互促进、相互制约的关系。对饲喂低钼日粮的羔羊补饲钼盐能提高增重。钼饲喂过量会造成毛纤维直、粪便松软、尿黄、脱毛、贫血、骨骼异常和体重迅速下降。钼中毒可通过提高日粮中铜水平进行控制。

(9)铜　铜有催化红细胞和血红素形成的作用。铜与羊毛生长关系密切。在酶的作用下,铜参与有色毛纤维色素形成。缺铜引起羔羊共济失调、贫血、骨骼异常和毛纤维直、强度、弹性、染色亲和力下降、有色毛色素沉着力差。美国采用在缺铜地区把硫酸铜按 0.5%的比例掺到食盐中的方法补充铜。铜中毒症状为溶血、黄疸、血红蛋白尿、肝和肾呈现黑色。

(10)钴　钴有助于瘤胃微生物合成维生素 B_{12}。缺钴影响血红素和红细胞形成。羊缺乏后出现食欲下降、流泪、毛被粗硬、精神不振、消瘦、贫血、泌乳量降低、发情次数减少、易流产。在缺钴的地区,也可用硫酸钴施肥,每公顷 1.5 千克;也可补饲钴盐,将钴添加到食盐中,每 100 千克食盐含钴量为 2.5%或按钴的需要量投服钴丸。

(11)锰　锰对骨骼发育和繁殖都有作用。缺锰会导致初生羔羊运动失调,生长发育受阻,骨骼畸形,繁殖力降低。

(12)锌　锌是多种酶的成分。锌维持公羊睾丸的正常发育和精子形成。缺锌症状出现角质化不全症、掉毛、睾丸发育缓慢(或睾丸萎缩)、多畸形精子、母羊繁殖力下降。锌过量出现中毒症状,采食量下降、羔羊增重降低。日粮中每千克含锌量为 0.75 克以下,妊娠母羊表现出严重缺锌,流产和死胎增多。

(13)硒　硒是谷胱苷肽过氧化物酶的主要成分,具有抗氧化作用。缺硒羔羊出现白肌病、水肿、生长发育受阻、母羊繁殖机能紊乱、多空怀和死胎。对缺硒羊补饲亚硒酸钠办法很多,如土壤中施用硒肥,饲料中添加剂口服,皮下或肌肉注射,还可用铁和硒按 20∶1 制成丸剂或含硒的可溶性玻璃球。硒过量引起硒中毒,表现为易掉毛、蹄部溃疡至脱落蹄壳(蹄匣)和繁殖力显著下降等。当喂含硒低的日粮,体内的硒便迅速代谢排出体外。

由于羊体内矿物质间的相互作用,很难确定其对自给自足矿物质的需要量,某种矿物质缺乏或过量都能引起其他矿物质缺乏或过量。

4. 维生素需要

维生素的功能是启动和调节有机体的物质代谢,羊体必需的维生素分为脂溶性维生素(维生素 A、维生素 D、维生素 E、维生素 K)和水溶性维生素 B 族和维生素 C。维生素不足会引起机体代谢紊乱。羔羊表现出生长停滞,抗病力弱;成年羊则出现生产性能下降和繁殖紊乱。羊体所需要的维生素,除由饲料中获取外,还由消化道微生物合成。在养羊业生产中,要对维生素 A、维生素 D、维生素 E、维生素 B 和维生素 K 重视。

(1)维生素 A   维生素 A 有多种生理作用,不足会出现多种症状,如生长迟缓、骨骼畸形、繁殖器官退化和夜盲症等。母羊对维生素 A 或胡萝卜素的需要量为每千克体重 47 国际单位或每千克 6.9 毫克 β 胡萝卜素。在妊娠后期和泌乳期可增至每千克体重 85 国际单位或 β 胡萝卜素 125 毫克。羊主要靠采食胡萝卜素满足对维生素 A 的需要。

(2)维生素 D   维生素 D 分为维生素 D_2 和维生素 D_3 和维生素 D_5。维生素 D 的功能为促进钙磷的吸收、代谢作用。缺乏维生素 D 会引起钙和磷的代谢障碍、羔羊出现佝偻病,成年羊出现骨组织疏松症。羊在阳光下放牧,通过紫外线照射合成并获得充足维生素 D,但如果长时间阴云天气或圈养,可能出现维生素 D 缺乏症。这时,应喂给经太阳晒制的干草,以补充维生素 D。

(3)维生素 E   维生素 E 叫抗不育维生素。极易氧化,其中以生物酚活性最高。维生素 E 的主要功能是作为机体的生物催化剂。维生素 E 缺乏,其症状为母羊胚胎被吸收或流产、死亡,公羊精子减少、品质降低、无受精能力、性机能降低。维生素 E 严重缺乏,还会出现神经和肌肉组织代谢障碍。新鲜牧草维生素 E 含量较高。自然干燥的干草在贮藏过程中大部分维生素 E 被损失掉了。

(4)维生素 B   B 族维生素主要作为细胞酶的辅酶、催化碳水化合物、脂肪和蛋白质代谢中的各种反应。羊瘤胃机能正常时,能由微生物合成维生素 B 满足机体需要。但是羔羊在瘤胃发育正常以前,瘤胃微生物区系尚未建立,日粮中需添加维生素 B。

(5)维生素 K   维生素 K 分为维生素 K_1、维生素 K_2 和维生素 K_3 三种。维生素 K_1 称叶绿醌,在植物中形成;K_2 由胃肠道生物合成;K_3 为人工合成。维生素 K 的主要作用是催化肝脏中凝血酶原和凝血活素的合成。当维生素 K 不足时,因限制了凝血酶的合成而使血凝差。青饲料富含维生素 K_1,瘤胃微生物可大量合成维生素 K_2,一般不会缺乏。但在生产中,由于饲料间的颉颃作用,如草木樨和一些杂草中含有与维生素 K 化学结构相似的双季豆素,能妨碍维生素 K 的利用,霉变饲料中的真菌霉素有制约维生素 K 的利用。药物添加剂如抗生素和磺胺类药物,能抑制胃肠道微生物合成维生素 K,会出现维生素 K 不足,需适当增加维生素 K 的用量。

5. 水的需要

水是羊体器管、组织的重要组成成分,约占体重一半。水参与羊体内营养物质的消化、吸收、排泄等生理生化过程。水的比例高低,对调节体温起着重要作用,畜体内失水 10% 可导致代谢紊乱,失水 20% 引起死亡。

畜体需水的主要来源包括饮水、饲料和代谢水。羊体需水量受机体代谢水平、环境温度、生理阶段、体重、采食量和饲料组成等因素的影响。在自由采食的情况下,饮水量为干物质采食量的 2~3 倍。研究表明,摄入总水量(TWI)和干物质采食量(DMI)关系很密切,其公式:$TWI=3.86DMI-0.99$。饲料中蛋白质和能量含量增高,饮水量随之增加;摄入高水分饲料,饮水量降低。饮水量随气温升高而增加,夏季饮水量高于冬季饮水量的 12 倍。妊娠和泌乳期都要增加,妊娠第 3 个月饮水量增加,到第 5 个月增加 1 倍,怀双羔母羊饮水量大于怀单羔母羊。研究表明,母羊泌乳期饮水量比空怀母羊和乳中含水量之和还要大。

羊饮水温度,夏季宜凉白开,冬季宜温。试验表明,羊饮 0℃ 的水,就会抑制瘤胃微生物活性和消化率降低。

二、饲养标准

羊的饲养标准又叫羊的营养需要量,它是绵羊和山羊维持生命活动和从事生产(肉、乳、繁殖等)对能量和各种营养物质的需要量。各种营养物质的需要,不但数量要充足,而且比例要适当。饲料标准就是反映绵羊和山羊不同发育阶段,不同生理状况,不同生产方向和水平对能量、蛋白质、矿物质和维生素等的需要量。

1. 绵羊的饲养标准

(1)美国绵羊的饲养标准 具体规定了各类绵羊不同体重所需要的干物质,总消化养分、消化能、代谢能、粗蛋白质、钙、磷、有效维生素 A、维生素 E 的需要量。

(2)苏联绵羊饲养标准 在绵羊的饲养标准中,按性别年龄等单独列表。表内具体规定了不同种类绵羊不同体重(幼龄羊包括平均的增重)所需要的饲料单位、代谢能、干物质、粗蛋白质、矿物微量元素、微量元素、维生素 D、胡萝卜素的需要,对种公羊还列了维生素 E 的需要量。此饲养标准是在舍饲的条件下制定出来的,对放牧饲养条件下的绵羊,由于放牧行走,增加了能量消耗,其饲养标准应提高 10%~15%。

2. 山羊的饲养标准

美国山羊的饲养标准。美国饲养山羊注重三个时期:一是从羔羊断奶到配种前,母羊体重必须达到成年羊的 70%，否则初配母羊的受胎率低，流产率高；二是母羊在配种前后 2~3 周进行补饲，保证母羊营养需要；三是母羊在妊娠期 90~120 天，胎儿生长发育快，必须保证母羊的营养需要，否则会导致营养性流产。

第二节　肉用羊的饲料种类

一、粗饲料

粗饲料又叫粗料，是指含能量低，而粗纤维含量高，占干物质含量 20% 以上的植物性饲料，如干草、秸秆和秕壳等。这类饲料的体积大，消化率低，但资源丰富，是羊的主要饲料。

1. 干草

干草是由青绿牧草在抽穗期或盛花期收割后干制而成。干草调制成功后，仍保留一定的青绿颜色，故又叫青干草。干草调制过程中，牧草中 20%~40% 的营养物质被损失，只有维生素 D_3 增加。干草营养物质与牧草种类收获期和调制技术密切相关。干草的特点是粗纤维含量较高，一般是 26.5%~35.5%。粗蛋白质的含量随牧草种类不同而异，豆科牧草较高为 14.3%~21.3%，而禾本科牧草和禾谷类作物干草较低为 7.7%~9.6%，但能量值差异不大，每千克消化能为 9.6 兆焦左右。钙的含量一般豆科干草高于禾本科干草，如苜蓿为 1.42%，禾本科为 0.72%。

2.秸秆

秸秆又叫稿秆，是指农作物收获后剩下的茎叶部分。秸秆的特点是粗纤维含量高，占干物质的 30%~45%，木质素、半纤维素、矽酸盐含量高，如燕麦秸秆粗纤维含量是 49.0%，木质素为 14.6%。矽酸盐约占灰分的 30%，而且纤维素、半纤维素和木质素结合紧密，质地粗硬，适口性差，消化率低。一般每千克的消化能在 7.00~8.46 兆焦。粗蛋白质含量低，豆科秸秆为 8.9%~9.6%，禾本科为 4.2%~6.3%。粗脂肪含量较少 1.3%~1.8%，胡萝卜素含量较低，每千克禾谷类秸秆为 1.2~2.5 毫克。秸秆饲料虽有许多不足之处，但经过加工调制后，营养价值和适口性有所提高，仍是羊越冬的主要饲料。

二、青绿饲料

青绿饲料是指富含叶绿素植物性饲料，种类繁多，包括天然牧草、栽培牧草、作物的茎叶、蔬菜类饲料、枝叶饲料及水生植物等。天然水分在大于或等于 60% 以上的饲料，如青草、树叶、牧草类的三叶草、羊茅、聚合草、冬牧石，墨西哥玉米等。

三、青贮饲料

青贮饲料是将新鲜青绿饲草,装填到密闭的青贮容器具内,在厌氧条件下利用乳酸发酵产生乳酸。当青贮物 pH 接近 4.0 时,则所有微生物处于被抑制状态,以保存青绿饲料。在青贮过程中,营养物质损失低于 10%,青贮饲料粗蛋白质和胡萝卜素含量较多,具有酸香味,柔软多汁,适口性好,容易消化。这是羊冬季优良的饲料。

四、精饲料

精饲料亦称精料,指体积小,粗纤维含量低,能量含量高,如籽实饲料(玉米、大麦、高粱、燕麦、豌豆和蚕豆等)。糠麸饲料(种子表皮部分,含少量淀粉)的粗纤维含量略高于籽实饲料而低于粗饲料。油饼类饲料的蛋白质含量高,粗纤维含量少于粗饲料,也可列入精饲料。精料是羔羊、母羊妊娠后期、种公羊的重要补充饲料。

五、块根块茎饲料

块根块茎饲料属于多汁饲料,如马铃薯、胡萝卜、甜菜、菊芋、红薯等,其水分和可溶性碳水化合物含量高、粗纤维和蛋白质含量(按干物质计算)接近禾本科籽实饲料,适口性好,易消化,可用于羊冬季补充饲料以平衡全年饲料供应。

六、矿物质饲料

矿物质饲料属于无机物饲料。羊体所需要的多种矿物质从植物性饲料中不能得到满足,需要补充。常用的矿物质补充饲料有:食盐、轻质碳酸钙、蛋壳粉、贝壳粉和脱氟磷矿粉等,市场上多有成品出售。为了降低成本,在有条件地区,可以自行生产,加工调制。矿物质饲料可与精饲料混合喂给。食盐和石灰石粉既可加入精饲料中饲喂,也可放在食槽内任羊自由舔食。

七微量元素添加剂

饲料中微量元素的含量取决于植物种类和生长条件(土壤、肥料、气候),所以各地微量元素缺乏不尽一致,需要有针对性地补充。微量元素可用化学纯制剂补充。在日粮中,由于添加量很少,每吨饲料 1~9 克。因此,必须混合均匀,使用时必须干燥,利于不同盐类补充微量元素,其剂量应根据其所含的微量元素的数量计算。

八、维生素添加剂

在夏、秋季节放牧绵、山羊,一般不会出现维生素缺乏症。但在冬季、春季枯草期,常会出现维生素不足,对配种季节的种公羊,枯草期的妊娠母羊和幼龄羊都需要添加维生素。目前,常用的维生素添加剂有维生素 A、维生素 D_3、维生素 E、维生素 K_3、维生素 B_1、维生素 B_2、维生素 B_6、维生素 PP、氯化胆碱、泛酸钙、叶酸和生物素等。

九、动物性饲料

动物性饲料是指来源于动物产品的饲料,如鸡蛋、牛奶、羊奶、脱脂奶、肉粉、鱼粉、肉骨粉和蚕蛹等。动物性饲料的特点是富含蛋白质(骨粉除外),其多用于饲喂种公羊,以提高优秀种公羊的配种能力、扩大适配母羊数量,充分发挥优秀个体的作用。不过近年来,英国发生疯牛病的研究证明,疯牛病的发生与饲喂动物性饲料有关。因此,我国已经明文规定:反刍动物禁止使用动物饲料添加剂,对此应引起各界的重视。

十、饲料添加剂的使用原则

原则一:凡使用的营养性饲料添加剂和一般饲料添加剂,均应属于允许《使用的饲料添加剂品种名录》(农业部第 105 号公告)中规定的品种及经审批公布的新饲料添加剂。原则二:凡在饲养过程中使用药物饲料添加剂,需按照《饲料和饲料添加剂管理条例》《兽药管理条例》《药品管理法》《食品动物禁用的兽药及其他化合物清单》《禁止在饲料和动物饮用水中使用药物品种名录》的有关规定执行,不得超范围、超剂量使用药物饲料添加剂。使用药物饲料添加剂必须遵守休药期,配禁忌等有关规定。

第三节　不同种类饲料加工调制和饲喂方法

饲料调制的目的是为了保证饲料的品质,减少营养损失,增加适口性,易于消化,便于采食,提高饲料的营养价值和利用率。此外,对某些不能直接饲用的副产品,通过加工调制后可变成饲料,有利于开辟饲料来源。饲料通过加工调制后,结合饲用特点进行利用。

一、粗饲料的调制

1. 粗饲料的调制

(1)干草的调制　青绿饲料的含水量一般为 65%~85%,需要降低到 15%~20%,才能抑制植物酶和微生物酶的活动,以达到贮备干草的目的。贮备干草的方法有田间干燥法、人工干燥法和干草块法。

①田间干燥法。它是调制干草最普通的方法。因牧草含水量降到 38%时,植物酶和微

生物酶对养分的分解才能减慢。所以牧草刈割后,即采用薄层平铺暴晒4~5小时,使水分迅速降至38%,当水分降至38%后,水分继续缓慢蒸发,但速度减慢,可采用小堆晒干。为了提高干燥速度,可用压扁机把牧草压扁、破碎。有条件还可利用田间机械快速干燥。我国有些地区调制干草正值雨季,应想办法避开雨季。在调制干草过程中,还要尽量避免营养丰富的叶片脱落。我国一般以堆垛形式贮藏干草。垛底垫有树皮或石头。堆垛后盖好垛顶,垛顶的斜度大于45度。国外干草贮藏在草棚或草房内,损失很少,一般5年可收回草棚费用,10年收回草房费用。

②干草块法。当牧草水分降至15%左右时,用干草制块机制作干草块。通常每块40~50克。其形状有砖块形、柱形和饼形等。干草块的特点是保存养分性能好、单位体积重量大,在通风良好的情况下,可贮存6个月,可作为羊的基础饲料。此外,还有传统的草架晒制干草的方法。

(2)秸秆调制

①铡短或粉碎。铡短是加工调制秸秆简便而又重要的方法。干草和秸秆可切至2~3厘米,或用粉碎机粉碎,但不应粉碎得过细或粉面状,以免引起反刍停滞,降低消化率。粉碎的秸秆在羊日粮中比例要适当,才可提高采食量。

②浸泡。秸秆铡短或粉碎后,用水或淡盐水浸泡,使其软化,可增加饲料适口性,提高采食量。用此种方法调制的饲料,水分不能过大,应按用量处理,一次性饲喂。

③秸秆碾青。在晒场上,先铺上约30厘米长的麦秸,再铺约30厘米厚的青草,最后在青草上面铺约30厘米厚的秸秆,用石滚或拖拉机碾压,把青草压扁,汁液流出被麦秸吸收。这样既缩短青草干燥的时间,减少了养分的损失,又提高了麦秸营养价值和利用率。

④秸秆颗粒饲料。一种是将秸秆、秕壳和干草粉碎后,根据羊的营养需要,配合适当的精料、甜菜渣、维生素和矿物质添加剂混合均匀,用机器生产出不同大小和形状的颗粒饲料。秸秆和秕壳在饲料中的适宜含水量为30%~50%。这种饲料,营养全面,体积小,有利于咀嚼,提高适口性,易于保存和贮藏。颗粒饲料的大小,羊用直径8~12毫米。

另一种是秸秆添加尿素。作法是秸秆粉碎后,加入尿素(占全部日粮总氮量的30%)、糖蜜(1份尿素,5~10份糖蜜)、精料、维生素和矿物质,压制成颗粒,可制成饼状或块状。这种饲料粗蛋白质含量提高,适口性好,延缓在瘤胃中释放速度,防止中毒,可降低饲料成本和节约蛋白质饲料。

⑤秸秆的氨化处理。机理是氨和秸秆中的有机物作用破坏了木质素的乙酰基,形成醋酸铵。同时,在反应过程中,所生成的氢氧根($^-$OH)与木质素作用形成羟基木质素,改变了粗纤维的结构,纤维素和半纤维素与木质素之间的酯键被打开了,细胞壁破解,细胞内的碳水化合物、氮化物和脂类等可释放出来。还因秸秆细胞壁破坏,变得疏松,瘤胃液体容易

浸入,故秸秆氨化后较易消化。此外,反应过程中形成的铵盐和秸秆所含的氮,成为瘤胃微生物活动的氮源,用其合成微生物蛋白质。因此,秸秆氨化后提高了粗蛋白的含量。世界上许多畜牧业发达的国家,普遍推广秸秆氨化处理技术。目前处理秸秆所用的氨有气氨、液氨和固体氨3种,但多用液氨。氨化秸秆的含水量应达到20%~30%,可在窖壕或塑料袋等容器内进行,亦可堆垛。在容器内氨化,秸秆可铡短装入,按每100千克秸秆洒入浓度为25%氨水12~20千克,亦可按100千克秸秆30~40千克水和2.0千克尿素配制成的溶液洒入秸秆、密封。对大捆大堆秸秆氨化,用0.15~0.20毫米厚的聚乙烯薄膜或其他不透气薄膜盖严密,通过带喷头的铁管,从堆或捆上的几个点注入氨水。温度保持在20℃以上,暖季约2周,冷季约1月即可"熟化"利用。

2. 粗饲料饲喂方法

调制粗饲料主要用于冬、春季补饲。铡短的粗饲料在槽中饲喂,要防止羊只抢食弄脏饲草,造成浪费。氨化秸秆在饲喂前2~3天启封,必须等游离氨气散发完无氨味后才能饲喂。否则会造成氨中毒或羊眼被氨气熏蒸失明。

还可用尿素添加饲料喂羊,要严格控制尿素喂量,每10千克体重喂2~3克,成年羊每天10~15克,育成羊每天可喂6~10克,分2~3次喂给,喂后不要立即饮水。不能用尿素代替全部饲料蛋白,尿素喂量可占全部日粮总氮量的30%。此外,尿素不要与豆饼混喂,因豆饼(包括大豆)、苜蓿中含有脲酶,对尿素有迅速分解作用,而使羊中毒。如将豆饼等经过高温处理,脲酶被破坏后,同时喂羊也无妨。

二、青贮饲料的调制和饲喂方法

1. 青贮饲料的调制

青贮饲料的调制有3种方法,即常规青贮、半干青贮和加入添加剂青贮。

(1)常规青贮 青贮成功的必备条件:青贮原料的含糖量一般不低于1.0%~1.5%,以保证乳酸菌繁殖的需要;含水量适当,一般为65%~75%,标准含量为70%;密闭缺氧环境,青贮容器内的温度在19℃~37℃,不得超过38℃。

青贮建筑的基本要求:坚实、不透气、不漏水、不导热;高出地下水位1米以上;内壁光滑垂直或上小下大,窖的四角应为圆形;窖应选择在地热高燥、地下水位低、土质坚实、易排水和距羊舍较近的地方。

青贮的具体步骤:

①青贮原料的收割时期。全株玉米青贮在乳熟至蜡熟期收获,玉米秸秆青贮在玉米成熟而茎叶保持绿色时收割,甘薯蔓青贮在霜前收割,豆料牧草在盛花期收割,禾本科牧草在抽穗期收割为好。

②青贮原料的铡短、装填与压紧。青贮原料铡短至 2~3 厘米(也可整体贮存)。装填时,若原料太干,可加水或含水量高的青绿饲料;若太湿,可加入铡短的秸秆,再加入 1%~2% 的食盐。在装填前,底部铺 10~15 厘米厚的秸秆,然后分层装填青贮料。每袋 15~30 厘米,必须压紧一次装完,尤其注意压紧四周。填精青贮原料速度要快,以防原料在装满与密封之前腐败,最好两天装满压实。

③青贮的封顶。青贮原料高出窖(壕)上沿 1 米左右。在上面四周覆盖一层塑料薄膜,然后覆土 30～50 厘米或覆盖遮阳网。封顶后要经常检查,若有下陷和出现裂缝的地方应及时培土。四周应设排水沟以防雨水进入。

(2)半干青贮　半干青贮又叫低水分青贮,是将青贮原料的水分降到 40%～50%,使厌氧微生物(包括乳酸菌)处于干燥状态,植物细胞质的渗透压为 55～60 个大气压时,其活动均减弱。半干青贮营养成分损失少,一般不超过 10%～15%。对建筑设施的要求基本同常规青贮。

半干青贮原料的收割时期,豆科为初花期,禾本科为抽穗期。水分含量豆科为 50%,禾本科为 45%。青贮原料的铡短、填装、压严、封顶、密封的要求同常规青贮。

(3)加入添加剂青贮　根据添加剂青贮料中的物质,归纳为两类:一类是有利于乳酸菌活动的物质,如糖蜜、甜菜和乳酸菌制剂等;另一类是防腐剂,如甲酸、丙酸、亚硒酸、焦亚硫酸钠、甲醛等。如果在青贮中加酸,青贮料在发酵过程中,pH 很快降到所需要的酸度。从而降低了青贮初期好氧和厌氧发酵对营养物质的消耗。如每吨青贮原料加入甲酸 2.3～2.5 千克,可使其 pH 下降到 4.6～4.2,加上青贮中相继的发酵过程,可使 pH 进一步降到所需要的水平。加入添加剂青贮,能使青贮料的营养物质得到提高。但由于加入添加剂剂量很少,所以务必与青贮料混合均匀,否则影响青贮饲料的质量。

2. 青贮饲料的饲喂方法

青贮饲料在窖内青贮 40～60 天便可完成发酵过程,即可开窖使用。开窖后,先除去表层。然后从上层逐层平行往下取喂,保持取用表面平整,每天取用厚度不少于 10 厘米,取后必须盖严,以免青贮饲料与空气接触时间过长而变质。长方形青贮窖,应从一端开始,上下平行逐渐往里取用。青贮饲料应现取现用,不得提前取出以防变质或冰冻。青贮料应放在食槽内饲喂,切忌撒在地面上喂,若每天补饲一次,可在傍晚时喂给。日喂量 1.0～1.5 千克 / 只,若每天喂两次,则早晚各一次,日喂量可达 2.5～3.0 千克 / 只。怀孕母羊产前 15 天停喂青贮饲料。

三、精饲料的调制和饲喂方法

1. 精饲料的调制

禾谷类和豆类籽实被壳皮覆盖,需加工调制。如果精料单独饲喂,可制成颗粒状或压扁,若制成粉状则羊不爱吃。如果精料与粉碎的饲草混喂,可提高适口性,增加采食量。

精料压扁是将精料,如玉米、大麦、高粱等,加入15%～20%的水,加热至120℃左右,用压扁机压成片状,干燥并配以所需添加剂,便制成了压扁饲料。

油饼类饲料的加工,可采用溶剂浸提法和压榨法。浸提法所生产的油饼类,经高温处理脱毒后才能用作饲料。压榨法是高温高压生产的油饼类,不用再脱毒处理,否则高温、高压处理一次,赖氨酸和精氨酸之类的碱性氨基酸损失太大。发芽的饲料,部分蛋白质分解成氨化物、糖分、维生素、各种酶、纤维素增加。谷类精料糖化可使含糖量由0.5%～2.0%提高到8%～12%,香甜可口,适口性强,消化率提高。制浆的饲料,适口性好,易消化,可提高饲料利用率。发酵后的饲料,适口性提高,营养价值增加,蛋白质饲料不宜发酵。经过蒸煮的豆科籽实饲料,消化率和营养价值提高。禾本科籽实饲料不宜蒸煮,因为会降低消化率。菜子饼含有芥子苷等物质,在酶的作用下会分解产生多种有毒物质。因此,喂前必须经脱毒处理。

2. 精料的饲喂方法

根据饲料的种类,按羊的营养需要配合日粮,一般豆饼占精料的1/3,豆饼喂量每日不超过1500克。精饲料的喂给次数:一般日喂量400克以下,可一次喂给;500～800克分两次喂给;1000～1500克分3次喂给。3种喂量的喂料时间可分别在早、午、晚各1次。精料可与铡短的干草拌喂,喂粉料前,应洒入适量的水混匀达到手能捏成团,又能撒得开的程度时喂给,以利于羊采食。喂精料时应防止羊只拥挤,采食不均,喂完后将食槽打扫干净,保持清洁。

四、块根块茎饲料的调制和饲喂方法

块根块茎饲料混有土,饲喂前应洁净,去除腐烂部分,切成小薄片或小长条,以利于羊的采食消化。不能喂整一块,以避免因羊抢食而造成食道梗塞。饲喂方法,多与精料拌和饲喂,也可单喂。

五、矿物质饲料的调制和饲喂方法

矿物质饲料,市场上多有成品出售。为降低成本,在有条件的地区,可以自行生产,加工调制。石灰粉(碳酸钙)的调制,可将石灰石打碎磨成粉状。还可将陈旧的石灰和商品碳酸钙等调制成粉状。蛋壳和贝壳经煮沸消毒后,晒干制成粉状;磷矿石经脱氧处理,调制成粉状。

矿物质饲料可与精料混合喂给。食盐和石粉除加精饲料饲喂外,还可放在食槽内任羊自由采食。

此外，微量元素和维生素添加剂以及动物性饲料，根据羊体需要均可拌在精料中饲喂。但务必要混合均匀。

六、羊的日粮配合

日粮是羊一昼夜采食的饲草饲料量。日粮配合就是要根据羊的饲养标准和饲料营养成分，选择几种饲料互相搭配，使日粮能满足羊的营养需要。所以，日粮配合是使饲养标准具体化。在生产上，羊只不是单个饲养而是群养。所以，在实际生产中，对不同生产目的羊群，按日粮中各种饲料的百分比，配合大量的混合饲料按日分顿喂给来实现饲养标准。

1.日粮配合的原则

(1)日粮要保证供给羊只所需要的各种营养物质，即符合饲养标准。但饲养标准是在一定条件下制定的，对饲养标准可酌情增减。

(2)选用饲料的种类和比例，应取决于当地饲料的来源、价格以及适口性等，原则上应充分利用当地青、精饲料，也要考虑羊的消化生理特点，用量要求羊能全部吃进去为宜。

2.日粮配合的步骤

(1)要确定饲喂对象饲养标准所规定的营养需要量。

(2)先应满足粗饲料的种类和数量，即先选用一种主要的饲料，如青干草或青贮料。

(3)确定不同饲料的种类和数量，一般是用混合精料来满足能量和蛋白质需要量的不足部分。

(4)用矿物质补充饲料来平衡日粮中的钙、磷等矿物质元素的需要量。

羊是群饲家畜，在实际工作中，对以放牧饲养的羊群，应在日粮中扣除放牧采食获得的营养数量，不足部分补给干草、青贮料和精料(包括矿物质和食盐)。

此外，在高温季节或地区，羊采食量下降，为了减轻热应激，降低日粮中的热增耗而保持净能不变，在做日粮调整时，应减少粗饲料含量，保持有效高浓度的脂肪、蛋白质和维生素，以平衡生理上的需要。抗高温添加剂有维生素 C、阿司匹林、氯化钾、碳酸氢钠、氯化铵、瘤胃素等。在寒冷地区或寒冷季节，为减轻冷应激，在日粮中，应添加热能较高的饲料。从经济上考虑用粗饲料作热能饲料比精料价格低。

七、肉羊饲料配方设计

1.肉用绵羊饲料配方范例

(1)羔羊的饲料配方：米粉 55%、麦麸 6%、豆粕 20%、葵花饼 15%、碳酸三钙复合添加剂 0.1%、食盐 0.9%。

(2)生长期的饲料配方：玉米粉 61%、麦 13%、豆粕 8%、葵花饼 14%、碳酸三钙 3%、复合添加剂 0.1%、食盐 0.9%。

（3）繁殖期的饲料配方：玉米粉 47%、麦 17%、豆粕 13%、葵花饼 19%、碳酸三钙 3%、复合添加剂 0.1%、食盐 0.9%。

2.肉用山羊的饲料配方范例

（1）羔羊的饲料配方：燕麦 30%、大麦 20%、皮 22%、豆饼 15%、矿物质 2%

（2）繁殖期的饲料配方：玉米粉 38%、麦麸 15%、燕麦 35%、豆粕 11%、食盐 1%。

（3）肥育期的饲料配方：玉米粉 57%、麦麸 10%、燕麦 25%、高粱 8%。

八、饲料配方使用注意事项

1.典型精料配方的原料

应当调整肥育绵羊的经典精料配方时，原料调整为：如果用棉籽饼等量替代配方中的葵花饼，则调整玉米为 46.5%、大豆粕为 2.2%、小麦为 37.3%，或用棉籽饼等量替代葵花饼的同时，为减少小麦麸用量再加入米糠 10%，则调整玉米为 52.4%、大豆粕为 5.4%、小麦 18.2%。如果用花生饼替代 10% 大豆粕，需要加入花生饼 8.77%，则调整玉米为 58.46%、小麦麸为 1.7%。为减少玉米用量，可加入高粱、小麦、碎米等热能丰富的原料。苜蓿粉、三叶草粉等优质牧草可替代糠麸类饲料配入羊的精料配方，如用苜蓿粉替代配方中 15% 的小麦，需要加入苜蓿粉 6.85%，则调整玉米为 44.85%、大豆粕为 12.3%。

2.混合精料补充量的确定

当羊的日粮中以粗饲料为主时，最不足的营养物质是能量物质，尤其是生长、肥育羊、哺乳母羊和配种公羊的日粮中，应补充以典型配方调制的混合精料，如果以满足能量指标确定用量，则补充量大，粗蛋白质水平超标，很不经济；如果以满足粗蛋白质指标确定用量，虽补充量少，但能量水平显著不足，则达不到补充的目的。所以当借用精料配方时，要考虑是否需要加能量饲料

九、饲料选择与使用

饲料不但是进行肉羊生产的重要原材料，也是维持肉羊健康不可或缺的重要营养素来源。饲料在肉羊养殖成本中占 60%～80%，是决定肉羊养殖效益的首要因素。因此，肉羊饲料必须科学配置、合理选择、正确使用，才能提高其利用率，产生最佳的经济效益。

1. 自配饲料

自配饲料指肉羊场（户）自己采购饲料原料，选用自己认可的饲料配方和加工工艺，自行生产自己养殖场所需要的肉羊饲料。一般有专业的技术人员、饲料加工设备和化验仪器的比较大的养羊场采用自配饲料。自配饲料有以下优点：一是可以按照自己肉羊场（户）的

实际配制针对性强的饲料,这样可以做到营养的精准化供应。二是可以降低成本。由于采用自配方式,没有饲料厂和经销商的利润盘剥以及包装运输费用,因此成本低。三是可以自己把握原料质量,有利于保证饲料品质。缺点是需要专业人员、具备生产设备和化验设施,同时需要采购各种饲料原料。自配饲料的方法是首先设计饲料配方,然后确定合适的生产工艺,最后加工成成品。

2. 添加剂预混料的选择使用

添加剂预混合饲料包括维生素预混合饲料、微量元素预混饲料和复合预混合饲料。维生素预混合饲料指由 2 种或 2 种以上饲料及维生素与载体或稀释剂按一定比例配制的均匀混合物,一般成年肉羊由于其瘤胃微生物可以合成大部分 B 族维生素和维生素 K,因此肉羊维生素预混料一般只含维生素 A、维生素 D、维生素 E 等脂溶性维生素。微量元素预混合饲料是由饲料及矿物质微量元素与载体或稀释剂按一定比例配制的均匀混合物,一般含铜、铁、锰、锌、钴、硒以及碘,载体或稀释剂一般为石粉、沸石粉或麦饭石。复合预混合饲料是由饲料及维生素、矿物质微量元素和氨基酸等饲料添加剂与载体稀释,按动物营养需要的比例配制的均匀混合物。

市售的预混料按照在饲料中的添加量设计成不同比例的产品,一般维生素预混料多为 0.05%,微量元素预混料多为 0.5%,复合预混料根据里面所含成分的不同一般设计为 1%~10%。使用预混料的养羊场一般存栏量大,有饲料生产设备,采购回来预混料后按照预混料生产厂家所提供的推荐配方自配饲料。

3. 浓缩饲料的选择使用

浓缩饲料指全价饲料中排除提供能量的饲料,如玉米、小麦、麸皮等,而由蛋白质饲料、矿物质饲料、维生素预混料、微量元素预混料、氨基酸以及一些调控性添加剂所组成的一种半成品,不能直接饲喂肉羊。由于浓缩料大部分由蛋白质饲料,如豆粕、棉粕、菜粕、玉米蛋白粉、DDGS、花生粕、芝麻粕、亚麻粕等组成,约占浓缩料的 80% 以上,因此浓缩料又称蛋白质浓缩料。

浓缩料在配制时与预混料一样,必须先设定占全价料的比例,一般设定为 25%~50%。浓缩料一般适合具有饲料加工设备的中等规模养羊场使用,使用时将采购的浓缩料按照生产厂家的推荐配方与玉米、麸皮或小麦等能量饲料混合后即可饲喂。

4. 精料补充料的选择使用

对于肉羊而言,粗饲料资源是其日粮组成的主要部分,精料补充料只是对粗饲料的一种营养补充和平衡。因此在设计肉羊精料补充料时必须考虑其粗饲料资源,如果粗饲料营养很好,比如紫花苜蓿,那么精料补充料营养水平可以设计低一些,如果使用小麦秸秆、玉米秸秆等劣质粗饲料资源,则精料补充料营养水平设计适当要高一些。精料补充料一般由玉米、麸皮、小麦等能量饲料和蛋白质饲料、矿物质饲料、维生素预混料、微量元素预混料、氨基酸以及一些调控性添加剂所组成的一种成品，可以直接饲喂肉羊。精料补充料一般为不具备饲料加工条件的小型养羊户使用，由于包装、运输等因素，成本较高。

5. 全价配合饲料的选择使用

全价饲料一般将秸秆铡成 2~3 厘米长，与玉米、麸皮、蛋白质饲料、矿物质饲料、维生素预混料、微量元素预混料、氨基酸以及一些调控性添加剂所组成的一种半成品，一般秸秆占整个日粮的 30%~60%。全价饲料可以直接饲喂肉羊，有效缓解集中育肥时由于精料喂量过大导致瘤胃酸中毒引起代谢病的问题。但在生产中，如果长期饲喂，有用户反映影响羊的反刍活动，因此种羊应谨慎使用。全价饲料一般由短期集中育肥的规模专业育肥场选用。

6. 全混合日粮(TMR)的选择使用

全混合日粮(TMR, Total Mixed Rations 的简称)是根据肉羊在不同生理阶段的营养需要，按营养专家设计的配方，用特制搅拌机将粗料、精料、矿物质、维生素和其他添加剂充分进行搅拌、切割、揉搓和混合后形成的营养平衡的全价饲料。TMR 能够保证肉羊所采食每一口饲料都具有全面均衡性的营养。

TMR 技术将粗饲料切短后再与精料混合，这样物料在物理空间上产生了互补作用，从而增加了肉羊饲料干物质的采食量。在性能优良的 TMR 机械充分混合的情况下，完全可以排除肉羊对某一特殊饲料的选择性(挑食)，因此有利于最大限度地利用最低成本的饲料配方。同时 TMR 是按日粮中规定的比例完全混合的减少了偶然发生的微量元素、维生素的缺乏或过多造成的中毒现象。同时粗饲料、精料和其他饲料被均匀地混合后，被肉羊统一采食，减少了瘤胃 pH 大幅波动，从而保持瘤胃 pH 稳定，为瘤胃微生物创造了一个良好的生存环境，促进微生物的生长、繁殖，提高微生物的活性和蛋白质的合成率。饲料营养的转化率(消化、吸收)提高了，肉羊采食次数增加。采用 TMR 后，养工不需要将精料、粗料和其他饲料分道发放，只要将料送到即可，因此可降低管理成本。TMR 的使用必须采购 TMR 机，同时在羊舍设计时必须有很宽(一般大于 2 米)的饲喂通道，羊舍高度在饲喂通道处一般高于 3 米。羊场要有青贮设施制备青贮饲料。因此使用 TMR 日粮的羊场规模必须非常大才能够产生比较效益。

第二十二章 肉用羊的上市标准与羊肉知识

第一节 羊肉的营养特点和品质

一、羊肉的营养特点

羊肉肉质纤维细嫩,富有营养,易于咀嚼和消化,我国医学认为羊肉味甘性温,能助元阳、补精血,益虚劳,是一种良好的滋补食品。羊肉为天然瘦肉,与其他肉类相比具有以下优点。

一是含胆固醇低,据测定每100克羊肉中仅含29毫克胆固醇,而牛肉含75毫克,猪肉含74.5~126.0毫克;二是羊肉中人类第一限制性氨基酸——赖氨酸的含量丰富,使其具有特殊的营养价值;三是羊肉含有对人体合成胶原蛋白有利的丙氨酸、甘氨酸、脯氨酸,这对正在生长发育的儿童以及对特殊病人有特殊的营养作用;四是羊肉脂肪中必需脂肪酸的含量明显高于猪油、黄油;五是羊肉的营养成分非常丰富,其组成极接近于人体,并易被消化利用。经检测分析,羊肉中氨基酸含量丰富、种类齐全,系人体所必需的全价蛋白质来源之一,羊肉中还有多种矿物质元素和维生素,它的营养保健功能受到众多消费者的青睐。羊肉系列制品具有低脂肪、低胆固醇、低热量、高蛋白质的"三低一高"特点及其对内脏的医疗补养作用,越来越受到消费者的重视。

二、羊肉的品质

从肉质上看,绵羊肉质细嫩,颜色暗红,肉纤维细软,期间很少夹有脂肪。育肥羊肌肉中夹有纯白色脂肪,硬而脆,膻味较小,品质优良。山羊肉色比绵羊肉浅,呈较淡的暗红色。肉质坚实,皮下脂肪少,腹部积贮脂肪较多。山羊的肌肉与脂肪均有较重的特殊膻味。

第二节　羊肉的理化指标

一、羊肉的理化标准

羊肉营养丰富,其价值主要体现在氨基酸的种类和数量齐全,符合人体营养的需要。每 100 克羊肉脂肪中含有胆固醇仅 29 毫克,比其他肉类低,羊肉的蛋白质含量低于牛肉高于猪肉,脂肪含量量低于猪肉高于牛肉,产热量也是低于猪肉高于牛肉。

羊肉的脂肪纯白色,硬度大,溶点高,新鲜时有一种风味,从可消化养分讲,羊肉中可消化蛋白质较高。

羊肉蛋白质中的氨基酸以赖氨酸、精氨酸、组氨酸,丝氨酸和酪氨酸的含量都高于牛肉、猪肉、鸡肉,羊肉中所含硫氨素和核黄素也较其他肉类多。所以羊肉为品质良好的肉品之一。

羊肉肌肉有光泽,红色均匀,脂肪乳白色或微黄色,纤维清晰,坚韧性,外表微干或湿润,不粘手,切面湿润,指压后凹陷立即恢复,具有鲜羊肉固有的气味、香味,脂肪团聚于表面。除以上理化指标、感观指标外,无公害羊肉还应符合有关微生物指标。

二、羊肉的优劣鉴别

优质的羊肉,一是肌肉颜色鲜艳,有光泽、脂肪呈白色,质次的冻羊肉色暗缺光泽。二是黏度鉴别,优质冻羊肉表面微干湿润不粘手;质次的羊肉切面轻度黏手。三是组织状态鉴别:优质的羊肉肌肉结构紧密,有坚实感,肌纤维韧性强;质次的羊肉肌纤维高有韧性,变质的羊肉组织软化、松弛、肌纤维无韧性。四是气味鉴别,优质的羊肉具有羊肉正常的气味(膻味等),无异味;质次的羊肉稍有氨味或酸味,变质的羊肉有氨味、酸味或腐臭味。优质的羊肉汤汁透明澄清,脂肪团聚浮于表面,具备羊肉汤固有的香味和鲜味;质次的羊肉汤汁稍有混浊,脂肪呈小滴浮于表面,香味差或无香味;变质的羊肉汤有腐臭气味。

第三节　羊肉的分割和等级

一、羊肉的分割名称

为了实现羊肉外贸中的优质优价,赢得市场和好的经济效益,一般要将羊胴体进行分割切块。羊肉胴体的分割,通常是先从中间把胴体切成两个半片,然后再按照各种不同要求将其分割。

1. 我国羊胴体的分割方法及分级标准

我国羊胴体的分割,是把切块分割和分等结合进行的,分三个商业等级将其划分如下。

(1)一等(75%)为:肩背肉(占35%)、胸部肉(占10%)、和臀部肉(占30%);

(2)二等(17%)为:颈部肉(4%)、胸部肉(占10%)和腹部肉(占3%);

(3)三等(8%)为:颈部切口肉(占1.5%)、前小腿肉(占4%)和后小腿肉(占2.5%)。

国内绵羊肉的分级标准:一级,肌肉发育最佳,骨不外露,全身充满脂肪,在肩胛骨上附有柔软的脂肪层;二级,肌肉发育良好,骨不外露,全身充满脂肪,肩胛骨稍突起,脊椎上附有肌肉;三级,肌肉不甚发达,仅脊椎、肋骨外露,并附有细条的脂肪层,在臀部骨盆部有瘦肉;四级,肌肉不发达,骨骼显著外露,体腔上部附有沉积脂肪层。

2. 外国羊胴体分级标准

世界各国绵羊、山羊的分级标准各不相同,并且常随国际羊肉市场的需求变化而修订,以便更好地指导羊肉的生产。一般国外肉羊业发达国家把绵羊肉分成大羊肉和羔羊肉两类。前者是指周岁以上屠宰的羊。后者是指生后不满周岁、完全是乳齿羊,其中4~6月龄屠宰羔称为肥羔。其分级标准如下。

(1)大羊胴体的分级标准 上等:胴体重25~33千克,脂肪含量适中,肉质好,第6对肋骨上部棘突上缘的背部脂肪厚度为0.8~1.2厘米;中等:胴体重量在21~30千克,背部脂肪厚度0.5~1.5厘米;下等:胴体重在17~20千克,背部脂肪厚度0.3~2.0厘米;等外品:肉质有恶味,脂肪黄色,因屠宰时外伤或其他原因造成的变质部位多,以及卫生检验时割除部分多。

(2)羔羊肉胴体的分级标准 上等:胴体重在19~22千克,背部脂肪厚在0.5~0.8厘米;中等:胴体重在17千克以上,背部的脂肪度较上等少。下等:胴体重在15千克,背部脂肪厚度在0.3厘米以上;次品:肉质有恶臭,脂肪黄色,卫检时割除部分多。

由于山羊肉大部分在国内自食或销售,暂时尚无标准,多是参考绵羊肉的标准。一般出口胴体为四分体或按客户要求加工分割。

(3)肥羔羊胴体的分割方法 肥羔羊胴体从中间切成两个半片,其重量约各占胴体的50%。然后把前躯与后躯分开,其分界线在第12~13肋骨之间,切开时,要在后躯肉上保留着一对肋骨。具体分割如下。

①后腿肉。从最后腰椎横切下的一块肉,占胴体的25.83%。

②腰肉。从最后一个腰椎至最后一根肋骨处横切,占胴体的21.16%。

③肋肉。为第 12 与 13 肋间,至第 4 与第 5 肋间横切,去掉腹肉,占胴体的 10%。

④肩肉。从肩端沿肩胛缘向肩胛后直切,留下包括前腿在内并去掉腹肉的肩胛肉全部,占胴体的 18.3%。

⑤肋颈肉。自最后颈椎处切下的整个肋颈三角部分,占胴体的 8.3%

⑥颈肉。为最后颈椎处切下的整个颈部肉,占胴体的 5.8%。

⑦腹肉。又称边缘肉。从前面腿脐下沿肋软骨向后直至后腿横切处直线下切,包括胸骨在内的整个下腹边缘部分,占胴体的 5.83%。

二、商品羊肉的常识术语

1. 胴体重

胴体重是指屠宰放血、剥去毛皮及去头、内脏和四蹄后的整个躯体(包括肾脏及其周围脂肪),静置 30 分钟后称量的重量。

2. 屠宰率

屠宰率指胴体重加内脏脂肪(包括大肠膜和肠系膜脂肪)重占屠宰前活重(空腹 24 小时)的百分率。计算公式是:

$$屠宰率 = \frac{胴体重 + 内脏脂肪重}{屠宰前活重}$$

(1)净肉率 指胴体肉脂占胴体重的百分比。计算公式是:

$$净肉重 = \frac{胴体重 - 骨重}{胴体重} \times 100\%$$

(2)骨肉比 是指胴体肉脂重与胴体骨重的百分比,以百分率表示。

(3)GR 值 是指羊胴体第 12、第 13 肋骨间的背脊中线 11 厘米处的组织厚度,是胴体脂肪含量的标志。

(4)眼肌面积 是指倒数第 1 和第 2 肋骨间的背最长肌的横截面积。可用硫酸纸描绘眼肌的轮廓,再用求积仪计算面积大小或用以下公式估测。

眼肌面积(厘米^2)= 眼肌最大高度(厘米)× 眼肌最大宽度(厘米)× 0.7

(5)胴体状态 是指胴体外部形态特征。观察胴体表面脂肪覆盖面积大小、胴体长、宽及围度大小,肌肉厚实程度,骨骼粗细等。

第二十三章　肉用羊的疾病防治与防疫

第一节　肉用羊常规诊断方法

一、羊病的一般观察

1. 观察体格及发育情况

体格发育良好的羊,其躯体高大、结构匀称、肌肉结实、生产性能良好,对疾病的抵抗力强。而发育不良的羊,表现躯体矮小,结构不匀称,尤其在幼畜阶段,常发育迟缓甚至发育停滞,其原因是营养不良或感染慢性传染病、寄生虫病等。

羔羊的佝偻病,在体格矮小的同时其躯体结构明显改变,如头大颈短,关节粗大,肢体弯曲等。

2. 观察营养程度及精神状态

肉羊肌肉丰满,皮下脂肪充盈,被毛有光泽,躯体圆满,骨骼棱角不突出,是营养良好的标志。营养不良的羊表现消瘦,被毛蓬乱,皮肤缺乏弹性,骨骼表露明显,同时精神不振,躯体乏力。

若病羊在短期内快速消瘦,应考虑有急性胃肠炎的可能;若病程缓慢发展,多由于慢性消耗性疾病,如慢性传染病、寄生虫病,长期的消化紊乱或代谢障碍等。

此外,羔羊的消瘦,应注意贫血、佝偻病、硒或维生素 E 缺乏症以及其他营养代谢紊乱性疾病。羊的精神状态标志着中枢神经机能是否正常,在临床实际中,羊表现过度兴奋或抑制均表示中枢神经机能发生障碍。

当病羊兴奋异常时,经常左顾右盼,竖耳、刨地,惊恐不安,可见于脑及脑膜的炎症,中暑以及某些中毒性疾病及传染病,也可见于钙缺乏、维生素缺乏等。

当病羊表现精神沉郁、萎靡不振、耳聋头低,反应迟钝时则多见于发热性疾病,消耗性疾病,当病羊表现意识障碍时,称为昏迷,此时羊意识不清、卧地不起、呼吸不应,有时伴有肌肉痉挛与麻痹,或有四肢游泳样动作,可见于脑及脑膜疾病,中毒病及某些代谢性疾病的后期。

应该指出的是,由于不同疾病往往表现相似的精神状态,应加以区别。同时,同种疾病在它的不同发展阶段会有不同的表现,由最初的兴奋转为抑制或由抑制转为兴奋,切不可只片面的以某一个阶段的表现来进行确诊,而应全面观察,综合判断。

3. 观察体态及运动情况

羊在健康状态时,姿势自然,动作灵活而协调,病理状态下则有多种异常体态。当四肢发生疼痛时,站立不自然,如发生蹄叶炎时,常将四肢集于腹下而站立;两前肢疼痛时,则两后肢极力前伸,两后肢疼痛时,则两个前肢极力后送以减轻病肢负重;当发生骨软症、风湿症时,四肢常频频交替负重,站立困难;躯体失去平衡,站立不稳时,呈躯体歪斜、四肢叉开或依墙而站,常见于中枢神经系统疾病。

病羊运动时若表现四肢配合不协调,走路摇摆,行走欲跌,肢蹄高抬,用力着地等,常见于某些寄生虫病、中毒性及营养缺乏疾病。羊表现无目的的徘徊、直向前冲、后退不止或圆圈运动,多提示是脑、脑膜的出血、充血及炎症等。

当羊四肢的骨骼、关节、肌腱、蹄部发生病变时,导致羊的跛行,临床上常见羊的群发性跛行,多提示是腐蹄病。

二、羊病的检查

1. 皮肤的颜色、湿度及弹性的检查

羊皮肤黄疸色,见肝病,胆道阻塞及溶血性疾病;皮肤呈现蓝紫色(称为发绀),见于严重的呼吸器官疾病、重度心力衰竭、多种中毒病及中暑等。

羊皮肤湿度可用触诊羊躯体、股内等部位来判定。羊的正常体温为 38℃ ~ 39.5℃,皮温增高可见于一切热性病,局部性皮温增高提示局部发炎;皮温降低多见于重度贫血、营养不良、严重脑病及中毒等。

羊皮肤弹性良好时,拉起皮肤,放开后皱褶很快恢复平展,如恢复很慢,可见于机体的严重脱水性慢性皮肤病(湿诊、疥癣等),而老龄羊的皮肤弹性减退属于自然现象。

2. 皮下组织及皮肤疱疹的检查

大面积弥散性肿胀,伴有局部的热痛及明显的全身反应(如发热等),应考虑蜂窝组织炎的可能,尤多发于四肢。

皮下浮肿发生的原因可分为营养性、肾性及心性浮肿,营养性浮肿常见于重度贫血,高度衰竭;肾性浮肿多因为肾炎或肾病而继发;心性浮肿则系由于心脏衰弱,末梢循环障碍并进而发生瘀血的结果。脓肿、血肿的共同特点是呈局限性肿胀,触诊有明显的波动感,多发于躯干或四肢的上部,必要时进行穿刺并抽取内容物进行鉴定。

皮肤疱疹分为湿疹、饲料疹、丘疹、痘疹等。湿疹表现为在被毛稀疏部位弥漫性分布、呈粟粒大小的红色斑疹;饲料疹的特征为皮肤充血、潮红、水泡及灼热感,有痛感;丘疹是由于饲料中毒,内中毒及慢性消化紊乱造成躯干部呈现多数指尖大的扁平丘疹,伴有剧烈痒感;当皮肤出现豆粒大小的疹疱,则为痘疹的特征;羊痘疹多发于被毛稀疏部位及乳房皮肤上,呈圆形豆粒状。

3. 眼结膜的检查

眼结膜的检查是诊断疾病的一项重要手段,结膜的颜色变化可反应局部的病变,也可推断全身的循环状态及血液成分的改变。检查时,应注意眼的分泌物、眼睑状态、结膜的颜色及角膜、巩膜、瞳孔等的情况。

发生结膜炎时,眼睑肿胀并伴有畏光流泪,发生化脓性结膜炎时,可见黄色黏稠的分泌物。

羊眼结膜正常颜色呈淡红色,当出现潮红、苍白、发绀或黄疸色时,表示羊整体及局部正常的生理状态发生改变。

眼结膜潮红,但只发生于单眼时,可能是局部的结膜炎所致,如果发生双侧潮红,多标志全身的循环障碍。

眼结膜苍白,是各种类型贫血的特征。大的创伤伴有急性出血,其病情发展迅速,眼结膜呈白或灰白色。如果结膜颜色逐渐转为苍白,全身营养衰竭,一般多为慢性营养不良或消化性疾病。

当眼结膜颜色为发绀,即呈蓝紫色时,多见于上呼吸道狭窄引起的吸入性呼吸困难,心脏机能障碍时发生全身瘀血及某些中毒性疾病(如亚硝酸盐中毒等)。

结膜黄染,即黄疸时,可能是多种因素综合作用的结果。一般黄疸分为 3 种:溶血性黄疸、阻塞性黄疸和实质性黄疸。由于大量的红细胞遭到破坏,造成机体发生贫血,胆色素蓄积增多形成黄疸,称溶血性黄疸;由于胆管被异物阻塞,造成胆汁瘀滞,胆管破裂,胆色素混入血液而发生黏膜黄染,称为阻塞性黄疸;当肝实质发生病变,致使肝细胞发炎、变性或坏死,毛细管瘀滞及破坏,造成胆汁色素混入血液及血液中胆红素增多,称为实质性黄疸。

4. 体温的测定方法及诊断意义

(1)体温测定方法　临床测体温均以羊的直肠温度为标准,使用玻璃棒状水银柱式体温计进行测温。测温前,充分甩动体温计,使水银柱下降35℃以下,用消毒棉球清洗后,涂以润滑剂,检测人员一手将羊尾提起推向对侧,另一手持体温计徐徐插入羊肛门中,放下尾部,用夹子夹在尾毛上固定。一般体温计在直肠中放置 3~5 分钟,据体温计不同规格有不同要求,取出体温计读数即可,读完后,再将水银柱甩到 35℃以下,并用消毒棉球擦拭备用。

(2)体温测定的诊断意义　体温升高的程度分为微热(体温升高 1.0℃)、中等热(体温升高2℃)、高热(体温升高 3℃)和最高热(体温升高 3℃以上)。发生微热时,机体仅有局部炎症及轻微病理变化,常见于呼吸道、消化道的一般性炎症及某些慢性传染病。高热及最高热分别见于急性感染病、广泛性炎症及急性传染病。

对于体温的诊断意义,不能片面、绝对的理解,而应该全面的、辩证的分析病情,比如同一疾病在不同的发展阶段体温升高的程度不同,老龄羊与青年羊患同一疾病时,由于机体状态的差异,对疾病的反应自然不一样,体温升高的程度也就有所不同。所以对于每一个具体情况的病例,我们要根据实际情况,客观准确全面地综合分析,不能只抓一点,不及其余。

在发热的过程中,根据其经过的特点可分为几种不同的发热类型。

①间歇热。以一定间隔期反复交替出现发热现象,称为间歇热,见于血孢子虫病等。

②弛张热。昼夜间温度升降变动较大(变动于1℃~2℃),见于许多化脓性疾病及败血病等。

③稽留热。每昼夜温差很小(在1℃以内),高烧高热持续数天,见于羊传染性胸膜肺炎、流行性感冒、大叶性肺炎等。

在某些情况下发生体温过低的情况,常见于严重的贫血、中毒及老龄羊、大失血、频繁下痢及多种疾病的濒死期。

5.脉搏的测定方法及诊断意义

(1)脉搏的测定方法　一般在羊股内动脉进行触诊,健康羊每分钟的脉搏次数为70~88次,当外界条件发展变化时,次数会相应改变。

(2)脉搏测定的诊断意义　脉搏次数增多由于心动过速所致,羊发热时体温每天升高1℃,引起脉搏次数增加4~8次;发生心肌炎、心包炎等心脏疾病时,脉搏次数增多;发生肺炎等呼吸器官疾病时,也可导致脉搏次数增加。另外,一些中毒性疾病及剧痛性疾病亦可导致脉搏次数增加。脉搏次数减少见于脑积水、脑肿及某些中毒性疾病。

6.呼吸的测定及诊断意义

健康羊呼吸每分钟10~20次,外界温度、运动等因素常导致呼吸次数增加,应与病理情况相区别。

(1)呼吸次数增多　见于上呼吸道的轻度狭窄及呼吸面积减少等。发生羊传染性胸膜肺炎时,致病因子侵害呼吸器官,引起炎症,导致呼吸次数增多;机体心力衰竭及贫血时,呼吸加快,疼痛。某些中毒性疾病亦可引起呼吸次数增加。

(2)呼吸次数减少　较为少见,某些中毒病、代谢紊乱及脑病可能出现呼吸次数减少。

7.饮食状态的观察及诊断意义

(1)食欲和饮欲　在病理情况下,食欲和饮欲可能发生减少、废绝等变化。口腔、牙齿、咽腔、食管等发生病变,导致食欲减少甚至废绝,病羊患高热性疾病时,食欲减退。维生素和矿物质的缺乏,心力衰竭,代谢紊乱及肝病导致食欲减少或完全废绝。当发生腹泻、剧烈呕吐、大量出汗时,病羊出现饮欲增强现象。

(2)采食、咀嚼及吞咽　一些神经系统疾病,如面神经麻痹、破伤风等,造成咬肌强直、牙关紧闭、咀嚼发生困难和中枢神经机能障碍。如脑和脑膜疾病,常表现采食、咀嚼的异常;发生胃肠弛缓及某些中毒病时,病羊常表现空嚼等异常;发生吞咽障碍时,可见病羊摇头、伸颈、试图吞咽而中止及引起咳嗽等;咽部有异物或肿瘤也可引起吞咽障碍。

(3)反刍　复胃动物采食后周期性地将瘤胃中的食物反排至口腔并重新咀嚼后再咽下,称为反刍。反刍通常在安静或休息状态时进行,一般在饲喂后 0.5～1.0 小时开始,每昼夜进行 4～10 次,每次持续 20～40 分钟,当反刍开始表现过晚或出现次数减少,每次反刍时间过短以及咀嚼迟缓无力,说明羊反刍功能发生障碍;当羊前胃弛缓、瘤胃积食、瘤胃鼓气、瓣胃或真胃阻塞时,其反刍功能减弱;当反刍完全停止时,是病情严重的标志之一。

(4)异嗜、嗳气及呕吐　异嗜现象多见于幼畜,常因矿物质、维生素及微量元素的缺乏营养代谢障碍。

嗳气是反刍动物的一种正常生理现象,可排出瘤胃内贮积的气体,一般每小时有 20～30 次,当嗳气时在左侧颈部沿食管沟处可看到向上移动的气体波动,同时可听到嗳气时的特有声响。

当瘤胃机能障碍或其内容物干涸时嗳气减少,见于前胃迟缓、瘤胃积食等疾病。当食管阻塞及严重前胃功能障碍并继发瘤胃臌气时,嗳气完全停止。胃内容物不自觉地经口或鼻腔反排出来,称为呕吐。羊呕吐时表现不安、紧张、头后肢缩于腹下。

(5)口腔黏膜、气味及舌齿的观察和诊断　羊的徒手开口法是以一手拇指一中指在颊部握住上颌,另一手拇指及中指由左右口角处握住下颌,同时用力上下拉即可开口。

当发现口腔黏膜干燥,则提示脱水、腹泻及热性疾病等;黏膜颜色苍白或发绀,提示病情严重;口腔黏膜破损、溃烂,见于口炎、水疱病及痘病等。羊口腔在正常生理状态下,一般无特殊臭味,当羊消化紊乱、口腔上皮脱落及饲料残渣分解等可产生臭味。健康羊舌颜色与口腔黏膜颜色相似,呈粉红色且有光泽,当舌表面的舌苔颜色呈灰白色时,见于胃肠疾病及热性病;舌苔颜色为深红色或带紫色时,提示循环高度障碍;舌苔颜色为青紫色,质地柔软,说明疾病已到危期。牙齿发生松动、齿过长等情况,根据严重程度将影响到动物采食咀嚼,应细致检查。

8. 腹部及前胃的检查及诊断

羊腹部胀大,尤其以左侧明显时,多见于瘤胃积食或积气,但要与母畜妊娠后期(一般右侧胀大明显)及采食大量青料或青贮饲料(后腹部膨大)相区别。若出现右侧腹部胀大,则多见于真胃积食或胃阻塞等;腹部明显小于正常时,多见于一些慢性消耗性疾病,如长期下痢等。羊胃分为瘤胃、网胃、瓣胃、皱胃。其中前三胃总称前胃,皱胃又称真胃。

对于瘤胃的检查方式有触诊、听诊及叩诊等。触诊时,检查者位于羊左侧,左手放在羊背部作支点,右手放于左肷部进行触诊。判断瘤胃内容物的性状,当上腹壁紧张且有弹性,用力压都不能感受到胃中坚实的内容物,则即可能为瘤胃膨气;发生瘤胃积食或前胃迟缓时,触诊感到有波动感;胃内容物较干时,触压后有压痕出现。健康羊每分钟胃蠕动为 2~4 次,采食后 2 小时蠕动最明显,以后逐渐减弱,饥饿时蠕动次数减少。当羊瘤胃机能减弱时,其蠕动次数减少,蠕动音较弱,见于前胃弛缓,瘤胃毒物中毒或忽然采食大量多汁、青贮料。叩诊瘤胃,健康羊左肷部为鼓音或半浊音,发生瘤胃膨气时,中上部为鼓音,甚至有金属声响,发生瘤胃积食时,浊音范围扩大。

对网胃的检查,应较熟悉网胃的解剖位置,网胃位于腹腔左前下方剑状软骨的后方,前缘紧接膈肌靠近心脏。检查时主要采取用触诊方式,在左侧心区后方网胃区域进行击打,若病羊表现敏感、躲闪、不安等行为时,则极可能为创伤性网胃炎。

对瓣胃的检查采用听诊方式,正常时可听到瓣胃蠕动音,采食后更明显,出现在瘤胃蠕动之后,当瓣胃蠕动音显著减弱或消失时,见于瓣胃阻塞等病。

检查真胃主要采用触诊,也可采用视诊、叩诊等方法,触诊真胃区感到坚硬,提示真胃阻塞;若病羊表现敏感、呻吟、躲闪等反应,则提示真胃炎、真胃扭转等。

9. 排粪动作及粪便的感观检查

羊在正常排粪时表现费力,提示胃肠弛缓及热性疾病等;若表现频繁甚至排粪失禁,粪呈粥样甚至水样,则微腹泻或下痢;排粪时带痛、表现不安、呻吟、惊恐等反应,提示腹膜炎、胃肠炎等;粪便中带有黏液,提示胃肠炎;若粪中混有血液,则为严重肠炎的特征;若有肠黏膜混在粪中,则为坏死性肠炎的特征,同时应注意粪便中是否有寄生虫等,予以判断。

10. 母羊外生殖器及乳房的检查及诊断

健康母羊阴道黏膜颜色呈淡粉红色,光滑而湿润,母羊发情时,阴道黏膜充血,阴唇充血肿胀,子宫颈及子宫分泌的黏液注入阴道,黏液呈无色、灰白或灰黄色。其质透明,常吊在阴唇皮肤上或粘在尾根的毛上,有时经阴门流出。发生阴道炎或子宫炎时,病羊表现尾根翘起,拱背,尿量不多但次数频多,阴门中流出浆液——黏液性或黏液脓性腥臭液,附着在阴门或尾根部。阴道检查时,阴道黏膜敏感性增加、疼痛、出血、充血、肿胀、干燥,甚至发生溃疡或糜烂。

乳房的检查方式有视诊、触诊等,通过乳房的大小、形状、颜色、有无外伤、结节及脓疮来检查,若乳房皮肤上出现疹疱、脓疮及结节时,多为痘病、口蹄疫等症状。

触诊乳房时,注意乳房的硬度、温度、大小、有无波动感等。当发生乳房炎时,炎症部位肿胀、发硬皮肤呈紫红色、有热痛反应、挤奶不畅,挤出的乳汁脓稠,含絮状物或脓汁。

第二节　羊的疾病防治

一、肉羊的常见病

1. 口腔炎

羊的口炎是口腔黏膜表层和深层组织的炎症。在病理过程中,口腔黏膜和齿龈发炎,或使病羊采食和咀嚼困难,口流清涎,痛感觉敏感性增高。临床上常见单纯性局部炎症和继发性全身反应。

(1)病因　原发性口腔炎多由外伤引起,羊可因采食尖锐的植物枝杈、坚硬饲料、铁丝或碎玻璃等刺伤口腔而发病;也可因接触氨水、强酸、强碱损伤口腔黏膜而发病;羊口疮、口蹄疫、羊痘、霉菌性口炎时,也可发生口腔炎症状。

(2)诊断要点　采食与咀嚼障碍是口腔炎的一种症状。临床表现常见有卡他性、水泡性、溃疡性口炎。原发性口炎病产羊常采食减少或停止,口腔黏膜潮红、肿胀、疼痛、流涎。严重者可见有出血、糜烂、溃疡或引起体质消痩。继发性口炎多见有体温升高等全身反应。如羊口疮时,口黏膜以及上下嘴唇、口角处呈现水疱疹和出血干痂样坏死。口蹄疫时,除口腔黏膜发生水疱及烂斑外,趾间及皮肤也有类似病变。羊痘时,除口腔黏膜有典型的痘疹外,在乳房、眼角、头部、腹下皮肤等处亦有痘疹。霉菌性口炎,常有采食发霉饲料的病史,除口腔黏膜发炎外,还表现腹泻、黄疸等。过敏性口腔炎,多与突然采食或接触某种过敏源有关,除口腔有炎症变化外,在鼻腔、乳房、肘部和股内侧等处见有充血、渗出、溃烂、结痂等变化。

(3)防治措施　加强管理和护理,防止因口腔受伤而发生的原发性口腔炎。对传染病并发口腔炎者,宜隔离消毒。轻度口腔炎,可用2%~3%重硫酸钠或0.1%高锰酸钾溶液或2%食盐水冲洗;对慢性口腔炎发生糜烂及渗出时,用1%~5%蛋白银溶液或2%明矾溶液冲洗;有溃疡时用1∶9碘甘油或蜂蜜涂擦。全身反应明显时,用青霉素40万~80万国际单位,链霉素100万国际单位,一次肌肉注射,连用三日;亦内服用磺胺类药物。

2. 酸中毒

酸中毒是因羊采食偷吃精料过多,从而引起瘤胃内产生乳酸的异常发酵,使瘤胃内微生物区系纤毛虫生理活性降低的一种消化不良性疾病。临床表现以精神兴奋或沉郁、食欲不振和瘤胃蠕动废绝、胃液酸度增高、瘤胃积食胀满和脱水等为特征。

(1)病因　主要是过多采食含碳水化合物的谷物,如大麦、小麦、玉米、高粱、水稻、麸皮等饲料所引起。本病发生的原因主要是对羊管理不严,致使羊偷食大量谷物饲料或突然增喂大量谷物饲料使羊突然发病。

(2)诊断要点　通常在过食谷物饲料后 4～6 小时内发病,呈急性消化不良,表现精神沉郁、腹胀、喜卧,亦见有腹泻,很快死亡。一般症状为食欲、反刍减少很快,废绝,瘤胃蠕动变弱,很快停止。触诊瘤胃胀软,内容物为半液体状,体温正常或升高,心率和呼吸增数,眼球下陷,血液黏稠,皮肤丧失弹性,尿量减少,常伴有瘤胃炎和蹄叶炎。瘤胃液值用石蕊试纸测定 pH 在 6 以下,血液碱贮和二氧化碳结合力下降。在病程中亦见有视觉紊乱,盲目运动。

(3)防治措施　加强饲养管理,严防羊偷食谷物饲料及突然增加浓厚精饲料的喂量,应控制喂量,做到逐步增加,使之适应。

中和胃液酸度,用 5%碳酸氢钠 1500 毫升胃管洗胃,或用石灰水洗胃。石灰水制作:生石灰 1 千克,加水 5 升,搅拌均匀,沉淀后用上清液。

强心可用 5%葡萄糖盐水 500～1000 毫升,10%樟脑磺酸钠 5 毫升,混合静脉注射。健胃轻泻用大黄苏打片 15 片,橙皮酊 10 毫升,豆蔻酊 5 毫升,液状石蜡油 100 毫升,混合加水一次内服。

3. 食道阻塞

食道阻塞是羊食道内腔被食物或异物堵塞而发生的以吞咽障碍为特征的疾病。

(1)病因　该病主要由于过度饥饿的羊吞食了过大的块根饲料,未经充分咀嚼而吞咽,阻塞于食道的某一段而酿祸成疾。例如,吞进大块萝卜、西瓜皮、洋芋、玉米棒、包心菜根及落果等。亦可见有误食塑料袋、地膜等异物造成食道阻塞的,继发性食道阻塞常见于食道麻痹、狭窄和扩张。

(2)诊断要点　此病一般多突然发生。一旦阻塞,病羊采食停止,头颈伸直,伴有吞咽和作呕动作;口腔流涎,骚动不安;或因异物吸入气管,引起咳嗽。当阻塞物发生在颈部食道时,局部突起,形成肿块,手触可感觉到异物性状,当发生在胸部食道时,病羊疼痛明显,并可继发瘤胃臌气。

食道阻塞分完全阻塞和不完全阻塞两种情况,使用胃管探诊可确定阻塞的部位。完全阻塞,水和唾液不能下咽,从鼻孔、口腔流出,在阻塞物上方部位可积存液体,手触有波动感;不完全阻塞,液体可以通过食道,而食物不能下咽。

诊断时应注意与咽炎,急性瘤胃臌气,口腔疾病相区别。

食道阻塞时,如有异物吸入气管可发生异物性气管炎和异物性肺炎。

(3)防治措施　治疗可采取以下方法。

①取法。阻塞物属于草科食团,可将羊保定好,送入胃导管用橡皮球吸取。用胃导管,在阻塞物上部或前部软化阻塞物,反复冲洗,边注入水边排出,反复操作,直至食道畅通。

②探送法。阻塞物在近贲门部位时,可行将 2%普鲁卡因溶液 5 毫升、液状石蜡油 30 毫升混合后,用胃导管送至阻塞物部位,待 10 分钟后,再用硬质导管推入胃中。

③砸碎法。当阻塞物易碎时,表面圆滑并阻塞在颈部食道时,可在阻塞物两侧垫上布鞋底,将一侧固定,在另一侧用木槌或拳头打砸(用力要均匀),使其破碎后咽入瘤胃。

治疗中若继发瘤胃臌气,可施行瘤胃放气术,以防病羊发生窒息。

为了预防该病发生,应防止羊偷食未加工的块根饲料,补喂草畜生长素制剂或饲料添加剂;清理牧场、厩舍周围的废弃杂物。

4.前胃弛缓

羊前胃弛缓是前胃兴奋性和收缩力降低的疾病。临床特征是正常的食欲、反刍、嗳气被扰乱,胃蠕动减弱或停止,可继发酸中毒。

(1)病因 主要是羊体质衰弱,再加中长期饲喂粗硬难以消化的饲草,如玉米秸秆、豆秸、麦糠等;突然更换饲喂方法,供给精料过多,运动不足等;饲料品质不良,如霉变、冰冻、虫蛀、污染;长期饲喂单调,缺乏刺激性的饲料,如麦麸、豆面、酒槽等。此外,瘤胃臌气、瘤胃积食、肠炎以及其他内、外、产科疾病等,亦可继发该病。

(2)诊断要点 该病常见有急性和慢性两种。

急性:病羊食欲废绝,反刍停止,瘤胃蠕动减弱或停止;瘤胃内容物腐败发酵,产生大量气体。左腹增大,触诊坚实。

慢性:病羊精神沉郁,倦怠无力,喜欢卧地,被毛粗乱,体温、呼吸、脉搏无变化,食欲减退,反刍缓慢,瘤胃蠕动力量减弱,次数减少。若因采食有毒物质刺激性饲料,容易引起发病,触诊瘤胃和皱胃时,敏感性增加并有疼痛反应,有的羊体温升高,如伴有胃肠炎时,肠蠕动显著增加,下痢或便秘与下痢交替发生。

若为继发性前胃弛缓,常伴有原发性疾病的特有症状。因此,在诊断时要加以区别。

(3)防治措施 首先应该消除病因,加强饲料管理,因过食引起的,可采用饥饿疗法,禁食 2~3 次,然后供给易消化饲料使之恢复正常。

药物疗法,应先投给泻剂清理肠胃,再投给兴奋瘤胃蠕动和防腐止酵剂。成年羊可用硫酸镁或人工盐 20~30 克,液状石蜡油 100~200 毫升,番木鳖酊 2 毫升,大黄酊 10 毫升,加水 500 毫升,一次内服。或用胃肠活 2 包,陈皮酊 10 毫升,姜酊 5 毫升,龙胆紫 10 毫升,加水混合,一次内服。10%氯化钠 20 毫升,10%氯化钙 10 毫升,10%安纳咖 2 毫升,混合后,一次静脉注射。

也可用酵母粉 10 克,红糖 10 克,酒精 10 毫升,陈皮酊 5 毫升,混合加水适量,一次内服。瘤胃兴奋剂可用 2%毛盯芸香碱 1 毫升,皮下注射。防止酸中毒,可内服碳酸氢钠 10~15 克。另外,可用大蒜酊 20 毫升,龙胆未 10 克,加水适量,一次内服。

5. 瘤胃积食

瘤胃积食是瘤胃充满大量食物,使正常胃的容积增大,胃壁急性扩张,食糜滞留在瘤胃引起严重消化不良的疾病。该病临床症状为反刍、嗳气停止,瘤胃坚硬,疝痛,瘤胃蠕动极弱或消失。

(1)病因 该病主要是因为羊吃了过多的青饲料、苜蓿、豆科牧草、养分不足的粗饲料,采食精料和饮水不足,也可引起该病的发生。

此外,因过食或偷食谷物精料,引起急性病消化不良,使碳水化合物在瘤胃内形成大量乳酸,导致机体酸中毒,亦可显示瘤胃积食的病理过程。

该病还可继发于前胃弛缓、瓣胃阻塞、创伤性网胃炎、腹膜炎、皱胃炎及皱胃阻塞等疾病。

(2)诊断要点 发病较快,采食、反刍停止。病初不断嗳气,随后嗳气停止,腹痛摇尾或后蹄踏地,拱背、咩叫;后期病羊精神萎靡,左侧腹部轻度臌大,肷窝略平或稍突出,触诊硬实,瘤胃蠕动音初期增强,以后减弱或停止,呼吸紧迫,脉搏增数,黏膜发绀。严重者可见脱水,发生自体酸中毒和胃肠炎。

(3)防治措施 严格饲养管理制度,加强对羊的检查,建立合理的饲喂和放牧程序。治疗应遵守消导下泻,止酵防腐,纠正酸中毒,健胃,补充体液的治疗原则。

消导下泻:可用石蜡油 100 毫升、人工盐或硫酸镁 50 克,加水 500 毫升,一次内服。

止酵防腐:用鱼石脂 1~3 克、陈皮酊 20 毫升,加水 250 毫升,一次内服。亦可用煤油 3 毫升,加水 250 毫升,摇匀呈油悬浮液,一次灌服。

纠正酸中毒:可用 5%碳酸钠 100 毫升,5%葡萄糖溶液 200 毫升,一次静脉注射;或用 11.2%乳酸钠 30 毫升,一次静脉注射;心脏衰弱时,可用 10%安钠咖注射液 5 毫升,或 10% 樟脑磺酸钠注射液 4 毫升,肌肉注射,呼吸系统和血液循环系统衰竭时,可用尼可刹米注射液 2 毫升,肌肉注射。

当发生急性瘤胃积食时,若用药物治疗不能及时奏效,而羊的价值又较高,宜迅速进行瘤胃切开术,进行抢救。

6. 急性瘤胃臌气

急性瘤胃臌气是羊采食了大量易发酵的饲料,迅速产生大量气体而引起的前胃疾病。该病多发于春末夏初放牧的羊群,绵羊较山羊多见。

(1)病因 由于山羊吃了大量易发酵等饲料,如幼嫩的紫花苜蓿等而发病。此外,秋季放牧羊群在草场采食了多量的豆科牧草也可发病。冬春两季给怀孕母羊补饲精料,群羊抢食,抢食过多的羊容易发病,并可继发瘤胃积食。舍饲的羊群因喂霜冻、霉变的饲料而发病。

（2）诊断要点　初期病羊表现不安,回顾腹部,拱背伸腰,肷窝突起,有时左肷向外突出,反刍和嗳气停止,触诊腹部紧张性增加,叩诊鼓音,听诊瘤胃蠕动音减弱,次数减少。

（3）防治措施　加强饲养管理,严禁在苜蓿地放牧,注意饲草饲料的贮存,防止霉变。

治疗原则是胃管放气,防腐止酵,清理肠胃。可插入胃导管放气,缓解腹部压力或用5%碳酸氢钠溶液 1500 毫升洗胃,以中和酸败胃内容物,必要时可行瘤胃穿刺放气、局部消毒,但速度要快,且要注意防止胃液流入腹腔,引起腹膜炎。也可用石蜡 100 毫升、鱼石脂 2 克、酒精 10~15 毫升加水适量,一次内服。

7. 瓣胃阻塞

瓣胃阻塞是由于羊瓣胃的收缩力量减弱,食物排出作用不充分,通过瓣胃的食糜积聚,不能后移,充满瓣叶之间,水分被吸收,内容物变干而致病。

（1）病因　该病主要是由于饮水失常和饲喂粗纤维饲料不足而引起或饲料和饮水中混有过多的泥沙,使泥沙混入食糜,沉积于瓣胃瓣叶之间而发病。

本病可继发于前胃弛缓、瘤胃积食、皱胃阻塞、胃和皱胃与腹膜粘连等疾病。

（2）诊断要点　病羊初期症状与前胃弛缓相似,瘤胃蠕动音减弱,瓣胃蠕动消失,可继发瘤胃臌气和瘤胃积食。触压病羊瓣胃区,羊表现不躲闪、疼痛等反应,粪便干少,颜色暗黑;后期停止排粪,随着病情延长可继发败血症,病羊卧地不起,最后死亡。

（3）防治措施　应以软化瓣胃内容物为主,辅以兴奋前胃,促进胃肠内容物排出。

可用 10%氯化钙 10 毫升、10%氯化钠 50 ~ 100 毫升、5%葡萄糖生理盐水 150 ~ 300 毫升,混合一次静脉注射。

此外,可内服中药。选用健胃、止酵、通便、润燥、清热剂效果较好。方剂为:大黄 9 克,当归 12 克,积壳 6 克,二丑 9 克,玉片 3 克,白芍 2.5 克,番泻叶 6 克,千金子 3 克,山枝 2 克。煎水内服。

8. 创伤性网胃腹膜炎及心包炎

创伤性网胃腹膜炎及包心炎是由于异物刺伤网胃壁而发生的一种疾病,临床表现为急性前胃弛缓,胸壁疼痛,间歇性臌气。

（1）病因　主要是由于尖锐异物（钢丝、铁丝、缝针等）混入饲料被羊吃进网胃,因网胃收缩。异物刺破或损伤胃壁所致。如果异物经横膈膜刺入心脏,则发生创伤性网胃心包炎。

（2）诊断要点　创伤性网胃腹膜炎症状,病羊精神沉郁,食欲减少,反刍缓慢或停止,鼻镜干燥,行动谨慎,表现疼痛,拱背,不愿意急转弯、走下坡路。触诊,用手冲击网胃区及心区或用拳头顶压剑状软骨区,病羊表现疼痛、躲闪、呻吟等敏感反应。

创伤性网胃心包炎症状,病羊心动过速,每分钟 80~120 次,颈静脉怒张,粗如手指,颌下及前胸水肿。听诊心音区扩大,出现在心包摩擦音及拍水音。病后期,常发生腹膜粘连、心包积脓及脓毒败血症等。

（3）防治措施　确诊后可进行瘤胃切开术，清理排除异物。若羊病程已发展到心包积脓阶段，则应淘汰。

对症治疗，消炎可用青霉素 40 万 ~80 万国际单位、链霉素 50 万国际单位，一次肌肉注射；亦可用磺胺嘧啶钠 5~8 克，碳酸氢钠 5 克，加水内服，每日 1 次，连用 1 周以上。

9. 皱胃阻塞

皱胃阻塞是皱胃内积满过多的食糜，使胃壁扩张，体积增大、胃黏膜及胃壁发炎，食物不能排入肠道所致。临床特征为前胃弛缓，胃肠蠕动废绝，皱胃扩大，在右下腹部冲击或触诊可感到坚硬的皱胃，并有疼痛。

（1）病因　该病多因羊的消化机能紊乱、胃肠分泌、蠕动机能降低造成；或因长期饲喂细碎的饲料，幽门痉挛导致被异物（毛球等）所堵塞。

（2）诊断要点　该病发展缓慢，初期似前胃弛缓症状，病羊食欲减退，排粪减少，以致停止排粪。粪干燥，其上腹有大量黏液或血丝，右腹皱胃区扩大，瘤胃充满液体，冲击皱胃区可感觉到坚硬的皱胃，应注意与瓣胃阻塞相区别。

（3）防治措施　皱胃注射，先在右腹下肋弓处触摸皱胃，在皱胃胃体突起的地方局部剪毛，碘酒消毒，将 25% 硫酸镁溶液 50 毫升、甘油 30 毫升、生理盐水 100 毫升，混合作皱胃注射。10 小时后，在用胃肠通注射液 1 毫升，一次皮下注射，每日两次。

当药物治疗无效时，可考虑进行皱胃切开术，排出阻塞物。

预防本病关键是要加强饲养管理，除去致病因素，对饲料品质，加强调配要特别注意，饲喂要定时、定量、饮水洁净，冬季注意保暖和环境卫生。

10. 胃肠炎

胃肠炎是胃肠黏膜及其深层组织的充血性坏死或坏死性肠炎病症。临床表现为食欲减退或废绝、体温升高、腹泻、脱水、腹痛及不同程度的自体中毒等。

（1）病因　该病多由前胃疾病引起，饲养管理不当占很重要的原因，如采食大量冰冻、发霉饲料、饲草等，圈舍潮湿、卫生不良、羊营养不良及投服驱虫药剂量偏大，也是该病发病的原因。该病还可继发于羊快疫、羊肠毒血症、羔羊大肠杆菌等。

（2）诊断要点　病初羊出现急性消化不良，其逐渐转为胃肠炎，病羊表现食欲废绝，体温升高到 40℃~41℃，口干发臭，舌苔黄厚或薄白、腹痛、肠音初期增强，排粪水样，腥臭或恶臭，粪中混血、脓、肠黏膜等坏死物，脱水、少尿、眼球下陷，皮肤弹性降低、消瘦、体温升高；病后期，肠音减弱或消失，肛门松弛，排便失禁，羊四肢冰冷，昏迷中死去。

（3）防治措施　消炎可用磺胺脒 4~8 克，碳酸氢钠 3~5 克加水适量，一次内服或青霉素 40 万 ~80 万国际单位，链霉素 50 万 ~100 万国际单位，蒸馏水 10 毫升溶解，一次肌注或土霉素 0.5 克溶于生理盐水 100 毫升,一次静脉注射。

严重脱水应及时补液,可用 5%葡萄糖溶液 300 毫升,生理盐水 200 毫升,5%碳酸氢钠溶液 100 毫升,混合一次静脉注射。下泻严重者可用 1%硫酸阿托品注射液 2 毫升,皮下注射。发生心力衰竭时可用 10%樟脑磺酸钠 3 毫升,一次肌肉注射。

11. 小叶性肺炎及化脓性肺炎

小叶性肺炎是支气管与肺小叶同时发生炎症。特征是病羊呼吸困难,呈弛张热,叩诊胸部有局部性浊音检,听诊肺区有捻发音,化脓性肺炎常由小叶性肺炎继发而来。

(1)病因 小叶性肺炎多因羊受寒感冒、物理化学因素的刺激和条件性病原菌的侵害引起,如巴氏杆菌、链球菌、化脓放线菌、绿脓杆菌等。此外,本病可继发于蹄叶炎、子宫炎、乳房炎等病。

(2)诊断要点 小叶性肺炎初期呈急性支气管炎的特征,即听诊咳嗽,体温升高达40℃以上,呼吸困难,其程度随肺炎的面积大小而有不同,胸部叩诊有不规则的半浊音区,听诊肺泡音减弱或消失,初期干性啰音,中期出现湿性啰音或捻发音。

化脓性肺炎灶常呈现散发性的特点,是小叶性肺炎发展严重的结果,病羊表现体温升高至41℃以上,咳嗽、呼吸困难,食欲减退、反刍停止,肺区叩诊有固定的局部性浊音区,病区呼吸音消失,其他基本同小叶性肺炎。

(3)防治措施 消炎用 10%磺胺嘧啶钠 20 毫升或青霉素及链霉素肌肉注射。止咳用氯化钠 1~5 克,酒石酸锑钾 0.4 克,杏仁水,加水混合灌服。也可用青霉素 40 万~80 万国际单位,0.5%普鲁卡因 2~3 毫升,气管注入。解热强心,可用 10%樟脑水注射液 4 毫升,肌肉注射。

本病的预防应加强饲养管理,保持圈舍卫生,防止吸入灰尘,勿使羊受凉感冒。

12. 吸入性肺炎

吸入性肺炎是羊误将药物、食糜液及植物油类等吸入气管、支气管和肺部而引起的炎症。特征为咳嗽、气喘、流鼻涕及肺区有捻发音。

(1)诊断要点 病羊精神不振,食欲减弱或废绝,体温升高达40℃~41℃,脉搏、呼吸加快,以腹式呼吸为主,病羊由初期的干咳转为后期的湿咳。在病程中期鼻流浆为黏液,咳声嘶哑。肺部听诊初期主要为干啰音,以后出现湿性啰音,并有散在性捻发音,叩诊时有局部性浊音或半浊音。

(2)防治措施 消炎用青霉素 80 万国际单位肌肉注射,每日 1~2 次,连续 4~7 日。同时用青霉素 40 万国际单位及 0.5%普鲁卡因 10~15 毫升,进行气管注射。每日或隔日注射,共 3~5 次。当肺发生脓肿时,可用 10%磺胺嘧啶注射液 20 毫升,静脉注射。为维持心脏机能和全身营养,可用 5%葡萄糖、10%葡萄糖氯化钙以及葡萄糖酸钙注射液静脉注射。

若病羊食欲不振,应用健胃剂。

13. 绵羊酮尿病

绵羊酮尿病常发于绵羊和山羊妊娠后期,以酮尿为主要症状。

(1)病因 主要原因是营养不良,怀孕后期由于胎儿发育较快,母体代谢丧失平衡,引起脂肪代谢障碍,氧化不完全。

(2)诊断要点 羊开始不愿意走动、离群、强迫运动时步态摇晃,发展一段时间出现神经症状,表现为头部肌肉痉挛,唇、耳震颤,口流泡沫,头后仰或偏向一侧,亦可见到转圈运动。在发病过程中,病羊食欲减退,前胃蠕动减弱,黏膜苍白或黄疸,体温正常或偏低,呼出气体及尿中有丙酮气味。

(3)防治措施 加强饲养管理,冬季防寒,春季补充干草,冬季补充胡萝卜。治疗可用25%葡萄糖注射液 50～100 毫升,静脉注射。

14. 佝偻病

佝偻病是羔羊在生长过程中,因维生素 D 不足,钙、磷代谢障碍所致的骨骼变形的疾病,多发于冬末春初。

(1)病因 主要见于饲料中维生素 D 含量不足及日光照射不够,以致哺乳羔羊体内维生素 D 缺乏,怀孕母羊或哺乳羊饲料中钙、磷比例不当。圈舍潮湿、污浊、阴暗、消化不良,营养不佳。羔羊易发此病,临床特征是消化体征紊乱、异嗜癖、跛行及骨骼变形。

(2)诊断要点 病羊主要表现生长迟缓、喜卧、呆滞、卧地起立缓慢,四肢负重困难,行走摇摆或有跛行现象。触诊关节有疼痛反应,病程稍长则关节肿大。后期羊后躯不能抬起,肋骨和肋软骨结合处出现串珠状骨结节,脊柱变形,多呈拱背姿势;重者卧地,呼吸和心跳加快。

(3)防治措施 改善和加强母羊的饲养管理,加强运动和放牧,多给青饲料,补喂钙质饲料,增加日光照射时间。

药物治疗可用维生素 D 注射液 3 毫升,肌肉注射;鱼肝油 3 毫升灌服或肌肉注射,每周 2 次。为了补充钙制剂,可用 10%葡萄糖酸钙液 5~10 毫升,静脉注射。鱼肝油内服 1 日 1 次,每次 3~10 毫升。中药调理,神曲 60 克,焦山楂 60 克,麦芽 60 克,蛋壳粉 120 克,麦饭石粉 60 克,混合后每只羊喂 12 克,连用 1 周。

15. 有机磷中毒

该病是由于羊接触、吸入或采食某种有机磷制剂所致,导致在体内不能分解的乙酰胆碱大量蓄积,使神经生理机能发生紊乱,特征是神经兴奋过度。

(1)诊断要点 有接触有机磷制剂史,表现中毒症状,如食欲不振、呕吐流涎、腹泻、多汗、瞳孔缩小、黏膜苍白、尿失禁等。有的病羊表现烟碱中毒样症状,如肌纤维震颤、麻痹、血压上升,表现兴奋不安、全身抽搐,以致昏睡等。另外,有体温升高、眼球震颤、四肢发冷、出汗,口中有蒜臭味,最后呼吸肌麻痹而死亡。

(2)防治措施　防止农药喷洒在放牧地点,严格饲养管理。

治疗首先用硫酸阿托品 10 ~ 30 毫克,分点肌肉注射。同时用解磷定,剂量每千克体重 15 ~ 30 毫克,溶于 5% 葡萄糖溶液 100 毫升中静脉注射。症状未见减轻时,仍可重复使用以上药物。

16. 流产

流产是指母羊妊娠中断或胎儿不足月就排出子宫而死亡。流产分小产、流产、早产。

(1)病因　流产的原因极为复杂,有传染性、非传染性、内科病及应激性疾病等。

(2)诊断要点　一般产前无特征表现,发病缓慢者,表现精神不佳,食欲停止,腹痛起卧、努责咩叫,待胎儿排出后稍为安静。若在同一群中,则陆续出现流产,直至害病母羊流产完毕,方能稳定。外伤性致病,可使羊发生隐性流产,即胎儿不排出体外。

(3)防治措施　以加强饲养管理为主,重视传染病的防治,根据流产发生的原因,采取有效的防治保健措施,对于已排出了不足月胎儿或死亡胎儿的母羊,一般不需要进行特殊护理,但需加强饲养。对于有流产先兆的母羊,可用黄体酮注射液 2 支(每支含 15 毫克),一次肌肉注射。口服水合氯醛 2~4 克或皮下注射 1% 硫酸阿托品液 0.5~1.0 毫升。当死胎滞留时,应采用引产或助产措施。胎儿死亡,子宫颈未开时,应采用引产或助产措施,先注射己烯雌酚 2~3 毫克,使子宫颈开张,然后从产道拉出胎儿。母羊出现全身症状时,应对症治疗。

17. 难产

难产是指分娩过程中胎儿排出困难,不能将胎儿顺利地送出产道,排出体外的现象。

(1)病因　从临床检查结果分析,难产的原因常见于阵缩无力、胎位不正、子宫狭窄、骨盆腔狭窄等,胎儿活力不足、死胎、畸形胎、助产不当,如头部尚未进产道就过早地强拉前肢等,过早或大剂量使用子宫兴奋剂等。

(2)助产　为了保证母子安全,对于难产的羊必须进行全面检查,并及时施行人工助产术,对种羊可考虑进行剖宫产手术。一般当母羊阵缩超过 4 ~ 5 个小时,而未见羊绒毛膜在阴门内破裂,母羊阵缩无力或停止阵缩时,须迅速进行人工助产,不可拖延时间,以防羔羊窒息而死。

(3)助产准备

①术前准备。搞清楚是初产还是经产,看胎膜是否破裂,羊水是否流出,并检查全身情况。

②保定母羊。一般使羊侧卧,保持安静,使前躯低,后躯高,便于矫正胎位。

③消毒。对助产者手臂、助产用具进行消毒;对母羊阴户周围用新洁尔灭进行消毒

清洗。

④产道检查。注意产道有无水肿、损伤、感染,产道表面干燥和湿润情况。

⑤胎位、胎儿检查. 确定胎位是否正常,判断胎儿死活以及是顺产还是倒产,以手指压迫胎儿看有无反应,判断死活。

(4)助产的方法 常见的难产有头颈侧弯,头颈下弯,前肢腕关节屈曲,胎儿下位,胎儿横向、过大等,首先应按不同异常胎位将其矫正,然后将胎儿拉出产道,多胎母羊,应注意怀羔母羊数目。

阵缩及努责无力时,可皮下注射催产素 0.8~1.0 毫升。但需注意当子宫完全张开且胎向正常时才可使用此药,否则引起子宫破裂。

当子宫颈开张不全或子宫颈闭锁,胎儿不能够产出时,应及时进行剖宫产手术。

18. 胎衣不下

此病指孕羊分娩后 4~6 小时,胎衣仍排不下来,称胎衣不下。

(1)病因 该病多因羊缺乏运动,饲料中缺乏维生素、钙盐,羊体质虚弱,产后宫缩无力,胎盘炎症,使胎儿胎盘和母体胎盘粘连。另外,布氏杆菌病、缺硒等也可引起胎衣不下。

(2)诊断要点 病羊常表现拱腰努责,食欲减少或废绝,精神沉郁,喜欢卧地,体温升高,呼吸脉搏增快;胎衣滞留不下,发生腐败,从阴门中流出白色腐败的胎衣碎片或脉管;当全部胎衣不下时,部分胎衣从阴门垂露于后肢跗关节部。

(3)防治措施 病羊分娩后,不超过 24 小时的,可用马来酸麦角新碱 0.5 毫克,一次肌肉注射。亦可向子宫内投放土霉素 0.5 克使胎膜自行排出。

在妊娠期肌注亚硒酸钠维生素 E 每日 3 次,每次 0.5 毫升,预防本病。

19. 子宫炎

本病是由于分娩、助产、子宫脱、阴道脱、胎衣不下、腹膜炎等导致细菌感染而引起子宫黏膜炎症。

(1)诊断要点 急性病例可见羊食欲减少,精神欠佳,体温升高,磨牙呻吟,时做排尿姿势,阴门内排出污红色内容物。

慢性病羊病程长,子宫分泌物量少,不及时治疗会导致子宫坏死及全身状况恶化,发生败血症及脓毒血症。

(2)防治措施 净化清洗子宫,用 0.1%高锰酸钾液 300 毫升灌入子宫,然后排出,每日 1 次,连用 3~4 次。消炎,可在子宫内投放土霉素 0.5 克或用青霉素 80 万国际单位、链霉素 50 万单位,肌肉注射,每日早晚各一次。防止自体中毒,可以用 10%葡萄糖液 100 毫升、5%碳酸氢钠溶液 30~50 毫升,一次静脉注射或肌肉注射维生素 C 200 毫克。

20. 乳房炎

乳房炎是指乳腺、乳池及乳头局部等的炎症,乳房发热、红肿、疼痛为本病的特征。

(1)病因　多种原因引起的乳房细菌感染,如羔羊吮咬伤、人工挤乳损伤及羊痘、子宫炎等的并发症。

(2)诊断要点　病羊一般无全身明显反应,但乳房局部肿胀、热痛、乳量减少,乳汁中混有血液、脓汁等,颜色呈褐色或淡红色,病羊体温升高可达41℃,乳房硬结并丧失泌乳机能,严重乳房炎可导致乳房化脓,形成坏疽。

(3)防治措施　良好的卫生环境是预防本病的关键,羊一旦发病,可用青霉素40万国际单位,0.5%普鲁卡因5毫升,溶解后用乳导管注入乳内,并轻柔乳房腺体部。在炎症初期可进行冷敷乳房,以阻止渗出,经过2~3天进行热敷;对于严重乳房炎应及时采取全身治疗措施,可以青霉素40万~80万国际单位,链霉素50万~100万国际单位,蒸馏水10毫升,一次肌肉注射,每日1次,连用5~7日。

21. 创伤

(1)病因　由擦伤、刺伤、拉伤、手术感染(如阉割不当等)、腐蹄病等因素造成局部软组织开放性损伤及深层组织与外界相通的机械性损伤。

(2)诊断要点　一般症状是伤口裂开、疼痛、出血等,如果创伤严重导致化脓感染,则出现全身症状,如体温升高、食欲不振、精神沉郁等。

(3)治疗　对于一般创伤,治疗原则有止血、清创、包扎等。若流血不止,可采用压迫、结扎、钳夹等方式,全身止血可以肌注安络血2~4毫升,每日3~4次。清理创口,应先用灭菌纱布将创口盖住,剪刀去周围半径10~15厘米的被毛,用新洁尔灭或生理盐水将创口洗净,然后使用5%碘酊消毒创口。对于创腔的清洗,首先应除去所有异物以及坏死组织,反复使用生理进水冲洗创腔,直至腔内洁净为止。包扎缝合,当创面处理整齐时可密闭缝合,可能感染时进行部分缝合,易造成感染的部位,进行引流包扎。

二、肉用羊的传染病

1. 羊破伤风

羊破伤风,发病时由于毒素的作用,肌肉发生僵硬,出现身体躯干强直症状。

(1)病因　破伤风是由一种叫破伤风梭菌所引起。破伤风梭菌能形成芽孢和产生很强的毒素。在土壤中可存活几十年。它较广泛地存在卫生状况不良的环境中。

羊破伤风主要是由于皮肤有各种创伤,病菌乘虚而入。这些创伤多在去势、剪毛、断脐或角逐受伤与意外伤害时形成。发生破损的伤口没有及时处理是引起破伤风的隐患。组织有坏死病变、水肿、贫血时,有利于破伤风菌的繁殖而增加发病危险。

（2）诊断要点　羊破伤风的症状是躯干强拘，难以起立或卧下，或运步时四肢出现高踏姿势，继而牙关咬紧，不能进食和反刍，流涎、腹部膨胀。偶有人畜接近或声音刺激，可引起惊慌、发作痉挛，对本病做出初步诊断应无困难，确诊可用动物实验和微生物学检查方法。

（3）防治措施　本病在早期应用破伤风抗毒治疗，成年羊皮下静脉注射，剂量为30万~80万国际单位，同时肌肉注射青霉素60万国际单位，1日2次。并且要清洗消毒创伤，效果很好。由于患破伤风的病羊不能采食，应从静脉输入葡萄糖和生理盐水；为了制止体内的酸中毒，还可经静脉输入5%碳酸氢钠200~250毫升；为了消除毒素引起的神经症状，还可使用25%的硫酸镁30~40毫升、静脉注射。在发现病羊体温升高时，要注意发生继发性感染，可按常规方法和剂量给予抗生素或磺胺类药物。

2. 羊坏死杆菌病

（1）病因　本病由坏死杆菌所引起。坏死杆菌是一种很严格的厌氧病菌，能产生外毒素和内毒素。外毒素可以引起组织水肿、溶血和组织溶解，注入实验家兔的静脉内数小时后即可使它死亡。

羊在崎岖不平、多荆棘植物的场地行走，或者受吸血昆虫的叮咬，互相践踏以及受尖锐的物体刺伤皮肤时，都易于诱发坏死杆菌病。

（2）诊断要点　坏死杆菌病的病程通常较慢。因受坏死杆菌侵害的部位不同，所以症候各异。在成年羊，多见蹄部被坏死杆菌侵入而发生蹄的坏死为主。病初因症状不明显，不为人所注意。症状出现时，最初是跛行，站立时羊的患肢因疼痛而不愿意负重，常常离地。检查时按压患蹄，有病损部位出现疼痛反应，不让触摸。蹄底部常可见不同程度的溃烂坏死病灶，发出阵阵恶臭气味。严重病例还可发生蹄壳变形与脱落。根据流行病学资料、临床症状、病变部位和特点等综合资料做出初步判断。确诊还得通过实验室检查。

（3）防治措施　对病羊的治疗方法是彻底清除蹄部坏死物后，再用3%双氧水或0.1%高锰酸钾溶液反复冲洗，然后涂以抗生素软膏或碘甘油，每日两次至治愈为止。严重病例用全身性抗生素治疗。

对坏死杆菌应强调预防为主，要点是改善牧地的卫生条件，积极消除那些能够引起蹄部和体表其他部位发生破损的因素。

3. 羊大肠杆菌病

大肠杆菌病是羔羊的常见病，受侵害的大多是一个半月以下的羔羊，也有几日龄时就发病的。在有些地区，年龄大的羊也有发生本病的报道。

（1）病因　引发这种疾病的是一种致病性大肠埃希氏杆菌，内源性传染也可经消化道、产道或脐带感染。它和正常寄居在动物肠道内的大肠杆菌不同，能产生内毒素和肠毒素。使羔羊发生大肠杆菌的常常是某些固定的血清型的大肠杆菌。产毒性大肠杆菌的血清

型以 O_{78} 最为常见,其次为 O_1,O_{13},O_{27},O_{39},O_{37},O_{42},O_{48},O_{55} 等,不同国家和地区差异较大。羔羊的大肠杆菌可区分为败血型和肠型两种。疾病的潜伏期很短,通常为几小时至一两天。

败血型大肠杆菌:发病的羔羊多为 2~6 周龄者。疾病的主要症状是体温急剧上升至 41℃~42℃。患羔精神困倦,呼吸与心跳加快,躯体摇晃,四肢僵硬,运动失调,磨牙,视觉模糊,头颈弯曲向后仰,继而倒地不起,四肢做不规则划动,口吐白沫而死亡。有的病例还见关节肿胀,关节炎;多于病后 4~12 小时死亡。本型大肠杆菌很少出现下痢症状。剖检时主要的病理变化是消化道黏膜充血和出血,肠系膜淋巴结潮红、肿胀,真胃和肠腔内充斥大量液状粪便,心包、胸腔和腹腔积存浑浊液体。少数病例见关节腔内含脓性渗出物。

肠型大肠杆菌:主要发生于一周龄以内的羔羊。主要症状是高热,反复腹泻,粪便先为半液状,颜色灰白,后为液状,并混有黏液、血液和气泡。因下痢严重,患畜发生失水和酸中毒,引起循环衰竭。动物持续腹痛,食欲丧失,最终卧地不起而死亡。剖检见病羊因重度失水而尸体干瘪,胃和肠腔内积有带黏液和血液的半液状内容物,胃肠黏膜充血和出血。肠系膜淋巴结肿胀、充血。

羊大肠杆菌病可根据流行病学、症状和剖检病理变化结果等做出初步诊断;还可采取血液和内脏组织作微生物学检查以求确诊,对分离到的细菌,可进一步鉴定它的血清型。

对羔羊的诊断应注意与由一种叫 D 型魏氏梭菌引致的羔羊痢病相区别。

(2)防治措施　在治疗上,大肠杆菌的特异性疗法可使用与羔羊本病同血清型的大肠杆菌菌苗。药物治疗可选用新霉素、卡那霉素或氯霉素,每日每千克体重剂量为 30~50 毫克,或盐酸环丙沙星每千克体重 10~15 毫克,分两次服。但各药久用之后常易发生抗药性以致药效降低或无效。因此,应注意改变常用的药物种类,或用药前预先做药敏实验。

预防本病的措施主要是做好羊舍、运动场和用具的经常性清洁卫生工作,保证饮水和饲料不受污染。发现病羊要严格隔离和及时处理。

4. 羊沙门氏病菌

羊沙门氏病菌又名副伤寒。引起这种疾病的病原体主要是羊流产沙门氏菌、鼠沙门菌和都柏林沙门氏菌。其中的羊流产沙门氏菌属于宿主适应血清型细菌,羊是这种细菌的固定适应的宿主,只有羊可感染;而鼠沙门氏菌和都柏林沙门氏菌是属于非宿主适应血清型细菌,除羊以外,还可感染其他多种动物。

(1)病因　羊的沙门氏菌可以通过带菌的羊乳汁、粪尿、死亡胚胎和其他分泌物(如病羊的生殖道分泌物)污染饲料、牧地、水源而传播流行,带菌的老鼠也是这种传染病的传播者。

(2)诊断要点　羊的沙门氏菌按照临床和病理的特征可区分为以下两个类型。

流产型沙门氏菌病:受到沙门氏菌感染的母羊,其体内的病菌通过出血液带给它的胎儿，使胚胎受到损害。母羊的症状是体温升高至 40℃~41℃(羊的正常体温是 38.0℃~39.5℃)，食欲不振，精神沉郁，流产的羊胎有的早已在其腹中死亡；流产的活羔羊几天之后也多夭折。死亡的羊胎肝脾肿大，并有坏死病灶。病母羊则有子宫急性炎症。

下痢型沙门氏病菌：病羊体温上升至 40℃~41℃，食欲减退，不断排出带有黏液与血液的稀薄粪便。下痢次数增多导致病羊脱水、体况愈下。排粪时出现弓背、高热、排带血的黏性稀粪、恶臭，经 1~5 天倒地死亡。剖检时见死羊因失水而尸体干瘪，肛门周围为稀粪所污染。真胃和肠黏膜充与出血，肠内充斥多量半液状黏性血样内容物。肠系膜淋巴结肿胀充血。

根据临床症状和剖检变化可对本病做出初步诊断，确诊应该经过微生物学检查。

(3)防治措施　本病的防治方法：在受到流行本病威胁的地区，可给羊群注射相应的菌苗。治疗药物可用卡那霉素、土霉素或氯霉素，每日每千克体重 30~50 毫克，分两次内服。也可用盐酸环内沙星，成年羊每日两次内服 250 毫克使用，小羊酌减。磺胺二甲基嘧啶也有良好的疗效，羊每千克体重按 0.15～0.20 克，每日两次使用。呋喃唑酮(痢特灵)按每千克体重 30 毫克使用，每日两次口服。以上各药可使用 3～5 日，然后减为半量。其中呋喃唑酮用药不宜超过 7 日。

预防措施主要为注意羊舍和运动场所的环境卫生。严格隔离病羊。不要使饲料和水源污染。

5. 羊布氏杆菌病

布氏杆菌是一种人畜共患疾病。在各种家畜中，牛、羊和猪比较多见，并可由这些动物将疾病传播给人类。

布氏杆菌病主要传播途径为消化道、生殖器官、眼结膜和损伤的皮肤。昆虫叮咬而使羊发生感染。羊性成熟后极易感染此病。

(1)诊断要点　布氏杆菌病是一种进程缓慢的传染病。羊的这种疾病通常不会表现出明显的症状，母羊主要的症候是从阴道流出淡黄色的黏液，病羊伴有精神不振和食欲减退等一般症状。有相当一部分病母羊出现流产和乳房炎；公羊则发生睾丸炎与关节炎。

因布氏杆菌病而流产的羊胎衣有胶样物浸润和出血，胎衣滞留，胎儿胃肠充血和出血等败血病病变。皮下水肿，脾和肝脏不同程度肿大，并见灰黄色坏死病灶、淋巴结肿大、充血。通过血清学诊断方法，认定患有布氏杆菌病的病羊应淘汰，以净化羊群，杜绝疾病隐患。我国和世界上许多国家在消灭动物布氏杆菌病方面已有了不少成功的经验，可以借鉴和实施。

(2)防治措施　为了消除羊布氏杆菌病，本病一般不进行治疗，而采取检疫、淘汰，还可对羊群进行布氏杆菌病菌苗接种，使羊产生主动免疫。在现有的几种布氏杆菌病菌苗中,19 号菌苗适用于绵羊;马耳他布氏杆菌病 Rev.1 号菌株菌苗,对山羊免疫效果最佳。在疫区以预防该病为主。

6. 羊李氏杆菌病

(1)病因　李氏杆菌病是由一种叫单核细胞李氏杆菌引起的传染病。这种细菌形状很小,对食盐有很强的耐受性。在 20%的食盐溶液中长久不死,对热的耐受力也较强,65℃要半小时至 40 分钟才能将它杀灭。但一般的消毒药易于灭活。羊通过污染有病原菌的饲料和水经由消化道感染本病比较多见,也有经呼吸道和破损的黏膜、皮肤感染这一疾病的报道。在一些地区,羊李氏杆菌病在冬季和早春比较多见。

(2)诊断要点　李氏杆菌病的潜伏期 2~3 周。羊可因年龄不同其病型和经过而有差异。年龄较小的羊,疾病一般为败血型。病羊体温可升到 40.0 ~ 41.5℃,稍后即见下降。患羊精神不振,呆立、不愿行走,流泪、流鼻涕和流口水,采食缓慢,不听驱使,最后倒地不起而死亡。剖检见内脏出血、肝脾和淋巴结肿大出血,并见有灰黄色坏死病灶。年龄较大的羊,疾病以出现明显的神经症状为主要特征,表现为头颈向一侧弯斜,视觉模糊以至消失;出现角弓反张和圆圈运动症状,最后麻痹倒地不起而死亡,一些病母羊伴有流产。剖检时发现脑膜有脑充血与出血、水肿,脑内有细小的化脓病灶,肝内出现坏死病灶;部分有流产的尸体可见坏死性子宫炎与胎盘子叶出血与坏死。年龄更大的羊感染本病时,精神症状多不明显。

李氏杆菌病可根据幼羊出现败血症和较大的羊有特殊的精神症状与相应的病理变化,做出初步诊断。但确诊必须通过微生物学检查认定。此外,本病还可用一种特异的荧光抗体检查方法,获得快速确诊。

(3)防治措施　病原菌对链霉素、氯霉素和磺胺类药物敏感,但采用抗生素治疗效果更好,不过用药要早,并且剂量要加大。

预防要及时隔离病羊和清洁、消毒场地、羊舍与用具,保证饲料和饮水的清洁卫生。李氏杆菌病对人体也有危险,感染时可发生脑膜炎。与病羊接触频繁的人应注意做好个人防护工作。

7. 羊钩端螺旋体病

钩端螺旋体病是一种人和多种动物共患传染病。在各种动物中以猪最易受到感染,羊也可以发生,但发病率较低。

(1)病因　鼠类是携带钩端螺旋体病菌的最主要动物,由于这种动物分布很广,繁殖力强,所以常成为这一传染病的重要传播来源。病菌一经侵入羊的体内后,很快即进入血液中,发生时间长短不一的菌血症,即病菌在血液中作了停留和进行繁殖。不久,又进入肾脏进行繁殖和在其中定居,并且从尿液排出大量的病菌。这些带有病菌的尿液随机污染了耕地、稻田、水塘、沼泽、土壤以至水源、饲料、牧地和用具等等,各种吸血昆虫作为媒介,通过对动物的叮咬,在本病的传播上起了一定的作用。

(2)诊断要点　羊感染钩端螺旋体病后,即出现在高热,同进发生黄疸症状,表现为眼结膜、口腔黏膜变为淡黄色、橙黄色或橘黄色;排出深褐色的尿液,尿内蛋白质含量很高,并且含有大量的血红蛋白、胆色素和白蛋白。患羊食欲缺乏或拒食,反刍减少或停止,精神萎靡,不愿行走,多伏卧。通常在5～7日内死亡。

剖检时发现全身皮下、各器官的黏膜和浆膜黄染,心包和胸腹腔内的积液也染成黄色;肝脏肿大,呈棕黄色,有灰黄色坏死病灶;肾出血和肿胀,膀胱内有深褐色蓄尿;各内脏器官多见出血。

根据病羊突然出现高热、黄疸以及尿液等特征性病变,可初步怀疑患有本病。但确诊必须以血液、尿液、脊髓液以及肝、脾、肾、脑等组织的微生物学检查或血清学检验结果认定。

(3)防治措施　治疗本病用氯霉素与广谱抗生素,如四环素、强力霉素等均有较好效果。硫酸双氢链霉素每千克体重10毫克计算,或盐酸四环素每千克体重5~10毫克计算,均每日肌肉注射两次。强力霉素羊每千克体重1~3毫克静脉注入,每日一次。各药均需连续使用3~4日。

预防本病的要点是:严格隔离病羊,防止水源、饲料、羊舍、牧地和用具受到污染;清除粪溺、污泥,加强灭鼠工作等。

8. 羊副结核病

副结核病又名副结核性肠炎,是以侵犯反刍动物为主的慢性传染病。幼牛常见感染,山羊和绵羊都有此病发生。

(1)病因　本病的病源菌是一种叫结核分枝杆菌的小型微生物。病菌对外界环境有一定的抵抗力,在自来水里可存活9个月之久。病菌存在于病畜的肠系膜淋巴结与肠的黏膜里。患病动物在疾病早期一般不出现临床症状。动物通过排粪将病菌排于体外,由于病菌可以长期存活,故有机会通过对饲料和水源的污染而侵入健康动物体内,使之发病。一些病例还可借泌乳、排尿和胎儿排出病菌而传播本病。

(2)诊断要点　山羊或绵羊患病的潜伏期可长达数月以至数年。患羊仍见保持食欲,但逐渐消瘦,无明显体温反应,常见泄泻;后期体况衰弱,多卧地不起,有的伴发肺炎,病羊多以死亡告终。剖检见尸体消瘦、脱毛、皮下脂肪层消失。最具特征性的病变是回肠或者空肠与结肠前段的肠壁增厚几倍至十几倍,并且形成皱褶,该肠段的浆膜下淋巴管以及肠系膜淋巴结同时发生肿胀,并互相连接而成索状。根据病羊特殊的病理变化、持续泄泻和慢性消耗等症状可做出初步诊断,有条件时可用直肠刮下物或粪便中的血液与黏液作细菌学检查以求确诊;也可进行变态反应检查,对3次检查均不出现阳性反应的可认为不患有本病。

（3）防治措施　对有可能受到病菌污染的场地、用具、垫草、饲槽等应彻底消毒，以杜绝传染。因病羊在疾病晚期才显示某些症状。故常失去及时治疗机会。后期仅能采取一些维持体力措施，意义不大。

9. 羊传染性胸膜肺炎

传染性胸膜肺炎在自然界条件下仅见于山羊的传染病，尤其是 3 岁以下的山羊更易感染。本病的病程为急性或慢性，死亡率很高。常常呈地方性流行。

（1）病因　山羊传染性胸膜肺炎的病原是一种丝状霉形体微生物。病菌对外界环境的抵抗力很弱，一般的消毒剂，如 1% 的臭药水（克辽休）经过 5 分钟，50℃温度 40 分钟即可杀灭。患本病羊的肺腑病变和胸腔渗出物中含有大量的病菌。病菌通过咳嗽飞沫排出体外，成为传播传染性胸膜肺炎的主要散播来源。本病仅见于山羊，尤以 3 岁以下的山羊最易感。常呈地方性流行，接触传染性很强，一旦发病，20 天左右即可波及全群。多发于山区和草原，主要见于枯草期，且致死率较高。营养不良、体质瘦弱的羊，因抵抗力低下，易于感染这种病。在寒冷的冬季和早春的时候，多因感冒流行更会助长这一疾病的流行。

（2）诊断要点　急性经过的病例，发病开始即见体温上升至 40℃～42℃，患羊精神萎靡不振，食欲缺乏或完全拒食，不反刍。出现咳嗽和呼吸加快。初起为湿咳，后为干咳。流出先带血液后为铁锈色的鼻涕，在鼻子和上唇结成干涸的棕色痂垢。动物痛苦呻吟，越来越见软弱，最后倒地不起。孕羊大部分兼有流产。病程 7~15 天，通常以死亡告终。特别急性的传染性胸膜肺炎病程只有 4~5 天，其病状更为剧烈。慢性经过的病例多由急性转来，患羊消瘦，软弱，被毛粗乱失去光泽。咳嗽、流鼻涕和呼吸困难等呼吸道症状时重时轻，时现时隐，迁延时日较久，约经一个月后常伴发其他疾病而死亡。剖检主要病变为肺脏实变如肝，结缔组织增生，甚至有包裹形成的坏死灶，为暗红色、灰色或红灰色兼而有之，切面如大理石样，病理炎症类型属于纤维素性炎。胸腔内积存有浑浊的纤维蛋白凝块，呈淡黄色渗出物，其量常达 500～1000 毫升。根据流行特点、临床症状和病理剖检即可做出初步诊断。确诊要进行实验室诊断。

（3）防治措施　传染性胸膜肺炎病胡菌对红霉素、泰乐菌素、土霉素和氯霉素等抗生素均敏感，青霉素和链霉素则无治疗作用。用磺胺制剂治疗也有一定效果。磺胺二甲嘧啶溶液按羊每千克体重 0.1 克内服每日两次，首剂倍量用药，连续数日。一般可用"914"，成年羊剂量为 0.3~0.5 克，幼龄羊为 0.1~0.3 克，必要时经 3～4 天后再重复 1 次。本病应早期治疗，重症效果不佳。对患羊要加强饲养管理，避免受寒。改善羊舍和环境卫生条件，有助于防止该病的传播。

10. 羊肠毒血症

羊肠毒血症主要发生于绵羊，次为山羊。一般以营养状况好的，2~12 月龄的羊多见发病。

（1）病因　本病的病因是能产生强烈外毒素的 D 型魏氏梭菌，又称 D 型产气荚膜杆菌。病菌在污水和土壤中经常存在，并形成芽孢。当饲料、水源受到病菌污染后，如果用以喂饲羊只，就可能引起发病。病菌经由消化道侵入动物体内后，其中的大部分被真胃中的酸性胃液所杀灭，其余小部分可能逃脱了胃液的屏障作用而进入肠道。这时细菌慢慢地繁殖，同时产生少量可引起肠毒血症的毒素，但因肠不断地蠕动，这些毒素还是陆续地随着粪便被排出体外，此时不发病。如果在这个时候，有大量未充分消化的淀粉物质进入肠内，或者羊一时从喂干草改为喂谷物与鲜嫩青饲料，就可能引起肠内病菌的大量繁殖和产生更多的毒素，形成的毒素迅速被吸收到血液内而发生了全身毒血症，并损害与生命活动有关的神经元，发生休克而死亡。

（2）诊断要点　毒肠血症是突然出现的，但有明显的季节性和条件性，一般没有很多的症状。一部分病羊只见不断地抽搐、流涎，磨牙倒地后四肢不停地划动，2~4 小时很快宣告死亡。另一部分病羊发病一开始表现为步态不稳、呆滞、流涎，上下颌"咯咯"作响，很快就倒地陷入昏迷状态，角膜反射消失，临死前发生腹泻，3~4 小时内也以死亡告终。病理变化常见为心包积液和心内、外膜出血。胸腺、脑膜和脑出血、水肿或有坏死。肺出血和水肿，胃黏膜充血。众多器官出血、水肿与毒素引起毛细血管的通透性破坏有密切关系。本病的发作十分突然，经过急速，这都是它特殊的地方，结合病理变化特点可做出初步诊断。确诊应通过实验室检查。因病程急速，本病很难救治。羊群中发现病例时，最好是立即搬迁羊圈和更换牧地。夏初发病时较少抢青，秋冬发病时应尽量到草黄较迟的地方放牧。减少或停止抢茬。病死羊只一律深埋或烧毁。并注射"羊快疫、羊猝狙和羊肠毒血症三联菌苗"，或"羊快疫、羊猝狙、羊肠毒血症、羔羊痢疾和羊黑疫五联菌苗"。目前尚无理想的治疗方法，一般口服合霉素或磺胺脒（一次 8~12 克），结合强心、镇静、解毒等对症治疗，可治愈少数羊只。也可灌服 10% 石灰水，大羊 200 毫升，小羊 50~80 毫升。

11. 羔羊痢疾

本病是专一侵害羔羊的一种急性毒血病。主要侵害 7 日龄以内的羔羊，尤以 2~3 日龄发病最多，7 日龄以上很少发病。羔羊出生后数日，即可通过吮奶和接触污染了病原菌的粪便等而发病。

（1）病因　羔羊痢疾的病原菌是 B 型魏氏梭菌。当其侵入羔羊的消化道后，主要是在回肠内进行大量繁殖，并且形成了毒素。凡体质瘦弱、饥饱不均的羔羊，因抵抗力降低，易于染上这种痢疾。病羊和带菌羊为主要传染源。感染途径主要是消化道，也可通过脐带或创伤感染。

（2）诊断要点　发生羔羊痢疾的大都是 2~3 日龄的初生羔羊，超过 7 目龄的极少患病。羔羊痢疾的潜伏期很短,只有 1~2 天。患病开始即见精神不振、垂头、不吮奶,接着就出现下痢。粪便稀薄如水,有的混有黏液与血液,或直接排出血便。下痢次数频繁,粪便恶臭,粪色灰白、黄白、黄绿或暗红,后期血便,小肠发生溃疡;粪污,被毛粗乱失去光泽。真胃内常有未消化的凝乳块;胃、肠黏膜充血和出血,回肠常有小溃疡病灶;肠腔内充斥血性稀薄内容物。肠系膜淋巴结肿胀、充血或见出血。此外,尚见心包积水和心、肺充血与出血。有的羔羊主要表现为神经症状、四肢瘫软、卧地不起、呼吸急促、口吐白沫,最后昏迷、头向后仰、体温降低,常在数小时后死亡。

(3)防治措施　一旦发现羔羊出现本病,最好的方法是搬迁羊圈,严格隔离病羊羔母子,注意保暖。药物治疗可用土霉素、强力霉素或磺胺脒内服。体质过弱和脱水现象较重的应静脉输入含低浓度葡萄糖的生理盐水 10~100 毫升。本病的预防要点为抓好羊母子的饲养管理,使母羊有强壮的体质,让羔羊吃到初乳。注意羊圈的清洁卫生、防寒保暖和干燥。流行地区可注射羔痢疾菌苗。羔出生后 12 小时内服土霉素每只 0.15 克,每日两次,连用 3 日。定期预防注射:每年秋季定期接种羔羊痢疾菌苗式羊五联苗,产前 2~3 周再接种 1 次。

12. 羊传染性脓疱病(羊口疮)

传染性脓疱病也叫羊口疮,是以侵犯羔羊为主的一种由传染性浓疱病病毒引起人畜共患的一种急性接触性传染病。半个多少世纪以来,此病几乎见于世界上所有的养羊的地区和国家。

(1)病因　本病的病原是一种属于痘病毒科副痘病毒属的病毒,它对外界环境各种因素的抵抗力很强。干痂在夏季 强烈的阳光暴晒下,30~60 天方能使其失去传染性。含于干痂内的病毒要经 1~2 个月才丧失活力;干燥病料放置在冰箱内经过 3 年仍不失活。超声波对病毒无杀灭作用。病毒能在 50%甘油生理盐水中保存 1 年之久,64℃2 分钟内可将其杀死。病羊是本病的感染来源。羊的皮肤擦伤或口腔黏膜破损常常成为疾病的感染门户。

(2)诊断要点　脓疱疮最常发生在口角、唇的皮肤和黏膜上。唇型脓疱疮是本病最常见的一种病型。患羊先是在上唇或口角、鼻镜上出现一些细小的红色斑点,随后这些斑点变成细小的结节,再成为含有透明液体的水疱或者含有黄绿色脓液的脓疱。水疱与脓疱溃破之后,病变处可以逐渐干涸而成硬痂。如果病情不再发展,经过 1~2 周痂块脱落,疾病即告痊愈。如果患部的病变不愈,又在其附近组织继续出现红斑、结节、水泡与脓疱,病变范围扩大,受到损害的区域不断增大,此时且常伴有化脓菌与坏死病变向深层组织蔓延,有时且会造成舌的坏死脱落,甚至并发肺炎。另一类型病毒以侵犯蹄部为主,并在此处形成水疱与脓疱。此外,还有专一侵犯乳房与阴唇的,不过都较少见。单纯感染本病时,体温无明显升高,死亡率较低,如继发展则死亡率较高。

根据口角、唇或蹄部出现的特殊病变,不难对本病做出初步诊断。但确诊有赖于病毒的分离。本病须与羊痘相鉴别,但羊痘的病变是全身性的,并且有整体反应,如体温升高等。

(3)防治措施　预防要防止羊的皮肤和口角受到机械性损伤。不从疫区引入羊只。弱毒疫苗可用于流行地区的羊群预防接种。发病时,对病羊立即隔离治疗,用2%氢氧化钠溶液或10%石灰水对圈舍和用具彻底消毒。治疗时对唇部和外阴部的病变,首先用0.1%~0.2%高锰酸钾溶液洗涤创面,再涂以2%龙胆紫、碘甘油、抗生素软膏,每天1~2次对蹄型病羊,可将病蹄泡在5%甲醛液体中1分钟,必要时每周重复1次,连续3次,或间隔2~3天用3%龙胆紫,1%的苦味酸重复涂擦。

13.羊痘

痘症是多种动物常见的一种传染病。羊的痘症可分为绵羊痘和山羊痘,它们分别由绵羊痘病毒和山羊痘病毒引起,并且,病情轻重也不很一致。感染途径主要是呼吸道,也可以通过损伤的皮肤或黏膜感染。

(1)病因　绵羊痘:绵羊痘病毒存于外界环境中,通过饲料、垫草、用具、人员和某些外寄生虫媒介传播,侵入羊的呼吸道和破损的皮肤而发病。绵羊痘的病情比较严重。疾病的潜伏期平均6~8天。一旦发病,即出现高热,体温上升到41℃~42℃,精神委顿,食欲缺乏,呼吸加快,发病几天内即见"出痘","出痘"的部位多在唇、鼻翼、颊部、眼周围以及尾根和四肢的内侧少毛或无毛的部位。出痘经历了从出现红斑开始,以后按顺序转为丘疹、结节、水疱、脓疱和结痂的一系列过程。红斑是痘症最早出现的病变,1~2天红斑渐渐变成隆起的丘疹,初起丘疹的体积很小,但它会不断增大。丘疹的颜色淡红或灰白,周围有红晕围绕,质地比较结实。其后增大了的丘疹终于成为一个结节,指压腿色。几天后,结节慢慢转为充满无色半透明浆液的水疱,水疱进一步转变为充满脓液的脓疱。几天后脓疱溃破、干涸和结痂,最后痂块脱落,其底部留下一个组织充血的痕迹,以后会慢慢恢复。以上是整个痘症从发生到结束的典型过程,即所谓的,"顿挫型绵羊痘"。有的病羊痘疮发生化脓和坏疽,脓疱相互融合,形成大脓疱或伴有皮肤坏死或坏疽,形成很深的溃疡,发生恶臭,全身症状加剧,常为恶性经过,致死率可达20%~50%。

山羊痘:流行没有绵羊痘那么广泛,只有少数山羊得病。病变部位和病理形态与绵羊痘相似,但较轻微。

绵羊痘症状通常是很典型的。因此,根据流行病学、临床和病理形态特点,不难做出诊断。山羊痘则大多属非典型病例,症状和病理变化比较轻微,应通过实验室检查才能确定。

(2)防治措施　羊痘的防治方法:注意保护羊群安全过冬,勿缺饲草和防止受寒。已患有羊痘的应隔离,并封锁场地与进行消毒。临床上健康的和受到羊痘威胁的羊群,可用羊痘疫苗接种预防。已发病的羊群,对病羊隔离、封锁、消毒、尸体深埋,对尚未发病或受威胁的羊群,均可用羊痘疫苗紧急接种。解除封锁,时间为最后出现的一只病羊死亡或痊愈。可用2%来苏水等冲洗,再涂龙胆紫药液等。对恶性病例,需使用硫胺药和青霉素、链霉素等。

三、肉羊的寄生虫病

1. 羊肺线虫病(网尾线虫病)

羊肺线虫病是一种很常见的寄生虫病。由于寄生虫的寄生,可以引发肺炎、肺气肿和消瘦、贫血以至死亡。

(1)病因 本病是由网尾科网尾属的一种大型肺线虫的成虫寄生在羊的支气管和细支气管内,排出的虫卵随病羊的咳嗽痰液,经咽下后到达肠道而排出体外。虫卵在外界适宜地条件下可孵出感染性幼虫。动物因食进了污染有这种幼虫的水或饲料而发病。感染性幼虫侵入羊体内后首先钻入肠系膜的淋巴结,再至静脉回流到肺,然后在肺的气管和支气管内定居和发育为成虫。而小型肺线虫的发育,则需以蜗牛和螺蛳为中间宿主。幼虫在中间宿主体内经过18~49天的发育,才能成为感染性幼虫。同样可为羊所吞食而发病。

(2)诊断要点 病羊的症状主要是晨间和晚上频频咳嗽,经常呼吸不畅,喘息。日久出现消瘦,增重落后,甚至发生贫血和头颈皮下水肿。剖检发现典型的寄生虫性肺炎。疾病早期因线虫的幼虫穿破肺泡壁上的毛细血管,可引起肺的点状与斑状出血,继而由于幼虫的发育和继发细菌性感染,发生了支气管炎、细支气管和肺组织的浆液性炎症与化脓性炎症。肺支气管扩张,腔内可见多量的浆液、脓液和线虫虫体,形成实变区域,以致其周围肺组织通气受阻而出现肺气肿。特征为这一区域肺膨大、苍白,肺组织内充满大量气体。根据临床经常出现咳嗽和解剖所见变化、虫体的检出以及粪便检查发现虫卵等,可以做出诊断。

(3)防治措施 本病治疗方法:对大型肺线虫,羊每千克体重用左旋咪唑7~8毫克,或丙硫米唑10毫克一次内服有效;对小型肺线虫,用盐酸吐根素,绵羊每千克体重5毫克,山羊2毫克制成1%~2%溶液,每隔2~3日皮下或肌肉注射1次,共需注射2~3次,有良好效果。本病的预防要点:定期驱虫、清理粪便、堆沤和采用牧地轮牧方法。轮牧的具体做法:将羊的牧地划为几个小区,每个小区轮流放牧5~6天,有助于羊避免重复感染本病。对小型肺线虫病,应注意消灭其中间宿主陆地螺类等。

2. 羊肝片吸虫病

肝片吸虫病是羊、牛和鹿等十分多见的一种寄生虫病。病原是肝片吸虫或大片吸虫。寄生于羊肝脏、胆管或胆囊,引起急性或慢性肝炎和胆管炎为特征的疾病。动物感染吸虫仅表现代谢和营养障碍,严重时可导致幼羊及绵羊大批死亡,危害十分严重。这两种吸虫可感染包括人在内的多种动物,是一种重要的人畜共患病。

(1)病因 肝片吸虫的外形很像树叶,呈红褐色或肉红色,虫体顶端突出成锥形,其后方则很宽,宽度为 2~3 厘米,大片吸虫虫体的外形有如竹叶,后端稍为钝圆,长度 2.5~7.5 厘米,也呈红褐色,在显微镜下可以看到肝片吸虫和大片吸虫的顶端有一个口吸盘,中部有一个腹吸盘,虫的内部有分支的肠管以及卵巢、子宫、卵黄腺与睾丸等。

肝片吸虫和大片吸虫寄生在羊和牛等动物的胆管内,产出的虫卵随粪便排到外界环境,如遇适宜温度孵化和发育成为毛蚴,毛蚴如落入水中,即钻入中间宿主螺蛳体内,在这里经过 50~80 天的发育,经历了胞蚴、雷蚴和尾蚴几个阶段。雷蚴接着离开螺蛳、附着于水草上或在水中漂浮,发育为感染性囊蚴。当羊和牛食进了这种囊蚴之后,囊蚴在动物的消化道里溶脱了自己的胞膜,幼虫很快即逸出并钻入小肠的肠壁里,随着肝脏门静脉的血液进入肝内,最后在肝内的胆管中定居下来。

(2)诊断要点 当动物肝内胆有大量肝片吸虫或大片吸寄生时,临床上或出现被毛松乱失光泽、困倦、进行性消瘦和贫血等症状。剖检时可见肝内胆管呈不同程度增厚变粗,胆管内有黄褐色或污褐色的黏稠内容物和数量不等的吸虫虫体,肝被膜也见增厚,有时且可见出血斑。胆囊囊壁增生变厚,囊内充满黏稠的胆汁,因肝脏发生广泛的结缔组织增生,肝的质地变硬,切割困难。此外,还见尸体瘦瘠,皮下脂肪呈冻胶样,肌肉颜色变淡和松散,心包腔和胸腹腔内可能有清凉的积水。

(3)防治措施 治疗用硫双二氯酚(别丁),羊每千克体重为 80~100 毫克,驱成虫有效,但使用后有较强的下泻作用。体质较差或腹泻严重的患羊,慎用或禁用本药。也可用内硫苯咪唑,羊每千克体重 15~20 毫克,均一次内服。对驱除片形吸虫的成虫有良好疗效。预防要点是定期驱虫,消灭中间宿主和严格粪便管理,注意饮水及饲草卫生。

3. 羊肺吸虫病

羊肺吸虫病又称并殖吸虫病。除羊外,猪、牛、犬、猫等多种动物和人也可感染这一疾病。

(1)病因 本病的病源是卫氏并殖吸虫。虫体呈椭圆形,色棕红,肥厚。虫体长 7.5~12.0 毫米。在虫体的前端有口吸盘。虫体表面有很多小棘。

(2)诊断要点 患有这种疾病的动物的主要症状是不断咳嗽,人感染后还有咯血和痰液增多的症状。病羊慢慢消瘦,精神困倦。由于卫氏并殖吸虫还可寄生在肝脏、肠壁、肾脏、脑、淋巴结和睾丸等处。因此,可兼有其他症状出现,如腹泻与神经症状等。剖检时,在肺内小支气管和肺膜下可以找到成虫和寄生虫形成的一种暗褐色或灰白色结节,其大小如豌豆。某些重症病例,病变还可出现在肠、肾、肝和脑内各处。发现虫体可对本病做出诊断。

(3)防治措施 本病可用硫二氯酚治疗。羊每千克体重用 60~100 毫克,每天 1 次口服,连用 2 次。肺吸虫病的预防方法:收集的粪便进行无害化处理,以杀死其中的虫卵。人不应食生石蟹和慈姑,以防感染本病。

4. 羊脑包虫病

羊脑包虫病是一种危害性很大的寄生虫病,本病还见发生于牛,人也偶尔可感染。

(1)病因 病原是多头绦虫的幼虫,叫多头蚴,寄生在脑内而发病。多头绦虫主要寄生在犬、狼和狐等动物的小肠里。多头绦虫长 40 ~ 100 毫米,宽 5 毫米,虫体包含 200 个以上的节片。不断排出含卵节片于外界环境中,含卵节片和虫卵污染的饲草,如被羊和牛所吞食,在动物小肠内逸出一种叫六钩蚴的幼虫,六钩蚴很快即钻入肠壁,经血液循环带至脑和脊髓,在这里经过 3 ~ 4 周便发育为多头蚴,也就是人们通常所说的脑包虫。

(2)诊断要点 由于动物的脑和脊髓有多头蚴寄生,因此有各种神经症状出现。虫体如寄生在大脑表面,会发生圆周运动,头骨软化;如寄生在脑的前部,会发生视力障碍,盲目冲撞;如寄生大小脑,常有痉挛、流涎与步行摇晃等。由于病羊临床出现各种神经症状,且有头骨软化现象,剖检脑内发现寄生虫,结合流行病学资料,诊断并不困难。

(3)防治措施 对寄生于脑表面的虫体,可用外科手术方法摘除。药物疗法可用吡喹酮,羊每千克体重剂量 50~70 毫克,一次口服。连用 3 次。预防本病:定期对犬进行驱虫,尤其是牧羊犬,不让它吃带有多头蚴的羊、牛等动物的脑和脊髓。病羊的头颅、脊柱应予烧毁或深埋。

5. 羊球虫病

球虫病是各种动物常见的寄生虫病,尤其是幼年动物。

(1)病因 羊球虫病的病原体主要是艾美耳属的阿撒他艾美耳球虫、羊艾美耳球虫、雅氏艾美耳球虫和阿氏艾美耳球虫等。

(2)诊断要点 患有球虫病的羊,通常出现肠炎症状,经常排出带血液和黏液的粪便,病羊食欲不振,不断消瘦。生长发育迟缓,重症的死亡剖检时发现肠黏膜出血、坏死。本病根据粪内虫卵的检出可以确诊。

(3)防治措施 治疗药物可用磺二甲基嘧啶,羊每千克体重剂为 50 毫克,混料投服,一连 20 天。也可选用抗生素类或呋喃类药物。在羊球虫病流行的地区,也可用以上药物治疗量的半量作预防,连续用药 10 日。预防工作主要是加强羊舍的清洁卫生,及时清除粪便,保持室内干燥等。

第三节 羊病的防疫措施

一、常规防疫

1. 消毒

消毒的目的是消灭被传染病源散播于外界环境中的病原体,切断传播途径,阻止疫病蔓延。

平时,应对畜舍、隔离场及可能被污染的一切场所和用具用品进行定期消毒和随时消毒,在病畜解除隔离、痊愈或死亡后,应对疫区内可能残留的病原体进行一次全面彻底的大消毒。

在防疫工作中的常用消毒方法有机械清除、物理消毒和化学消毒。

机械清除法有清扫、洗刷、通风等。畜舍地面的清扫、畜体被毛的洗刷、舍内粪便清除、饲料残渣清理,可以使大量的病原菌被清除掉。通风虽不能直接杀死病原菌,但空气的交换可以减少病原菌的数量。

物理消毒法有很多种方式。阳光、紫外线是天然的消毒剂,对于牧场、草地、畜栏、用具等的消毒都有很好的效果。高温烘烤及烧灼在实际应用中不是很广泛,因为很多物品因为烧灼而被损坏。但是,当发生某些恶性传染病时,病菌的尸体、粪便、饲料残渣等均可采用烧灼法除灭病原菌。煮沸消毒法也很常用,各种金属、木质、玻璃用品、衣物等可进行煮沸消毒。

化学消毒法在兽医防疫实践中很常用,但在选择化学消毒剂时应考虑对该病原体的消毒力强,对人畜毒性小,稳定易溶于水,作用时间长及价廉方便等因素。

常用的化学药品有氢氧化钠、石灰乳、漂白粉、过氧乙酸、来苏水儿、新洁尔灭、福尔马林等。氢氧化钠又称烧碱、苛性钠,对细菌和病毒无有强大的杀灭力,1%~2%的热氢氧化钠溶液中加入5%~10%的食盐,可增强对炭疽杆菌的杀菌力。由于本品对金属物品有腐蚀性,故消毒完后要冲洗干净。石灰乳是生石灰1份加水1份制成熟石灰,然后配成10%~20%的混悬液进行消毒,由于熟石灰存放过久失去杀菌作用,所以应现配现用。漂白粉又称氯化石灰,是一种应用广泛的消毒剂,其主要成分是次氯酸钙,漂白粉应保存在密封、干燥、通风阴凉处。一般漂白粉用于畜舍、地面、水沟、运输车船、水井等的消毒,漂白粉溶液有轻度的毒性,使用时注意人畜安全。来苏儿水又称煤酚皂溶液,对一般的病原菌有良好的杀菌作用,其常用浓度为3%~5%,用于弃畜舍护理用具、日常器械、洗手等消毒。新洁尔灭为胶状液体,易溶于水,无腐蚀性,性质稳定,效力强,速度快。新洁尔灭1%水溶液用来浸泡器械、玻璃、衣物等,皮肤消毒亦可。过氧乙酸纯品为无色透明液体,易溶于水,本品为强氧化剂,消毒效果好,能杀死细菌、真菌、芽孢及病毒。福尔马林为甲醛的水溶液,含36%的甲醛,常用作畜舍等的消毒。

2. 杀虫

通过灭蝇、蚊等节肢动物,切断家畜疫病的重要传播媒介,对预防和扑灭家畜疫病有重要的意义。一般杀虫方法有物理、化学及生物方法。

物理法,如用沸水或蒸气烧烫车船、畜舍及衣物上的昆虫,用100℃~160℃的干热空气杀灭昆虫及虫卵。

化学方法是采用化学杀虫剂来杀虫,有机磷类如敌百虫、马拉硫磷等,此类杀虫剂有用量小、毒性低、作用迅速、易分解等优点。敌百虫的水溶液常用浓度为0.1%,马拉硫磷浓度为50%。

生物法是采用昆虫的天敌及雄虫绝育技术来杀灭昆虫。

3. 灭鼠

鼠类是很多人畜共患传染病的媒介和传染源,给人畜健康带来极大危害。灭鼠工作要搞清鼠类的生态学特点,从畜舍建筑和卫生措施入手,预防鼠类活动和滋生,另外,还可采取一些方法直接杀灭鼠类,使用鼠笼、鼠夹等工具。除此之外,应用杀鼠灵、安妥、磷化锌等灭鼠药亦可。

二、防疫接种和药物预防

在某些传染病防治过程中,免疫接种具有关键性的作用,根据免疫接种进行的时机不同,可分为预防接种、药物预防及紧急接种三种。

1. 预防接种

在经常发生某些传染病的地区,或收到临近地区传染病的威胁,为了防患于未然,平时进行有计划的免疫接种,通常使用疫苗、菌苗、类毒素等生物制剂作抗原激发免疫。

首先,预防接种应有周密计划。在接种前,应对本地区的传染病有一个了解,再制定一个可行的免疫计划。在接种前,应对被接种的羊进行详细的检查,注意其健康情况是否有怀孕羊,根据不同羊的不同情况有针对性地进行接种。在接种后,应密切观察羊的反应,发现有过敏羊,及时进行处理。在一个地区,往往有多种传染病同时存在,这样就有了联合疫苗的出现,但是,联合疫苗各个种类之间也许彼此无关,也许会产生影响,降低免疫力。

2. 紧急接种

紧急接种是指在发生传染病时,为了迅速控制和扑灭疫病的流行,对尚未发病的健康动物进行预防措施。一般来说,使用免疫血清较为有效安全,但是必须注意的是对病羊及可能已经感染的病羊应在严格消毒的情况下立即进行隔离,不能再接种疫苗或血清。紧急接种措施必须与疫区的封锁、隔离及消毒等综合措施配合才能取得较好的效果。

3. 药物预防

现代化的畜牧业养殖场,必须做到使畜群无病、无虫、健康。但是密闭式饲养极易使传染快速、大规模流行。近年来研制出一系列的保健添加剂,如磺胺类、硝基呋喃类等。但是,长期使用这些药物预防,羊容易产生抗药性,故还要慎重使用。

三、疫苗免疫注意事项

疫苗免疫是预防和控制传染病的最有效方法,应高度重视疫苗免疫工作。在进行疫苗免疫前后需要注意进行检查、规范操作等诸多方面,才能确保疫苗免疫成功,同时也能确保操作人员及动物的健康。

(一)免疫前的检查

1.在注射疫苗前仔细阅读疫苗产品说明书和认真调查免疫动物健康状况,对病畜、瘦弱畜和临产动物不进行免疫注射,待机体恢复正常后再进行免疫;对曾有过疫苗反应病史的动物,在注射疫苗前,先皮下注射 5 毫克 0.1% 盐酸肾上腺素后再注射疫苗,可减少不良反应的发生。

2.动物饲养环境及自身机体健康状况均是影响免疫的重要因素。在环境方面,定期或不定期对圈舍进行消毒,时常保持圈舍的通风和清洁。在饲料方面,选用优质饲料,合理配置营养成分,保证充足的营养,适时适当添加维生素、电解多维、免疫调节剂等,增强动物免疫力。

3.注射疫苗前应注意观察动物是否患病,如测量体温,驱赶观察反应等,疫苗多用于健康动物,患病畜禽应通过治疗康复后再进行免疫。

4.对免疫所用的疫(菌)苗,在使用前要逐瓶检查,发现玻瓶破损、瓶塞松动、没有瓶签或瓶签不清的,过期失效、色泽和性状不符的,没有按规定方法保存的,都不能使用。

(二)免疫中的注意事项

1.不同疫苗不能混合使用,也不能未经试验验证就使用,同时免疫必须按照当地制订的免疫程序进行免疫。

2.免疫时最好使用一次性注射器,做到 1 只羊 1 针头,以免通过针头传播疾病。

3.要准备好疫苗免疫的表格和编号的器具。

4.免疫时兽医人员需穿工作服和胶鞋,必要时戴口罩,工作前后均需洗手消毒,工作中不吸烟和吃食物。

5.免疫时应严格执行消毒及无菌操作。

6.吸取疫苗时,先除去封口的火漆或石蜡,用酒精棉球消毒瓶塞,瓶塞上固定一专用针头吸取药液,吸液后不拔出,上盖酒精棉球,以便再次吸取。

7.疫苗使用前必须充分振荡,使其均匀混合才能应用。须经稀释后才能使用的疫苗,应按说明书的要求进行稀释。已经打开或稀释过的疫苗,必须当天完成,未用完的处理后弃去。免疫血清不应振荡,不应吸取沉淀,随吸随注射。

8.针筒排气溢出的疫苗,应吸于酒精棉球上,并将其收集于专用瓶内,用过的酒精或碘酊棉球和吸入注射器内尚未用完的疫苗都放入专用瓶内,集中销毁。

9.严格按照疫苗说明书注射疫苗,将规定剂量的疫苗注射至指定的机体位置(指肌肉、皮下、皮内等),严禁改变疫苗的用量或注射的部位。

(三)免疫后的注意事项

1.疫苗免疫后有些动物会出现免疫副反应,应注意观察并及时处理

(1)一般反应　免疫后在48小时内注射部位出现红肿、热痛等炎症反应、注射一侧肢体跛行,个别伴有体温升高、呼吸加快、恶心呕吐、减食或短暂停食、泌乳减少等现象为一般反应。一般反应是由疫苗本身固有特性引起的,一般不会对动物生长繁殖或使役等造成影响。一般反应不需进行处理,持续1天可自行消退恢复健康;或供给复方多维,自由饮水,同时饲喂优质饲草料,即可缓解反应症状并逐渐恢复健康。

(2)严重反应　如免疫后出现站立不安、卧地不起、呼吸困难、瘤胃鼓气、口吐白沫、鼻腔出血、抽搐等现象,可立即皮下注射0.1%盐酸肾上腺素1毫升进行救治,然后观察动物病情缓解程度,如果需要,可在20分钟后重复注射一次;也可肌内注射盐酸异丙嗪100毫克,或肌内注射地塞米松磷酸钠10毫克,但地塞米松磷酸钠不能用于怀孕动物。怀孕动物免疫后出现流产征兆,可肌内注射复方黄体酮注射液15～25毫克,每天注射1次连续注射2天。

(3)休克的救治　除按照严重反应动物的救治方法实施救治外,还可采取以下措施。

一是迅速针刺耳尖、尾根、蹄头、大脉穴等部位,放血少许。

二是迅速输液建立静脉通道,将去甲肾上腺素2毫克,加入10%葡萄糖注射液500毫升中静脉滴注。待动物苏醒、脉律逐渐恢复后,撤去此组药物,换成5%葡萄糖注射液500毫升,加入1克维生素C、500毫克维生素B_6静脉滴注,之后再静脉注射5%碳酸氢钠液100毫升。

2.免疫后及时进行免疫效果的评价

按规定在疫苗免疫一定时间后采集血清,测定疫苗免疫产生的抗体效价,如果免疫抗体达不到规定的标准,应进行重复免疫或补免。

第二十四章 肉羊场环境控制与管理

肉羊场的环境控制与管理基于肉羊场废弃物污染的控制与管理,其污染主要表现为,第一,大气污染。排出体外的粪尿中含有大量的有机物迅速腐败发酵,产生硫化氯、氨气、硫醇挥发性有机酸、吲哚、粪臭素、乙醇及乙醛等恶臭物质,以上有害气体以及生产中产生的大量尘埃、病原微生物排入大气,散布于养殖场及附近居民区上空,污染周围大气环境,刺激人畜呼吸道,影响人畜健康。第二,水体和土壤污染。养殖场的粪尿和污水不经处理,随意排放或处置不当,对地表水、地下水和土壤产生严重的污染。其中废水中含有大量的氮、磷化合物等腐败性有机物,容易被微生物、水生植物吸收利用,使水质浑浊,颜色变黄,气味恶臭,在微生物作用下大量消耗水体中的溶解氧。当水体中无机氮含量大于 0.2 毫克 / 升,PO^- 浓度大于 0.015 毫克 / 升,就可能导致水体产生"水化"现象,严重影响水体中鱼虾对氧气的需要而死亡。第三,生物性污染。废弃物中携带大量的病原微生物和寄生虫,其中有些是人畜共患病的病原。

我国已通过立法进行规范化管理养殖场粪污无害化处理。许多发达国家早在 20 世纪50 年代就开始迅速采取措施加以干预和限制,并通过立法进行规范化管理养殖场粪污无害化处理。如规定每个肉羊场允许饲养的肉羊数量,单位面积土地肉羊的饲养量或者是单位数量肉羊必须配备一定面积的土地,利用这些土地消纳粪和尿液,即适度规模化养殖;建场时必须有粪便和污水的储存、处理和利用设施;未经许可,不得将污水排入河流和粪池;粪便未经无害化处理不得施入耕地等;同时,还制定了相应的处罚条例,严格监督。

第一节 粪便无害化处理

粪尿适宜寄生虫、病原微生物寄生、繁殖和传播。羊粪便不利于羊场的卫生和防疫,为了变不利为有利,羊粪便需要进行无害化处理。国家颁布的《畜禽养殖业污染物排放标准》(GB8596—2001)中明确规定,用于直接还田的畜禽粪便,必须进行无害化处理。最新颁布的中华人民共和国国务院令第 643 号《畜禽规模养殖污染防治条例》(2014 年 1 月 1 日起实施)明确指出,防治畜禽养殖污染,推进畜禽养殖废弃物的综合利用和无害化处理,保护和改善环境,保障公众身体健康,促进畜牧业持续健康发展。

羊粪便无害化环境标准是:蛔虫卵的死亡率≥95%;粪大肠菌群数≤10 个 / 千克;恶臭污染物排放标准是臭气浓度标准值 7。羊粪便无害化处理主要是指通过物理、化学、生物等方法杀灭病原体,改变羊粪中适宜病原体寄生、繁殖和传播的环境,保持和增加羊粪便有机物的含量,达到污染物的资源化利用。

一、粪便处理方法

（一）发酵处理

1.充气动态发酵

在适宜的温度、湿度以及供氧充足的条件下,好气菌迅速繁殖,将粪便中的有机物质分解成易消化吸收的物质,同时释放出硫化氢、氨等气体。在 45℃~55℃下处理 12 小时左右,可生产出优质有机肥料和再生肥料。

2.堆肥发酵

传统处理羊粪便消毒方法中, 最实用的方法是生物热消毒法, 即在距羊场 100~200米以外的地方设一堆粪场,将羊粪便堆积起来,上面覆盖 10 厘米厚的沙土,发酵 30 天左右,利用微生物进行生物化学反应,分解熟化羊粪便中的异味有机物,随着堆肥温度升高,杀灭其中的病原菌、虫卵和蛆蛹,达到无害化处理并成为优质肥料。

3.沼气发酵量

沼气处理是厌氧发酵过程,可直接对粪便进行处理。其优点是产出的沼气是一种高热值可燃气体,沼渣是很好的肥料,经过处理的干沼渣还可作饲料。

（二）干燥处理

1.脱水干燥处理

通过脱水干燥,使其中的含水量降低到 15% 以下,便于包装运输,又可抑制畜粪中微生物活动,减少养分(如蛋白质)损失。

2.高温快速干燥

采用以回转圆筒烘干炉为代表的高温快速干燥设备,可在短时间(10 分钟左右)内将含水率为 70% 的湿粪,迅速干燥至含水率仅 10%~15% 的干粪。

3.太阳能自然干燥处理

采用专用的塑料大棚,长度可达 60~90 米,内有混凝土槽两侧为导轨,在导轨上安装有搅拌装置。湿粪装入混凝土槽,搅拌装置沿着导轨在大棚内反复行走,通过搅拌板的正反向转动来捣碎、翻动和推送畜粪,并通过强制通风排除大棚内的水汽,达到干燥畜粪的目的。夏季只需要约1周的时间即可把畜粪的含水率降到10%左右。

二、粪便资源化综合利用

(一)粪便有机肥化

羊粪便属热性肥料,适用于凉性土壤和阴坡地。羊粪便含有机质24%~27%,氮0.7%~0.8%,磷(五氧化二磷)0.45%~0.60%,钾(氧化钾)0.4%~0.5%。羊粪便粪质较细,养分浓厚,含有丰富的氮、磷、钾、微量元素和高效有机质;羊粪便能活化土壤中大量存留的氮、磷、钾,有助于农作物的吸收;同时,还能显著提高农作物的抗病、抗逆、抗落花和抗落果能力。与施用无机肥相比,施用羊粪便可使粮食作物增产10%以上,蔬菜和经济作物增产30%左右,块根作物增产40%左右。

(二)粪便基质化

应用羊粪便和木屑等有机废弃物直接堆制有机栽培基质过程中,废弃物的有机基质腐熟过程类似于有机肥堆肥,堆温的主要影响因素包括堆料有机质含量、初始含水率、堆肥通气条件等,堆温的上升速率和高温的维持时间与堆料的有机质含量呈正相关。一定比例的羊粪便与木屑等有机废弃物直接混合堆制后的腐熟堆料均适于作为普通作物栽培基质。一定比例的羊粪便和木屑、药渣、茶渣混合在适宜的好氧条件与湿度条件下堆制可直接生产有机栽培基质,宜于实现有机栽培基质的工厂化生产。

(三)粪便能源化

沼气作为清洁的可再生能源,经中国几十年来的研究与发展,在农村应用沼气技术已相当成熟,推广普及率较高,已在广大农村产生了显著的生态和经济效益。粪污进行厌氧消化,产生的沼气经过脱硫、脱水、脱杂净化后进入贮气柜,实行沼气发电或供村民使用。沼渣进入预留干化场,作生产有机肥的原料。沼液流入沉淀池,沉淀后上清液流入贮存池,用于附近的农田和林地。

第二节　环境保护措施

一、废弃物减量排放与管理

肉羊业的快速发展对农村经济发展和农民增收发挥了重要价用,但随着肉羊养殖的集约化、务农劳力的转移和肥料施用由有机肥为主转变为化肥占主导地位,导致了羊粪便不能变废为宝从而带来环境污染问题。据2010年环保部、统计局和农业部联合发布的第一次全国污染源普查公报显示,2007年,中国畜禽养殖业废水化学需氧量(Chemical Oxygen Demand,以下简称COD)排放量占全国各类废水排放总量的41.9%,总氮、总磷分别占到其排放总量的21.7%和37.9%,成为水体不可忽视的重要污染源。

(一)固体废弃物管理过程的气体排放特性及减排措施

固体废弃物的管理过程主要包括固体废弃物直接堆放和堆肥两种方式。在一定的温度范围内,废弃物管理过程中温度越高微生物活性越强,气体排放量越大。管理过程中废弃物的自身特性,包括干物质含量碳/氮(C/N)比、含水率以及堆放方式等都将影响粪便的气体排放。

粪便堆肥是指利用微生物对粪便中的有机物进行代谢分解,在高温下进行无害化处理,并生产出有机肥料的粪便处理方式。有机肥料替代化肥可以减少化肥生产过程中CO_2的产生,但是在堆肥过程中仍然产生大量气体排放。堆肥过程中,随着堆体温度的升高,一次发酵初期含氮有机物的大量分解导致氨气排放呈现高峰状态。当温度高于40℃时,高温会严重抑制硝化细菌(嗜温菌)的活性,使得产生的大量氨气无法很快转化为硝态氮和亚硝态氮;随着堆体温度的下降,硝化细菌开始发挥作用,N_2O排放量开始上升,NH_3排放速率下降。

压实覆盖减少堆放过程的气体排放。堆放过程的减排措施主要包括压实、覆盖等措施。通过在堆放之前将粪便压实处理,创造厌氧环境阻止硝化作用的进行,可以减少堆放过程中的N_2O排放,但这种处理下CH_4排放可能上升。

添加辅料和微生物菌剂降低堆肥过程气体排放。堆肥过程中添加剂的使用除了可以改善堆肥效果外,还可对堆肥过程中的气体排放产生影响。常用的添加剂一般包括有机物添加剂、微生物添加剂以及一些无机添加剂。堆肥过程中添加稻草、油菜秸秆和食用菌渣等有机辅料,可使堆肥过程中的氨气挥发量降低40%以上。

调节通风量降低堆肥过程气体排放。相比厌氧堆肥,好氧堆肥可以减少堆肥中的CH_4和N_2O的排放量。但是通风状况对堆肥过程中气体排放的影响非常复杂。

(二)液体废弃物管理过程的气体排放特性及减排措施

养殖原水及沼液的存储均为重要的碳、氮(C、N)气体排放源。液体粪便在存储过程中CH_4排放率普遍高于固体粪便。存储过程中污水本身的特性差异及不同的环境条件导致了不同研究中得到的气体排放有较大差异。而原水贮存过程的气体排放与沼液存储的排放有显著差异。

肉羊场废弃物发酵并回收利用的粪便沼气化处理是指将羊场废弃物中的有机物通过厌氧发酵转化为CH_4加以回收利用,以减少目前废弃物管理方式造成的CH_4排放,同时沼气替代化石燃料以减少CO_2排放的方法。沼气工程减排量主要取决于沼气工程建设之前

的粪便管理方式、沼气利用方式和替代能源的种类

（三）施用添加剂减少 NH_3 等含氮气体排放

添加剂在废弃物存储的使用过程中主要用于 NH_3 的减排,常见的添加剂主要有明矾、沸石、聚丙烯酰胺(PAM)和酸等。通过添加明矾减少 NH_3 排放的原理在于使废弃物产生絮凝,同时使泥浆的 pH 降低至 5 甚至更低,由此造成 NH_3 动态平衡的左移降低 NH_3 的挥发;而沸石作为阳离子交换介质可吸收 NH_4^+,除了采用传统的添加剂进行气体减排之外,研究人员发现在污水内添加浓硫酸使污泥酸化也可减少 NH_3 排放。

粪污固液分离降低气体排放。采用固液分离技术将粪污分成固体和液体两部分,液体部分 TS 含量显著降低,大部分有机成分则被留在固体部分内,固体部分的存储成为主要的气体排放源。在对固液分离系统进行减排效果评价时,需对固液两部分产生的气体进行综合评价,以得到真实的减排效果。

研究发现,粪污经固液分离后,液体部分 CO_2、CH_4、N_2O 的排放量相比未经固液分离处理的粪污均有一定程度的下降。

覆盖控制气体排放粪便在氧化塘存储过程中形成的天然结壳可有效减少粪便存储过程中产生的气体排放。实际生产操作中通常采用人工添加覆盖物的方法以减少粪污存储过程中的气体排放。传统的透过性覆盖物包括珍珠岩、油脂、黏土球、织布等,生物性覆盖物包括玉米秆、锯屑、木屑、谷壳等。

粪便处理过程产生大量的碳、氮(C、N)气体排放,废弃物本身特性、温度、通风状况等都将影响存储中气体的排放。控制固体排放的措施主要有通过压实、覆盖降低堆放过程的排放,通过辅料选择、添加微生物或通风调节降低堆肥过程的气体排放。对于液体废弃物,厌氧发酵并回收利用沼气可有效降低粪便管理过程的 CH_4 的排放,并通过沼气替代化石燃料降低 CO_2 排放,应通过提高厌氧发酵的经济效益,提高该技术的使用率减排。另外,液体废弃物覆盖、投入添加剂、进行固液分离等措施也可以有效降低 NH_3、CH_4 等气体排放。

二、病死羊无害化处理

按照国家有关法律法规和《动物防疫法》《病死及死因不明动物处置办法(试行)》《病害动物和病害动物产品生物安全处理规程》《畜禽养殖业污染防治技术规范》及《病死动物无害化处理技术规范》等规定和要求。

病害羊尸体和产品或附属物的无害化处理要严格按照规范进行操作,采用一系列物理、化学和生物方法,如焚毁、化制或掩埋,从而彻底消除病害因素。现阶段,在病死羊无害化处理中真正用于常态和工艺化的无害化处理较多,较成熟的技术主要包括深埋法、焚烧法、堆肥法、化尸窖处理法、高温高压法(化制)化学水解法和生物降解法等处理方法。

（一）深埋法

深埋法主要包括装运、掩埋点的选址、坑体、挖掘、掩埋。深埋法是处理病死羊的一种常用、可靠、简便易行的方法。

1.特点

深埋法比较简单、费用低，且不易产生气味，但因其无害化过程缓慢，某些病原微生物能长期生存，如果不做好防渗工作，有可能污染土壤或地下水。

2.适用范围

本法不适用于患有炭疽等芽孢杆菌类疫病以及牛海绵状脑病、痒病的染疫羊及产品、组织的处理。在发生疫情时，为迅速控制与扑灭疫情，防止疫情传播扩散，最好采用深埋的方法。

3.社会生态效益

（1）生态效益　从改善生态的条件来看，采用深埋处理法不仅有效地对病死羊进行了无害化处理，达到消灭病原微生物、阻断疫病传播的目的，更为突出的是可在很大程度上增加土壤有机质含量，有效提高土壤肥力。

（2）社会效益　提高养殖户防范疫病意识。对病死羊及时有效进行深埋处理，是消灭病源、防止病源扩散的重要手段。对进一步提高广大养殖户实施科学防疫、增进环保意识，实现畜牧业持续、快速、健康发展具有重要的意义。对病死羊进行深埋处理，可有效减少无害化处理所需投入。

（三）焚烧法

焚烧法是将病死的羊堆放在有足够的燃料物上或放在焚烧炉中，确保获得最大的燃烧火焰，在最短的时间内实现尸体完全燃烧炭化，使尸体变为灰渣，把病原微生物杀死消灭，达到无害化的目的。

1.特点

焚烧法处理病死羊安全彻底，病原被彻底杀灭，仅有少量灰烬，减量化效果明显。但不恰当的小型废物焚烧炉设计、操作和监测，会增加各种各样污染物的排放，影响工人安全、公众健康和环境，造成恶劣后果。大型焚烧炉，集中处理，运输成本高且不利于疾病控制。大量火床焚烧和简易焚烧炉燃烧的过程中会产生大量污染物（烟气），同时燃烧过程中如有未完全燃烧的有机物，会对环境造成污染。

2.适用范围

由于焚烧方式不同，效果、特点有所不同，应根据养殖规模、病死羊数量选用不同焚烧处理方法。目前，主要采用火床焚烧、简易式焚烧炉焚烧、节能环保焚烧炉和生物自动焚化炉焚烧四种方法。集中焚烧是目前最先进的处理方法之一，通常一个适度规模化养殖集中的地区可联合兴建病死羊焚化处理厂,同时在不同的服务区域内设置若干冷库,集中存放病死羊,然后统一由密闭的运输车辆负责运送到焚化厂,集中处理。

（三）堆肥法

堆肥法是将病死羊尸体置于堆肥内部,通过微生物的代谢过程降解,并利用降解过程中产生的高温杀灭病原微生物,最终达到减量化、无害化、稳定化的处理目的。

1.分类及特点

根据堆置方法的不同大致上可以分为频繁翻堆、静态堆制和发酵仓堆肥3种。但对于动物尸体堆肥而言,目前,多选择静态堆肥方式或发酵仓堆肥。

（1）条垛式静态堆肥其最先用于处理羊尸体,设备要求简单,投资成本低,产品腐熟度高,稳定性好,可建成金字塔形条垛式静态堆肥,每3~7天翻堆一次,金字塔形静态堆肥每隔3~5个月进行一次翻堆。在染疫羊体内病原微生物未被完全杀死之前,频繁翻堆可能会导致病原微生物的扩散,同时也会污染翻堆设备,甚至感染翻堆人员。另外,频繁翻堆会扰乱病死羊尸体周围菌群,干扰动物组织降解。

（2）发酵仓式堆肥系统设备占地面积小,空间限制小,生物安全性好,不易受天气条件影响,堆肥过程中的温度、通风、水分含量等因素可以得到很好的控制,因此,可有效提高堆肥效率和产品质量。

2.社会生态效益

通过堆肥法无害化处理病死羊尸体,可将其转化为有机肥,有利于养殖场的自卫防疫,避免病死羊尸体随意丢弃导致尸体腐化而滋生病菌,并有效防止不法分子从中牟取暴利,保障人民的身体健康,实现经济的可持续发展。

（四）化尸窖法

化尸窖法是以适量容积的化尸窖沉积病死羊尸体,让其自然腐烂降解的方法。

1.分类

化尸窖的类型从建筑材料上分为砖混结构和钢结构两种,前者为建在固定场所的地窖,后者则可移动。从池底结构上,地窖式化尸池分为湿法发酵和干法发酵两种,前者的底部有固化,可防止渗漏,后者的底部则无固化。钢结构的化尸窖则属于湿法发酵。

2.特点及适用范围

（1）主要优点 化尸窖处理法可进行分散布点,化整为零体运输路线短,有利于减少疾病的传播;采用密闭设施,建造简单,臭味不易外泄,一般建于下风口地下,在做好消毒工作的前提下,生物安全隐患低,对周边环境基本无污染;可根据养殖规模进行设计,无大疫病情况下,利用期限较长,一般可利用10年以上;建池快、受外界条件限制少,设施投入低、运行成本低;操作简便易行,省工省时。在处理过程中添加的化尸菌剂能快速分解尸体、杀灭除芽孢菌以外的所有病原体、消除臭味,大幅度提高了化尸池使用效率,检修与清理方便。

(2)主要缺点　当化尸窖内容物达到容积的3/4时,应封闭并停止使用。不能循环重复利用,只能使用一口,封一口,再造一口;化尸窖内羊尸体自然降解过程受季节、区域温度影响很大。夏季高温时期,羊尸体2个月内即可腐烂留下骨头,但冬季寒冷时期,羊尸体腐烂过程非常慢。化尸窖处理法适用于适度规模肉羊养殖场(小区)、镇村集中处理场所等对批量羊尸体的无害化处理。

(五)化制法

化制法处理是指将病死羊尸体投入到水解反应罐中,在高温、高压灭菌等条件作用下,将病死羊尸体消解转化为无菌水溶液(氨基酸为主)和干物质骨渣,同时将所有病原微生物彻底杀灭的过程。

1.分类

根据热蒸气与病死羊尸体是否直接接触,把化制可划分为两种:干化和湿化。干化为间接与羊尸体接触,湿化为直接与羊尸体接触。高温与高压的环境,可杀灭病原体,加速油脂溶化,促使蛋白质凝固。

目前主要采用湿化法。得到油脂与固体物料(肉骨粉),油脂可作为生物柴油的原料,固体物料可制作有机肥,从而达到资源再利用,实现循环经济目的。

2.特点

化制是一种较好地处理病死羊的方法,是实现病死羊无害化处理、资源化利用的重要途径,具有操作较简单,投资较小,处理成本较低,灭菌效果好、处理能力强、处理周期短、单位时间内处理最快,不产生烟气,安全等优点。但处理过程中,也存在易产生恶臭气体(异味明显)和废水,设备质量参差不齐、品质不稳定、工艺不统一、生产环境差等问题。

3.适用范围

化制法主要适用于国家规定的应该销毁以外的因其他疫病死亡的羊以及病变严重、肌肉发生退行性变化的羊尸体、内脏等。化制法对容器的要求很高,适用于国家或地区及中心城市无害化处理中心。日常也可对病害羊及羊制品进行无害化处理,如用于适度规模肉羊养殖场、屠宰场、实验室、无害化处理厂、食品加工厂等。

(六)生物降解法

生物降解是指将病死羊尸体投入到降解反应器中,利用微生物的发酵降解原理,将病死动物羊破碎、降解、灭菌的过程,其原理是利用生物热的方法将尸体发酵分解,以达到减量化、无害化处理的目的。

1.特点

生物降解技术是一项对病死羊及其制品无害化处理的新型技术。该项技术不产生废水和烟气,无异味,不需高压和锅炉,杜绝了安全隐患,同时具有节能、运行成本较低、操作简单的特点。此外,采用生物降解技术可以有效地减少病死羊的体积,实现减量化的目的,进而有效避免乱扔病死羊尸体的现象。

(1)微生物的作用 生物降解法处理病死羊,巧妙地将病死羊尸体作为主要的氮源提供者,参与到有利于芽孢杆菌等有益微生物生活繁衍的碳源和氮源环境的营造中来,加快了这些有益微生物快速繁殖,使得尸体有机物快速矿质化和腐殖质化,达到分解的目的,生成微生物、二氧化碳和水等,同时释放能量,温度可持续维持在50℃以上,达到了杀灭病原微生物和虫卵的目的,实现了无害化。

(2)工艺简单 实用病死羊生物降解法,可根据生产规模和需要,因地制宜就地取材,选取农村常用的锯末、稻壳、秸秆等农林副产物作为垫料,建设专用生物发酵池或购买专用处理设备,定期使用简单的机械或人工翻耙、调整水分,或按照推荐的流程操作即可。整个操作过程无复杂的操作工艺,一学就会,简单实用。

(3)处理场所可控 病死羊生物降解法改变了过去找地、挖坑或者长途搬运的麻烦,处理场所一般设置在猪场粪污处理区多为相对封闭的环境,不与病死羊接触,相对固定、集中、可控,避免了疫病扩散,相对比较安全。

(4)处理效果彻底 不管是生产中产生的各阶段死亡羊只还是木乃伊以及胎衣等生产副产物,采用微生物处理,病死羊及其副产物经过微生物的氧化还原过程和生物合成过程,最后矿质化为无机物和腐殖化为腐殖质混合于垫料中,只剩下不能分解的大块骨头。

(5)环境污染极低 由于该法是以耗氧微生物作用为主,氨气、甲烷、硫化氢等产生量很少,处理过程臭味小;由于有锯末等垫料的吸收作用,加之处理在封闭、防渗场所环境下进行,不会因渗漏造成地下水污染。

(6)利用形式多样 由于使用微生物处理角度不同,追求处理效果、效率的要求不同,导致市场上出现各种形式的利用模式。如在堆肥技术上演进的发酵床处理模式,为增加通气性加强发酵效率的滚筒式发酵床模式,为加快发酵辅助热源的微加温生物降解模式,为加快发酵在辅助热源基础上提前破碎的生物降解一体机模式等。同时,为针对烈性病处理,适应区域性病死动物无害化处理的需要,将高温化制与生物降解结合形成的高温生物降解处理技术。

2.社会生态效益

用生物降解法处理病死羊,省时省工,减少机械用工和占地,节约柴油、石灰等能源资源,降低处理成本,提高经济效益。不排放油烟和有害气体,生态环保。病死羊经生物发酵处理后,尸体全部分解,与发酵原料充分混合,所生产的生物有机肥或生物蛋白粉是很好的有机肥料,可促进农牧业生产良性循环。

(七)化学水解法

化学水解法是在高温的环境中,通过碱性催化剂的作用加快分解反应,把羊尸体和组织水解成骨渣和无菌水,从而达到处理动物尸体的目的。

1.特点

使用专用设备进行处理,作为病死羊集中处理中心占地少、外形美观、安装简便、易操作、环保节能等特点。

2.适用范围

该设备适用于屠宰场、适度规模肉羊养殖场、动物隔离场和动物检疫站的无害化处理。

参考文献

1. 夏瑛. 2002. 市场营销. 北京:机械工业出版社.

2. 王秀村、王月辉. 2007. 北京:北京理工大学出版社.

3. 马清梅. 2008. 市场营销理论与务实. 北京:清华大学出版社、北京交通大学出版社.

4. 杜本峰. 1999. 市场调查与预测. 北京:机械工业出版社.

5. 胡祖光、王俊豪、吕筱萍. 2006. 市场调查与预测. 北京:中国发展出版社.

6. 林根祥、吴晔、吴现立. 2005. 市场调查与预测. 武汉:武汉理工大学出版社.

7. 张庆淼. 2002. 市场营销调研. 大连:东北财经大学出版社.

8. 陈章旺. 2008. 零售营销管理实验. 北京:经济科学出版社.

9. 冯家保. 1993. 商品肉牛生产配套技术. 银川:宁夏人民出版社.

10. 冯家保. 1993. 牛对矿物元素和维生素的利用. 银川:宁夏人民出版社.

11. 昝林森. 2000. 肉牛饲养技术手册. 北京:中国农业出版社.

12. 胡玉田. 2001. 高档牛肉配套生产新技术. 郑州:中原农民出版社.

13. 原积友. 2004. 肉牛养殖问答. 太原:山西科学技术出版社.

14. 王广山. 2007. 肉牛肥育生产技术问答. 银川:宁夏人民出版社.

15. 黄振亚、刘一鹤. 2005. 肉牛饲养与疾病防治. 银川:宁夏人民出版社.

16. 罗晓瑜、刘长春. 2013 肉牛养殖主推技术. 银川:宁夏人民出版社.

17. 杨泽霖. 2010. 肉牛育肥与疾病防治. 北京:金盾出版社.

18. 张吉鹍. 2014. 如何提高肉牛场养殖效益. 北京:化学工业出版社.

19. 阎萍、郭宪. 2015. 适度规模肉牛场高效生产技术. 北京:中国农业科学技术出版社.

20. 庞连海. 2013. 肉羊规模化高效生产技术. 北京:化学工业出版社.

21. 侯广田. 2013. 肉羊高效养殖配套技术. 北京:中国农业科学技术出版社.

22. 马友记. 2013. 绵羊高效繁殖理论与实践. 兰州:甘肃科学技术出版社.

23. 王志武、闫益波、李童. 2013. 肉羊标准化规模养殖技术. 北京:中国农业科学技术出版社.

24. 杨博辉、陈玉林、窦永喜. 2015. 适度规模肉羊场高效生产技术. 北京:中国农业科学技术出版社.